国家电网
STATE GRID

电网企业专业技能考核题库

机具维护工

国网宁夏电力有限公司　编

中国电力出版社
CHINA ELECTRIC POWER PRESS

内 容 提 要

本书编写依据国家职业技能鉴定、电力行业职业技能鉴定与国家电网有限公司技能等级评价（认定）相关制度、规范、标准，立足宁夏电网生产实际，融合新型电力系统构建及新时代技能人才发展目标要求。本书主要内容为电网企业技能人员技能等级认定与评价实操试题，包含技能笔答及技能操作两大部分，其中技能笔答主要以问答题形式命题，技能操作以任务书形式命题，均明确了各个环节的考核知识点、标准答案和评分标准。

本书为电网企业生产技能人员的培训教学用书，可供从事相应职业（工种）技能人员学习参考，也可作为电力职业院校教学参考书。

图书在版编目（CIP）数据

机具维护工 / 国网宁夏电力有限公司编. —北京：中国电力出版社，2022.9
电网企业专业技能考核题库
ISBN 978-7-5198-6932-8

Ⅰ. ①机… Ⅱ. ①国… Ⅲ. ①电力设备–机械设备–设备检修–职业技能–鉴定–习题集 Ⅳ. ①TM4-44

中国版本图书馆 CIP 数据核字（2022）第 134250 号

出版发行：中国电力出版社
地　　址：北京市东城区北京站西街 19 号（邮政编码 100005）
网　　址：http://www.cepp.sgcc.com.cn
责任编辑：马　丹
责任校对：黄　蓓　李　楠　于　维
装帧设计：郝晓燕
责任印制：钱兴根

印　　刷：北京天宇星印刷厂
版　　次：2022 年 9 月第一版
印　　次：2022 年 9 月北京第一次印刷
开　　本：889 毫米×1194 毫米　16 开本
印　　张：29.75
字　　数：855 千字
定　　价：115.00 元

《电网企业专业技能考核题库　机具维护工》

编　委　会

《电网企业专业技能考核题库　机具维护工》

编　写　组

主　　编　杨　磊

副 主 编　薛　东　黄会德　陶永才　彭　鹏　苏艳萍

编写人员　金　朝　樊　荣　龙光军　宋学春　常文春

曹　军　刘　鹏　张久志　龚　涛　徐文亮

任爱辉　赵金刚　王志宁　翟亮亮　刘嘉昊

许　健

审稿人员　田　源　薛丁华　哈光明　王　辉

前言

国网宁夏电力有限公司以国家职业技能鉴定、电力行业职业技能鉴定与国家电网有限公司技能等级评价（认定）相关制度、规范、标准为依据，主要针对电网企业各类技能工种的初级工、中级工、高级工、技师、高级技师等人员，以专业操作技能为主线，立足宁夏电网生产实际，结合新型电力系统构建要求，编写了《电网企业专业技能考核题库》丛书。丛书在编写原则上，以职业能力建设为核心；在内容定位上，突出针对性和实用性，涵盖了国家电网有限公司相关政策、标准、规程、规定及现代电力系统新设备、新技术、新知识、新工艺等内容。

丛书的深度、广度遵循了“适应发展需求、立足实践应用”的工作思路，全面涵盖了国家电网有限公司技能等级评价（认定）内容，能够为国网宁夏电力有限公司实施技能等级评价（认定）专业技能考核命题提供依据，也可服务于同类电网企业技能人员能力水平的考核与认定。本套丛书可供电网企业技能人员学习参考，可作为电网企业生产技能人员的培训教学用书，也可作为电力职业院校教学参考用书。

由于时间和水平有限，难免存在疏漏之处，恳请各位专家和读者提出宝贵意见。

目 录

第一部分
初级工

第一章 机具维护工初级工技能笔答

Jb0001511001 职业道德的正确论述是什么？（5分）

考核知识点： 职业道德知识

难易度： 易

标准答案：

（1）职业道德是企业文化的重要组成部分。

（2）职业道德是增强企业凝聚力的手段。

（3）员工遵守职业道德，能够增强企业的竞争力。

Jb0001511002 职业道德主要通过哪些关系增强企业的凝聚力？（5分）

考核知识点： 职业道德知识

难易度： 易

标准答案：

协调职工与职工，调节领导与职工，协调职工与企业。

Jb0001511003 职业道德范畴主要包括哪些？（5分）

考核知识点： 职业道德知识

难易度： 易

标准答案：

职业素质、职业精神、职业态度。

Jb0001511004 企业价值观取向包括哪些？（5分）

考核知识点： 企业文化知识

难易度： 易

标准答案：

经济、社会、伦理、人文。

Jb0001511005 协调有哪些作用？（5分）

考核知识点： 职业道德知识

难易度： 易

标准答案：

（1）有利于实现组织目标。

（2）可以提高效率。

（3）增强凝聚力。

（4）调动积极性。

Jb0001511006 沟通的过程包括哪些？（5分）

考核知识点：职业道德知识

难易度：易

标准答案：

信息的采集、信息的传送、信息的整理、信息的交换。

Jb0002511007　作业中“四不伤害”是指什么？（5分）

考核知识点：“四不伤害”

难易度：易

标准答案：

不伤害自己，不伤害他人，不被他人伤害，保护他人不被伤害。

Jb0002511008　三级安全教育培训包括哪三级？（5分）

考核知识点：三级安全教育培训

难易度：易

标准答案：

企业、项目、班组。

Jb0002511009　起重设备“十不吊”的内容是什么？（5分）

考核知识点：起重设备“十不吊”

难易度：易

标准答案：

（1）斜吊不吊。

（2）超载不吊。

（3）散装物装得太满或捆扎不牢不吊。

（4）指挥信号不明不吊。

（5）吊物边缘锋利无防护措施不吊。

（6）吊物上站人不吊。

（7）埋在地下的构件不吊。

（8）安全装置失灵不吊。

（9）光线阴暗看不清吊物不吊。

（10）六级以上强风不吊。

Jb0002511010　简述配电箱、开关箱在使用过程中的操作顺序。（5分）

考核知识点：配电箱、开关箱操作顺序

难易度：易

标准答案：

（1）送电顺序：总配电箱、分配电箱、开关箱。

（2）停电顺序：开关箱、分配电箱、总配电箱。

Jb0002511011　简述低压验电笔使用时应注意的事项。（5分）

考核知识点：验电笔使用安全注意事项

难易度：易

标准答案：

（1）使用验电笔前，应在已知有电导体上检测验证一下验电笔是否良好有效，氖泡发出辉光方可使用。

（2）使用方法要正确，探头应接触导体，手指应触及验电笔尾部金属。

（3）氖泡辉光微弱，应避强光，以免看不清误认为无电。

（4）测试时要注意安全，人体不能触及探头或导体。

（5）低压验电笔只限于500V以下导体检测。

Jb0002511012　简述万用表的使用注意事项。（5分）

考核知识点：万用表的使用安全注意事项

难易度：易

标准答案：

（1）在使用万用表之前，应先进行“机械调零”，即在没有被测电量时，使万用表指针指在零电压或零电流的位置上。

（2）在使用万用表过程中，不能用手去接触表笔的金属部分。

（3）在测量某一电量时，不能在测量的同时换档，尤其是在测量高电压或大电流时更应注意。如需换档，应先断开表笔，换档后再去测量。

（4）万用表在使用时，必须水平放置，以免造成误差。避免外界磁场对万用表的影响。

（5）万用表使用完毕，应将转换开关置于交流电压的最大档或OFF档。如果长期不使用，应将万用表内部的电池取出。

Jb0002512013　用绝缘电阻表测量绝缘电阻时，应注意哪些事项？（5分）

考核知识点：绝缘电阻表使用注意事项

难易度：中

标准答案：

（1）测量设备的绝缘电阻时，必须切断设备电源，对具有电容性质的设备（如电缆）必须先进行放电。

（2）检查绝缘电阻表是否良好，绝缘电阻表放平时，指针应指出“∞”处，慢速转动绝缘电阻表，瞬时短接L、E接线柱，指针应指在“0”处。

（3）绝缘电阻表引线应用多股软铜线且绝缘良好。

（4）测量电容量大的设备，充电时间较长，结束时应先断开绝缘电阻表线，然后停止摇动。

（5）被测设备表面应清洁，防止漏电，影响准确度。

Jb0002512014　风速仪使用时的注意事项有哪些？（5分）

考核知识点：风速仪使用安全注意事项

难易度：中

标准答案：

（1）禁止在可燃性气体环境中使用风速仪。

（2）禁止将风速仪探头置于可燃性气体中。

（3）禁止拆卸或改装风速仪，否则易导致电击或火灾。

（4）依据使用说明书的要求正确使用风速仪。

（5）在使用中，如遇风速仪散发出异常气味、声音或冒烟，或有液体流入风速仪内部，应立即关机取出电池。

（6）严禁将探头和风速仪本体暴露在雨中。

（7）禁止触摸探头内部传感器部位。

（8）风速仪长期不使用时，应取出内部的电池。

（9）严禁将风速仪放置在高温、高湿、多尘和阳光直射的地方。

（10）禁止用挥发性液体擦拭风速仪。

（11）严禁摔落或重压风速仪。

（12）严禁在风速仪带电的情况下触摸探头的传感器部位。

Jb0002511015　使用电焊机进行电焊作业时，遇到什么情况必须切断电源？（5分）

考核知识点：电焊机使用安全

难易度：易

标准答案：

（1）焊接中突然断电。

（2）移动电焊机时。

（3）电焊机发生故障，需要进行检修时。

（4）更换电焊机保护装置时。

（5）完成焊接作业后或临时离开操作现场时。

Jb0002511016　简述使用千斤顶时的注意事项。（5分）

考核知识点：千斤顶使用注意事项

难易度：易

标准答案：

（1）使用前千斤顶须检查合格，安全装置完好。

（2）安放好后，应先做试顶检查。

（3）严禁超负载。

（4）多台千斤顶同时作业时，要求同步，平稳升降。

（5）操作完毕，应检查维护，妥善保管。

Jb0003512017　使用电动工器具时应检查哪些项目？（5分）

考核知识点：电动工器具的安全检查

难易度：中

标准答案：

（1）外壳手柄无裂缝、无破损。

（2）保护接地线或接零线连接正确、牢固。

（3）电缆或软线完好。

（4）插头完好。

（5）开关动作正常、灵活、无缺损。

（6）电气保护装置完好。

（7）机械防护装置完好。

（8）转动部分灵活。

（9）检验合格。

Jb0002511018　根据《生产安全事故报告和调查处理条例》的规定，事故等级分为几级？分别是什么？（5分）

考核知识点： 事故分类

难易度： 易

标准答案：

事故等级分为四级，分别是：一般事故、较大事故、重大事故、特别重大事故。

Jb0002512019　简述特种作业的主要种类。（5分）

考核知识点： 特种作业种类

难易度： 中

标准答案：

（1）电工作业。

（2）金属焊接切割作业。

（3）起重机械（含电梯）作业。

（4）厂内机动车辆驾驶。

（5）登高架设作业。

（6）锅炉作业（含水质化验）。

（7）压力容器操作。

（8）制冷作业。

（9）爆破作业。

（10）矿山通风作业（含瓦斯检验）。

（11）矿山排水作业（含尾矿坝作业）。

（12）由省、自治区、直辖市安全生产综合管理部门或国务院行业主管部门提出，并经国家经济贸易委员会批准其他作业。

Jb0002511020　简述安全检查的性质及安全大检查的主要内容。（5分）

考核知识点： 安全检查

难易度： 易

标准答案：

（1）安全检查可分为一般性检查、阶段性检查、专业性检查和季节性检查等。

（2）安全大检查的主要内容应以查领导、查管理、查隐患、查反事故措施为主，同时对环境保护、环境卫生、生活卫生和文明施工亦应纳入检查范围。

Jb0002511021　事故调查中“四不放过”是指什么？（5分）

考核知识点： 四不放过

难易度： 易

标准答案：

（1）事故原因未查清不放过。

（2）责任人员未处理不放过。

（3）整改措施未落实不放过。

（4）有关人员未受到教育不放过。

Jb0003511022　简述力的三要素。(5分)

考核知识点：力学知识

难易度：易

标准答案：

力的三要素分别是力的大小、方向与作用点。

Jb0003511023　简述内力的定义。(5分)

考核知识点：力学知识

难易度：易

标准答案：

当外力使物体发生变形、质点发生相对位移时，质点间的距离将改变，因此相互之间的结合力也就有所改变，这种因外力作用而引起质点增加的结合力称为内力。

Jb0003511024　什么是平衡力？(5分)

考核知识点：力学知识

难易度：易

标准答案：

一个力系的合力使物体产生了运动，如果加上一个力，这个力的大小与此合力相等、方向相反，并与合力作用在同一条直线上，使物体保持了平衡，那么加上的这个力被称为平衡力。

Jb0003511025　什么是力矩？如何计算力矩？(5分)

考核知识点：力学知识

难易度：易

标准答案：

力矩是表示力对物体作用时产生转动效应的物理量，力矩的大小取决于两个因素，一个是力的大小。一个是力与转动轴的垂直距离，即力臂。力矩等于力乘以力臂。

Jb0003511026　根据力的作用原理，简述物体保持静止的条件。(5分)

考核知识点：力学知识

难易度：易

标准答案：

物体静止的条件是合力等于零，合力矩等于零。

Jb0003511027　简述杠杆原理。(5分)

考核知识点：力学知识

难易度：易

标准答案：

杠杆原理就是当杠杆平衡时，重物的重力乘以重心到支点的距离（重臂），等于所使用的力乘以力点到支点间的距离（力臂）。

Jb0003511028　杠杆变形有哪些基本形式？(5分)

考核知识点：力学知识

难易度：易
标准答案：
拉升、压缩、剪切、扭转、弯曲。

Jb0003511029　简述引起钢结构变形的原因。（5分）
考核知识点：力学知识
难易度：易
标准答案：
（1）受外力作用引起变形。
（2）长期承受载荷后而残存变形。
（3）受不正常的外力作用而造成变形。
（4）由于内应力作用引起变形。

Jb0003511030　简述中性点与零点、零线的区别。（5分）
考核知识点：电工基础
难易度：易
标准答案：
（1）凡三相绕组的首端或尾端连接在一起的共同连接点，称为电源中性点。
（2）当电源的中性点与接地装置有良好的连接时，该中性点便称为零点。
（3）由零点引出的导线则称为零线。

Jb0003511031　简述串联电阻的特点。（5分）
考核知识点：电工基础
难易度：易
标准答案：
（1）流过各电阻的电流相同。
（2）串联电阻上的电压等于各电阻上的电压降之和。
（3）串联电阻的等效电阻为各电阻之和。

Jb0003511032　简述并联电阻的特点。（5分）
考核知识点：电工基础
难易度：易
标准答案：
（1）各并联电阻上的电压相同。
（2）并联电阻的点电流等于各并联电阻流过电流之和。
（3）并联电阻的等效电阻的倒数为各并联电阻的倒数之和。

Jb0003511033　简述低压验电笔的工作原理。（5分）
考核知识点：验电笔工作原理
难易度：易
标准答案：
验电笔检测带电导体时，电流经验电笔探头、氖泡、电阻、弹簧、尾部金属、人体、大地构成回路，其电流很微小，氖泡两端有 60V 电位差，验电笔氖泡有辉光放电。验电笔氖泡有辉光放电时，流经人体的电流很微小。

Jb0003511034 简述低压验电笔的作用、形式及组成。（5 分）

考核知识点：低压验电笔的组成

难易度：易

标准答案：

低压验电笔是用来检测低压导体的和电气设备外壳是否带电的常用工具，通常有钢笔式和螺丝刀式两种，验电笔由氖泡、电阻、弹簧、笔身和笔尖等部分组成。

Jb0003511035 钢丝绳的绳端有哪几种固定连接方式？（5 分）

考核知识点：钢丝绳连接方式

难易度：易

标准答案：

编结法、绳卡固定、压套法、斜楔固定法、灌铅法。

Jb0003512036 简述发电机工作原理。（5 分）

考核知识点：发电机工作原理

难易度：中

标准答案：

转子在励磁线圈通电后由励磁机或其他励磁机构冲入直流电，即变为一个磁场。转子在原动机的带动下在定子腔内旋转（即磁场在旋转）。该磁场所产生的磁力线就会被定子线圈切割，根据电磁感应原理可知定子线圈两端就有交流电压产生，这时将定子线圈两端分别接在外电路上，由发电机、负载、线路组成的闭合回路就有电流通过。

Jb0003511037 简述钢筋调直机的工作原理。（5 分）

考核知识点：钢筋调直机工作原理

难易度：易

标准答案：

钢筋调直机是由电动机通过三角皮带传动，带动调直筒高速旋转。调直筒内有五块可调节的调直模，被调直钢筋在牵引辊强迫作用下通过调直筒，利用调直模的偏心，使钢筋得到多次连续的反复塑性变形，从而将钢筋调直。

Jb0003511038 简述齿轮式钢筋弯曲机的工作原理。（5 分）

考核知识点：齿轮式钢筋弯曲机的工作原理

难易度：易

标准答案：

齿轮式钢筋弯曲机由一台带制动的电动机为动力，带动工作盘旋转。工作机构左、右两个插入座可通过手轮无级调节，使用不同规格的钢筋弯曲成形。角度的控制是由角度预选机构和几个长短不一的限位销相互配合而实现的。当钢筋被弯曲到预选角度，限位销触及行程开关，使电动机停机并反转，恢复到原位，完成钢筋弯曲工序。此外，电器控制系统还具有点动、自动状态、双向控制、瞬时制动、事故急停系统短路保护、电动机过热保护等功能。

Jb0003511039　简述钢筋对焊机的工作原理。（5分）

考核知识点：钢筋对焊机的工作原理

难易度：易

标准答案：

对焊机的电极分别装在固定平板和滑动平板上，滑动平板可沿机身上的导轨移动，电流通过变压器二次绕组传到电极上，当推动压力机构使两根钢筋端头接触到一起后，造成短路电阻产生热量，加热钢筋端头，当加热到高塑性后，再加力挤压，使两端头达到牢固的对接。

Jb0003511040　简述轴承的作用。（5分）

考核知识点：轴承作用

难易度：易

标准答案：

轴承是支承部件，它对轴及其他传动部件起支承定位作用，并把它们的受力传递给机座。

Jb0003511041　按含碳量多少，钢有哪些分类？（5分）

考核知识点：钢的分类

难易度：易

标准答案：

按含碳量的多少，钢分为低碳钢、中碳钢、高碳钢。

（1）低碳钢是含碳量小于0.25%的钢。

（2）中碳钢是含碳量在0.25%～0.6%范围的钢。

（3）高碳钢是含碳量大于0.6%的钢。

Jb0003511042　简述焊接原理。（5分）

考核知识点：焊工常识

难易度：易

标准答案：

焊接是通过加热、加压或两者并用，并且用或不用填充材料，使焊件达到原子结合的一种加工方法。

Jb0003511043　简述钳工划线的常用量具。（5分）

考核知识点：钳工基础

难易度：易

标准答案：

钢板尺、量高尺、游标卡尺、万能量角器、角度规。

Jb0003511044　简述电气设备外壳接零的作用。（5分）

考核知识点：电工基础

难易度：易

标准答案：

电气设备的外壳直接接到系统的零线上，当发生碰壳短路时，短路电流经零线形成闭合回路。所以，电气设备外壳接零的作用，是将碰壳变成单相短路，使保护设备能可靠迅速动作而断开故障设备。

Jb0003531045 有两个灯泡，一个为 220V、100W，另一个为 220V、40W。若把两个灯泡串接于 220V 电源上，计算哪个灯亮些？（5 分）

考核知识点：电工基础

难易度：易

标准答案：

解：

先求两灯泡的电阻值：

对 100W 灯

$$R_1=\frac{U^2}{P_{1N}}=\frac{220^2}{100}=484(\Omega)$$

对 40W 灯

$$R_2=\frac{U^2}{P_{2N}}=\frac{220^2}{40}=1210(\Omega)$$

两灯泡串联电路总电流

$$I=\frac{U}{R_1+R_2}=\frac{220}{484+1210}=0.13(\mathrm{A})$$

求每个灯泡消耗的功率：

对 100W 灯

$$P_1=I^2R_1=0.13^2\times484=8.18\ (\mathrm{W})$$

对 40W 灯

$$P_2=I^2R_2=0.13^2\times1210=20.45\ (\mathrm{W})$$

答：消耗功率多的 40W 灯泡要亮些。

Jb0003531046 有一虎台钳，其螺杆螺纹的螺距为 4mm，问螺杆转动 6 圈，活动钳口移动的距离是多少？（5 分）

考核知识点：钳工基础

难易度：易

标准答案：

解：已知导程 $S=4\mathrm{mm}$，转动圈数 $n=6$，则活动钳口移动的距离为

$$L=nS=6\times4=24\ (\mathrm{mm})$$

答：活动钳口移动的距离是 24mm。

Jb0003531047 用两个伏特表测量两个大小不同的电压，一个在测量 200V 时，绝对误差为 2V，另一个在测量 10V 时，绝对误差为 0.5V。问它们的相对误差各为多少？哪一种表测量的准确度更高一些？（5 分）

考核知识点：电工基础

难易度：易

标准答案：

解：

第一种表相对误差

$$\gamma_1=\frac{2}{200}\times 100\%=1\%$$

第二种表相对误差

$$\gamma_2=\frac{0.5}{10}\times 100\%=5\%$$

答：200V 电压表虽然绝对误差比 10V 电压表大，但它的相对误差较小，所以 200V 电压表准确度更高一些。

Jb0003531048　一台三相变压器的 $S_N=60\,000$ kVA，$U_{1N}/U_{2N}=220/11$ kV，Yd 联结，低压绕组匝数 $N_2=1100$ 匝，试求额定电流 I_{1N}、I_{2N} 和高压绕组匝数 N_1。（5 分）

考核知识点：电工基础

难易度：易

标准答案：

解：额定电流

$$I_{1N}=\frac{S_N}{\sqrt{3}U_{1N}}=\frac{60\,000}{\sqrt{3}\times 220}\approx 157\text{（A）}$$

$$I_{2N}=\frac{S_N}{\sqrt{3}U_{2N}}=\frac{60\,000}{\sqrt{3}\times 11}\approx 3149\text{（A）}$$

高压绕组匝数 N_1

$$\frac{N_1}{N_2}=\frac{1}{\sqrt{3}}\times\frac{U_{1N}}{U_{2N}}$$

$$N_1=\frac{1}{\sqrt{3}}\times\frac{U_{1N}}{U_{2N}}\times N_2=\frac{1}{\sqrt{3}}\times\frac{220}{11}\times 1100=12\,702\text{（匝）}$$

答：额定电流 I_{1N} 为 157 A、I_{2N} 为 3149 A，高压绕组每相匝数为 12 702 匝。

Jb0003531049　一块 16 000mAh 电池功率是多少？（5 分）

考核知识点：电工基础

难易度：易

标准答案：

解：$P=6\times 3.7\times 16\,000/1000=355.2$（W）

答：电池功率为 355.2W。

Jb0003531050　一块 16 000mAh 电池以 15C 放电，它的放电电流为多大？（5 分）

考核知识点：电池放电电流计算

难易度：易

标准答案：

解：$I=16\,000/1000\times 15=240$（A）

答：放电电流为 240A。

Jb0003531051　已知一无人机使用 16 000mAh 电池，测得巡航时电流为 80A，理论上该电池可以保证无人机持续飞行多长时间？（5 分）

考核知识点：电池待机时间计算

难易度： 易

标准答案：

解：$t=\dfrac{16\,000}{80\times1000}\times60=12$（min）

答：理论上该电池可以保证无人机持续飞行 12 分钟。

Jb0003531052　一块 16 000mAh 的电池，剩余电量 20%，用 2C 充电，充满多长时间？（5 分）

考核知识点： 电池充电时间计算

难易度： 易

标准答案：

解：$t=\dfrac{16\,000\times80\%}{16\,000\times2}\times60=24$（min）

答：24min 能够充满。

Jb0003511053　配电柜一般包括哪些电气元件？（5 分）

考核知识点： 配电柜组成

难易度： 易

标准答案：

配电柜一般包括的电气元件有接线端子、各种刀闸、保护设备（空气开关、熔断器之类）、测量设备（电压表、电流表等）、计量设备（有功、无功功率表）、电压转换开关、指示灯等。

Jb0003511054　什么是应力？什么是破坏应力？什么是最大允许应力？（5 分）

考核知识点： 力学知识

难易度： 易

标准答案：

物体单位面积所受的内力称为应力。能使构件受到破坏的应力称为破坏应力。能保证构件安全使用的最大应力称为最大允许应力。

Jb0003511055　引起绝缘材料老化的主要原因有哪些？（5 分）

考核知识点： 绝缘材料

难易度： 易

标准答案：

引起绝缘老化的主要原因包括热、电、光、氧化等。

Jb0004511056　简述低压验电笔的使用方法。（5 分）

考核知识点： 低压验电笔的使用

难易度： 易

标准答案：

使用低压验电笔时，以手指触及笔尾的金属体，使氖管小窗背光朝自己，当用电笔测带电体时，电流经带电体、电笔、人体、大地形成回路，只要带电体与大地之间的电位差超过 60V，电笔中的氖泡就会发光，电压高发光强，电压低发光弱。

Jb0004511057　简述蓄电池基本检查内容。（5 分）

考核知识点：蓄电池使用检查

难易度：易

标准答案：

（1）检查蓄电池外观。

（2）检查蓄电池接线柱。

（3）检查蓄电池液位。

（4）检查蓄电池荷电状态。

Jb0004511058　简述风速仪的使用方法。（5 分）

考核知识点：风速仪使用

难易度：易

标准答案：

（1）将电池装入电池仓 LCD 屏幕显示，然后进入待机模式，装上电池盖。

（2）开机，LCD 显示风速及温度，同时背光灯亮 15s 后背光灯熄灭。

（3）按“MODE”键保持 3s，风速仪进入设置状态，此时可看到“m/s”风速单位闪动，按“SET”键选择风速温度，按背部转换开关，可实现单位转换。

（4）当风叶转动时，可实现风速测量，屏幕上显示风速值同时显示出温度值。

（5）同时按“MODE”与“SET”键关机，开机 15min 无操作则自动关机。

Jb0005511059　简述四冲程柴油机的工作循环。（5 分）

考核知识点：四冲程柴油机工作循环

难易度：易

标准答案：

进气、压缩、做功和排气。

Jb0005511060　简述空气压缩机的工作过程。（5 分）

考核知识点：空气压缩机工作过程

难易度：易

标准答案：

吸气、封闭、输送和压缩。

Jb0005511061　液压缸常见的密封形式有哪些？（5 分）

考核知识点：液压缸密封形式

难易度：易

标准答案：

间隙密封、活塞环密封、密封圈密封。

Jb0005511062　简述电焊钳的使用基本要求。（5 分）

考核知识点：电焊钳的选用

难易度：易

标准答案：

（1）牢固地夹住焊条。
（2）保证焊条与电焊钳的接触良好。
（3）更换焊条必须便利。
（4）握柄必须由绝缘耐热材料制成。

Jb0005511063　简述滤油器的类型。（5分）
考核知识点：滤油器分类
难易度：易
标准答案：
表面型滤油器、深度型滤油器、吸附式滤油器。

Jb0005511064　简述钢丝绳卡使用规定。（5分）
考核知识点：钢丝绳卡使用
难易度：易
标准答案：
（1）钢丝绳端部用绳卡固定连接时，绳卡压板应在钢丝绳主要受力的一边，不准正反交叉设置。
（2）绳卡间距不应小于钢丝绳直径的6倍。
（3）绳卡数量应符合表Jb0005511064的规定。

表Jb0005511064　　钢丝绳直径与绳卡数量

钢丝绳直径（mm）	7～18	19～27	28～37	38～45
绳卡数量（个）	3	4	5	6

Jb0005511065　简述汽油发动机组成。（5分）
考核知识点：发动机组成
难易度：易
标准答案：
（1）曲柄连杆机构、配气机构。
（2）燃料供给系、点火系、冷却系、润滑系和启动系。

Jb0005511066　什么是防扭钢丝绳？（5分）
考核知识点：防扭钢丝绳定义
难易度：易
标准答案：
防扭钢丝绳又称编织防扭钢丝绳，也称无扭钢丝绳或不旋转钢丝绳。一组左向捻和一组右向捻的圆形股绳钢丝绳被有规律（交叉的螺旋轨迹）地编织而成，其中左向捻股和右向捻股数量相等、对称编织，两组螺旋力矩因方向相反而平衡，使钢丝绳具有受力时不旋转特性。

Jb0005511067　简述放线滑车的组成。（5分）
考核知识点：放线滑车组成
难易度：易

标准答案：

放线滑车主要由滑车架体、连接挂板、滑轮片、主轴及轴承（带防尘盖）等组成。

Jb0005511068　简述离心式滤油机的优势。（5分）

考核知识点：离心式滤油机特点

难易度：易

标准答案：

（1）高效节能。

（2）过滤速度快。

（3）使用无需任何耗件，无滤布清洗和滤布消耗。

（4）体积小、质量轻。

Jb0005511069　简述真空泵的主要参数。（5分）

考核知识点：真空泵的主要参数

难易度：易

标准答案：

抽气速率、残余压力、抽气量、启动压力、功率。

Jb0005511070　简述普通滤油机与真空滤油机的区别。（5分）

考核知识点：滤油机区别

难易度：易

标准答案：

普通滤油机是由过滤床、油泵和粗滤器等组成的可移动装置。真空滤油机可高效率地去除液压油、润滑油、汽轮机油等石油基油品中的游离水和固体污染物，也可根据需要单独对油液进行旁路或在线净化处理。

Jb0005511071　简述液压油箱的基本要求。（5分）

考核知识点：液压油箱的要求

难易度：易

标准答案：

（1）必须有足够的有效容积。

（2）在箱内最好装置永久磁铁，以吸附铁质杂质。

（3）油箱应有密封的顶盖，盖上留有通气装置。

（4）油箱上最好装有液位指示器。

（5）油箱内、外壁应采用耐油涂料涂刷。

Jb0005511072　简述机械式滤油器的种类。（5分）

考核知识点：机械式滤油器分类

难易度：易

标准答案：

网式滤油器、线隙式滤油器、片式滤油器、纸芯式滤油器、烧结式滤油器。

Jb0005511073　简述组塔抱杆的组成。各包含哪些部件？（5分）

考核知识点：抱杆组成

难易度：易

标准答案：

（1）抱杆的组成：抱杆主体、起升装置、稳定系统、承托提升装置。

（2）抱杆主体，包括抱杆顶节、抱杆标准节、抱杆底座及链接螺栓等。

（3）起升装置，包括动力设备、起重滑车、钢丝绳及连接件。

（4）稳定系统，包括塔基工作位、地锚钻、地锚及浪风绳等。

（5）承托提升装置，包括承托绳、提升动力、提升钢丝绳、腰环及拉线等。

Jb0005511074　根据使用对象，简述卡线器的分类。（5分）

考核知识点：卡线器分类

难易度：易

标准答案：

导线卡线器、地线卡线器、防捻钢丝绳卡线器、光缆卡线器、铝包钢卡线器。

Jb0005511075　简述双钩紧线器的结构组成。（5分）

考核知识点：双钩紧线器组成

难易度：易

标准答案：

双钩紧线器的组成主要包括钩形丝杠、丝母、套筒、安全销、棘轮、手把组件、安全锁片。

Jb0005511076　根据常用放线滑车轮径，一般有哪些规格？（5分）

考核知识点：放线滑车分类

难易度：易

标准答案：

ϕ408mm、ϕ508mm、ϕ660mm、ϕ822mm、ϕ916mm、ϕ1040mm和ϕ1160mm。

第二章　机具维护工初级工技能操作

Jc0004541001　精密滤油机粗过滤器的清洗。（100分）

考核知识点：精密滤油机维护保养

难易度：易

技能等级评价专业技能考核操作工作任务书

一、任务名称

精密滤油机粗过滤器的清洗。

二、适用工种

机具维护工初级工。

三、具体任务

YL-200型精密滤油机粗过滤器的清洗。

四、工作规范及要求

（1）掌握YL-200精密滤油机的组成及性能。

（2）掌握YL-200精密滤油机粗过滤器保养要求及方法。

五、考核时间及要求

（1）本模块操作时间为30分钟，时间到停止考评。

（2）考评过程中如果由于测试人员操作不规范，有可能引发不安全因素的，停止考评，该项考核项目不得分，但不影响其他项目。

技能等级评价专业技能考核操作评分标准

<table>
<tr><td>工种</td><td colspan="6">机具维护工</td><td>评价等级</td><td>初级工</td></tr>
<tr><td>项目模块</td><td colspan="5">基本技能知识—机具维护保养</td><td>编号</td><td colspan="2">Jc0004541001</td></tr>
<tr><td>单位</td><td colspan="3"></td><td>准考证号</td><td colspan="2"></td><td>姓名</td><td></td></tr>
<tr><td>考试时限</td><td colspan="2">30分钟</td><td>题型</td><td colspan="3">单项操作</td><td>题分</td><td>100分</td></tr>
<tr><td>成绩</td><td></td><td>考评员</td><td></td><td>考评组长</td><td colspan="2"></td><td>日期</td><td></td></tr>
<tr><td>试题正文</td><td colspan="8">精密滤油机粗过滤器的清洗</td></tr>
<tr><td>需要说明的问题和要求</td><td colspan="8">（1）要求单人操作，考评员监护。
（2）在设定考试工位上完成操作。
（3）操作结束后，待考评员同意后方可离开考场</td></tr>
</table>

序号	项目名称	质量要求	满分	扣分标准	扣分原因	得分
1	准备工作					
1.1	相关安全措施的准备	着装应符合安全要求：穿工作服、戴线手套、注意安全防护	5	未按要求穿工作服扣3分； 未按要求戴手套扣2分		
1.2	工器具完备及辅助设备完备	检查工器具及辅助设备是否齐全洁净，符合作业要求	5	少一件工器具扣1分，扣完为止		
2	保养步骤					
2.1	关机	将设备关机	10	未关机扣10分		

续表

序号	项目名称	质量要求	满分	扣分标准	扣分原因	得分
2.2	排油	将机体内油液排出至专用容器中	10	未将旧油排出扣 10 分		
2.3	拆外封盖	将外封盖拆除	10	未拆外封盖扣 10 分		
2.4	取出旧滤网	将旧滤网取出	10	未取出旧滤网扣 10 分		
2.5	清洗	清洗滤网	10	未清洗扣 10 分		
2.6	安装滤网	清洗完成后，将滤网装回	10	未安装滤网扣 10 分		
2.7	装外封盖	装回外封盖	10	未装外封盖扣 10 分		
3	工作结束					
3.1	整理工器具	工具整理，摆放整齐	5	未整理工器具扣 5 分		
3.2	工作现场清理	清理现场	5	未清理现场扣 5 分		
4	填写记录					
4.1	填写维保记录单	内容全面，记录规范	10	填写不全面，每少一项扣 2 分，扣完为止		
合计			100			

Jc0004541002　防扭钢丝绳的插接。（100 分）

考核知识点：防扭钢丝绳插接操作

难易度：易

技能等级评价专业技能考核操作工作任务书

一、任务名称

防扭钢丝绳的插接。

二、适用工种

机具维护工初级工。

三、具体任务

ϕ13 防扭钢丝绳的插接。

四、工作规范及要求

（1）掌握防扭钢丝绳绳环的编制方法。

（2）工器具的正确使用及做好安全措施。

五、考核时间及要求

（1）本模块操作时间为 30 分钟，时间到停止考评。

（2）考评过程中如果由于测试人员操作不规范，有可能引发不安全因素的，停止考评，该项考核项目不得分，但不影响其他项目。

技能等级评价专业技能考核操作评分标准

<table>
<tr><td>工种</td><td colspan="5">机具维护工</td><td>评价等级</td><td>初级工</td></tr>
<tr><td>项目模块</td><td colspan="4">基本技能知识—机具操作使用</td><td>编号</td><td colspan="2">Jc0004541002</td></tr>
<tr><td>单位</td><td colspan="3"></td><td>准考证号</td><td></td><td>姓名</td><td></td></tr>
<tr><td>考试时限</td><td colspan="2">30 分钟</td><td>题型</td><td colspan="2">单项操作</td><td>题分</td><td>100 分</td></tr>
<tr><td>成绩</td><td></td><td>考评员</td><td></td><td>考评组长</td><td></td><td>日期</td><td></td></tr>
</table>

续表

试题正文	防扭钢丝绳的插接					
需要说明的问题和要求	（1）要求单人操作，考评员监护。 （2）在设定考试工位上完成操作。 （3）操作结束后，待考评员同意后方可离开考场。 （4）备注：插接方法不唯一					
序号	项目名称	质量要求	满分	扣分标准	扣分原因	得分
1	准备工作					
1.1	相关安全措施的准备	着装应符合安全要求：穿工作服、戴线手套、注意安全防护	10	未按要求穿工作服扣5分； 未按要求戴手套扣5分		
1.2	工器具完备及辅助设备完备	检查工器具及辅助设备是否齐全洁净，符合作业要求	10	少一件工器具扣2分，扣完为止		
2	操作步骤					
2.1	绳套插接	（1）绳套的插接方法正确。 （2）绳套的插接过程熟悉。 （3）绳套的插接长度不小于绳节距的4倍。 （4）绳环的工艺美观。 （5）各绳股受力均匀	70	绳套的插接方法不正确，扣15分； 绳套的插接过程不熟悉，扣15分； 绳套的插接长度不够，扣15分； 绳套的工艺不够美观扣，15分； 绳套各绳股受力不均匀，扣10分		
3	工作结束					
3.1	整理工器具	工具整理，摆放整齐	5	未整理工器具扣5分		
3.2	工作现场清理	清理现场	5	未清理现场扣5分		
合计			100			

Jc0004541003　防扭钢丝绳套的压接。（100分）

考核知识点：防扭钢丝绳压接操作

难易度：易

技能等级评价专业技能考核操作工作任务书

一、任务名称

防扭钢丝绳套的压接。

二、适用工种

机具维护工初级工。

三、具体任务

ϕ13防扭钢丝绳绳套的压接。

四、工作规范及要求

（1）掌握防扭钢丝绳绳环的压接方法。

（2）工器具的正确使用及做好安全措施。

五、考核时间及要求

（1）本模块操作时间为15分钟，时间到停止考评。

（2）考评过程中如果由于测试人员操作不规范，有可能引发不安全因素的，停止考评，该项考核项目不得分，但不影响其他项目。

技能等级评价专业技能考核操作评分标准

工种	机具维护工					评价等级	初级工
项目模块	基本技能知识—机具操作使用					编号	Jc0004541003
单位			准考证号			姓名	
考试时限	15 分钟		题型		单项操作	题分	100 分
成绩		考评员		考评组长		日期	
试题正文	防扭钢丝绳套的压接						
需要说明的问题和要求	（1）要求单人操作，考评员监护。 （2）在设定考试工位上完成操作。 （3）操作结束后，待考评员同意后方可离开考场。 （4）备注：压制折回式钢丝绳套						

序号	项目名称	质量要求	满分	扣分标准	扣分原因	得分
1	准备工作					
1.1	相关安全措施的准备	着装应符合安全要求：穿工作服、戴线手套、注意安全防护	10	未按要求穿工作服扣 5 分； 未按要求戴手套扣 5 分		
1.2	工器具完备及辅助设备完备	检查工器具及辅助设备是否齐全洁净，符合作业要求	10	少一件工器具扣 2 分，扣完为止		
2	操作步骤					
2.1	选择铝管及模具	选择与钢丝绳配套的铝管及配套液压模具	15	选择不正确，每处扣 5 分，扣完为止		
2.2	穿管	钢丝绳套管到绳套顶端内侧的长度和圆周长度，符合规定要求	15	操作不正确扣 15 分		
2.3	压接	选用合适压接机具进行压接	25	操作顺序、方法不正确，每处扣 3 分，扣完为止		
2.4	检查	套管压制后，钢丝绳末端伸出套管的长度应不超过钢丝绳直径的 0.5～1 倍，测量压接后管套几何尺寸符合规定	15	不满足工艺要求，每处扣 3 分，扣完为止		
3	工作结束					
3.1	整理工器具	工具整理，摆放整齐	5	未整理工器具扣 5 分		
3.2	工作现场清理	清理现场	5	未清理现场扣 5 分		
合计			100			

Jc0004541004　迪尼玛绳绳套的插接。（100 分）

考核知识点：迪尼玛绳插接操作

难易度：易

技能等级评价专业技能考核操作工作任务书

一、任务名称

迪尼玛绳绳套的插接。

二、适用工种

机具维护工初级工。

三、具体任务

ϕ16mm 迪尼玛绳绳套的插接。

四、工作规范及要求

（1）掌握迪尼玛绳绳套的插接方法。

（2）工器具的正确使用及做好安全措施。

五、考核时间及要求

（1）本模块操作时间为30分钟，时间到停止考评。

（2）考评过程中如果由于测试人员操作不规范，有可能引发不安全因素的，停止考评，该项考核项目不得分，但不影响其他项目。

技能等级评价专业技能考核操作评分标准

工种	机具维护工					评价等级	初级工
项目模块	基本技能知识—机具操作使用				编号	Jc0004541004	
单位			准考证号			姓名	
考试时限	30分钟		题型	单项操作		题分	100分
成绩		考评员		考评组长		日期	
试题正文	迪尼玛绳绳套的插接						
需要说明的问题和要求	（1）要求单人操作，考评员监护。 （2）在设定考试工位上完成操作。 （3）操作结束后，待考评员同意后方可离开考场。 （4）备注：插接方法不唯一						

序号	项目名称	质量要求	满分	扣分标准	扣分原因	得分
1	准备工作					
1.1	相关安全措施的准备	着装应符合安全要求：穿工作服、戴线手套、注意安全防护	10	未按要求穿工作服扣5分； 未按要求戴手套扣5分		
1.2	工器具完备及辅助设备完备	检查工器具及辅助设备是否齐全洁净，符合作业要求	10	少一件工器具扣2分，扣完为止		
2	操作步骤					
2.1	绳套插接	（1）绳套的插接方法正确。 （2）绳套的插接过程熟悉。 （3）绳套的插接长度不小于绳索直径的40倍。 （4）绳环的工艺美观。 （5）各绳股受力均匀。 （6）绳套插接部位，应做防护保护	70	绳套的插接方法不正确，扣15分； 绳套的插接过程不熟悉，扣10分； 绳套的插接长度不够，扣15分； 绳套的工艺不够美观扣，10分； 绳套的各绳股受力不均匀，扣10分； 未做防护保护，扣10分		
3	工作结束					
3.1	整理工器具	工具整理，摆放整齐	5	未整理工器具扣5分		
3.2	工作现场清理	清理现场	5	未清理现场扣5分		
	合计		100			

Jc0005541005　液压机钳头拆检。（100分）

考核知识点：液压机检查

难易度：易

技能等级评价专业技能考核操作工作任务书

一、任务名称

液压机钳头拆检。

二、适用工种

机具维护工初级工。

三、具体任务

300T 液压机钳头拆检。

四、工作规范及要求

（1）掌握液压机钳头的机械性能及使用要求。

（2）工器具的正确使用及做好安全防护。

五、考核时间及要求

（1）本模块操作时间为 30 分钟，时间到停止考评。

（2）考评过程中如果由于测试人员操作不规范，有可能引发不安全因素的，停止考评，该项考核项目不得分，但不影响其他项目。

技能等级评价专业技能考核操作评分标准

<table>
<tr><td>工种</td><td colspan="5">机具维护工</td><td>评价等级</td><td>初级工</td></tr>
<tr><td>项目模块</td><td colspan="4">专业知识—机具检查检修</td><td>编号</td><td colspan="2">Jc0005541005</td></tr>
<tr><td>单位</td><td colspan="2"></td><td>准考证号</td><td colspan="2"></td><td>姓名</td><td></td></tr>
<tr><td>考试时限</td><td colspan="2">30 分钟</td><td>题型</td><td colspan="2">单项操作</td><td>题分</td><td>100 分</td></tr>
<tr><td>成绩</td><td></td><td>考评员</td><td></td><td>考评组长</td><td></td><td>日期</td><td></td></tr>
<tr><td>试题正文</td><td colspan="7">液压机钳头拆检</td></tr>
<tr><td>需要说明的问题和要求</td><td colspan="7">（1）要求单人操作，考评员监护。
（2）在设定考试工位上完成操作。
（3）操作结束后，待考评员同意后方可离开考场</td></tr>
</table>

序号	项目名称	质量要求	满分	扣分标准	扣分原因	得分
1	准备工作					
1.1	相关安全措施的准备	着装应符合安全要求：穿工作服、戴线手套、注意安全防护	5	未按要求穿工作服扣 3 分； 未按要求戴手套扣 2 分		
1.2	工器具、设备及辅助设备备品备件完备	检查工器具及辅助设备是否齐全洁净，符合作业要求	5	少一件工器具扣 1 分，扣完为止		
2	操作步骤					
2.1	外表清洁	对所维修钳头进行外表清洁	5	未清洁扣 5 分； 清洁不到位扣 2 分		
2.2	钳头拆卸	（1）卸下快速接头。 （2）排净钳头内液压油。 （3）卸下钳头底座。 （4）拆除油缸活塞及活塞杆。 （5）拆除油封	20	拆卸顺序、方法不正确，每处扣 4 分，扣完为止		
2.3	零部件清洁	应将零件用清洗剂进行清洁，使零部件保持洁净	5	清洁不到位每件扣 1 分，扣完为止		
2.4	零部件检查	检查各零部件完好性	10	检查不到位，每处扣 2 分，扣完为止		

续表

序号	项目名称	质量要求	满分	扣分标准	扣分原因	得分
2.5	更换配件	更换受损部件	5	更换顺序、方法不正确，每处扣1分，扣完为止		
2.6	组装	按照与拆卸相反顺序进行组装	15	操作顺序、方法不正确，每处扣3分； 丢失或漏装零部件，每只扣2分； 扣完为止		
2.7	运转检查	钳头试工作，观察钳头工作时是否正常，有无漏油现象	10	不能正常工作扣5分； 有漏油现象扣5分		
3	工作结束					
3.1	整理工器具	工具整理，摆放整齐	5	未整理工器具扣5分		
3.2	工作现场清理	清理现场	5	未清理现场扣5分		
4	填写记录					
4.1	填写维保记录单	内容全面，记录规范	10	填写不全面，每少一项扣2分，扣完为止		
合计			100			

Jc0005541006　钢筋切断机的定期维护保养。(100 分)

考核知识点：设备维护保养

难易度：易

技能等级评价专业技能考核操作工作任务书

一、任务名称

钢筋切断机的定期维护保养。

二、适用工种

机具维护工初级工。

三、具体任务

完成钢筋切断机的定期维护保养。

四、工作规范及要求

（1）掌握钢筋切断机的机械性能、电气性能及操作要求。

（2）相关工器具的准备。

（3）工器具的正确使用及做好安全措施。

五、考核时间及要求

（1）本模块操作时间为30分钟，时间到停止考评。

（2）考评过程中如果由于测试人员操作不规范，有可能引发不安全因素的，停止考评，该项考核项目不得分，但不影响其他项目。

技能等级评价专业技能考核操作评分标准

<table>
<tr><td>工种</td><td colspan="5">机具维护工</td><td>评价等级</td><td>初级工</td></tr>
<tr><td>项目模块</td><td colspan="4">专业知识—机具维护保养</td><td>编号</td><td colspan="2">Jc0005541006</td></tr>
<tr><td>单位</td><td colspan="3"></td><td>准考证号</td><td></td><td>姓名</td><td></td></tr>
<tr><td>考试时限</td><td>30分钟</td><td>题型</td><td colspan="3">单项操作</td><td>题分</td><td>100分</td></tr>
<tr><td>成绩</td><td></td><td>考评员</td><td></td><td>考评组长</td><td></td><td>日期</td><td></td></tr>
</table>

续表

试题正文	钢筋切断机的定期维护保养
需要说明的问题和要求	（1）要求单人操作，考评员监护。 （2）在设定考试工位上完成操作。 （3）操作结束后，待考评员同意后方可离开考场

序号	项目名称	质量要求	满分	扣分标准	扣分原因	得分
1	准备工作					
1.1	相关安全措施的准备	着装应符合安全要求：穿工作服、戴线手套、注意安全防护	5	未按要求穿工作服扣3分； 未按要求戴手套扣2分		
1.2	工器具、设备及辅助设备备品备件完备	检查工器具及辅助设备是否齐全洁净，符合作业要求	5	少一个工器具扣1分，扣完为止		
2	操作步骤					
2.1	外部清洁	外表整洁、完好、无油污	10	未清洁扣10分； 清洁不到位扣5分		
2.2	检查螺栓	各部螺栓不得缺损，紧固牢靠	10	检查不到位，每处扣2分，扣完为止		
2.3	检查三角带	三角带的松紧度以能在皮带中间按下10～15mm为宜，各防护装置齐全完好	10	检查不到位扣10分		
2.4	检查刀片	两刀片的重叠量为2mm，间隙不大于0.3mm	10	检查不到位扣10分		
2.5	检查刀片固定架	刀片固定架的螺栓不得松动，牢固可靠	5	检查不到位扣5分		
2.6	检查离合器	离合器接触应平稳，分离应完全	5	检查不到位扣5分		
2.7	检查电路	检查电路和开关，线头应连接牢固，熔丝应符合规定，开关接触应可靠，接地应良好	10	检查不到位，每处扣2分，扣完为止		
2.8	试运转	（1）用手转动2～3转，灵活无阻后再接通电源。 （2）试运转1～2min，各部工作正常，无异常声响。 （3）在运转中检查滚动轴承、润滑轴承和电动机的温升不能超过60℃	10	检查不到位，每处扣2分，扣完为止		
3	工作结束					
3.1	整理工器具	工具整理，摆放整齐	5	未整理工器具扣5分		
3.2	工作现场清理	清理现场	5	未清理现场扣5分		
4	填写记录					
4.1	填写维保记录单	内容全面，记录规范	10	填写不全面，每处扣2分，扣完为止		
合计			100			

Jc0004541007　工件的测量。(100分)

考核知识点：仪器仪表使用

难易度：易

技能等级评价专业技能考核操作工作任务书

一、任务名称

工件的测量。

二、适用工种

机具维护工初级工。

三、具体任务

完成工件的测量。

四、工作规范及要求

（1）掌握工器具的工作性能。

（2）工器具、量具的正确使用及做好安全措施。

五、考核时间及要求

（1）本模块操作时间为15分钟，时间到停止考评。

（2）考评过程中如果由于测试人员操作不规范，有可能引发不安全因素的，停止考评，该项考核项目不得分，但不影响其他项目。

技能等级评价专业技能考核操作评分标准

<table>
<tr><td>工种</td><td colspan="5">机具维护工</td><td>评价等级</td><td>初级工</td></tr>
<tr><td>项目模块</td><td colspan="4">基本技能知识—机具操作使用</td><td>编号</td><td colspan="2">Jc0004541007</td></tr>
<tr><td>单位</td><td colspan="3"></td><td>准考证号</td><td></td><td>姓名</td><td></td></tr>
<tr><td>考试时限</td><td colspan="2">15分钟</td><td>题型</td><td colspan="2">单项操作</td><td>题分</td><td>100分</td></tr>
<tr><td>成绩</td><td></td><td>考评员</td><td></td><td>考评组长</td><td></td><td>日期</td><td></td></tr>
<tr><td>试题正文</td><td colspan="7">工件的测量</td></tr>
<tr><td>需要说明的问题和要求</td><td colspan="7">（1）要求单人操作，考评员监护。
（2）在设定考试工位上完成操作。
（3）操作结束后，待考评员同意后方可离开考场</td></tr>
</table>

序号	项目名称	质量要求	满分	扣分标准	扣分原因	得分
1	准备工作					
1.1	相关安全措施的准备	着装应符合安全要求：穿工作服、戴线手套、注意安全防护	5	未按要求穿工作服扣3分； 未按要求戴手套扣2分		
1.2	工器具、设备及辅助设备完备	检查工器具及辅助设备是否齐全洁净，符合作业要求	5	少一件工器具扣1分，扣完为止		
2	操作步骤					
2.1	用钢卷尺测量	正确使用钢卷尺测量，测量精度符合要求	20	不会使用钢卷尺测量扣20分； 使用方法不正确扣5分； 测量结果误差超过标准扣5分		
2.2	用卡钳测量	正确使用卡钳测量，测量精度符合要求	25	不会使用卡钳测量扣25分； 使用方法不正确扣5分； 测量结果误差超过标准扣5分		
2.3	用游标卡尺测量	正确使用游标卡尺测量，测量精度符合要求	25	不会使用游标卡尺测量扣5分； 使用方法不正确扣5分； 测量结果误差超过标准扣5分		
2.4	数据记录	数据记录完整准确	10	记录数据不全或不正确，每处扣2分，扣完为止		
3	工作结束					
3.1	整理工具	工具整理、摆放整齐	5	未整理工器具扣5分		
3.2	工作现场清理	清理现场	5	未清理现场扣5分		
	合计		100			

Jc0004541008　电线连接及连接后的绝缘防护。(100 分)

考核知识点：电线维护保养

难易度：易

技能等级评价专业技能考核操作工作任务书

一、任务名称

电线连接及连接后的绝缘防护。

二、适用工种

机具维护工初级工。

三、具体任务

3×2.5+1 铜芯电线连接及连接后的绝缘防护。

四、工作规范及要求

（1）掌握电气连接的基本方法、步骤、工艺。

（2）工器具的正确使用及做好安全措施。

五、考核时间及要求

（1）本模块操作时间为 10 分钟，时间到停止考评。

（2）考评过程中如果由于测试人员操作不规范，有可能引发不安全因素的，停止考评，该项考核项目不得分，但不影响其他项目。

技能等级评价专业技能考核操作评分标准

工种	机具维护工					评价等级	初级工
项目模块	基本技能知识—机具维护保养				编号	Jc0004541008	
单位		准考证号				姓名	
考试时限	10 分钟	题型	单项操作			题分	100 分
成绩		考评员		考评组长		日期	
试题正文	电线连接及连接后的绝缘防护						
需要说明的问题和要求	（1）要求单人操作，考评员监护。 （2）在设定考试工位上完成操作。 （3）操作结束后，待考评员同意后方可离开考场						

序号	项目名称	质量要求	满分	扣分标准	扣分原因	得分
1	准备工作					
1.1	相关安全措施的准备	着装应符合安全要求：穿工作服、戴线手套、注意安全防护	5	未按要求穿工作服扣 3 分； 未按要求戴手套扣 2 分		
1.2	工器具完备及辅助设备完备	检查工器具及辅助设备是否齐全洁净，符合作业要求	5	少一件工器具扣 1 分，扣完为止		
2	操作步骤					
2.1	绝缘剖削	剖削导线绝缘方法正确，不损伤线芯	20	导线绝缘剖削方法不正确，每根扣 3 分； 损伤线芯，每根扣 3 分 扣完为止		
2.2	导线连接	导线连接牢固、整齐、规范	30	导线缠绕方法不正确扣 10 分； 缠绕圈数不够扣 5 分； 缠绕不整齐扣 5 分； 连接不紧扣 5 分； 连接处变形扣 5 分		

续表

序号	项目名称	质量要求	满分	扣分标准	扣分原因	得分
2.3	绝缘防护	绝缘包缠方法正确，叠压严密	30	绝缘包缠方法不正确扣 20 分； 绝缘层压不够扣 10 分		
3	工作结束					
3.1	整理工具	工具整理、摆放整齐	5	未整理工器具扣 5 分		
3.2	工作现场清理	清理现场	5	未清理现场扣 5 分		
合计			100			

Jc0005541009　判断电动机定子绕组接地故障相。（100 分）

考核知识点：设备故障判断

难易度：易

技能等级评价专业技能考核操作工作任务书

一、任务名称

判断电动机定子绕组接地故障相。

二、适用工种

机具维护工初级工。

三、具体任务

判断三相异步电动机定子绕组接地故障相。

四、工作规范及要求

（1）掌握三相异步电动机的机械性能及使用要求。

（2）工器具、仪表的正确使用及做好安全措施。

五、考核时间及要求

（1）本模块操作时间为 10 分钟，时间到停止考评。

（2）考评过程中如果由于测试人员操作不规范，有可能引发不安全因素的，停止考评，该项考核项目不得分，但不影响其他项目。

技能等级评价专业技能考核操作评分标准

<table>
<tr><td>工种</td><td colspan="8">机具维护工</td><td>评价等级</td><td>初级工</td></tr>
<tr><td>项目模块</td><td colspan="7">专业知识—机具检查检修</td><td>编号</td><td colspan="2">Jc0005541009</td></tr>
<tr><td>单位</td><td colspan="3"></td><td colspan="2">准考证号</td><td colspan="3"></td><td>姓名</td><td></td></tr>
<tr><td>考试时限</td><td colspan="2">10 分钟</td><td colspan="2">题型</td><td colspan="4">单项操作</td><td>题分</td><td>100 分</td></tr>
<tr><td>成绩</td><td></td><td>考评员</td><td colspan="2"></td><td colspan="2">考评组长</td><td colspan="2"></td><td>日期</td><td></td></tr>
<tr><td>试题正文</td><td colspan="10">判断电动机定子绕组接地故障相</td></tr>
<tr><td>需要说明的问题和要求</td><td colspan="10">（1）要求单人操作，考评员监护。
（2）在设定考试工位上完成操作。
（3）操作结束后，待考评员同意后方可离开考场</td></tr>
</table>

续表

序号	项目名称	质量要求	满分	扣分标准	扣分原因	得分
1	准备工作					
1.1	相关安全措施的准备	着装应符合安全要求：穿工作服、戴线手套、注意安全防护	5	未按要求穿工作服扣3分； 未按要求戴手套扣2分		
1.2	工器具完备及辅助设备完备	检查工器具及辅助设备是否齐全洁净，符合作业要求	5	少一件工器具扣1分，扣完为止		
2	操作步骤					
2.1	选用合适的电工用具、仪表	正确使用绝缘电阻表及其他电工用具、仪表，试验接线正确	20	选用仪表、电工用具不正确，每处扣2分，扣完为止		
2.2	寻找故障相	寻找接地相的步骤、方法、结论正确	50	寻找故障方法、步骤不正确，每处扣5分，扣完为止		
2.3	数据记录	数据记录完整准确	10	记录数据不全或不正确，每处扣2分，扣完为止		
3	工作结束					
3.1	整理工具	工具整理、摆放整齐	5	未整理工器具扣5分		
3.2	工作现场清理	清理现场	5	未清理现场扣5分		
合计			100			

Jc0004541010 精密滤油机精过滤器的清洗。（100分）

考核知识点：精密滤油机维护保养

难易度：易

技能等级评价专业技能考核操作工作任务书

一、任务名称

精密滤油机精过滤器的清洗。

二、适用工种

机具维护工初级工。

三、具体任务

YL-200精密滤油机精过滤器的清洗。

四、工作规范及要求

（1）掌握YL-200精密滤油机的组成及性能。

（2）掌握YL-200精密滤油机精过滤器保养要求及方法。

五、考核时间及要求

（1）本模块操作时间为30分钟，时间到停止考评。

（2）考评过程中如果由于测试人员操作不规范，有可能引发不安全因素的，停止考评，该项考核项目不得分，但不影响其他项目。

技能等级评价专业技能考核操作评分标准

工种	机具维护工			评价等级	初级工
项目模块	基本技能知识—机具维护保养		编号	Jc0004541010	
单位		准考证号		姓名	

续表

考试时限	30 分钟		题型	单项操作		题分	100 分
成绩		考评员		考评组长		日期	
试题正文	精密滤油机精过滤器的清洗						
需要说明的问题和要求	（1）要求单人操作，工器具检查完备，考评员监护。 （2）在设定考试工位上完成操作。 （3）操作结束后，待考评员同意后方可离开考场						

序号	项目名称	质量要求	满分	扣分标准	扣分原因	得分
1	准备工作					
1.1	相关安全措施的准备	着装应符合安全要求：穿工作服、戴线手套，注意安全防护	5	未按要求穿工作服扣 3 分； 未按要求戴手套扣 2 分		
1.2	工器具完备及辅助设备完备	检查工器具及辅助设备是否齐全洁净，符合作业要求	5	少一件工器具扣 1 分，扣完为止		
2	保养步骤					
2.1	关机	将设备关机	10	未关机扣 10 分		
2.2	排油	将机体内油液排出至专用容器中	10	未将旧油排出扣 10 分		
2.3	拆盖板法兰	将盖板法兰拆除	10	未拆盖板法兰扣 10 分		
2.4	取出旧滤芯	将旧滤芯取出	15	未取出旧滤芯扣 15 分		
2.5	更换	更换净滤芯	15	未更换扣 15 分		
2.6	装盖板法兰	装回盖板法兰	10	未装盖板法兰扣 10 分		
3	工作结束					
3.1	整理工器具	工具整理，摆放整齐	5	未整理工器具扣 5 分		
3.2	工作现场清理	清理现场	5	未清理现场扣 5 分		
4	填写记录					
4.1	填写维保记录单	内容全面，记录规范	10	填写不全面，每少一项扣 2 分，扣完为止		
合计			100			

Jc0004541011 常用绳扣打结。（100 分）

考核知识点：绳索操作使用

难易度：易

技能等级评价专业技能考核操作工作任务书

一、任务名称

常用绳扣打结。

二、适用工种

机具维护工初级工。

三、具体任务

几种常用绳扣的打结。

四、工作规范及要求

（1）掌握绳扣打结基本方法、工艺要求。

（2）工器具的正确使用及做好安全措施。

五、考核时间及要求

（1）本模块操作时间为10分钟，时间到停止考评。

（2）考评过程中如果由于测试人员操作不规范，有可能引发不安全因素的，停止考评，该项考核项目不得分，但不影响其他项目。

技能等级评价专业技能考核操作评分标准

工种	机具维护工						评价等级	初级工
项目模块	基本技能知识—机具操作使用					编号	Jc0004541011	
单位				准考证号			姓名	
考试时限	10分钟		题型		单项操作		题分	100分
成绩		考评员		考评组长			日期	
试题正文	常用绳扣打结							
需要说明的问题和要求	（1）要求单人操作，考评员监护。 （2）在设定考试工位上完成操作。 （3）操作结束后，待考评员同意后方可离开考场							

序号	项目名称	质量要求	满分	扣分标准	扣分原因	得分
1	准备工作					
1.1	相关安全措施的准备	着装应符合安全要求：穿工作服、戴线手套、注意安全防护	5	未按要求穿工作服扣3分； 未按要求戴手套扣2分		
1.2	工器具完备及辅助设备完备	检查工器具及辅助设备是否齐全洁净，符合作业要求	5	少一件工器具扣1分，扣完为止		
2	操作步骤					
2.1	绳扣一	（1）绳扣的打结方法正确。 （2）绳扣的打结过程熟悉。 （3）明确绳扣的使用场所	20	绳扣的打结方法不正确扣10分； 绳扣的打结过程不熟悉扣5分； 绳扣的使用场所不清楚扣5分		
2.2	绳扣二	（1）绳扣的打结方法正确。 （2）绳扣的打结过程熟悉。 （3）明确绳扣的使用场所	20	绳扣的打结方法不正确扣10分； 绳扣的打结过程不熟悉扣5分； 绳扣的使用场所不清楚扣5分		
2.3	绳扣三	（1）绳扣的打结方法正确。 （2）绳扣的打结过程熟悉。 （3）明确绳扣的使用场所	20	绳扣的打结方法不正确扣10分； 绳扣的打结过程不熟悉扣5分； 绳扣的使用场所不清楚扣5分		
2.4	绳扣四	（1）绳扣的打结方法正确。 （2）绳扣的打结过程熟悉。 （3）明确绳扣的使用场所	20	绳扣的打结方法不正确扣10分； 绳扣的打结过程不熟悉扣5分； 绳扣的使用场所不清楚扣5分		
3	工作结束					
3.1	整理工具	工具整理、摆放整齐	5	未整理工器具扣5分		
3.2	工作现场清理	清理现场	5	未清理现场扣5分		
合计			100			

Jc0004541012　常用电工工具的使用。（100分）

考核知识点： 常用工具操作使用

难易度： 易

技能等级评价专业技能考核操作工作任务书

一、任务名称

常用电工工具的使用。

二、适用工种

机具维护工初级工。

三、具体任务

几种常用电工工具的使用。

四、工作规范及要求

工器具的正确使用及做好安全措施。

五、考核时间及要求

（1）本模块操作时间为10分钟，时间到停止考评。

（2）考评过程中如果由于测试人员操作不规范，有可能引发不安全因素的，停止考评，该项考核项目不得分，但不影响其他项目。

技能等级评价专业技能考核操作评分标准

工种	机具维护工					评价等级	初级工
项目模块	基本技能知识—机具操作使用				编号	Jc0004541012	
单位			准考证号			姓名	
考试时限	10分钟		题型	单项操作		题分	100分
成绩		考评员		考评组长		日期	
试题正文	常用电工工具的使用						
需要说明的问题和要求	（1）要求单人操作，考评员监护。 （2）在设定考试工位上完成操作。 （3）操作结束后，待考评员同意后方可离开考场						

序号	项目名称	质量要求	满分	扣分标准	扣分原因	得分
1	准备工作					
1.1	相关安全措施的准备	着装应符合安全要求：穿工作服、戴线手套、注意安全防护	5	未按要求穿工作服扣3分； 未按要求戴手套扣2分		
1.2	工器具及辅助设备完备	检查工器具及辅助设备是否齐全洁净，符合作业要求	5	少一件工器具扣1分，扣完为止		
2	操作步骤					
2.1	验电笔的使用	（1）握笔姿势正确。 （2）先到确实有电的带电体上验电，检查验电笔是否良好。 （3）检测未知带电体是否有电。 （4）回到有电点的带电体上验电，确认验电结果	20	操作不正确或漏项，每处扣5分，扣完为止		
2.2	螺钉旋具的使用	（1）手握姿势正确。 （2）拧入时用力适当，不伤顶部	10	操作不正确或漏项，每处扣5分，扣完为止		
2.3	电工钳的使用	（1）口述用法口诀：剪切导线用刀口，剪切钢丝用侧口，扳旋螺母用齿口，弯绞导线用钳口。 （2）检查绝缘柄是否良好。 （3）手握姿势是否正确。 （4）剪切导线方法正确。 （5）剥削导线绝缘层方法正确	10	操作不正确或漏项，每处扣2分，扣完为止		

续表

序号	项目名称	质量要求	满分	扣分标准	扣分原因	得分
2.4	尖嘴钳的使用	（1）手握姿势正确。 （2）弯绞导线端环	10	操作不正确或漏项，每项扣 5 分，扣完为止		
2.5	剥线钳的使用	（1）手握姿势正确。 （2）剥削长度正确。 （3）剥线方法正确。 （4）导线无损伤	10	操作不正确或漏项，每处扣 2.5 分，扣完为止		
2.6	电工刀的使用	（1）手握姿势正确。 （2）割削长度正确。 （3）割削方法正确。 （4）导线无损伤	10	操作不正确或漏项，每处扣 2.5 分，扣完为止		
2.7	活动扳手的使用	（1）手握姿势正确。 （2）调整扳口开度方法正确。 （3）拧紧或拆卸大螺母方法正确。 （4）拧紧或拆卸小螺母方法正确	10	操作不正确或漏项，每处扣 2.5 分，扣完为止		
3	工作结束					
3.1	整理工具	工具整理、摆放整齐	5	未整理工器具扣 5 分		
3.2	工作现场清理	清理现场	5	未清理现场扣 5 分		
合计			100			

Jc0004541013　更换干燥空气发生器的干燥剂。（100 分）

考核知识点：干燥空气发生器的维护保养

难易度：易

技能等级评价专业技能考核操作工作任务书

一、任务名称

更换干燥空气发生器的干燥剂。

二、适用工种

机具维护工初级工。

三、具体任务

更换 GF200BY 型干燥空气发生器的干燥剂。

四、工作规范及要求

掌握 GF200BY 型干燥空气发生器的干燥剂的更换步骤及填充方法。

五、考核时间及要求

（1）本模块操作时间为 30 分钟，时间到停止考评。

（2）考评过程中如果由于测试人员操作不规范，有可能引发不安全因素的，停止考评，该项考核项目不得分，但不影响其他项目。

技能等级评价专业技能考核操作评分标准

<table>
<tr><td>工种</td><td colspan="4">机具维护工</td><td>评价等级</td><td>初级工</td></tr>
<tr><td>项目模块</td><td colspan="3">基本技能知识—机具维护保养</td><td>编号</td><td colspan="2">Jc0004541013</td></tr>
<tr><td>单位</td><td colspan="2"></td><td>准考证号</td><td></td><td>姓名</td><td></td></tr>
<tr><td>考试时限</td><td>30 分钟</td><td>题型</td><td colspan="2">单项操作</td><td>题分</td><td>100 分</td></tr>
</table>

续表

成绩		考评员		考评组长		日期	
试题正文	更换干燥空气发生器的干燥剂						
需要说明的问题和要求	（1）要求单人操作，工器具检查完备，考评员监护。 （2）在设定考试工位上完成操作。 （3）操作结束后，待考评员同意后方可离开考场						

序号	项目名称	质量要求	满分	扣分标准	扣分原因	得分
1	准备工作					
1.1	相关安全措施的准备	着装应符合安全要求：穿工作服、戴线手套，注意安全防护	5	未按要求穿工作服扣3分； 未按要求戴手套扣2分		
1.2	工器具完备及辅助设备完备	检查工器具及辅助设备是否齐全洁净，符合作业要求	5	少一件工器具扣1分，扣完为止		
2	保养步骤					
2.1	停机	停止干燥空气发生器，并保证系统全部泄压	10	未停机泄压扣10分		
2.2	排放	用扳手拆除干燥机底部排放干燥剂的盖板，通过放料口将塔体内吸附剂排放	15	操作顺序、方法不正确，每处扣5分，扣完为止		
2.3	检查	检查确认排放完毕，旋紧再生干燥机底部排放干燥剂的盖板的螺栓	15	检查不到位扣15分		
2.4	填充	（1）由吸附塔体上的加料口向塔体内填充吸附剂。 （2）单个塔体吸附剂填充量如下：3～5mm 活性氧化铝约 8.5kg，13X 分子筛约 8.5kg。 （3）填充方法：先向塔体内填充约 4.25kg 3～5mm 活性氧化铝，然后填充 8.5kg 13X 分子筛，最后将剩余约 4.25kg 3～5mm 活性氧化铝填充入塔体。 （4）填充吸附剂完毕，旋紧吸附塔体上封头上的加料口旋塞	30	操作顺序、方法不正确，每处扣 10 分，扣完为止		
3	工作结束					
3.1	整理工器具	工具整理，摆放整齐	5	未整理工器具扣5分		
3.2	工作现场清理	清理现场	5	未清理现场扣5分		
4	填写记录					
4.1	填写维保记录单	内容全面，记录规范	10	填写不全面，每处扣2分，扣完为止		
合计			100			

Jc0004541014　电动机绝缘电阻测量。（100分）

考核知识点：仪器仪表使用

难易度：易

技能等级评价专业技能考核操作工作任务书

一、任务名称

电动机绝缘电阻测量。

二、适用工种

机具维护工初级工。

三、具体任务

三相异步电动机绝缘电阻测量。

四、工作规范及要求

（1）绝缘电阻表检查满足考核要求。

（2）按要求进行电动机绝缘电阻的测量。

（3）测量后对数据进行分析。

五、考核时间及要求

（1）本模块操作时间为 20 分钟，时间到停止考评。

（2）考评过程中如果由于测试人员操作不规范，有可能引发不安全因素的，停止考评，该项考核项目不得分，但不影响其他项目。

技能等级评价专业技能考核操作评分标准

<table>
<tr><td>工种</td><td colspan="5">机具维护工</td><td>评价等级</td><td>初级工</td></tr>
<tr><td>项目模块</td><td colspan="5">基本技能知识—机具操作使用</td><td>编号</td><td>Jc0004541014</td></tr>
<tr><td>单位</td><td colspan="3"></td><td>准考证号</td><td></td><td>姓名</td><td></td></tr>
<tr><td>考试时限</td><td colspan="2">20 分钟</td><td>题型</td><td colspan="2">单项操作</td><td>题分</td><td>100 分</td></tr>
<tr><td>成绩</td><td></td><td>考评员</td><td></td><td>考评组长</td><td></td><td>日期</td><td></td></tr>
<tr><td>试题正文</td><td colspan="7">电动机绝缘电阻测量</td></tr>
<tr><td>需要说明的问题和要求</td><td colspan="7">（1）要求单人操作，考评员监护。
（2）在设定考试工位上完成操作。
（3）操作结束后，待考评员同意后方可离开考场</td></tr>
</table>

序号	项目名称	质量要求	满分	扣分标准	扣分原因	得分
1	准备工作					
1.1	相关安全措施的准备	着装应符合安全要求：穿工作服、戴线手套、注意安全防护	5	未按要求要求穿工作服扣 3 分； 未按要求戴手套扣 2 分		
1.2	工器具、设备及辅助设备完备	检查工器具及辅助设备是否齐全洁净，符合作业要求	5	少一件工器具扣 1 分，扣完为止		
2	操作步骤					
2.1	绝缘电阻表外观检查	无破损、有合格证、在有效期内	5	检查不到位，每处扣 1 分，扣完为止		
2.2	绝缘电阻表电源检查	熟练正确检查绝缘电阻表电源正常	5	检查不到位，每处扣 1 分，扣完为止		
2.3	电动机表面清洁	电动机表面洁净	5	未清洁扣 5 分； 清洁不到位扣 2 分		
2.4	检查被试设备	电动机对外连接线应拆除，且已放电	5	检查不到位扣 5 分		
2.5	接线	红色线接导体端“L”，黑色线接地端“E”	5	接线不正确扣 5 分		
2.6	档位选择	选择绝缘电阻档	5	选择不正确扣 5 分		
2.7	量程选择	选择输出电压 500V	5	量程选择不正确扣 5 分		
2.8	绝缘电阻测量	打开电源，开路检查表针指示“1”，表笔短接指针指示“0”。测量时黑色导线接电动机外壳上，红色导线接电动机的导线端。打开电源开始测量，按要求分别测试 15s 和 60s 等值	20	操作顺序、方法不正确，每处扣 5 分，扣完为止		
2.9	读数	按照显示值读	5	读数不正确扣 5 分		

续表

序号	项目名称	质量要求	满分	扣分标准	扣分原因	得分
2.10	数据分析	标准值为大于 0.5MΩ即为正常	5	分析不正确扣 5 分		
2.11	测量结束	测量结束时先断开红色表线，再断开黑色表线，关闭电源	5	断线不正确扣 3 分； 电源不关扣 2 分		
3	填写记录					
3.1	填写测量记录单	内容全面，记录规范	10	填写不全面，每少一项扣 2 分，扣完为止		
4	工作结束					
4.1	工作现场清理	清理现场，将万用表及电动机定置区域摆放	10	未清理现场扣 10 分		
合计			100			

Jc0004541015　万用表使用。(100 分)

考核知识点： 仪器仪表使用

难易度： 易

技能等级评价专业技能考核操作工作任务书

一、任务名称

万用表使用。

二、适用工种

机具维护工初级工。

三、具体任务

电子万用表使用。

四、工作规范及要求

（1）万用表检查满足考核要求。

（2）按要求进行直流电压测量。

（3）测量后对数据进行分析。

五、考核时间及要求

（1）本模块操作时间为 20 分钟，时间到停止考评。

（2）考评过程中如果由于测试人员操作不规范，有可能引发不安全因素的，停止考评，该项考核项目不得分，但不影响其他项目。

技能等级评价专业技能考核操作评分标准

工种	机具维护工					评价等级	初级工
项目模块	基本技能知识—机具操作使用				编号	Jc0004541015	
单位			准考证号			姓名	
考试时限	20 分钟		题型	单项操作		题分	100 分
成绩		考评员		考评组长		日期	
试题正文	万用表使用						
需要说明的问题和要求	（1）要求单人操作，考评员监护。 （2）在设定考试工位上完成操作。 （3）操作结束后，待考评员同意后方可离开考场						

续表

序号	项目名称	质量要求	满分	扣分标准	扣分原因	得分
1	准备工作					
1.1	相关安全措施的准备	着装应符合安全要求：穿工作服、戴线手套、注意安全防护	5	未按要求要求穿工作服扣3分； 未按要求戴手套扣2分		
1.2	工器具、设备及辅助设备完备	检查工器具及辅助设备是否齐全洁净，符合作业要求	5	少一件工器具扣1分，扣完为止		
2	操作步骤					
2.1	万用表外观检查	无破损、有合格证、在有效期内	5	检查不到位，每处扣1分，扣完为止		
2.2	万用表电源检查	熟练正确检查万用表电源正常	5	检查不到位，每处扣1分，扣完为止		
2.3	清洁被试设备	测试设备电气部分表面洁净	5	未清洁扣5分； 清洁不到位扣2分		
2.4	接线	黑表笔线插入“com”插孔，红表笔线插入“VΩ”插孔	5	接线不正确扣5分		
2.5	档位选择	档位选择：应选择“V-”	10	选择不正确扣10分		
2.6	测量前	打开电源开关检查：若显示“0”则为正常	5	检查不到位扣5分		
2.7	量程选择	量程选择适当	10	选择不合适，每次扣2分，扣完为止		
2.8	测量	在测量过程中，红表笔接触设备正极，黑表笔接设备负极，转换量程开关表笔必须离开测量元件	15	操作顺序、方法不正确，每处扣5分，扣完为止		
2.9	读数	按照显示直读	5	读数不正确扣5分		
2.10	测量结束	测量结束后关闭万用表电源	5	电源不关扣5分		
3	填写记录					
3.1	填写测量记录单	内容全面，记录规范	10	填写不全面，每少一项扣2分，扣完为止		
4	工作结束					
4.1	整理工具	工具整理、摆放整齐	5	未整理工器具扣5分		
4.2	工作现场清理	清理现场	5	未清理现场扣5分		
合计			100			

Jc0004541016　配电箱负载电流测量。（100分）

考核知识点：仪器仪表使用

难易度：易

技能等级评价专业技能考核操作工作任务书

一、任务名称

配电箱负载电流测量。

二、适用工种

机具维护工初级工。

三、具体任务

三级配电箱负载电流测量。

四、工作规范及要求

（1）钳形电流表检查满足考核要求。

（2）按要求进行电流测量。

（3）测量后对数据进行分析。

五、考核时间及要求

（1）本模块操作时间为10分钟，时间到停止考评。

（2）考评过程中如果由于测试人员操作不规范，有可能引发不安全因素的，停止考评，该项考核项目不得分，但不影响其他项目。

技能等级评价专业技能考核操作评分标准

工种	机具维护工				评价等级	初级工
项目模块	基本技能知识—机具操作使用			编号	Jc0004541016	
单位		准考证号			姓名	
考试时限	10 分钟	题型	单项操作		题分	100 分
成绩		考评员		考评组长	日期	
试题正文	配电箱负载电流测量					
需要说明的问题和要求	（1）要求单人操作，考评员监护。 （2）在设定考试工位上完成操作。 （3）操作结束后，待考评员同意后方可离开考场					

序号	项目名称	质量要求	满分	扣分标准	扣分原因	得分
1	准备工作					
1.1	相关安全措施的准备	着装应符合安全要求：穿工作服、戴绝缘手套、穿绝缘鞋、注意安全防护	5	未按要求要求穿工作服扣 2 分； 未按要求戴手套扣 1 分； 未穿绝缘鞋扣 2 分		
1.2	工器具、设备及辅助设备完备	检查工器具及辅助设备是否齐全洁净，符合作业要求	5	少一件工器具扣 1 分，扣完为止		
2	操作步骤					
2.1	钳形电流表外观检查	无破损、有合格证、在有效期内	5	检查不到位，每处扣 1 分，扣完为止		
2.2	钳形电流表电源检查	熟练正确检查钳形电流表电源正常	5	检查不到位扣 5 分		
2.3	钳形电流表钳口检查	钳口平整、开合自如、闭合紧密	5	检查不到位扣 5 分		
2.4	清洁被试设备	三级配电设备电气部分表面洁净	5	未清洁扣 5 分； 清洁不到位扣 2 分		
2.5	档位选择	档位选择：应选择 AC 电流档	10	选择不正确扣 10 分		
2.6	测量前检查	打开电源开关检查：若显示“0”则为正常	5	检查不到位扣 5 分		
2.7	量程选择	测量未知电气设备电流，量程遵循从大到小的原则	10	选择不合适，每次扣 2 分，扣完为止		
2.8	测量	在测量过程中，手持表体，用拇指按住开关，便可打开钳口，将被测导线引入铁芯中央，转换量程开关钳口必须离开测量元件，不可同时测量两根导线	15	操作顺序，方法不正确，每处扣 5 分，扣完为止		
2.9	读数	按照显示直读	5	读数不正确扣 5 分		
2.10	测量结束	测量结束后关闭钳形电流表电源	5	电源不关扣 5 分		
3	填写记录					
3.1	填写测量记录单	内容全面，记录规范	10	填写不全面，每少一项扣 2 分，扣完为止		
4	工作结束					
4.1	整理工具	工具整理、摆放整齐	5	未整理工器具扣 5 分		
4.2	工作现场清理	清理现场	5	未清理现场扣 5 分		
合计			100			

Jc0004541017　接地电阻测试仪的使用。（100 分）

考核知识点： 仪器仪表使用

难易度： 易

技能等级评价专业技能考核操作工作任务书

一、任务名称

接地电阻测试仪的使用。

二、适用工种

机具维护工初级工。

三、具体任务

接地电阻测试仪的使用步骤。

四、工作规范及要求

（1）接地电阻测试仪的检查、使用满足考核要求。

（2）按要求进行接地电阻测量。

（3）测量后对数据进行分析。

五、考核时间及要求

（1）本模块操作时间为 20 分钟，时间到停止考评。

（2）考评过程中如果由于测试人员操作不规范，有可能引发不安全因素的，停止考评，该项考核项目不得分，但不影响其他项目。

技能等级评价专业技能考核操作评分标准

工种	机具维护工			评价等级	初级工
项目模块	基本技能知识—机具操作使用		编号	Jc0004541017	
单位		准考证号		姓名	
考试时限	20 分钟	题型	单项操作	题分	100 分
成绩	考评员		考评组长		日期
试题正文	接地电阻测试仪的使用				
需要说明的问题和要求	（1）要求单人操作，考评员监护。 （2）在设定考试工位上完成操作。 （3）操作结束后，待考评员同意后方可离开考场				

序号	项目名称	质量要求	满分	扣分标准	扣分原因	得分
1	准备工作					
1.1	相关安全措施的准备	着装应符合安全要求：穿工作服、戴绝缘手套、穿绝缘鞋、注意安全防护	5	未按要求要求穿工作服扣 2 分； 未按要求戴手套扣 1 分； 未穿绝缘鞋扣 2 分		
1.2	工器具完备及辅助设备完备	检查工器具及辅助设备是否齐全洁净，符合作业要求	5	少一件工器具扣 1 分，扣完为止		
2	操作步骤					
2.1	外观检查	无破损、有合格证、在有效期内	5	检查不到位，每处扣 1 分，扣完为止		
2.2	放线安装探针	电流探针 C 距离接地点 40m、电压探针 P 距离接地点 20m、插入地下深度大于 0.4m，电流探针 C 和电压探针 P 及被测接地体 E 三点成一直线彼此相距不小于 10m	10	操作不正确，每处扣 2 分，扣完为止		

续表

序号	项目名称	质量要求	满分	扣分标准	扣分原因	得分
2.3	检验仪表	将仪表放平，机械调零	5	未检验扣5分		
2.4	被测接地体清洁	将接地体测试点用板挫打磨干净	5	未清洁扣5分； 清洁不到位扣2分		
2.5	接线	P2与C2相连后被测接地体E用5m测试线连接，P1接电压探针P用20m测试线连接，C1接电流探针C用40m测试线连接	10	接线不正确扣10分		
2.6	测量	在测量过程中，倍率开关最大挡，缓慢摇动手柄同时调节测量度盘，并调整倍率开关，使指针位于零位，当指针接近零位时加快摇动手柄，达到120r/min调整测量度盘	20	操作顺序、方法不正确，每处扣5分，扣完为止		
2.7	读数	测得的接地电阻值为微调拨盘的读数乘以倍率开关所选倍率	10	读数不正确扣10分		
2.8	测量数据分析	判断接地体是否合格	5	判断不正确扣5分		
3	填写记录					
3.1	填写测量记录单	内容全面，记录规范	10	填写不全面，每少一项扣2分，扣完为止		
4	工作结束					
4.1	整理仪表及工器具	仪表、工具整理、摆放整齐	5	未整理工器具扣5分		
4.2	工作现场清理	清理现场	5	未清理现场扣5分		
合计			100			

Jc0004541018 千分尺的使用。(100分)

考核知识点： 仪器仪表使用

难易度： 易

技能等级评价专业技能考核操作工作任务书

一、任务名称

千分尺的使用。

二、适用工种

机具维护工初级工。

三、具体任务

外径千分尺的使用。

四、工作规范及要求

（1）千分尺的检查、使用满足考核要求。

（2）按要求进行千分尺的使用。

（3）测量后对数据进行分析。

五、考核时间及要求

（1）本模块操作时间为10分钟，时间到停止考评。

（2）考评过程中如果由于测试人员操作不规范，有可能引发不安全因素的，停止考评，该项考核项目不得分，但不影响其他项目。

技能等级评价专业技能考核操作评分标准

工种	机具维护工						评价等级	初级工
项目模块	基本技能知识—机具操作使用					编号	Jc0004541018	
单位				准考证号			姓名	
考试时限	10 分钟		题型		单项操作		题分	100 分
成绩		考评员		考评组长			日期	
试题正文	千分尺的使用							
需要说明的问题和要求	（1）要求单人操作，考评员监护。 （2）在设定考试工位上完成操作。 （3）操作结束后，待考评员同意后方可离开考场							

序号	项目名称	质量要求	满分	扣分标准	扣分原因	得分
1	准备工作					
1.1	相关安全措施的准备	着装应符合安全要求：穿工作服、戴手套、注意安全防护	5	未按要求要求穿工作服扣 3 分； 未按要求戴手套扣 2 分		
1.2	工器具及辅助设备完备	检查工器具及辅助设备是否齐全洁净，符合作业要求	5	少一件工器具扣 1 分，扣完为止		
2	操作步骤					
2.1	清洁	清洁千分尺的尺身	5	未清洁扣 5 分； 清洁不到位扣 2 分		
2.2	外观检查	检查千分尺外观无破损	5	检查不到位扣 5 分		
2.3	规格检查	量程范围在 0～25mm 之间	5	选择不正确扣 5 分		
2.4	校对	使用标准棒校准	10	未校对扣 10 分		
2.5	测量	将被测工件表面擦拭干净，并置于千分尺两测砧之间，使千分尺测微螺杆轴线与工件中心线垂直或平行	10	操作顺序、方法不正确，每处扣 2 分，扣完为止		
		旋转旋钮，使测砧与工件测量表面接近，这时改用旋转棘轮盘，直到听到三声“咔、咔、咔”时停止，此时的指示数值就是所测量的工件尺寸	15	操作顺序、方法不正确，每处扣 3 分，扣完为止		
2.6	读数	从固定套筒上露出的刻线读出工件的毫米整数	5	读数不正确扣 5 分		
		从固定套筒上露出的刻线读出工件的半毫米整数	5	读数不正确扣 5 分		
		从微分筒上由固定套筒纵向线对准的刻数读出工件的小数部分（百分之几毫米）不足一格数（千分之几毫米），可用估算读法确定	5	读数不正确扣 5 分		
		最终读数结果为固定刻度+半刻度+可动刻度	5	读数不正确扣 5 分		
2.7	测量完毕	千分尺擦拭干净，保持清洁，并涂抹一薄层工业凡士林	5	操作不正确扣 5 分		
2.8	数据分析	判定工件尺寸是否合格	5	判断不正确扣 5 分		
3	工作结束					
3.1	整理工器具	仪表、工具整理、摆放整齐	5	未整理工器具扣 5 分		
3.2	工作现场清理	清理现场	5	未清理现场扣 5 分		
合计			100			

Jc0004541019　蓄电池充电机的使用。（100 分）

考核知识点：设备操作使用

难易度：易

技能等级评价专业技能考核操作工作任务书

一、任务名称

蓄电池充电机的使用。

二、适用工种

机具维护工初级工。

三、具体任务

蓄电池充电机的使用步骤。

四、工作规范及要求

（1）蓄电池充电机的检查、使用满足考核要求。

（2）按要求进行蓄电池充电。

（3）充电后对测量数据进行分析。

五、考核时间及要求

（1）本模块操作时间为 10 分钟，时间到停止考评。

（2）考评过程中如果由于测试人员操作不规范，有可能引发不安全因素的，停止考评，该项考核项目不得分，但不影响其他项目。

技能等级评价专业技能考核操作评分标准

工种	机具维护工					评价等级	初级工
项目模块	基本技能知识—机具操作使用				编号	Jc0004541019	
单位			准考证号			姓名	
考试时限	10 分钟		题型	单项操作		题分	100 分
成绩		考评员		考评组长		日期	
试题正文	蓄电池充电机的使用						
需要说明的问题和要求	（1）要求单人操作。 （2）在设定考试工位上完成操作。 （3）操作结束后，待考评员同意后方可离开考场						

序号	项目名称	质量要求	满分	扣分标准	扣分原因	得分
1	准备工作					
1.1	相关安全措施的准备	着装应符合安全要求：穿工作服、戴手套、穿绝缘鞋、注意安全防护	5	未按要求要求穿工作服扣 2 分； 未按要求戴手套扣 1 分； 未穿绝缘鞋扣 2 分		
1.2	工器具及辅助设备完备	检查工器具及辅助设备是否齐全洁净，符合作业要求	5	少一件工器具扣 1 分，扣完为止		
2	操作步骤					
2.1	充电前的检查	检查充电机和蓄电池外观无破损	5	检查不到位，每处扣 1 分，扣完为止		
		检查电源线连接可靠，通气口畅通	5	检查不到位，每处扣 1 分，扣完为止		
		检查电瓶液，加液不可超过刻度线，加液口不可关闭，以防充电产生的气体将电瓶液溢出	5	检查不到位扣 5 分		
		先将电流调节旋钮逆时针旋到底，指示到关的位置	5	检查不到位扣 5 分		

续表

序号	项目名称	质量要求	满分	扣分标准	扣分原因	得分
2.2	开关选择	根据蓄电池的端电压选择充电机开关位置	10	选择不正确扣 10 分		
2.3	接线	选择合适电压，极性绝对不能接错，红色充电夹子接电瓶正极（+），黑色或绿色夹子接电瓶负极（–）	10	接线不正确扣 10 分		
2.4	接通电源	接通电源充电机电源指示灯亮，电压表和电流表有指示	10	操作不正确扣 10 分		
2.5	电流调节	调整电流调节旋钮，即可改变充电电流的大小，标准充电电流（数值上）应为电池容量（A·h）的 1/10，充电时间 10h，如果需应急充电，可适当增大电流，但不能超过标准充电电流的 2 倍	10	操作不正确，每处扣 5 分，扣完为止		
2.6	充电完毕	先关断充电机电源，再断开充电夹子	10	操作顺序、方法不正确扣 10 分		
2.7	数据分析	充完电后，用万用表检测电瓶电压，12V 电瓶充满电后可以达到 13.5～14.5V，24V 电瓶充满电后可以达到 25～26V，由此判断蓄电池充电是否合格	10	判断不正确扣 10 分		
3	工作结束					
3.1	整理仪表及工器具	仪表、工具整理、摆放整齐	5	未整理工器具扣 5 分		
3.2	工作现场清理	清理现场	5	未清理现场扣 5 分		
合计			100			

Jc0002541020　使用手提式干粉灭火器进行灭火。（100 分）

考核知识点：消防器材操作使用

难易度：易

技能等级评价专业技能考核操作工作任务书

一、任务名称

使用手提式干粉灭火器进行灭火。

二、适用工种

机具维护工初级工。

三、具体任务

使用手提式干粉灭火器进行灭火的步骤。

四、工作规范及要求

（1）熟练掌握手提式干粉灭火器的使用和注意事项。

（2）在保证自身安全的前提下，使用手提式干粉灭火器进行灭火。

五、考核时间及要求

（1）本模块操作时间为 10 分钟，时间到停止考评。

（2）考评过程中如果由于测试人员操作不规范，有可能引发不安全因素的，停止考评，该项考核项目不得分，但不影响其他项目。

技能等级评价专业技能考核操作评分标准

工种	机具维护工					评价等级	初级工
项目模块	安全知识—机具操作使用				编号	Jc0002541020	
单位		准考证号				姓名	
考试时限	10 分钟	题型		单项操作		题分	100 分
成绩		考评员		考评组长		日期	
试题正文	使用手提式干粉灭火器进行灭火						
需要说明的问题和要求	（1）要求单人操作。 （2）在设定考试工位上完成操作。 （3）操作结束后，待考评员同意后方可离开考场						

序号	项目名称	质量要求	满分	扣分标准	扣分原因	得分
1	准备工作					
1.1	安全帽佩戴	安全帽佩戴正确：下颌带系紧、耳朵在三角区内、帽箍应扣紧、女性头发应盘起不得散落在安全帽外	5	每一项不符合要求扣 1 分，扣完为止		
1.2	工作着装	穿着指定长袖纯棉工作服，袖口、领口应扣紧（工作服除最上面一个扣外，其余扣子应扣紧）；穿绝缘工作鞋，鞋带应系紧	5	每一项不符合要求扣 1 分，扣完为止		
2	灭火前准备					
2.1	灭火器选择	干粉灭火器指针范围：绿色表示正常，红色表示压力不足，黄色表示压力过大。灭火前应选择压力在正常范围的灭火器	15	选择不正确扣 10 分； 未检查灭火器压力扣 5 分		
2.2	灭火器取用	使用手提式干粉灭火器时，应手提灭火器的提把，迅速赶到着火处	5	不符合要求扣 5 分		
3	进行灭火					
3.1	站位	在距离起火点 5m 左右处，放下灭火器。在室外使用时，应占据上风方向	10	不符合要求扣 10 分		
3.2	颠倒	使用前，先把灭火器上下颠倒几次，使筒内干粉松动	10	不符合要求扣 10 分		
3.3	灭火	使用内装式或储压式干粉灭火器时，应先拔下保险销，一只手握住喷嘴，另一只手用力压下压把，干粉便会从喷嘴喷射出来	10	不符合要求扣 10 分		
		使用干粉灭火器应注意灭火过程中应始终保持直立状态，不得横卧或颠倒使用，否则不能喷粉	10	不符合要求扣 10 分		
3.4	方法	用干粉灭火器扑救流散液体火灾时，应从火焰侧面，对准火焰根部喷射，并由近而远，左右扫射，快速推进，直至把火焰全部扑灭。用干粉灭火器扑救容器内可燃液体火灾时，亦应从火焰侧面对准火焰根部，左右扫射。当火焰被赶出容器时，应迅速向前，将余火全部扑灭。灭火时应注意不要把喷嘴直接对准液面喷射，以防干粉气流的冲击力使油液飞溅，引起火势扩大，造成灭火困难。用干粉灭火器扑救固体物质火灾时，应使灭火器嘴对准燃烧最猛烈处，左右扫射，并应尽量使干粉灭火剂均匀地喷洒在燃烧物的表面，直至把火全部扑灭	20	不符合要求扣 20 分		
4	灭火后处置					
4.1	防止复燃	注意干粉灭火器灭火后防止复燃，因为干粉灭火器的冷却作用甚微，在着火点存在着炽热物的条件下，灭火后易产生复燃	10	不符合要求扣 10 分		
合计			100			

Jc0002543021 使用心肺复苏法进行触电急救。（100 分）

考核知识点：触电急救措施

难易度：难

技能等级评价专业技能考核操作工作任务书

一、任务名称

使用心肺复苏法进行触电急救。

二、适用工种

机具维护工初级工。

三、具体任务

使用心肺复苏法进行触电急救的步骤。

四、工作规范及要求

（1）熟练掌握触电急救方法和注意事项。

（2）在保证自身安全的前提下，使用心肺复苏法模拟现场抢救触电人员。

五、考核时间及要求

（1）本模块操作时间为 20 分钟，时间到停止考评。

（2）考评过程中如果由于测试人员操作不规范，有可能引发不安全因素的，停止考评，该项考核项目不得分，但不影响其他项目。

技能等级评价专业技能考核操作评分标准

工种	机具维护工				评价等级	初级工
项目模块	安全知识—触电急救			编号	Jc0002543021	
单位		准考证号			姓名	
考试时限	20 分钟	题型	单项操作		题分	100 分
成绩		考评员		考评组长	日期	
试题正文	使用心肺复苏法进行触电急救					
需要说明的问题和要求	（1）要求单人现场模拟假人操作。 （2）在设定考试工位上完成操作。 （3）操作结束后，待考评员同意后方可离开考场					

序号	项目名称	质量要求	满分	扣分标准	扣分原因	得分
1	救援评估					
1.1	环境观察	（1）观测被救人员周边环境。 （2）两手平举，大声说出现场上端及四周安全	5	未执行，每处扣 2.5 分，扣完为止		
1.2	意识判断	操作者跪于被救人员右侧，双手轻拍被救人员双肩，呼叫人员，询问姓名，判断人员意识及呼吸是否清晰，观察瞳孔，得出瞳孔扩大、人员无意识判断结论（10s 内）	10	未执行，每处扣 1.5 分； 超时扣 1 分； 扣完为止		
2	呼救					
2.1	呼救	请求周围人员帮助：请求周围人员帮助报警（120），迎接救护人员，记录时间，说明受伤人员情况，说明受伤员地址（考核地址）	4	未执行，每处扣 1 分，扣完为止		
3	复苏体位					

续表

序号	项目名称	质量要求	满分	扣分标准	扣分原因	得分
3.1	复苏体位	将被救人员平躺，双手放于身体两侧，身体无扭曲	3	未执行，每处扣1分，扣完为止		
3.2	解开衣物	解开衣领，放松腰带，暴露胸部	3	未执行，每处扣1分，扣完为止		
4	判断呼吸、脉搏					
4.1	开放气道	检查颈椎有无损伤	1	未执行扣1分		
		清理呼吸道：检查口腔，头偏向一侧，清理异物	3	未执行，每处扣1分，扣完为止		
		将被救人员头部后仰90°	2	未执行扣2分		
4.2	判断呼吸	看被救人员胸腹有无起伏，耳朵贴近被救人员口鼻处听有无呼吸，脸部感觉测试口鼻处有无呼气气流，判断得出无呼吸结论	4	未执行，每处扣1分，扣完为止		
4.3	判断脉搏	以手指靠近被救人员颈动脉（喉结两侧2～3cm处），得出无脉搏结论	2	未执行，每处扣1分，扣完为止		
4.4	判断时间	判断脉搏时间5～10s，计数应为1001、1002、…、10010	2	未执行，每处扣1分，扣完为止		
5	胸外按压					
5.1	确定部位	确认按压部位：胸骨下三分之一，两侧乳头中点，手指交叉重叠掌根，双臂绷直，垂直向下压	10	未执行，每处扣2分，扣完为止		
5.2	按压深度	深度：胸骨下陷5～6cm，迅速放松，掌根不离开胸骨，按压频率100～120次/min	8	未执行，每处扣2分，扣完为止		
5.3	按压频次	30次一组，按压应计数“第一组，一压、二压…三十”	6	未执行，每处扣2分，扣完为止		
6	人工呼吸					
6.1	呼吸动作	拇指与食指紧捏鼻孔，用嘴包住被救人员口部	6	未执行，每处扣3分，扣完为止		
6.2	吹气	吹气2次，每次持续1～1.5s	4	未执行，每处扣2分，扣完为止		
6.3	间隔	2次间隔3～4s	2	未执行扣2分		
6.4	吹完	吹气完毕放开鼻孔，让气体自然逸出	2	未执行扣2分		
7	循环操作					
7.1	胸外按压、人工呼吸	重复胸外按压与人工呼吸，完成5个循环，比例30:2，每次按压循环开始前重新定位	5	按压与人工呼吸次数不足，每少一次扣1分，扣完为止		
8	判断					
8.1	再次判断	全部操作完成后判断复苏是否有效（呼吸、脉搏、瞳孔、温度）	5	未判断呼吸和脉博，每处扣1.5分；未判断瞳孔和温度，每处扣1分；扣完为止		
8.2	指证判断	被救人员救活	5	未救活扣5分		
9	评估					
9.1	操作后整体评估	救援完成后摆正体位，整理衣服	3	未执行，每处扣1.5分，扣完为止		
10	报告					
10.1	报告评委	大声报告评委“操作完毕”	1	未执行扣1分		
11	评价					
11.1	综合评价	着装规范、仪态大方、精神饱满、操作熟练	4	不到位，每处扣1分，扣完为止		
合计			100			

Jc0005543022　真空泵漏油故障排除。（100 分）

考核知识点：真空泵故障排除

难易度：难

技能等级评价专业技能考核操作工作任务书

一、任务名称

真空泵漏油故障排除。

二、适用工种

机具维护工初级工。

三、具体任务

真空泵漏油的故障排除步骤。

四、工作规范及要求

（1）掌握真空泵的构造及机械性能和操作要求。

（2）故障的正确分析及处理。

（3）工器具的正确使用及做好安全防护。

五、考核时间及要求

（1）本模块操作时间为 40 分钟，时间到停止考评。

（2）考评过程中如果由于测试人员操作不规范，有可能引发不安全因素的，停止考评，该项考核项目不得分，但不影响其他项目。

技能等级评价专业技能考核操作评分标准

工种	机具维护工					评价等级	初级工
项目模块	专业知识—机具故障排除				编号	Jc0005543022	
单位			准考证号			姓名	
考试时限	40 分钟		题型	单项操作		题分	100 分
成绩		考评员		考评组长		日期	
试题正文	真空泵漏油故障排除						
需要说明的问题和要求	（1）要求单人操作，考评员监护。 （2）在设定考试工位上完成操作。 （3）操作结束后，待考评员同意后方可离开考场。 （4）设置故障点为：转轴部位密封圈损坏						

序号	项目名称	质量要求	满分	扣分标准	扣分原因	得分
1	准备工作					
1.1	相关安全措施的准备	着装应符合安全要求：穿工作服、戴线手套、注意安全防护	5	未按要求穿工作服扣 3 分； 未按要求戴手套扣 2 分		
1.2	工器具及辅助设备备品备件完备	检查工器具及辅助设备是否齐全洁净，符合作业要求	5	少一件工器具扣 1 分，扣完为止		
2	操作步骤					
2.1	故障原因分析	（1）转轴、油窗、放油孔、油箱等部位的密封圈损坏或装配不正确。 （2）因前后端面不平整或端板未压紧，造成端面漏油。 （3）进气口压强过。	20	每少分析或分析不正确一处扣 3 分，扣完为止		

续表

序号	项目名称	质量要求	满分	扣分标准	扣分原因	得分
2.1	故障原因分析	（4）箱体有漏孔。 （5）油量过多产生喷油。 （6）排气盖下面的挡油网装反引起喷油。 （7）低真空阀故障	20	每少分析或分析不正确一处扣 3 分，扣完为止		
2.2	设备检查	（1）检查转轴、油窗、放油孔、油箱等部位的密封圈是否正常；若损坏，进行更换。 （2）检查前后端面和端板；若有问题，进行处理。 （3）测量进气口压强，若过高，进行调整。 （4）检查箱体，若有故障，进行检修或更换。 （5）检查油位；若过多，进行排油。 （6）检查排气盖下面的挡油网，若装配不合适，进行调整。 （7）检查低真空阀；若有故障，进行检修或更换	20	检查不到位，每处扣 3 分，扣完为止		
2.3	确定故障	转轴部位密封圈损坏	10	故障确认不正确扣 10 分		
2.4	故障排除	应仔细检查并更换破损的密封圈，装配时，用力要均匀	10	操作顺序、方法不正确，每处扣 1 分；丢失或漏装零部件，每只扣 1 分；扣完为止		
2.5	故障排除后检查	重新启动真空泵，设备运转正常，故障排除	10	检查不到位，每处扣 2 分，扣完为止		
3	工作结束					
3.1	整理工器具	工具整理，摆放整齐	5	未整理工器具扣 5 分		
3.2	工作现场清理	清理现场	5	未清理现场扣 5 分		
4	填写记录					
4.1	填写维保记录单	内容全面，记录规范	10	填写不全面，每少一项扣 2 分，扣完为止		
合计			100			

Jc0004542023　干燥空气发生器的整机保养。（100 分）

考核知识点：干燥空气发生器维护保养

难易度：中

技能等级评价专业技能考核操作工作任务书

一、任务名称

干燥空气发生器的整机保养。

二、适用工种

机具维护工初级工。

三、具体任务

GF200BY 型干燥空气发生器的整机保养。

四、工作规范及要求

（1）掌握 GF200BY 干燥空气发生器的组成及性能。

（2）掌握 GF200BY 干燥空气发生器的保养要求及方法。

五、考核时间及要求

（1）本模块操作时间为 60 分钟，时间到停止考评。

（2）考评过程中如果由于测试人员操作不规范，有可能引发不安全因素的，停止考评，该项考核项目不得分，但不影响其他项目。

技能等级评价专业技能考核操作评分标准

<table>
<tr><td>工种</td><td colspan="5">机具维护工</td><td>评价等级</td><td>初级工</td></tr>
<tr><td>项目模块</td><td colspan="4">基本技能知识—机具维护保养</td><td>编号</td><td colspan="2">Jc0004542023</td></tr>
<tr><td>单位</td><td colspan="3"></td><td>准考证号</td><td></td><td>姓名</td><td></td></tr>
<tr><td>考试时限</td><td colspan="2">60 分钟</td><td>题型</td><td colspan="2">单项操作</td><td>题分</td><td>100 分</td></tr>
<tr><td>成绩</td><td></td><td>考评员</td><td></td><td>考评组长</td><td></td><td>日期</td><td></td></tr>
<tr><td>试题正文</td><td colspan="7">干燥空气发生器的整机保养</td></tr>
<tr><td>需要说明的问题和要求</td><td colspan="7">（1）要求单人操作，工器具检查完备，考评员监护。
（2）在设定考试工位上完成操作。
（3）操作结束后，待考评员同意后方可离开考场</td></tr>
</table>

序号	项目名称	质量要求	满分	扣分标准	扣分原因	得分
1	准备工作					
1.1	相关安全措施的准备	着装应符合安全要求：穿工作服、戴线手套、注意安全防护	5	未按要求穿工作服扣 3 分； 未按要求戴手套扣 2 分		
1.2	工器具完备及辅助设备完备	检查工器具及辅助设备是否齐全洁净，符合作业要求	5	少一件工器具扣 1 分，扣完为止		
2	保养项目					
2.1	连接螺栓	检查各连接螺栓是否有松动现象	10	检查不到位，每处扣 2 分，扣完为止		
2.2	显示器	检查显示器上是否有污垢	10	检查不到位扣 10 分		
2.3	接线端子	检查各接线端子是否有松动现象	10	检查不到位，每处扣 2 分，扣完为止		
2.4	电气连接	检查电气连接部分有无过热现象	10	检查不到位，每处扣 2 分，扣完为止		
2.5	接触器	检查接触器动静出点有无打火、起刺现象	10	检查不到位，每处扣 2 分，扣完为止		
2.6	PLC	检查 PLC，同时检查其散热系统是否良好	10	检查不到位，每处扣 2 分，扣完为止		
2.7	换向阀	检查换向阀的动作是否可靠；根据换向时声音是否异常，判定铁芯和衔铁配合处是否有杂质；检查铁芯是否有磨损，密封件是否老化	10	检查不到位，每处扣 2 分，扣完为止		
3	工作结束					
3.1	整理工器具	工具整理，摆放整齐	5	未整理工器具扣 5 分		
3.2	工作现场清理	清理现场	5	未清理现场扣 5 分		
4	填写记录					
4.1	填写维保记录单	内容全面，记录规范	10	填写不全面，每处扣 2 分，扣完为止		
合计			100			

Jc0004541024　干燥机的检查。(100分)

考核知识点：干燥机检查

难易度：易

技能等级评价专业技能考核操作工作任务书

一、任务名称

干燥机的检查。

二、适用工种

机具维护工初级工。

三、具体任务

空气干燥机的检查。

四、工作规范及要求

(1) 掌握干燥机的构造极及操作要求。

(2) 掌握干燥机的日常检查项目。

五、考核时间及要求

(1) 本模块操作时间为30分钟，时间到停止考评。

(2) 考评过程中如果由于测试人员操作不规范，有可能引发不安全因素的，停止考评，该项考核项目不得分，但不影响其他项目。

技能等级评价专业技能考核操作评分标准

工种	机具维护工					评价等级	初级工
项目模块	基本技能知识—机具检查检修				编号	Jc0004541024	
单位			准考证号			姓名	
考试时限	30分钟		题型	单项操作		题分	100分
成绩		考评员		考评组长		日期	
试题正文	干燥机的检查						
需要说明的问题和要求	(1) 要求单人操作，工器具检查完备，考评员监护。 (2) 在设定考试工位上完成操作。 (3) 操作结束后，待考评员同意后方可离开考场						

序号	项目名称	质量要求	满分	扣分标准	扣分原因	得分
1	准备工作					
1.1	相关安全措施的准备	着装应符合安全要求：穿工作服、戴线手套、注意安全防护	5	未按要求穿工作服扣3分； 未按要求戴手套扣2分		
1.2	工器具完备及辅助设备完备	检查工器具及辅助设备是否齐全洁净，符合作业要求	5	少一件工器具扣1分，扣完为止		
2	检查项目					
2.1	检查机体外观	检查干燥机机体是否有振动、裂纹、破损和腐蚀	10	检查不到位，每处扣2分，扣完为止		
2.2	检查阀门管道	干燥机每班运行前，检查阀门管道有无泄漏	10	检查不到位，每处扣2分，扣完为止		
2.3	检查润滑	对干燥机各转动摩擦部位定期进行润滑	10	检查不到位，每处扣2分，扣完为止		
2.4	检查电机	试运转干燥机电机是否正常工作	10	检查不到位，每处扣2分，扣完为止		
2.5	检查紧固部位	检查干燥机各零部件、紧固部位有无松动，有无异常声音，发现故障及时排除	10	检查不到位，每处扣2分，扣完为止		

续表

序号	项目名称	质量要求	满分	扣分标准	扣分原因	得分
2.6	检查传动机构	检查干燥机三角皮带、链条等一些传动机构是否变形、松弛、磨损，及时调节链条松紧度	10	检查不到位，每处扣2分，扣完为止		
2.7	检查停止装置	检查干燥机电气是否安全启动，停止装置是否灵敏、准确、可靠	10	检查不到位，每处扣2分，扣完为止		
3	工作结束					
3.1	整理工器具	工具整理，摆放整齐	5	未整理工器具扣5分		
3.2	工作现场清理	清理现场	5	未清理现场扣5分		
4	填写记录					
4.1	填写检查记录单	内容全面，记录规范	10	填写不全面，每处扣2分，扣完为止		
合计			100			

Jc0004541025 清洗真空滤油机的滤芯。(100分)

考核知识点：真空滤油机维护保养

难易度：易

技能等级评价专业技能考核操作工作任务书

一、任务名称

清洗真空滤油机的滤芯。

二、适用工种

机具维护工初级工。

三、具体任务

清洗ZJA12BF型真空滤油机的滤芯。

四、工作规范及要求

掌握ZJA12BF型真空滤油机的滤芯清洗要求及方法。

五、考核时间及要求

（1）本模块操作时间为30分钟，时间到停止考评。

（2）考评过程中如果由于测试人员操作不规范，有可能引发不安全因素的，停止考评，该项考核项目不得分，但不影响其他项目。

技能等级评价专业技能考核操作评分标准

<table>
<tr><td>工种</td><td colspan="5">机具维护工</td><td>评价等级</td><td>初级工</td></tr>
<tr><td>项目模块</td><td colspan="4">基本技能知识—机具维护保养</td><td>编号</td><td colspan="2">Jc0004541025</td></tr>
<tr><td>单位</td><td colspan="3"></td><td>准考证号</td><td></td><td>姓名</td><td></td></tr>
<tr><td>考试时限</td><td colspan="2">30分钟</td><td>题型</td><td colspan="2">单项操作</td><td>题分</td><td>100分</td></tr>
<tr><td>成绩</td><td></td><td>考评员</td><td></td><td>考评组长</td><td></td><td>日期</td><td></td></tr>
<tr><td>试题正文</td><td colspan="7">清洗真空滤油机的滤芯</td></tr>
<tr><td>需要说明的问题和要求</td><td colspan="7">（1）要求单人操作，工器具检查完备，考评员监护。
（2）在设定考试工位上完成操作。
（3）操作结束后，待考评员同意后方可离开考场</td></tr>
</table>

续表

序号	项目名称	质量要求	满分	扣分标准	扣分原因	得分
1	准备工作					
1.1	相关安全措施的准备	着装应符合安全要求：穿工作服、戴线手套、注意安全防护	5	未按要求穿工作服扣 3 分； 未按要求戴手套扣 2 分		
1.2	工器具完备及辅助设备完备	检查工器具及辅助设备是否齐全洁净，符合作业要求	5	少一件工器具扣 1 分，扣完为止		
2	保养步骤					
2.1	滤芯拆卸	使用专用工具将滤芯拆卸拿出	15	操作顺序、方法不正确扣 15 分		
2.2	安装反吹接头	装上 ZJA12BF 真空滤油机的滤芯专用反吹接头	15	未安装专用反吹接头扣 15 分		
2.3	清洗	用洁净的压缩空气或者高温蒸汽或洁净的水进行反吹或反洗，反吹或反洗压力小于 0.5 MPa，反复几次反吹或反洗即可	15	清洗不到位，每处扣 5 分，扣完为止		
2.4	烘干	滤芯反清洗完成后，需要烘干后方可装入过滤器内	15	未烘干扣 15 分		
2.5	滤芯安装	使用专用工具将滤芯装回过滤器	10	操作顺序、方法不正确扣 10 分		
3	工作结束					
3.1	整理工器具	工具整理，摆放整齐	5	未整理工器具扣 5 分		
3.2	工作现场清理	清理现场	5	未清理现场扣 5 分		
4	填写记录					
4.1	填写维保记录单	内容全面，记录规范	10	填写不全面，每处扣 2 分，扣完为止		
合计			100			

Jc0004541026　空气压缩机的检查。（100 分）

考核知识点：空气压缩机检查

难易度：易

技能等级评价专业技能考核操作工作任务书

一、任务名称

空气压缩机的检查。

二、适用工种

机具维护工初级工。

三、具体任务

空气压缩机的检查步骤。

四、工作规范及要求

（1）了解空气压缩机的构造及性能。

（2）掌握空气压缩机的常规检查项目及检查方法。

（3）工器具的正确使用及做好安全防护。

五、考核时间及要求

（1）本模块操作时间为 30 分钟，时间到停止考评。

（2）考评过程中如果由于测试人员操作不规范，有可能引发不安全因素的，停止考评，该项考核项目不得分，但不影响其他项目。

技能等级评价专业技能考核操作评分标准

工种	机具维护工					评价等级	初级工
项目模块	基本技能知识—机具检查检修				编号	Jc0004541026	
单位			准考证号			姓名	
考试时限	30 分钟	题型		单项操作		题分	100 分
成绩		考评员		考评组长		日期	
试题正文	空气压缩机的检查						
需要说明的问题和要求	（1）要求单人操作，工器具检查完备，考评员监护。 （2）在设定考试工位上完成操作。 （3）操作结束后，待考评员同意后方可离开考场						

序号	项目名称	质量要求	满分	扣分标准	扣分原因	得分
1	准备工作					
1.1	相关安全措施的准备	着装应符合安全要求：穿工作服、戴线手套、注意安全防护	5	未按要求穿工作服扣 3 分； 未按要求戴手套扣 2 分		
1.2	工器具完备及辅助设备完备	检查工器具及辅助设备是否齐全洁净，符合作业要求	5	少一件工器具扣 1 分，扣完为止		
2	检查项目					
2.1	外观检查	气缸无裂纹、不漏水、不漏气	6	检查不到位，每处扣 2 分，扣完为止		
2.2	排气温度检查	单缸不超过 190℃，双缸不超过 160℃	4	检查不到位，每处扣 2 分，扣完为止		
2.3	缸内检查	活塞、活塞环、活塞杆、连杆断裂、拉伤、丝堵松动或活塞环严重磨损等缺陷	20	检查不到位，每处扣 2.5 分，扣完为止		
2.4	传动装置	弹性联轴节端面间隙、径向位移、端面倾斜、胶圈外径与孔径差	10	检查不到位，每处扣 2 分，扣完为止		
2.5	冷却系统	冷却水进水温度不超过 35℃，出水温度不超过 40℃	10	检查不到位，每处扣 5 分，扣完为止		
2.6	润滑系统	油压不低于 0.1MPa，不大于 0.3MPa，润滑油必须经过过滤，过滤装置应完好，润滑系统不得漏油	10	润滑不到位，每处扣 2 分，扣完为止		
2.7	电气设备	电动机符合完好标准要求，运行中转动平稳，无明显震动，接地系统完善	10	检查不到位，每处扣 2.5 分，扣完为止		
3	工作结束					
3.1	整理工器具	工具整理，摆放整齐	5	未整理工器具扣 5 分		
3.2	工作现场清理	清理现场	5	未清理现场扣 5 分		
4	填写记录					
4.1	填写检查记录单	内容全面，记录规范	10	填写不全面，每处扣 2 分，扣完为止		
合计			100			

Jc0004543027　发动机日常保养。（100 分）

考核知识点：柴油发动机维护保养

难易度：难

技能等级评价专业技能考核操作工作任务书

一、任务名称

发动机的日常保养。

二、适用工种

机具维护工初级工。

三、具体任务

柴油发动机的日常保养方法、步骤。

四、工作规范及要求

（1）了解发动机构造及性能。

（2）掌握发动机日常保养的要求及方法。

（3）工器具的正确使用及做好安全防护。

五、考核时间及要求

（1）本模块操作时间为30分钟，时间到停止考评。

（2）考评过程中如果由于测试人员操作不规范，有可能引发不安全因素的，停止考评，该项考核项目不得分，但不影响其他项目。

技能等级评价专业技能考核操作评分标准

<table>
<tr><td>工种</td><td colspan="8">机具维护工</td><td>评价等级</td><td>初级工</td></tr>
<tr><td>项目模块</td><td colspan="7">基本技能知识—机具维护保养</td><td>编号</td><td colspan="2">Jc0004543027</td></tr>
<tr><td>单位</td><td colspan="3"></td><td colspan="2">准考证号</td><td colspan="3"></td><td>姓名</td><td></td></tr>
<tr><td>考试时限</td><td colspan="2">30分钟</td><td colspan="2">题型</td><td colspan="4">单项操作</td><td>题分</td><td>100分</td></tr>
<tr><td>成绩</td><td></td><td>考评员</td><td colspan="2"></td><td colspan="2">考评组长</td><td colspan="2"></td><td>日期</td><td></td></tr>
<tr><td>试题正文</td><td colspan="10">柴油发动机的日常保养</td></tr>
<tr><td>需要说明的问题和要求</td><td colspan="10">（1）要求单人操作，工器具检查完备，考评员监护。
（2）在设定考试工位上完成操作。
（3）操作结束后，待考评员同意后方可离开考场</td></tr>
</table>

序号	项目名称	质量要求	满分	扣分标准	扣分原因	得分
1	准备工作					
1.1	相关安全措施的准备	着装应符合安全要求：穿工作服、戴线手套、注意安全防护	5	未按要求穿工作服扣3分； 未按要求戴手套扣2分		
1.2	工器具完备及辅助设备完备	检查工器具及辅助设备是否齐全洁净，符合作业要求	5	少一件工器具扣1分，扣完为止		
2	操作步骤					
2.1	检查燃油	检查燃油箱中的燃油是否充足，不足时需要补充	10	检查不到位扣5分； 燃油不足时未补充扣5分		
2.2	检查燃油阀和输油管路	检查燃油阀和输油管路是否有漏油、渗油现象，存在问题需更换	15	检查不到位扣10分； 存在问题未更换扣5分		
2.3	检查润滑油油位	检查润滑油油位是否处于上限与下限之间，以靠近上限为佳，但不能超限，不够需添加同型号润滑油	15	检查不到位扣15分		
2.4	检查润滑油油质	检查润滑油油质，确定是否需要更换	15	检查不到位扣15分		
2.5	检查启动电池电压	检查启动电池电压是否在24V以上，并观察电池外观是否有破损漏液现象。如发电机长时间不用（一个月以上），启动电池会因自放电而亏电，应用外接充电器给电池充电	10	检查不到位扣10分		

续表

序号	项目名称	质量要求	满分	扣分标准	扣分原因	得分
2.6	检查冷却液	检查冷却液液面高度和质量	5	检查不到位扣 5 分		
3	工作结束					
3.1	整理工器具	工具整理，摆放整齐	5	未整理工器具扣 5 分		
3.2	工作现场清理	清理现场	5	未清理现场扣 5 分		
4	填写记录					
4.1	填写维保记录单	内容全面，记录规范	10	填写不全面，每处扣 2 分，扣完为止		
合计			100			

Jc0004541028　牵引机减速器润滑油的更换。(100 分)

考核知识点：牵引机减速器维护保养

难易度：易

技能等级评价专业技能考核操作工作任务书

一、任务名称

牵引机减速器润滑油的更换。

二、适用工种

机具维护工初级工。

三、具体任务

SA-QY-80 牵引机减速器润滑油的更换。

四、工作规范及要求

（1）掌握牵引机的机械性能及操作要求。

（2）工器具的正确使用及做好安全措施。

五、考核时间及要求

（1）本模块操作时间为 20 分钟，时间到停止考评。

（2）考评过程中如果由于测试人员操作不规范，有可能引发不安全因素的，停止考评，该项考核项目不得分，但不影响其他项目。

技能等级评价专业技能考核操作评分标准

工种	机具维护工					评价等级	初级工
项目模块	基本技能知识—机具维护保养				编号	Jc0004541028	
单位			准考证号			姓名	
考试时限	20 分钟		题型	单项操作		题分	100 分
成绩		考评员		考评组长		日期	
试题正文	牵引机减速器润滑油的更换						
需要说明的问题和要求	（1）要求单人操作，考评员监护。 （2）在设定考试工位上完成操作。 （3）操作结束后，待考评员同意后方可离开考场						

续表

序号	项目名称	质量要求	满分	扣分标准	扣分原因	得分
1	准备工作					
1.1	相关安全措施的准备	着装应符合安全要求：穿工作服、戴线手套、注意安全防护	5	未按要求穿工作服扣 3 分； 未按要求戴手套扣 2 分		
1.2	工器具、设备及辅助设备备品备件完备	检查工器具、设备及辅助设备是否齐全洁净，符合作业要求	5	少一件工器具扣 1 分，扣完为止		
2	操作步骤					
2.1	升温	更换齿轮油时，设备先启动运转一会，使齿轮油升温	10	操作顺序、方法不正确，每处扣 5 分，扣完为止		
2.2	放油	拧下放油塞，放出齿轮油，检查是否有异常杂质，并拧紧放油螺塞	20	操作顺序、方法不正确，每处扣 5 分，扣完为止		
2.3	加油	（1）加入符合要求的新齿轮油。 （2）加至齿轮油从油位检查孔溢出为止，最后装好检查孔螺塞	20	操作顺序、方法不正确，每处扣 10 分，扣完为止		
2.4	检查	（1）检查有无漏油现象。 （2）拧下油位检查孔螺塞，油位应在规定油位；油位应不低于孔边 15mm；油量不足应补充到规定值。 备注：减速器齿轮油每工作 300h 应更换一次	20	检查不到位，每处扣 10 分，扣完为止		
3	工作结束					
3.1	整理工器具	工具整理，摆放整齐	5	未整理工器具扣 5 分		
3.2	工作现场清理	清理现场	5	未清理现场扣 5 分		
4	填写记录					
4.1	填写维保记录单	内容全面，记录规范	10	填写不全面，每处扣 2 分，扣完为止		
合计			100			

Jc0005542029　双滚筒机动绞磨无负荷操作。（100 分）

考核知识点： 双滚筒机动绞磨操作使用

难易度： 中

技能等级评价专业技能考核操作工作任务书

一、任务名称

双滚筒机动绞磨无负荷操作。

二、适用工种

机具维护工初级工。

三、具体任务

ZJ-QXS-50/24-A 型双滚筒机动绞磨无负荷操作。

四、工作规范及要求

（1）掌握机动绞磨机械性能、电气性能及操作要求。

（2）工器具的正确使用及做好安全措施。

五、考核时间及要求

（1）本模块操作时间为 30 分钟，时间到停止考评。

（2）考评过程中如果由于测试人员操作不规范，有可能引发不安全因素的，停止考评，该项考核项目不得分，但不影响其他项目。

技能等级评价专业技能考核操作评分标准

<table>
<tr><td>工种</td><td colspan="5">机具维护工</td><td>评价等级</td><td>初级工</td></tr>
<tr><td>项目模块</td><td colspan="4">专业知识—机具操作使用</td><td>编号</td><td colspan="2">Jc0005542029</td></tr>
<tr><td>单位</td><td colspan="2"></td><td>准考证号</td><td colspan="2"></td><td>姓名</td><td></td></tr>
<tr><td>考试时限</td><td>30 分钟</td><td>题型</td><td colspan="3">单项操作</td><td>题分</td><td>100 分</td></tr>
<tr><td>成绩</td><td></td><td>考评员</td><td></td><td>考评组长</td><td></td><td>日期</td><td></td></tr>
<tr><td>试题正文</td><td colspan="7">双滚筒机动绞磨无负荷操作</td></tr>
<tr><td>需要说明的问题和要求</td><td colspan="7">（1）要求多人配合操作，考评员监护。
（2）在设定考试工位上完成操作。
（3）操作结束后，待考评员同意后方可离开考场</td></tr>
</table>

序号	项目名称	质量要求	满分	扣分标准	扣分原因	得分
1	准备工作					
1.1	相关安全措施的准备	着装应符合安全要求：穿工作服、戴线手套、注意安全防护	5	未按要求穿工作服扣 3 分； 未按要求戴线手套扣 2 分		
1.2	工器具、设备及辅助设备完备	检查工器具及辅助设备是否齐全洁净，符合作业要求	5	少一件工器具扣 1 分，扣完为止		
2	操作步骤					
2.1	完好性的检查	滚筒局部无锈蚀、无严重破损，无变形、无缺件、无漏油，检查并调整三角皮带松紧度、各部件紧固良好	10	检查不到位，每处扣 2 分，扣完为止		
2.2	启动发动机	发动机启动前应先脱开离合器并挂空档，然后正确启动发动机（合上离合器，动作应快，否则容易磨损，脱开时不宜用力过猛）	15	操作顺序、方法不正确，每处扣 5 分，扣完为止		
2.3	空载试运行	工作前，应进行 10min 空载运行，检查离合器、换档手柄是否灵活、准确、可靠，各部分是否有异常现象	10	未进行空载运行扣 4 分； 空载运行时间不足扣 4 分； 检查不到位，每处扣 2 分； 扣完为止		
2.4	换档操作	变速箱换档前必须先脱开离合器，若换档困难，可轻微合一下离合器使得输入轴转动一个角度再换档。严禁强行入档	10	操作顺序、方法不正确，每处扣 4 分，扣完为止		
2.5	装设钢丝绳	将搭扣螺钉松开后，打开左右半支架，面对滚筒，将钢丝绳由下方进入，内进外出，绕满滚筒	15	操作顺序、方法不正确，每处扣 3 分，扣完为止		
2.6	退出钢丝绳	挂倒档，松劲后，再从滚筒上拆除钢丝绳，人力拖松	10	操作顺序、方法不正确，每处扣 2.5 分，扣完为止		
2.7	停机	将机动绞磨停机制动、熄火关闭	10	操作顺序、方法不正确，每处扣 5 分，扣完为止		
3	工作结束					
3.1	工作现场清理	清理现场	10	未清理现场扣 10 分		
合计			100			

Jc0005542030　手扶机动绞磨无负荷操作。（100 分）

考核知识点：手扶机动绞磨操作使用

难易度：中

技能等级评价专业技能考核操作工作任务书

一、任务名称

手扶机动绞磨无负荷操作。

二、适用工种

机具维护工初级工。

三、具体任务

5T 手扶机动绞磨无负荷操作。

四、工作规范及要求

（1）掌握机动绞磨的机械性能及操作要求。

（2）工器具的正确使用及做好安全措施。

五、考核时间及要求

（1）本模块操作时间为 20 分钟，时间到停止考评。

（2）考评过程中如果由于测试人员操作不规范，有可能引发不安全因素的，停止考评，该项考核项目不得分，但不影响其他项目。

技能等级评价专业技能考核操作评分标准

工种	机具维护工				评价等级	初级工
项目模块	专业知识—机具操作使用			编号	Jc0005542030	
单位		准考证号			姓名	
考试时限	20 分钟	题型	单项操作		题分	100 分
成绩	考评员		考评组长		日期	
试题正文	手扶机动绞磨无负荷操作					
需要说明的问题和要求	（1）要求单人操作，考评员监护。 （2）在设定考试工位上完成操作。 （3）操作结束后，待考评员同意后方可离开考场					

序号	项目名称	质量要求	满分	扣分标准	扣分原因	得分
1	准备工作					
1.1	相关安全措施的准备	着装应符合安全要求：穿工作服、戴线手套、注意安全防护	5	未按要求穿工作服扣 3 分； 未按要求戴线手套扣 2 分		
1.2	工器具、设备及辅助设备备品备件完备	检查工器具及辅助设备是否齐全洁净，符合作业要求	5	少一件工器具扣 1 分，扣完为止		
2	操作步骤					
2.1	检查润滑油、柴油及水	检查润滑油、柴油及水等是否符合要求，进行发动机运转前的准备	10	未检查润滑油，柴油及水，每少一项扣 3 分； 检查不到位，扣 1 分； 扣完为止		
2.2	检查变速箱的油面	将磨筒轴承盖上最高的一个螺钉拧下后如有油流出即可，添加润滑油时加到油能从孔流出为止	10	检查不到位扣 10 分		
2.3	检查螺栓	检查各主要连接部分螺栓是否紧固	10	检查不到位，每处扣 2 分，扣完为止		
2.4	启动准备	将离合制动手柄放在“离”的位置，变速手柄放在空档位置，油门拉至“开始”位置	10	操作顺序、方法不正确，每处扣 2 分，扣完为止		
2.5	安装支腿插销	将两支撑腿用插销固定在挂接框上	10	操作顺序、方法不正确，每处扣 2 分，扣完为止		
2.6	启动柴油机	拉动分离拨叉手柄使一级减速滑动齿轮与中央减速齿轮啮合	10	操作顺序、方法不正确，每处扣 2 分，扣完为止		

续表

序号	项目名称	质量要求	满分	扣分标准	扣分原因	得分
2.7	缠绕钢丝绳	牵引钢丝绳与磨芯保持垂直，钢丝绳从下往上缠在磨筒上，不少于五圈，通过磨芯的钢丝绳应排列整齐，不得重叠或相互缠绕	5	操作顺序、方法不正确，每处扣1分，扣完为止		
2.8	停机	将手扶机动绞磨停机制动、熄火关闭	5	操作顺序、方法不正确，每处扣2分，扣完为止		
3	工作结束					
3.1	整理工器具	工具整理，摆放整齐	5	未整理工器具扣5分		
3.2	工作现场清理	清理现场	5	未清理、恢复扣5分		
4	填写记录					
4.1	填写检查记录单	内容全面，记录规范	10	填写不全面，每处扣2分，扣完为止		
合计			100			

Jc0005541031　空气压缩机的定期保养。(100分)

考核知识点：空气压缩机维护保养

难易度：易

技能等级评价专业技能考核操作工作任务书

一、任务名称

空气压缩机的定期保养。

二、适用工种

机具维护工初级工。

三、具体任务

空气压缩机的定期保养步骤。

四、工作规范及要求

（1）了解空气压缩机构造及性能。

（2）掌握空气压缩机日常保养的要求及方法。

（3）工器具的正确使用及做好安全防护。

五、考核时间及要求

（1）本模块操作时间为30分钟，时间到停止考评。

（2）考评过程中如果由于测试人员操作不规范，有可能引发不安全因素的，停止考评，该项考核项目不得分，但不影响其他项目。

技能等级评价专业技能考核操作评分标准

工种	机具维护工					评价等级	初级工
项目模块	专业知识—机具维护保养				编号	Jc0005541031	
单位			准考证号			姓名	
考试时限	30分钟	题型	单项操作			题分	100分
成绩		考评员		考评组长		日期	
试题正文	空气压缩机的定期保养						
需要说明的问题和要求	（1）要求单人操作，工器具检查完备，考评员监护。 （2）在设定考试工位上完成操作。 （3）操作结束后，待考评员同意后方可离开考场						

续表

序号	项目名称	质量要求	满分	扣分标准	扣分原因	得分
1	准备工作					
1.1	相关安全措施的准备	着装应符合安全要求：穿工作服、戴线手套、注意安全防护	5	未按要求穿工作服扣 3 分； 未按要求戴手套扣 2 分		
1.2	工器具完备及辅助设备完备	检查工器具及辅助设备是否齐全洁净，符合作业要求	5	少一件工器具扣 1 分，扣完为止		
2	操作步骤					
2.1	清洁	清洁整机	5	未清洁扣 5 分； 清洁不到位扣 2 分		
2.2	检查润滑油	检查润滑油，添加或更换	5	检查不到位扣 3 分； 未添加或更换扣 2 分		
2.3	排除污水	打开储气罐排水阀排除污水，必要时清洗污垢	10	操作不到位扣 10 分		
2.4	检查空气滤清器	空气滤清器为易耗品，必要时及时更换	10	检查不到位，每处扣 2 分，扣完为止		
2.5	检查皮带及各部位螺栓	经验检查法：用手指以 2～3kg 力按压皮带中间位置，皮带下降 10～15mm 为宜，过松或过紧进行调整	10	检查不到位，每处扣 2 分，扣完为止		
2.6	检查安全装置	检查压力表、安全阀、气压开关、压力调节器	10	检查不到位，每处扣 2 分，扣完为止		
2.7	检查经常受高温的零部件	检查阀、气缸总成、拍冷器及排气管	10	检查不到位，每处扣 2 分，扣完为止		
2.8	检查经常性接触点	运行状态观察电动机的运行平稳度、温升及声音	10	检查不到位，每处扣 2 分，扣完为止		
3	工作结束					
3.1	整理工器具	工具整理，摆放整齐	5	未整理工器具扣 5 分		
3.2	工作现场清理	清理现场	5	未清理现场扣 5 分		
4	填写记录					
4.1	填写维保记录单	内容全面，记录规范	10	填写不全面，每处扣 2 分，扣完为止		
合计			100			

Jc0004541032　锯割圆钢的操作。（100 分）

考核知识点：设备操作使用

难易度：易

技能等级评价专业技能考核操作工作任务书

一、任务名称

锯割圆钢的操作。

二、适用工种

机具维护工初级工。

三、具体任务

ϕ50 圆钢的锯割操作。

四、工作规范及要求

（1）相关工器具的准备。

（2）工器具的正确使用及做好安全措施。

五、考核时间及要求

（1）本模块操作时间为30分钟，时间到停止考评。

（2）考评过程中如果由于测试人员操作不规范，有可能引发不安全因素的，停止考评，该项考核项目不得分，但不影响其他项目。

技能等级评价专业技能考核操作评分标准

工种	机具维护工					评价等级	初级工
项目模块	基本技能知识—机具操作使用				编号	Jc0004541032	
单位			准考证号			姓名	
考试时限	30 分钟		题型	单项操作		题分	100 分
成绩		考评员		考评组长		日期	
试题正文	锯割圆钢的操作						
需要说明的问题和要求	（1）要求单人操作，考评员监护。 （2）在设定考试工位上完成操作。 （3）操作结束后，待考评员同意后方可离开考场。 （4）使用手工钢锯切割$\phi 50$圆钢						

序号	项目名称	质量要求	满分	扣分标准	扣分原因	得分
1	准备工作					
1.1	相关安全措施的准备	着装应符合安全要求：穿工作服、戴线手套、注意安全防护	5	未按要求穿工作服扣3分； 未按要求戴手套扣2分		
1.2	工器具完备及辅助设备完备	检查工器具及辅助设备是否齐全洁净，符合作业要求	5	少一件工器具扣1分，扣完为止		
2	操作步骤					
2.1	锯条选择	锯条的粗细应根据加工材料的硬度，厚薄来选择	10	锯齿选择不当扣10分		
2.2	安装锯条	将锯条安装在锯弓上。安装锯条时，应注意以下问题：由于手锯是向前推动时进行切削，所以安装锯条时，锯齿应向前；锯条松紧要适当，否则锯割时易将锯条折断；当锯缝过深超过锯弓高度时，应将锯弓相对于锯转90°	10	锯条装反，扣4分； 松紧不适宜，扣3分； 锯齿选择不当，扣3分		
2.3	划线	根据图样要求正确划线	10	划线位置不正确扣10分		
2.4	夹持工件	工件要牢固地夹持在虎钳上，锯缝位置不应离钳口过远，以免锯割时颤动折断锯条	10	工件加持不正确扣10分		
2.5	起锯	起锯时，锯条应成一定角度倾斜，倾斜角应小于15°，且弓往复行程要短，压力要轻，锯弓与工件表面垂直。锯成锯口后，逐渐将锯弓改至前后水平方向	10	操作方法不正确，每处扣5分，扣完为止		
2.6	锯切	起锯后继续锯切时，锯弓应直线往复，不可摆动；前推时加压，用力均匀，返回时从工件轻轻滑过。锯切速度不宜过快，通常每分钟往复30～60次。锯割时用锯条全长工作，以免锯条中间部分迅速磨钝。锯钢料时应加润滑油润滑	10	锯条每折断一根扣5分； 操作方法不正确扣5分		
2.7	锯割收尾	工件将要锯断时，速度要慢，压力要轻，行程要短，并尽量用手扶住工件，以免损坏工件或碰伤手、脚	10	操作方法不正确扣10分		
2.8	质量验收	锯割工件基本尺寸、平行度、平面度符合要求	10	锯割误差大，基本尺寸超差扣5分； 平行度每超差0.5mm扣2分； 平面度超差扣2分； 扣完为止		
3	工作结束					
3.1	整理工具	工具整理、摆放整齐	5	未整理工器具扣5分		
3.2	工作现场清理	清理现场	5	未清理现场扣5分		
合计			100			

Jc0004541033　钢管的热弯加工。(100分)

考核知识点：设备操作使用

难易度：易

技能等级评价专业技能考核操作工作任务书

一、任务名称

钢管的热弯加工。

二、适用工种

机具维护工初级工。

三、具体任务

ϕ50钢管的热弯加工。

四、工作规范及要求

(1)掌握钢管热弯的工艺要求。

(2)工器具的正确使用及做好安全措施。

五、考核时间及要求

(1)本模块操作时间为10分钟，时间到停止考评。

(2)考评过程中如果由于测试人员操作不规范，有可能引发不安全因素的，停止考评，该项考核项目不得分，但不影响其他项目。

技能等级评价专业技能考核操作评分标准

工种	机具维护工					评价等级	初级工
项目模块	基本技能知识—机具操作使用				编号	Jc0004541033	
单位			准考证号			姓名	
考试时限	10分钟		题型	单项操作		题分	100分
成绩		考评员		考评组长		日期	
试题正文	钢管的热弯加工						
需要说明的问题和要求	(1)要求单人操作，考评员监护。 (2)在设定考试工位上完成操作。 (3)操作结束后，待考评员同意后方可离开考场。 (4)ϕ50钢管弯曲至90°						

序号	项目名称	质量要求	满分	扣分标准	扣分原因	得分
1	准备工作					
1.1	相关安全措施的准备	着装应符合安全要求：穿工作服、戴线手套、注意安全防护	5	未按要求穿工作服扣3分； 未按要求戴手套扣2分		
1.2	工器具、设备及辅助设备完备	检查工器具及辅助设备是否齐全洁净，符合作业要求	5	少一件工器具扣1分，扣完为止		
2	操作步骤					
2.1	检查管子	检查管子的材质、质量、型号	10	选择了不符合要求的管子扣10分		
2.2	选用沙子	选用不掺有泥土等杂质，并经过水洗和筛选不掺有水分的沙子	10	选用了不符合要求的筛子扣10分		
2.3	装沙	将选用的沙子装入管子中，然后经振打捣实，并在管子两端加堵	10	未捣实扣5分； 敲击不当扣5分		
2.4	画印	将装好沙子的管子运至弯管现场，根据弯曲长度在管子上画出印记	15	画印位置不正确扣15分		

续表

序号	项目名称	质量要求	满分	扣分标准	扣分原因	得分
2.5	制弯	缓慢加热管子及沙子，在加热过程中，要注意转动或上下移动管子，当钢管加热到600～700℃时（呈橙黄色），用两根插销固定管子的一端，在管子的另一端施加外力，把管子弯成所需加工的弧度	15	操作顺序、方法不正确，每处扣3分，扣完为止		
2.6	除沙	除沙要干净、彻底	10	除沙不到位扣5分； 除沙不彻底扣5分		
2.7	校对	正确校对弯头	10	未校对扣10分		
3	工作结束					
3.1	整理工具	工具整理、摆放整齐	5	未整理工器具扣5分		
3.2	工作现场清理	清理现场	5	未清理现场扣5分		
合计			100			

第二部分
中级工

第三章 机具维护工中级工技能笔答

Jb0002411001 简述电气工作人员必须具备的条件。(5分)

考核知识点：电气工作人员具备的条件

难易度：易

标准答案：

(1)经医师检查无妨碍电气工作的疾病。

(2)具备必要的电气知识和熟悉电气作业的有关规程。经政府劳动部门考核合格，并取得特殊工种操作证。

(3)学会紧急救护法、触电急救法及人工呼吸法。

Jb0002411002 简述电气五防的内容。(5分)

考核知识点：电气五防

难易度：易

标准答案：

(1)防止误分、合断路器。

(2)防止带负荷分、合隔离开关。

(3)防止带电挂(含)接地线。

(4)防止带地线送电。

(5)防止误入带电间隔。

Jb0002411003 焊接常用气瓶有哪些？涂色有什么规定？(5分)

考核知识点：气瓶管理

难易度：易

标准答案：

焊接常用气瓶有氧气瓶、乙炔气瓶、氮气瓶、二氧化碳气瓶等。

(1)氧气瓶应涂天蓝色，用黑色标明“氧气”字样。

(2)乙炔气瓶应涂白色，用红色标明“乙炔”字样。

(3)氮气瓶应涂黑色，用黄色标明“氮气”字样。

(4)二氧化碳气瓶应涂铝白色，用黑色标明“二氧化碳”字样。

Jb0002412004 简述乙炔气瓶使用注意事项。(5分)

考核知识点：乙炔使用安全注意事项

难易度：中

标准答案：

(1)可燃性气体，不可近火或靠近热源及电气设备。

(2)乙炔瓶使用时，必须直立，并采取措施防止倾倒，严禁卧放使用，防止丙酮流出造成燃烧爆炸。

（3）乙炔瓶必须装回火防止器，开瓶阀时，操作者应站在阀门的一侧，动作要轻缓。瓶阀开启不得超过一圈半，一般情况只开启 3/4 圈。使用工作压力一般在 0.02～0.06MPa。

（4）乙炔瓶严禁敲击、碰撞，严禁在瓶体上引弧，严禁将乙炔瓶放置在电绝缘体上使用，乙炔瓶一般应在 40℃以下使用。

（5）乙炔瓶内气体严禁用尽，必须留有不低于 0.05MPa 的剩余气力，防止其他气体灌进气瓶内。

（6）乙炔瓶使用过程中，开闭乙炔瓶的专用扳手始终在阀上，以便突然发生事故时能迅速关闭阀门。

（7）停止作业时，应关闭瓶阀，卸下减压器，当确认无泄漏时，方可离开工作地点。

Jb0002412005　简述氧气气瓶使用注意事项。（5 分）

考核知识点：氧气气瓶使用安全注意事项

难易度：中

标准答案：

（1）氧气是助燃气体，应远离易燃易爆物品，远离明火与热源。

（2）氧气瓶禁止沾染油污、油脂和溶剂。操作者不能穿油污的工作服，不能用手、沾有油污的手套和工具接触氧气瓶及附件。

（3）冬季使用氧气瓶，如遇瓶阀冻结，可用开水或蒸汽解冻，严禁用温度超过 40℃的其他热源对气瓶加热。

（4）氧气瓶内的氧气不得用尽，必须留有剩余压力，剩余压力应不小于 0.5MPa。

（5）与电焊工同在一处作业时，为防止气瓶带电，就在瓶底加绝缘垫。与气瓶接触的管道设备应做接地装置，防止因产生静电而引起火灾和爆炸。在同一场地进行焊接作业时，氧气瓶要保证绝缘，气瓶不可导电。

（6）氧气过量会使人中毒，氧中毒是指机体吸入高于一定压力的氧一定时间后，某些系统或器官的功能与结构发生病理性变化而表现的病症。

Jb0002411006　简述焊接与切割工作的安全规定。（5 分）

考核知识点：焊接与切割作业安全

难易度：易

标准答案：

（1）从事电、气焊的工作人员，应熟悉专业安全知识，并经考试合格，取得合格证后，方可独立进行焊接作业。

（2）在配电盘内施焊，应有严密的隔离措施，防止灼伤导线及元件。禁止在带电的盘和设备上进行任何焊接和切割工作。

（3）严禁将电缆管和电缆外皮作为焊接地线。

（4）严禁焊接有压力、带电或有油类的容器。补焊（电焊）已充油的变压器微小的漏洞应按有关规定进行。

Jb0002412007　简述减压器维修更换零件的条件。（5 分）

考核知识点：减压器维修条件

难易度：中

标准答案：

（1）气体减压器中含有气体时，气体从各螺纹连接处泄漏。

（2）气体减压器中不含气体时，压力表指针不回零。
（3）供气后，流量计或压力不能连续调节。
（4）供气后压力表指针不抬高。
（5）供气后气体从安全阀中泄漏。
（6）压力表、流量计损坏。
（7）调节把手处于旋松状态时有气体从减压器出气口排出。

Jb0002412008 乙炔瓶为什么不能卧放？（5分）

考核知识点：乙炔瓶使用

难易度：中

标准答案

（1）钢瓶中的乙炔在压力下溶解在丙酮溶剂中。开启阀门，压力减小，溶解的乙炔变成气体放出。若卧放，开启阀门时，压力会将丙酮和溶解的乙炔都吹出来，乙炔与空气混合会发生爆炸，且丙酮蒸汽与空气混合到1.6%～13%时遇明火亦会爆炸。

（2）卧放易滚动，瓶与瓶、瓶与其他物体易受到撞击，导致乙炔瓶爆炸。

（3）乙炔瓶配有防振胶圈，其目的是防止在装卸、运输、使用中相互碰撞。胶圈是绝缘材料，卧放即等于乙炔瓶放在绝缘体上，致使气瓶上产生的静电不能向大地扩散，聚集在瓶体上，易产生静电火花，当有乙炔气泄漏时，极易造成燃烧和爆炸事故。

（4）使用时乙炔瓶瓶阀上装有减压器、回火防止器、连接有胶管，卧放易滚动，滚动时易损坏减压器、回火防止器或拉脱胶管，造成乙炔气向外泄放，导致燃烧爆炸。

Jb0002411009 简述气瓶存放的要求。（5分）

考核知识点：气瓶存放

难易度：易

标准答案：

（1）气瓶存放应在通风良好的场所，禁止靠近热源或在烈日下暴晒。
（2）气瓶存放处10m内禁止明火，禁止与易燃物、易爆物同间存放。
（3）禁止与所装气体混合后能引起燃烧、爆炸的气瓶一起存放。
（4）乙炔气瓶存放时应保持直立，并应有防止倾倒的措施。
（5）乙炔气瓶禁止放置在有放射性射线的场所，亦不得放在橡胶等绝缘体上。
（6）气瓶不得与带电物体接触，氧气瓶不得沾染油脂。
（7）氧气瓶卧放时不宜超过5层，两侧应设立柱，立放时应有支架固定。

Jb0002411010 简述安全监护人的职责。（5分）

考核知识点：电力安全管理规定

难易度：易

标准答案：

（1）确认被监护人员和监护范围。
（2）工作前，对被监护人员交代监护范围内的安全措施，告知危险点和安全注意事项。
（3）监督被监护人员遵守《国家电网安全工作规程》和现场安全措施，及时纠正被监护人员的不安全行为。

Jb0002411011　如何使用二氧化碳灭火器？（5分）

考核知识点：灭火器使用

难易度：易

标准答案：

（1）二氧化碳灭火后不留痕迹，适宜于扑灭贵重仪器设备、档案资料等引起的火灾。二氧化碳不导电，也适宜于扑救带电的低压电气设备火灾和油类火灾，但不可用它扑救钾、钠、铝、镁等物质的火灾。

（2）使用鸭嘴式灭火器时，先拔掉安全销，然后压紧压把，这时就有二氧化碳喷出。使用手轮式灭火器时，一手拿喷筒木柄将喇叭口对准着火物，另一只手将首轮按逆时针方向旋转，高压气体即自行喷出。

（3）在喷射时，要注意不可直接触及喇叭筒，以防化雪时的强烈冷却使手冻伤。

（4）当人体吸入一定量的二氧化碳时，就会窒息，因此在使用此灭火器时，人应站在上风位置。又因为灭火器喷射距离较近，故喷射时尽量靠近火源，要从火势蔓延最危险的一边喷起。

Jb0002412012　简述接地装置的埋设要求。（5分）

考核知识点：接地装置埋设要求

难易度：中

标准答案：

（1）人工接地体的顶面埋设深度不宜小于0.6m。

（2）人工垂直接地体宜采用热浸镀锌圆钢、角钢、钢管，长度宜为2.5m。人工水平接地体宜采用热浸镀锌的扁钢或圆钢。圆钢直径不应小于12mm。扁钢、角钢等型钢的截面积不应小于90mm^2，其厚度不应小于3mm。钢管壁厚不应小于2mm。人工接地体不得采用螺纹钢。

（3）埋入后接地体周围要回填新土并夯实，不得填入砖石、焦渣等。

（4）为测量接地电阻方便，应在适当位置加装接线卡子，以备测量接地电阻之用。

Jb0002411013　简述干燥机使用的安全措施。（5分）

考核知识点：干燥机使用的安全措施

难易度：易

标准答案：

（1）吸气口应设置过滤装置。

（2）吸气口应设在室外并防雨。

（3）储气罐上必须安装安全阀。

（4）必须设计安装压力表。

（5）应设紧急停车按钮。

Jb0002411014　简述游标卡尺使用注意事项。（5分）

考核知识点：游标卡尺的使用

难易度：易

标准答案：

（1）使用前，应先擦干净两卡脚测量面，合拢两卡脚，检查副尺0线与主尺0线是否对齐，若未对齐，应根据原始误差修正测量读数。

（2）测量工件时，卡脚测量面必须与工件的表面平行或垂直，不得歪斜。且用力不能过大，以免卡脚变形或磨损，影响测量精度。

（3）读数时，视线要垂直于尺面，否则测量值不准确。
（4）测量内径尺寸时，应轻轻摆动，以便找出最大值。

Jb0003411015 简述游标卡尺的用途、组成及分类。（5分）
考核知识点： 游标卡尺的用途
难易度： 易
标准答案：
（1）用途：游标卡尺是一种高精度测量工具，主要用于测量工件的长度、内径、外径以及深度等。
（2）组成：由主尺和附在主尺上能滑动的游标两部分构成。
（3）分类：如果按游标的刻度值来分，游标卡尺又分0.1、0.05、0.02mm三种。

Jb0003411016 简述游标卡尺的读数方法。（5分）
考核知识点： 游标卡尺的读数
难易度： 易
标准答案：
（1）根据副尺零线以左读数，主尺上的最近刻度读出整毫米数。
（2）根据副尺零线以右读数，主尺上的刻度对准的刻线数乘上刻度值读出小数。
（3）将上面整数和小数两部分加起来，即为总尺寸。

Jb0003411017 简述螺杆真空泵主要组成和系统。（5分）
考核知识点： 真空泵组成
难易度： 易
标准答案：
主要组成为冷却器、主机、控制器、冷却风扇、驱动电动机、油分离器箱、电柜、真空控制阀、进口过滤器、油过滤器、温度调节旁通阀。
主要系统为油路系统、冷凝系统、调节系统、电气系统。

Jb0003411018 简述滤油机的种类。（5分）
考核知识点： 滤油机种类
难易度： 易
标准答案：
分类：
（1）普通滤油机。
（2）真空滤油机。
（3）离心分离式滤油机。
（4）齿轮箱透析机。

Jb0003411019 简述常见干燥机的种类。（5分）
考核知识点： 干燥机种类
难易度： 易
标准答案：
喷雾干燥机、气流干燥机、流化床干燥机和流化床喷雾造粒干燥机。

Jb0003411020　简述发动机防冻液的作用。（5分）

考核知识点：防冻液的作用

难易度：易

标准答案：

防冻液的全称为防冻冷却液，是一种含有特殊添加剂的冷却液。它在发动机的冷却系统作为冷却液使用，具有冬天防冻，夏天防沸，全年防水垢、防腐蚀等优良性能。

Jb0003411021　简述发动机润滑油的作用。（5分）

考核知识点：发动机润滑油的作用

难易度：易

标准答案：

（1）润滑。

（2）冷却。

（3）清洗。

（4）密封。

（5）防锈防蚀。

（6）减震缓冲。

（7）抗磨。

（8）降噪。

Jb0003411022　简述往复活塞式压缩机的优缺点。（5分）

考核知识点：往复活塞式压缩机的优缺点

难易度：易

标准答案：

往复活塞式压缩机的优点是无论流量大小，都能达到所需要的压力。在调节时，排气压力几乎不变，效率比较高。因而往复活塞式压缩机的应用范围较广。但也有缺点，体积比较大，结构比较复杂，易损件多，维修工作量大。

Jb0003411023　简述发动机空气滤清器的作用。（5分）

考核知识点：空气滤清器的作用

难易度：易

标准答案：

（1）除尘。

（2）降噪。

（3）除湿。

Jb0003411024　简述单向阀的定义。（5分）

考核知识点：液压元件知识

难易度：易

标准答案：

单向阀是只允许油液单向流动的阀，即以一定的开启压力从一个方向自由通过，而反向不允许油液通过（被截止），是液压系统中的“单行道”。

Jb0003411025 简述换向阀的定义。(5分)

考核知识点：液压元件知识

难易度：易

标准答案：

换向阀主要由带有内部通道的阀体与一个可移动的阀芯构成，利用阀芯在阀体孔内的移动，打开一些油的通道，关闭另一些通道，从而控制油液的流进和流出，即将内部通道接通或关断。

Jb0003431026 有三个阻抗均为 Z=6+j 8Ω的负载对称接于三项四线制电路中，电源线电压为 U= 380V，试求负载电流的大小？（5分）

考核知识点：电工基础

难易度：易

标准答案：

解：相电压 $U_{ph}=U/\sqrt{3}=380/\sqrt{3}\approx220$（V）

阻抗值 $Z=\sqrt{(6^2+8^2)}=10$（Ω）

相电流 $I_{ph}=U_{ph}/Z=220/10=22$（A）

答：负载电流为22A。

Jb0003411027 简述输电线路架设施工中迪尼玛绳的主要用途。(5分)

考核知识点：迪尼玛绳主要用途

难易度：易

标准答案：

（1）用作输变电线路空中放线及各种复杂地形情况下的牵引导引绳。

（2）用作搭设跨越架承载绳（绝缘）。

（3）用作平衡挂线。

（4）用作吊装绝缘子。

（5）无人机放线造桥的首根牵引绳。

（6）用作带电跨越的首根过渡绳。

Jb0003431028 一电炉取用电流为5A，接在电压为220V的电路上，问电炉的功率是多少？若用电8h，电炉所消耗的电能为多少？（5分）

考核知识点：电工基础

难易度：易

标准答案：

电炉的功率 $P=UI=220\times5=1100$（W）=1.1（kW）

电炉在8h内消耗的能量 $A=Pt=1.1\times8=8.8$（kWh）

答：电炉的功率为1.1kW，电炉所消耗的电能为8.8kWh。

Jb0003431029 如图 Jb0003431029 所示，其中 R_1=5Ω、R_2=10Ω、R_3=8Ω、R_4=3Ω、R_5=6Ω，试求图中A、B端的等效电阻 R？（5分）

考核知识点：电工基础

难易度：易

标准答案：

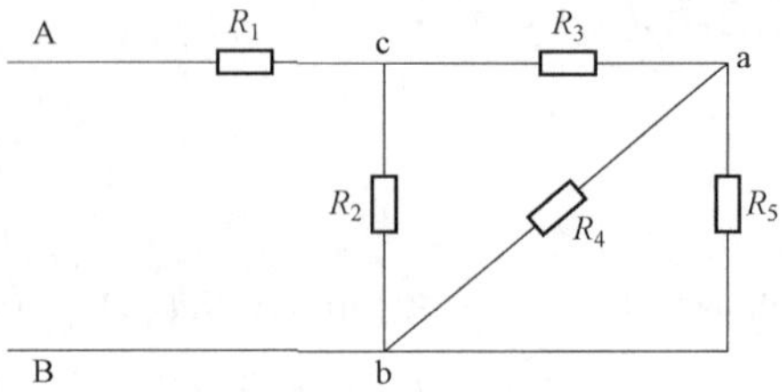

图 Jb0003431029

$R_{ab}=R_4R_5/(R_4+R_5)=3\times6/(3+6)=2$（Ω）

$R'_{cb}=R_3+R_{ab}=8+20=10$（Ω）

$R''_{cb}=R_2R'_{cb}/(R_2+R''_{cb})=10\times10/(10+10)=5$（Ω）

$R=R_1+R''_{cb}=5+5=10$（Ω）

答：A、B 端的等效电阻 R 为 10Ω。

Jb0003431030　图 Jb0003431030 所示电路中，各支路的电流的正方向已标出，试列出各节点的电流方程式。（5 分）

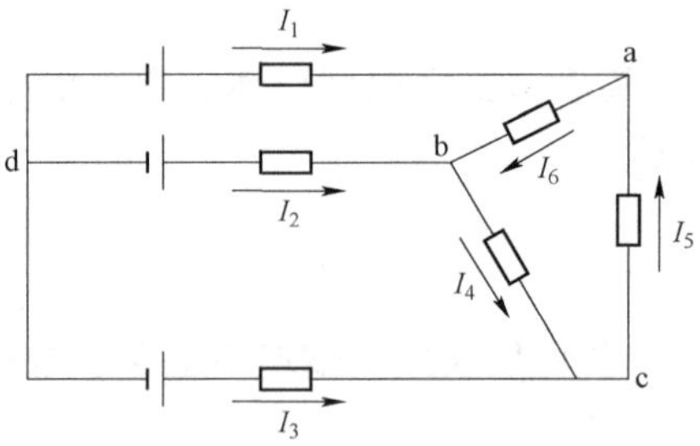

图 Jb0003431030

考核知识点：电工基础

难易度：易

标准答案：

节点 a：$I_1+I_5-I_6=0$

节点 b：$I_2-I_4+I_6=0$

节点 c：$I_3+I_4-I_5=0$

节点 d：$-I_1-I_2-I_3=0$

Jb0003431031　有一长 2km、截面积为 4mm² 的铜导线，试求导线的电阻为多大？（ρ=0.017 5Ωmm²/m）（5 分）

考核知识点：电工基础

难易度：易

标准答案：

已知 L=2km=2000m，截面积 S=4mm²

则 $R=\rho L/S=0.0175\times2000/4=8.75$（Ω）

答：导线的电阻为 8.75Ω。

Jb0004411032　简述防扭钢丝绳编织方法。（5 分）

考核知识点：防扭钢丝绳的编织

难易度：易

标准答案：

编织方法为左向捻股、右向捻股各占一半，呈有规律的螺旋线交叉编织状态。

Jb0004411033　简述防扭钢丝绳插接要求。（5 分）

考核知识点：防扭钢丝绳的插接

难易度：易

标准答案：

防扭钢丝绳的两端应插绳套，节距大小应保证插套股绳无法拉出，绳套插接长度不小于节距的 4 倍。插头应均匀渐变，股绳端头应焊接，截断端宜埋入绳内。绳扣的圆周长度至少应为钢丝绳捻距的 6 倍。

Jb0004411034　简述型材切割机切割前的准备工作。（5 分）

考核知识点：切割机使用

难易度：易

标准答案：

（1）使用前必须认真检查设备的性能，确保各部件的完好性。

（2）对电源闸刀开关、砂轮片的松紧度、砂轮片护罩或安全挡板进行仔细检查，操作台必须稳固，夜间作业时应有足够的照明亮度。

（3）打开总开关，先空载试运行，确认安全无误后才可开始使用。

（4）操作前必须确认电源，按额定电压接到的电源上。

Jb0004411035　简述切割机的日常维护与保养要求。（5 分）

考核知识点：切割机维护保养

难易度：易

标准答案：

（1）保持切割机机体清洁无油污，及时补增因作业中机身上丢失的机体紧固件。

（2）定期检查切割机的碳刷、锯片及机身整体完好。

（3）检查传动部分和防护安全装置齐全有效，适时对转动部分加注润滑油。

（4）检查三角带松紧适度，有无打滑现象，是否老化。若有时应及时调整或更换。

（5）定期检查控制柜内各电器元件，接线螺钉是否有松动现象，动作是否灵敏。

Jb0004411036　简述防扭钢丝绳外观检查的内容。（5 分）

考核知识点：防扭钢丝绳的外观检查

难易度：易

标准答案：

防扭钢丝绳不得断丝、钢丝交错、绳套插接不良、股丝松动、股丝松散、节距不均、股松弛、波浪形、灯笼形、扭结、涂油不良、表面损伤、磨损变形、机械磨损、直径变细、锈蚀等缺陷。

Jb0004411037　简述手扳葫芦的检查内容。（5 分）

考核知识点：手扳葫芦检查

难易度：易

标准答案：

（1）标牌或标识（包含载荷、厂家、型号、出厂日期等）明显。

（2）葫芦的各部位应制造良好，不应有影响外观的伤痕、毛刺等缺陷。

（3）外漏表面应进行防锈处理，涂层应均匀，色泽应一致，不应有锈蚀现象。

（4）无载动作时各机构运转应灵活，不应有卡阻或时松时紧的现象。脱开离合装置，手拽动链条应轻便灵活。

（5）上下吊钩保险（卡索板组件）装置完好。

Jb0004411038　简述压接管保护套的检查内容。（5分）

考核知识点：压接管保护套检查

难易度：易

标准答案：

压接管保护套的表面应光滑平整、无裂纹或损伤等制造缺陷，两头橡胶护套无破损，保护套内部光滑平整无可损伤被保护物的地方。用精度为0.02的游标卡尺测量钢管外径（同一截面至少两个测点互成90°），钢管外径应符合被保护接续管直径的1.22～1.32倍。

Jb0004412039　简述机动绞磨发动机怠速的调整方法。（5分）

考核知识点：发动机检修

难易度：中

标准答案：

（1）将发动机预热至正常运转时所需要的温度。

（2）节气门手柄置于最低速度位置。

（3）调节节气门止动螺栓以获得标准怠速，标准怠速为1440r/min。

Jb0004412040　简述机动绞磨润滑油检查和更换润滑油的方法。（5分）

考核知识点：润滑油检查和更换

难易度：中

标准答案：

（1）润滑油检查：

1）检查发动机润滑油位时应关闭发动机，并使其处于水平平面。

2）卸下润滑油尺并擦拭干净，插入加油口，抽出后观察润滑油位，油位应保持在上限和下限之间。

3）如果油位低于下限位，应及时添加。

（2）更换润滑油：

1）应在发动机热机时进行，能够保证润滑油迅速彻底排放。

2）拧下润滑油尺、放油螺栓，把润滑油排放在专用容器内。

3）排放彻底后，拧紧放油螺栓，把汽油机置于水平平面，从加油口注入规定使用的润滑油。

Jb0004412041　简述更换起重机液压油滤清器的步骤。（5分）

考核知识点：滤清器更换

难易度：中

标准答案：

（1）拆除旧滤清器。
（2）在新滤清器的接口垫圈处涂抹液压油。
（3）安装新滤清器。按照说明书的规定，用手将滤清器拧入、拧紧，再使用专用扳手拧入3/4圈。
（4）检查：启动发动机，液压系统运转正常，无漏油现象，滤清器更换完成。

Jb0004412042 简述机动绞磨火花塞的保养及更换方法。（5分）
考核知识点：火花塞保养及更换
难易度：中
标准答案：
（1）拆开火花塞帽，将火花塞周围脏物清除，并使用专用套筒扳手卸下火花塞。
（2）检查火花塞，如果有明显磨损或绝缘体有裂缝或缺损，应进行更换。
（3）测量火花塞间隙，应保证弯曲侧电极间隙在0.7～0.8mm。
（4）火花塞安装时应小心，防止螺纹滑牙。
（5）安装后使用专用套筒扳手拧紧。
（6）安装使用过的火花塞，压紧垫圈后再多拧1/8～1/4圈。
（7）安装新的火花塞，压紧垫圈后再多拧1/2圈。

Jb0005412043 简述张力机放线刹车盘的工作原理。（5分）
考核知识点：张力机放线刹车盘工作原理
难易度：中
标准答案：
使用时，钳盘式尾车张力装置通过卡槽与尾架连接，摩擦片与尾架固定不动。传动轴与穿过绳盘的主轴相连接，绳盘主轴带动传动轴和刹车盘一起转动，当张力机向前出线时，相对转动的刹车盘与摩擦片一直保持接触状态，产生摩擦阻力，从而形成尾车张力。当张力停止出线时，起到刹车作用。

Jb0005412044 简述真空泵的工作原理和分类。（5分）
考核知识点：真空泵的原理和分类
难易度：中
标准答案：
（1）真空泵工作原理：真空泵是利用机械、物理、化学或物理化学的方法对被抽容器进行抽气而获得真空的器件或设备。用各种方法在某一封闭空间中改善、产生和维持真空的装置。
（2）按真空泵的工作原理，真空泵分为气体捕集泵、气体传输泵两大类。

Jb0005411045 简述液压传动的优点。（5分）
考核知识点：液压传动优点
难易度：易
标准答案：
（1）功率质量比大。
（2）液压传动工作平稳，换向冲击小。
（3）液压传动容易实现过载保护。
（4）通过流量控制，可以实现大范围的无级调速。
（5）具有优异的力转移性能。

（6）力放大，极小的力可以移动和控制大得多的力。
（7）安全，溢流阀保护系统，不致由于过载而受损。

Jb0005411046　简述液压传动的缺点。（5分）
考核知识点： 液压传动缺点
难易度： 易
标准答案：
（1）无法实现传动定比例。
（2）功率利用率低。
（3）维护保养要求高。

Jb0005411047　简述异步电动机的工作原理。（5分）
考核知识点： 异步电动机的原理
难易度： 易
标准答案：
当电枢（定子）绕组通入三相对称交流电流时，便产生了旋转磁场，闭合的转子绕组与旋转磁场存在相对运动，切割电枢磁场而感应电动势产生电流，转子电流的有功分量与电枢磁场相互作用形成电磁转矩，推动转子沿旋转磁场相同的方向转动。

Jb0005411048　简述滤油机的工作原理和作用。（5分）
考核知识点： 滤油机的工作原理和作用
难易度： 易
标准答案：
通过重力、离心、压力、真空蒸馏、传质等技术方法除去不纯净油中机械杂质、氧化副产物和水分，提高机械及电器用油的清洁度。

Jb0005411049　简述发动机一级维护作业内容和技术要求。（5分）
考核知识点： 发动机一级维护知识
难易度： 易
标准答案：
除日常维护作业外，以清洁、润滑、紧固为作业中心内容，主要以“三清三滤”检查或更换为主，检查发动机、水、电、油液面和品质等。

Jb0005411050　简述钢筋调直机使用过程中的润滑要求。（5分）
考核知识点： 钢筋调直器的润滑要求
难易度： 易
标准答案：
（1）调直筒两端上面的注油孔，每班应该注油4～6次。
（2）牵引送丝机构上端的注油口，每班检查2次，发现缺少及时补充。
（3）液压切刀滑杠轨道部分，每班至少加油4次。
（4）液压切刀活动刀杆部分，每班至少加油4次，并且注意经常清理切刀周围碎屑等异物。

Jb0005411051　简述三级电源箱安装的基本要求。（5 分）

考核知识点：三级电源箱安装

难易度：易

标准答案：

（1）不得安装在潮湿、有蒸汽、有腐蚀的地方。

（2）安装高度距地面 1.5m 为宜。

（3）应设置漏电短路保护器，并分数路出线。

（4）应分别设置零线和保护地线（PE 线）汇流排。

（5）配电箱进出回路线都应有电线保护管插入进行保护。

Jb0005411052　简述机动绞磨的常规检查内容。（5 分）

考核知识点：机动绞磨常规检查

难易度：易

标准答案：

（1）标牌或标识的检查。标牌或标识（包含名称、型号、荷载、厂家、出厂日期等）明显。

（2）完好性的检查。滚筒局部无锈蚀、无严重破损、无变形、无缺件、无漏油，检查并调整三角皮带松紧度，各部件紧固良好。

（3）无载运转检查。机动绞磨在无荷载状态下，启动绞磨，检查正转、反转情况，操作检查控制杆、油门、制动器是否灵活可靠。

Jb0005411053　简述手扳葫芦常见故障。（5 分）

考核知识点：手扳葫芦常见故障

难易度：易

标准答案：

（1）制动片失灵。

（2）链条故障。

（3）链条绞扭。

（4）吊钩损坏。

（5）卡链。

（6）传动齿轮损坏。

Jb0005412054　简述手扳葫芦链条故障的主要表现及造成的影响。（5 分）

考核知识点：手扳葫芦链条故障的表现和影响

难易度：中

标准答案：

链条故障主要表现为断裂、严重磨损和变形。若继续使用已经损坏的链条，会造成严重事故。

Jb0005412055　简述手扳葫芦吊钩损坏的主要表现及造成的影响。（5 分）

考核知识点：手扳葫芦吊钩损坏的表现和影响

难易度：中

标准答案：

吊钩损坏主要表现为断裂、严重磨损和变形。当吊钩磨损量超过 10%，或发生断裂、变形等都会导致安全事故发生。

Jb0005412056　简述手扳葫芦传动齿轮损坏的主要表现及造成的影响。（5 分）

考核知识点：手扳葫芦传动齿轮损坏的表现和影响

难易度：中

标准答案：

常见的传动齿轮损坏有裂纹、断齿、齿面磨损达原齿的 30%。传动齿轮损坏会导致安全事故发生。

Jb0005412057　简述滤油机每运行 240h 应检查的内容。（5 分）

考核知识点：滤油机检查

难易度：中

标准答案：

（1）电气控制系统安全、可靠。

（2）恒温控制器灵敏、可靠准确。

（3）各泵轴封无损坏、泄漏。

（4）液位控制可靠。

（5）工作压力正常。

Jb0005412058　简述钢筋弯曲机的一级保养要求。（5 分）

考核知识点：钢筋弯曲机一级保养

难易度：中

标准答案：

（1）每隔 400 工作小时进行。

（2）清除机体上的污垢，检查防护装置是否齐全牢靠，按规定加注油料。

（3）检查线头，应连接牢固，装上规定的熔丝，开关要接触可靠、接地应良好。

（4）检查挡板卡头和工作盘，应装置牢固。

（5）用手转动 2～3 转，灵活无阻后再接通电源试运转 1～3min，运转时应均匀平稳，无过大的噪声。

（6）在运转中检查轴承及电动机温度，滚动轴承、滑动轴承和电动机的温度不能超过 60℃。

（7）测量电动机绝缘电阻值应不低于 0.5MΩ，否则应予以干燥。拆检电动机，清除定子绕组上的灰尘，检查定子和转子之间有无摩擦痕迹，清洗轴承，加注新润滑油。

（8）清洗蜗轮箱内部，检查蜗轮、蜗杆表面磨损情况，侧向间隙不应大于 1.5mm，并更换新润滑油。

（9）检查三角皮带，不应破裂或有断层，否则应更换。

（10）清洗变速齿轮，检查齿面磨损情况，齿轮侧向间隙不应大于 1.7mm。

Jb0005412059　简述过滤液压油的步骤。（5 分）

考核知识点：液压油过滤操作

难易度：中

标准答案：

（1）在过滤液压油前，应将所有的油缸收缩到底。

（2）用过滤液压油装置将油箱中的液压油抽到干净的油桶里。

（3）油箱底部剩下的油液通过放油口放出。用过滤的油液将油箱底部的杂质冲洗出来。

（4）用过滤装置将油桶中的油液过滤后注入油箱中。

（5）将所有马达运转至少 30s，使油缸完成一次伸缩。

（6）按以上步骤重新完成一次液压油过滤。

Jb0005412060 简述手扳葫芦故障造成的影响。（5 分）

考核知识点：手扳葫芦故障影响

难易度：中

标准答案：

（1）制动片失灵，造成重量达不到额定起重量。

（2）链条故障，造成严重事故。

（3）链条绞扭，造成操作力加大，以致卡住或折断零件。

（4）吊钩损坏，导致安全事故发生。

（5）卡链，操纵困难。

（6）传动齿轮损坏，导致安全事故发生。

Jb0005412061 简述电焊机的维护与保养要求。（5 分）

考核知识点：电焊机维护保养

难易度：中

标准答案：

（1）电焊机的维护保养应由专业人员进行，维护保养前必须切断电源。

（2）保持电焊机机体清洁无油污。防止电焊机受潮，保持焊机内部清洁，经常使用干燥的压缩空气吹净内部的灰尘。

（3）检查手把线接线是否松动、破损，如有破损应及时更换。

（4）检查各连接处是否连接牢固，消除所有连接不可靠现象。

（5）定期使用绝缘电阻表测量一次侧绕组与二次侧绕组之间、一次侧绕组和二次侧绕组分别与机架之间的绝缘电阻，不得低于 1MΩ。

（6）电焊机的维护保养每半年至少进行一次。

Jb0005412062 简述清洗液压油箱步骤。（5 分）

考核知识点：液压油箱清洗

难易度：中

标准答案：

（1）将油箱内的液压油全部放出，拆除液压油滤芯。

（2）把泵和油箱之间的管路从泵的接口处拆开。

（3）放出管路内的油液，用清洗油液冲洗液压油箱和管路。用无毛絮纱布把液压油箱内部擦净。

（4）液压油箱和滤芯筒必须彻底清理干净。

（5）更换新的液压滤芯，上好盖板。

Jb0005412063 简述变速器加注和检查润滑油的要求。（5 分）

考核知识点：变速器保养

难易度：中

标准答案：

（1）检查油面加注润滑油时，设备应放在水平地面上，并用滤网过滤润滑油。

（2）换油时，变速器应在热机状态下，拧下变速器下部的放油塞将污油放入容器内。并按照环保要求处理，使含有杂质的齿轮油完全放净。

（3）清洗掉放油塞上吸附的金属物。

（4）旋入放油塞，在螺纹的第三扣起涂少许密封胶，并用 50N · m 的力矩拧紧。

（5）润滑油应加注到从放油孔溢出为止。

Jb0005412064　简述网套连接器的维护保养要求。（5 分）

考核知识点： 网套连接器维护保养

难易度： 中

标准答案：

（1）使用后应及时清理网套连接器上的污物并晒干，防止网套锈蚀。

（2）对出现的锈蚀应及时进行除锈处理，锈蚀严重时应做载荷试验，达不到使用要求的及时进行报废处理。

（3）网丝保护套管出现变形现象时，应进行校正。

（4）网套连接器压接套变形、磨损，应予以报废。

Jb0005412065　简述双钩紧线器的维护保养要求。（5 分）

考核知识点： 双钩紧线器维护保养

难易度： 中

标准答案：

（1）双钩紧线器有裂纹、变形，腐蚀或磨损超出标准规范以及出现卡涩现象的严禁使用。

（2）双钩紧线器的安全锁片损坏或不能自动锁定，严禁使用。

（3）双钩紧线器的安全销有损坏或脱落，严禁使用。

（4）对双钩紧线器进行清洁、除锈和润滑，确保转动灵活。

Jb0005412066　简述发电机运行中必须立即停机处理的情况。（5 分）

考核知识点： 发电机停机判断

难易度： 中

标准答案：

（1）威胁发电机本体安全的故障。

（2）励磁机冒烟着火。

（3）氢冷发电机，机壳内氢气爆炸。

（4）机组强烈振动，超过允许范围。

（5）其他紧急停机的情况。

Jb0005412067　简述机动绞磨汽油机沉淀杯清洁保养步骤。（5 分）

考核知识点： 机动绞磨汽油机保养

难易度： 中

标准答案：

（1）拆卸沉淀杯。把燃油开关关闭，卸下沉淀杯和 O 形圈。

（2）清洗。用清洗剂清洗沉淀杯和 O 形圈，然后进行干燥。

（3）装回沉淀杯。把 O 形圈放回燃油管内，装回沉淀杯，并进行紧固。

（4）检查。燃油开关扳至“开”的位置，检查是否有渗油，如有，应该更换 O 形圈。

Jb0005412068　简述防扭钢丝绳方径的测量方法。（5 分）

考核知识点：防扭钢丝绳测量方法

难易度：中

标准答案：

（1）防扭钢丝绳施加 10%破断力的情况下，进行测量。

（2）防扭钢丝绳方径应用带有宽钳口的游标卡尺进行测量，钳口宽度要足以跨越两个相邻的股。

（3）测量应在防扭钢丝绳端头 5m 以外的直线部位进行，在相邻至少 1m 的两个截面上，并在同一截。

（4）同一圆周上互成直角的位置上的两个读数的平均值，作为防扭钢丝绳实测方径。

Jb0005412069　简述柴油发电机组保养的基本要求。（5 分）

考核知识点：柴油发电机组保养

难易度：中

标准答案：

（1）发电机设备进行维护保养，须严格遵守设备维修保养规程，并按发电机组年度保养计划实施。

（2）维修保养时，切断电源，以免突然启动造成伤害。

（3）维修内容记录在设备保养记录表。

（4）编制维保技术方案、安全措施、进度计划及材料、工具、人员清单，经批准后实施。

Jb0005412070　简述接零系统中的设备金属外壳带电原因。（5 分）

考核知识点：接零系统中设备故障原因

难易度：中

标准答案：

（1）三相负荷不平衡时，在零线阻抗过大（线径过小）或断线的情况下，零线上便可能会产生一个有麻电感觉的接触电压。

（2）保护接零系统中有部分设备采用了保护接地时，若接地设备发生了单相碰壳故障，则接零设备的外壳便会因零线电位的升高而产生接触电压。

（3）当零线断线又同时发生了零线断开点之后的电气设备单相碰壳，零线断开后的所有接零设备便会带有较高的接触电压。

Jb0005412071　简述防扭钢丝绳节距、单位质量、股径的测量方法。（5 分）

考核知识点：防扭钢丝绳的测量

难易度：中

标准答案：

（1）在施加 10%破断力的条件下，在距离防扭钢丝绳端头 5m 以外的直线部位任选三点，对任一股绳进行测量，取其平均值作为节距。

（2）在未涂油状态下，施加 10%破断力，量取防扭钢丝绳长度 1m，并在两端做好印记，卸载后按印记截取 1m 试样，用天平测量试样质量。

（3）将防扭钢丝绳拆成单股，用游标卡尺测量股绳的直径，直径应取在同一圆周上互成直角的位置上的两个读数的平均值。在不同位置测量 3 次，取平均值。

Jb0005413072 简述钢丝绳的储存要求。（5分）

考核知识点： 钢丝绳的储存

难易度： 难

标准答案：

（1）钢丝绳应储存在清洁、通风良好、干燥、无灰尘、有遮挡的场所。如果不能储存在室内，则钢丝绳应用防水材料覆盖以免湿气导致锈蚀。

（2）钢丝绳不允许储存在易受化学烟雾、蒸汽或其他腐蚀性介质侵袭的场所。如果钢丝绳以轮轴包装供货，长期（特别是在炎热的环境中）存放时，则应定期转动轮轴，以防止钢丝绳中的油脂流失。

（3）钢丝绳不得储存在易经受高温影响的场所。

（4）钢丝绳不得与地面有任何直接接触，轮轴的放置应保证其底部空气流通。

Jb0006411073 简述现场工作人员应具备的紧急救护知识。（5分）

考核知识点： 紧急救护知识

难易度： 易

标准答案：

（1）紧急救护法。

（2）正确解脱电源。

（3）心肺复苏法。

（4）止血、包扎、转移和搬运伤员。

（5）处理急救外伤或中毒等。

Jb0006411074 简述人工呼吸方法。（5分）

考核知识点： 人工呼吸方法

难易度： 易

标准答案：

口对口吹气法：使触电人面朝天躺下，头向后仰，脖子伸直。掰开触电人的嘴，清除痰液等。救护人位于触电人旁边，一只手捏紧其鼻孔，另一只手托住其脖子，进行口对口吹气。吹气时应对紧嘴角，防止漏气。吹气量的大小应以能使触电者胸部微微鼓起为合适。吹气后要放开触电人的鼻孔，使其呼气。每分钟 12～16 次为宜。如果触电者的嘴不易掰开时，也可以往其鼻孔里吹气，效果相同。往鼻孔里边吹气时，要捏紧其嘴唇，防止漏气。

Jb0006411075 简述设备维修人员具备的基本能力。（5分）

考核知识点： 设备维修人员基本能力

难易度： 易

标准答案：

（1）发现异常的能力。

（2）处理异常的能力。

（3）制定基准的能力。

（4）维持管理能力。

第四章　机具维护工中级工技能操作

Jc0005442001　无人机上电前的检查。（100 分）

考核知识点：无人机检查

难易度：中

技能等级评价专业技能考核操作工作任务书

一、任务名称

无人机上电前的检查。

二、适用工种

机具维护工中级工。

三、具体任务

无人机上电前的检查步骤。

四、工作规范及要求

（1）掌握无人机的机械性能、电气性能及操作要求。

（2）工器具的正确使用及做好安全措施。

五、考核时间及要求

（1）本模块操作时间为 30 分钟，时间到停止考评。

（2）考评过程中如果由于测试人员操作不规范，有可能引发不安全因素的，停止考评，该项考核项目不得分，但不影响其他项目。

技能等级评价专业技能考核操作评分标准

工种	机具维护工				评价等级	中级工
项目模块	专业知识—机具检查检修			编号	Jc0005442001	
单位		准考证号			姓名	
考试时限	30 分钟	题型	单项操作		题分	100 分
成绩		考评员		考评组长		日期
试题正文	无人机上电前的检查					
需要说明的问题和要求	（1）要求单人操作，考评员监护。 （2）在设定考试工位上完成操作。 （3）操作结束后，待考评员同意后方可离开考场					

序号	项目名称	质量要求	满分	扣分标准	扣分原因	得分
1	准备工作					
1.1	相关安全措施的准备	着装应符合安全要求：穿工作服、注意安全防护	5	未按要求穿工作服扣 5 分		
1.2	工器具、设备及辅助设备备品备件完备	检查工器具及辅助设备是否齐全洁净，符合作业要求	5	少一件工器具扣 1 分，扣完为止		

续表

序号	项目名称	质量要求	满分	扣分标准	扣分原因	得分
2	操作步骤					
2.1	检查螺旋桨	检查螺旋桨是否完好，表面是否有污渍和裂纹。安装是否紧固，螺旋桨正反桨是否安装正确。转动螺旋桨看是否有卡涩	20	检查不到位，每处扣 4 分，扣完为止		
2.2	检查电机	检查电机卡环是否牢固，转动电机是否有卡涩现象，电机线圈内部是否洁净，电机轴有无明显的弯曲	20	检查不到位，每处扣 5 分，扣完为止		
2.3	检查机架	检查机架是否牢固，螺栓有无松动	10	检查不到位，每处扣 5 分，扣完为止		
2.4	检查云台	检查云台舵机转动是否顺畅，有无卡涩，云台、相机安装是否牢固	10	检查不到位，每处扣 2.5 分，扣完为止		
2.5	检查电池	检查魔术贴是否牢固，电池是否固定良好	10	检查不到位扣 10 分		
3	工作结束					
3.1	整理工器具	工具整理，摆放整齐	5	未整理工器具扣 5 分		
3.2	工作现场清理	清理现场	5	未正确操作扣 5 分		
4	填写记录					
4.1	填写检查记录单	内容全面，记录规范	10	填写不全面，每处扣 2 分，扣完为止		
合计			100			

Jc0004441002　清洁或更换空气滤清器的滤芯。(100 分)

考核知识点：空气滤清器维护保养

难易度：易

技能等级评价专业技能考核操作工作任务书

一、任务名称

清洁或更换空气滤清器的滤芯。

二、适用工种

机具维护工中级工。

三、具体任务

空气滤清器滤芯的清洁或更换。

四、工作规范及要求

(1) 掌握发动机的工作性能。

(2) 工器具的正确使用及做好安全措施。

五、考核时间及要求

(1) 本模块操作时间为 20 分钟，时间到停止考评。

(2) 考评过程中如果由于测试人员操作不规范，有可能引发不安全因素的，停止考评，该项考核项目不得分，但不影响其他项目。

技能等级评价专业技能考核操作评分标准

<table>
<tr><td>工种</td><td colspan="5">机具维护工</td><td>评价等级</td><td>中级工</td></tr>
<tr><td>项目模块</td><td colspan="4">基本技能知识—机具维护保养</td><td>编号</td><td colspan="2">Jc0004441002</td></tr>
<tr><td>单位</td><td colspan="2"></td><td>准考证号</td><td colspan="2"></td><td>姓名</td><td></td></tr>
<tr><td>考试时限</td><td>20 分钟</td><td>题型</td><td colspan="3">单项操作</td><td>题分</td><td>100 分</td></tr>
<tr><td>成绩</td><td></td><td>考评员</td><td></td><td>考评组长</td><td></td><td>日期</td><td></td></tr>
<tr><td>试题正文</td><td colspan="7">清洁或更换空气滤清器的滤芯</td></tr>
<tr><td>需要说明的问题和要求</td><td colspan="7">（1）要求单人操作，考评员监护。
（2）在设定考试工位上完成操作。
（3）操作结束后，待考评员同意后方可离开考场。
（4）牵张机空气滤清器</td></tr>
</table>

序号	项目名称	质量要求	满分	扣分标准	扣分原因	得分
1	准备工作					
1.1	相关安全措施的准备	着装应符合安全要求：穿工作服、戴线手套、注意安全防护	5	未按要求穿工作服扣 3 分； 未按要求戴手套扣 2 分		
1.2	工器具、设备及辅助设备备品备件完备	检查备品备件及工具是否齐全洁净，符合作业要求	5	少一件工器具扣 1 分，扣完为止		
2	操作步骤					
2.1	拆卸	松开滤清器锁扣，卸下固定滤芯的螺母，取下护盖后拔出滤芯。取出滤芯，要注意防止杂质掉入化油器内。用抹布沾汽油擦拭空气滤清器壳内、外部	20	操作顺序、方法不正确，每处扣 5 分，扣完为止		
2.2	清洁	从滤芯内侧开始，上下均匀地沿斜角方向吹净滤芯内外表面的灰尘，如果没有压缩空气，可用起子柄轻轻敲打滤芯，再用毛刷刷净外部污垢	10	未清洁扣 10 分； 清洁不到位扣 5 分		
2.3	检查	检查清扫干燥后的滤芯。将照明灯点亮放入滤芯里面从外部观察有无损伤、小孔或变薄的部分，检查橡胶垫圈有无损伤。如有异常，应更换滤芯和垫圈	20	检查不到位，每处扣 5 分，扣完为止		
2.4	安装	安装空气滤清器，滤芯清洁完毕后，按与拆卸相反的顺序，将各部件安装好。必须可靠地装好滤芯，不宜用手或器具接触滤芯的纸质部分，尤其不能让油类污染滤芯	20	操作顺序、方法不正确，每处扣 2 分； 丢失或漏装零部件，每只扣 2 分； 扣完为止		
3	工作结束					
3.1	整理工器具	工具整理，摆放整齐	5	未整理工器具扣 5 分		
3.2	工作现场清理	清理现场	5	未清理现场扣 5 分		
4	填写记录					
4.1	填写维保记录单	内容全面，记录规范	10	填写不全面，每处扣 2 分，扣完为止		
合计			100			

Jc0005442003　张力机导线抱紧刹车液压缸的拆装。（100 分）

考核知识点：张力机液压缸维护保养

难易度：中

技能等级评价专业技能考核操作工作任务书

一、任务名称

张力机导线抱紧刹车液压缸的拆装。

二、适用工种

机具维护工中级工。

三、具体任务

张力机导线抱紧刹车液压缸的拆装步骤。

四、工作规范及要求

（1）掌握液压缸的工作性能。

（2）工器具的正确使用及做好安全措施。

五、考核时间及要求

（1）本模块操作时间为30分钟，时间到停止考评。

（2）考评过程中如果由于测试人员操作不规范，有可能引发不安全因素的，停止考评，该项考核项目不得分，但不影响其他项目。

技能等级评价专业技能考核操作评分标准

工种	机具维护工				评价等级	中级工
项目模块	专业知识—机具维护保养			编号	Jc0005442003	
单位		准考证号			姓名	
考试时限	30分钟	题型	单项操作		题分	100分
成绩		考评员		考评组长	日期	
试题正文	张力机导线抱紧刹车液压缸的拆装					
需要说明的问题和要求	（1）要求单人操作，考评员监护。 （2）在设定考试工位上完成操作。 （3）操作结束后，待考评员同意后方可离开考场					

序号	项目名称	质量要求	满分	扣分标准	扣分原因	得分
1	准备工作					
1.1	工作人员着装	着装应符合安全要求：穿工作服、戴线手套、注意安全防护	5	未按要求要求穿工作服扣3分； 未按要求戴手套扣2分		
1.2	工器具、设备及辅助设备完备	检查工器具及辅助设备是否齐全洁净，符合作业要求	5	少一件工器具扣1分，扣完为止		
2	操作步骤					
2.1	拆卸	（1）拆下固定螺钉，拆开盖总成；在油缸下放一干净容器，拉出活塞杆总成，并放在支架上；利用液压泵拆下螺母；拆下活塞总成；拆下座套、活塞和套环。 （2）拆洗下盖总成；取下盖，拿出钢球，拆下活塞；拆散活塞环总成，取下耐磨环和活塞环；拆下油缸盖总成；拆下密封圈、缓冲环、衬套	25	操作顺序、方法不正确，每处扣5分，扣完为止		
2.2	清洁	清洁所有的零部件	10	未清洁扣10分； 清洁不到位扣5分		

续表

序号	项目名称	质量要求	满分	扣分标准	扣分原因	得分
2.3	组装	按与拆卸相反的顺序进行组装	25	操作顺序、方法不正确，每处扣 2 分；丢失或漏装零部件，每只扣 2 分；扣完为止		
2.4	检查	检查组装完成的液压缸	10	未检查扣 10 分		
3	工作结束					
3.1	整理工器具	工具整理，摆放整齐	5	未整理工器具扣 5 分		
3.2	工作现场清理	清理现场	5	未清理现场扣 5 分		
4	填写记录					
4.1	填写维保记录单	内容全面，记录规范	10	填写不全面，每处扣 2 分，扣完为止		
合计			100			

Jc0004441004 发动机润滑油的更换。（100 分）

考核知识点：发动机维护保养

难易度：易

技能等级评价专业技能考核操作工作任务书

一、任务名称

发动机润滑油的更换。

二、适用工种

机具维护工中级工。

三、具体任务

更换牵引机发动机润滑油。

四、工作规范及要求

（1）掌握发动机的机械性能。

（2）工器具的正确使用及做好安全措施。

五、考核时间及要求

（1）本模块操作时间为 30 分钟，时间到停止考评。

（2）考评过程中如果由于测试人员操作不规范，有可能引发不安全因素的，停止考评，该项考核项目不得分，但不影响其他项目。

技能等级评价专业技能考核操作评分标准

工种	机具维护工					评价等级	中级工
项目模块	基本技能知识—机具维护保养				编号	Jc0004441004	
单位			准考证号			姓名	
考试时限	30 分钟		题型	单项操作		题分	100 分
成绩		考评员		考评组长		日期	
试题正文	牵引机发动机润滑油的更换						
需要说明的问题和要求	（1）要求单人操作，考评员监护。 （2）在设定考试工位上完成操作。 （3）操作结束后，待考评员同意后方可离开考场						

续表

序号	项目名称	质量要求	满分	扣分标准	扣分原因	得分
1	准备工作					
1.1	相关安全措施的准备	着装应符合安全要求：穿工作服、戴线手套、注意安全防护	5	未按要求穿工作服扣3分； 未按要求戴手套扣2分		
1.2	工器具完备及辅助设备完备	检查备品备件及工具是否齐全洁净，符合作业要求	5	少一件工器具扣1分，扣完为止		
2	操作步骤					
2.1	发动机调平	设备停放于平坦场地，发动机身调平；设备轮胎外垫上止滑块（或锁死驻车制动）	5	操作顺序、方法不正确，每处扣2分，扣完为止		
2.2	检查润滑油	润滑油各性能指标符合该发动机	5	检查不到位扣5分		
2.3	升温	运转发动机使其达到工作温度后停机	10	操作顺序、方法不正确扣10分		
2.4	放油	在油底壳下方放置旧油回收容器，找到油底壳的放油螺栓，慢慢拧开放油螺栓，应注意不要接触到热油。当润滑油放尽后，检查并重新安装放油螺栓，注意不要将螺栓拧得过紧，防止油底壳损坏	10	操作顺序、方法不正确，每处扣2分，扣完为止		
2.5	拆机滤	将盛油容器移到油滤下方，使用润滑油滤芯扳手将滤芯拧松，再用手将其拧下	10	操作顺序、方法不正确，每处扣2分，扣完为止		
2.6	安装滤芯	使用新润滑油涂抹新滤芯的接口垫圈，如果滤芯安装位置是垂直的，可以在滤芯中倒入一些新润滑油，可以在下次发动机启动时减少干磨。用手将滤芯拧入，按照说明书上的方法将滤芯拧紧（通常是在用手将滤芯拧紧后再拧入3/4圈）	10	操作顺序、方法不正确，每处扣2分，扣完为止		
2.7	加注新润滑油	按说明书要求将新润滑油注入油底壳	10	操作顺序、方法不正确，每处扣2分，扣完为止		
2.8	再次检查润滑油量	检查润滑油量，并启动发动机，启动后控制仪表上的润滑油指示灯应该马上熄灭。最后，关闭发动机重复检查润滑油量，并根据当地法规处理旧润滑油和滤芯	10	操作顺序、方法不正确，每处扣2分，扣完为止		
3	工作结束					
3.1	整理工具	工具整理、摆放整齐	5	未整理工器具扣5分		
3.2	工作现场清理	清理现场	5	未清理现场扣5分		
4	填写记录					
4.1	填写维保记录单	内容全面，记录规范	10	填写不全面，每少一项扣2分，扣完为止		
合计			100			

Jc0005442005　发动机缸盖机体渗漏的检测。（100分）

考核知识点：发动机气缸检测

难易度：中

技能等级评价专业技能考核操作工作任务书

一、任务名称

发动机缸盖机体渗漏的检测。

二、适用工种

机具维护工中级工。

三、具体任务

康明斯 B 系列发动机缸盖机体渗漏的检测。

四、工作规范及要求

（1）掌握发动机的工作性能。

（2）工器具的正确使用及做好安全措施。

五、考核时间及要求

（1）本模块操作时间为 20 分钟，时间到停止考评。

（2）考评过程中如果由于测试人员操作不规范，有可能引发不安全因素的，停止考评，该项考核项目不得分，但不影响其他项目。

技能等级评价专业技能考核操作评分标准

工种	机具维护工				评价等级	中级工
项目模块	专业知识—机具试验检测			编号	Jc0005442005	
单位		准考证号			姓名	
考试时限	20 分钟	题型	单项操作		题分	100 分
成绩	考评员		考评组长		日期	
试题正文	发动机缸盖机体渗漏的检测					
需要说明的问题和要求	（1）要求单人操作，考评员监护。 （2）在设定考试工位上完成操作。 （3）操作结束后，待考评员同意后方可离开考场					

序号	项目名称	质量要求	满分	扣分标准	扣分原因	得分
1	准备工作					
1.1	相关安全措施的准备	着装应符合安全要求：穿工作服、戴线手套、注意安全防护	5	未按要求穿工作服扣 3 分； 未按要求戴手套扣 2 分		
1.2	工器具、设备及辅助设备完备	检查工器具及辅助设备是否齐全洁净，符合作业要求	5	少一件工器具扣 1 分，扣完为止		
2	操作步骤					
2.1	清洁	清理气缸体的油污和水垢	10	未清洁扣 10 分； 清洁不到位扣 5 分		
2.2	检测	（1）将气缸盖和衬垫装在气缸体上。 （2）用专用的盖板将水道口密封。 （3）把水压机水管接在气缸体的进水口，然后将水压入水套，在 294～392kPa 的压力下保持 5min，观察有无渗漏现象。 （4）如果没有水压实验设备，也可以将汽油或煤油注入汽缸体和汽缸盖水套内，30min 以后，检查有无渗漏现象	60	操作顺序、方法不正确，每处扣 10 分，扣完为止		
3	工作结束					
3.1	整理工器具	工具整理，摆放整齐	5	未整理工器具扣 5 分		
3.2	工作现场清理	清理现场	5	未清理现场扣 5 分		
4	填写记录					
4.1	填写维保记录单	内容全面，记录规范	10	填写不全面，每处扣 2 分，扣完为止		
合计			100			

Jc0005442006　发动机连杆的检查和校正。(100 分)

考核知识点：发动机检查检修

难易度：中

技能等级评价专业技能考核操作工作任务书

一、任务名称

发动机连杆的检查和校正。

二、适用工种

机具维护工中级工。

三、具体任务

康明斯 B 系列发动机连杆的检查和校正。

四、工作规范及要求

(1) 掌握发动机的工作性能。

(2) 工器具的正确使用及做好安全措施。

五、考核时间及要求

(1) 本模块操作时间为 20 分钟，时间到停止考评。

(2) 考评过程中如果由于测试人员操作不规范，有可能引发不安全因素的，停止考评，该项考核项目不得分，但不影响其他项目。

技能等级评价专业技能考核操作评分标准

工种	机具维护工					评价等级	中级工
项目模块	专业知识—机具检查检修				编号	Jc0005442006	
单位			准考证号			姓名	
考试时限	20 分钟		题型	单项操作		题分	100 分
成绩		考评员		考评组长		日期	
试题正文	发动机连杆的检查和校正						
需要说明的问题和要求	(1) 要求单人操作，考评员监护。 (2) 在设定考试工位上完成操作。 (3) 操作结束后，待考评员同意后方可离开考场						

序号	项目名称	质量要求	满分	扣分标准	扣分原因	得分
1	准备工作					
1.1	相关安全措施的准备	着装应符合安全要求：穿工作服、戴线手套、注意安全防护	5	未按要求穿工作服扣 3 分； 未按要求戴手套扣 2 分		
1.2	工器具、设备及辅助设备完备	检查工器具及辅助设备是否齐全洁净，符合作业要求	5	少一件工器具扣 1 分，扣完为止		
2	操作步骤					
2.1	清洁	清洁连杆油污	10	未清洁扣 10 分； 清洁不到位扣 5 分		
2.2	连杆弯曲的检查	先取下连杆大头孔内的轴承，将连杆装在连杆检验器上，按照规定扭力拧紧，将检测滑块下移靠在活塞销上，检查检测滑块和活塞销的接触情况	20	检查不到位，每处扣 5 分，扣完为止		

续表

序号	项目名称	质量要求	满分	扣分标准	扣分原因	得分
2.3	连杆扭曲的检查	将检测滑块下移，使其侧面与活塞销接触，通过两者接触情况判断扭曲方向和程度	20	检查不到位，每处扣10分，扣完为止		
2.4	校正	使用连杆校正器附设工具进行校正，或使用长柄扳手和管子钳等进行校正	20	操作顺序、方法不正确，每处扣5分，扣完为止		
3	工作结束					
3.1	整理工器具	工具整理，摆放整齐	5	未整理工器具扣5分		
3.2	工作现场清理	清理现场	5	未清理现场扣5分		
4	填写记录					
4.1	填写维保记录单	内容全面，记录规范	10	填写不全面，每处扣2分，扣完为止		
合计			100			

Jc0004441007 起重滑车检查。（100分）

考核知识点：起重滑车检查

难易度：易

技能等级评价专业技能考核操作工作任务书

一、任务名称

起重滑车检查。

二、适用工种

机具维护工中级工。

三、具体任务

ZQ-1H-50型起重滑车检查。

四、工作规范及要求

掌握起重滑车机械性能及使用要求。

五、考核时间及要求

（1）本模块操作时间为5分钟，时间到停止考评。

（2）考评过程中如果由于测试人员操作不规范，有可能引发不安全因素的，停止考评，该项考核项目不得分，但不影响其他项目。

技能等级评价专业技能考核操作评分标准

工种	机具维护工					评价等级	中级工
项目模块	基本技能知识—机具检查检修				编号	Jc0004441007	
单位		准考证号				姓名	
考试时限	5分钟		题型	单项操作		题分	100分
成绩		考评员		考评组长		日期	
试题正文	起重滑车检查						
需要说明的问题和要求	（1）要求单人操作，考评员监护。 （2）在设定考试工位上完成操作。 （3）操作结束后，待考评员同意后方可离开考场						

续表

序号	项目名称	质量要求	满分	扣分标准	扣分原因	得分
1	准备工作					
1.1	相关安全措施的准备	着装应符合安全要求：穿工作服、戴线手套、注意安全防护	5	未按要求穿工作服扣3分； 未按要求戴手套扣2分		
1.2	工器具及辅助设备完备	检查工器具及辅助设备是否齐全洁净，符合作业要求	5	少一件工器具扣1分，扣完为止		
2	检查项目					
2.1	标牌或标识的检查	标牌或标识（包含名称、型号、荷载、厂家、出厂日期等）明显	20	检查不到位，每处扣4分，扣完为止		
2.2	完好性的检查	起重滑车局部无锈蚀、无严重破损、无变形、无缺件，轮片无磨损，各部件紧固良好	20	检查不到位，每处扣4分，扣完为止		
2.3	无载转动的检查	滑车在无荷载状态下，用手旋转滑轮、吊环、开合合页等各转动部位时，应转动灵活，无卡阻现象	30	检查不到位，每处扣5分，扣完为止		
3	工作结束					
3.1	工作现场清理	清理现场	10	未清理现场扣10分		
4	填写记录					
4.1	填写检查记录单	内容全面，记录规范	10	填写不全面，每处扣2分，扣完为止		
合计			100			

Jc0005441008　发动机气门与座密封性的检查。（100分）

考核知识点：发动机检查

难易度：易

技能等级评价专业技能考核操作工作任务书

一、任务名称

发动机气门与座密封性的检查。

二、适用工种

机具维护工中级工。

三、具体任务

康明斯B系列发动机气门与座密封性的检查。

四、工作规范及要求

（1）掌握发动机的工作性能。

（2）工器具的正确使用及做好安全措施。

五、考核时间及要求

（1）本模块操作时间为20分钟，时间到停止考评。

（2）考评过程中如果由于测试人员操作不规范，有可能引发不安全因素的，停止考评，该项考核项目不得分，但不影响其他项目。

技能等级评价专业技能考核操作评分标准

工种	机具维护工					评价等级	中级工
项目模块	专业知识—机具检查检修				编号	Jc0005441008	
单位			准考证号			姓名	
考试时限	20 分钟	题型		单项操作		题分	100 分
成绩		考评员		考评组长		日期	
试题正文	发动机气门与座密封性的检查						
需要说明的问题和要求	（1）要求单人操作，考评员监护。 （2）在设定考试工位上完成操作。 （3）操作结束后，待考评员同意后方可离开考场。 （4）备注：检查方法有多种，此题只需做渗油法一种方法即可						

序号	项目名称	质量要求	满分	扣分标准	扣分原因	得分
1	准备工作					
1.1	相关安全措施的准备	着装应符合安全要求：穿工作服、戴线手套、注意安全防护	5	未按要求穿工作服扣 3 分； 未按要求戴手套扣 2 分		
1.2	工器具、设备及辅助设备完备	检查工器具及辅助设备是否齐全洁净，符合作业要求	5	少一件工器具扣 1 分，扣完为止		
2	操作步骤					
2.1	检查	渗油法：将与气门座配套使用的气门放入气门导管孔内，并使气门紧贴气门座的密封锥面，然后在气门上倒上足够的煤油或汽油，经 3～5min 后，如没有出现漏油现象，则可认为气密性良好	70	操作顺序、方法不正确，每处扣 10 分，扣完为止		
3	工作结束					
3.1	整理工器具	工具整理，摆放整齐	5	未整理工器具扣 5 分		
3.2	工作现场清理	清理现场	5	未清理现场扣 5 分		
4	填写记录					
4.1	填写检查记录单	内容全面，记录规范	10	填写不全面，每处扣 2 分，扣完为止		
合计			100			

Jc0005442009　更换发动机气门导管。（100 分）

考核知识点：发动机维护保养

难易度：中

技能等级评价专业技能考核操作工作任务书

一、任务名称

更换发动机气门导管。

二、适用工种

机具维护工中级工。

三、具体任务

更换康明斯 B 系列发动机气门导管。

四、工作规范及要求

（1）掌握发动机的工作性能。

（2）工器具的正确使用及做好安全措施。

五、考核时间及要求

（1）本模块操作时间为20分钟，时间到停止考评。

（2）考评过程中如果由于测试人员操作不规范，有可能引发不安全因素的，停止考评，该项考核项目不得分，但不影响其他项目。

技能等级评价专业技能考核操作评分标准

工种	机具维护工			评价等级	中级工
项目模块	专业知识—机具维护保养		编号	Jc0005442009	
单位		准考证号		姓名	
考试时限	20分钟	题型	单项操作	题分	100分
成绩	考评员		考评组长		日期
试题正文	更换发动机气门导管				
需要说明的问题和要求	（1）要求单人操作，考评员监护。 （2）在设定考试工位上完成操作。 （3）操作结束后，待考评员同意后方可离开考场				

序号	项目名称	质量要求	满分	扣分标准	扣分原因	得分
1	准备工作					
1.1	相关安全措施的准备	着装应符合安全要求：穿工作服、戴线手套、注意安全防护	5	未按要求穿工作服扣3分； 未按要求戴手套扣2分		
1.2	工器具、设备及辅助设备完备	检查工器具及辅助设备是否齐全洁净，符合作业要求	5	少一件工器具扣1分，扣完为止		
2	操作步骤					
2.1	清洁	清洁部件	10	未清洁扣10分； 清洁不到位扣5分		
2.2	更换	（1）用锤子和气门导管拆装工具，拆下气门导管。 （2）将新气门导管外围涂上润滑油，放在导管孔中。 （3）把导管拆装工具固定在气门导管上。 （4）使用锤子将气门导管打入导管孔内	40	操作不正确，每处扣10分，扣完为止		
2.3	质量检查	（1）从汽缸盖顶面测量气门导管顶端的高度，符合标准。 （2）装入气门，测量气门与气门导管间隙符合规定	20	检查不到位，每处扣10分，扣完为止		
3	工作结束					
3.1	整理工器具	工具整理，摆放整齐	5	未整理工器具扣5分		
3.2	工作现场清理	清理现场	5	未清理现场扣5分		
4	填写记录					
4.1	填写维保记录单	内容全面，记录规范	10	填写不全面，每处扣2分，扣完为止		
合计			100			

Jc0005442010 发动机喷油泵的拆装。（100分）

考核知识点：发动机维护保养

难易度：中

技能等级评价专业技能考核操作工作任务书

一、任务名称

发动机喷油泵的拆装。

二、适用工种

机具维护工中级工。

三、具体任务

康明斯 4BT 柴油发动机喷油泵的拆装。

四、工作规范及要求

（1）掌握发动机的工作性能。

（2）工器具的正确使用及做好安全措施。

五、考核时间及要求

（1）本模块操作时间为 30 分钟，时间到停止考评。

（2）考评过程中如果由于测试人员操作不规范，有可能引发不安全因素的，停止考评，该项考核项目不得分，但不影响其他项目。

技能等级评价专业技能考核操作评分标准

工种	机具维护工				评价等级	中级工
项目模块	专业知识—机具维护保养			编号	Jc0005442010	
单位		准考证号			姓名	
考试时限	30 分钟	题型	单项操作		题分	100 分
成绩		考评员		考评组长	日期	
试题正文	发动机喷油泵的拆装					
需要说明的问题和要求	（1）要求单人操作，考评员监护。 （2）在设定考试工位上完成操作。 （3）操作结束后，待考评员同意后方可离开考场					

序号	项目名称	质量要求	满分	扣分标准	扣分原因	得分
1	准备工作					
1.1	相关安全措施的准备	着装应符合安全要求：穿工作服、戴线手套、注意安全防护	5	未按要求穿工作服扣 3 分； 未按要求戴手套扣 2 分		
1.2	工器具、设备及辅助设备完备	检查工器具及辅助设备是否齐全洁净，符合作业要求	5	少一件工器具扣 1 分，扣完为止		
2	操作步骤					
2.1	清洁	对发动机外表进行清洁	10	未清洁扣 10 分； 清洁不到位扣 5 分		
2.2	拆卸	（1）拆下发动润滑油量调节杆的连接销，取下连接杆。 （2）拆下燃油进回油管。 （3）拆下高压油管。 （4）拆下输油泵到滤清器的燃油管。 （5）拆下滤清器的燃油回流管。 （6）拆下孔盖。 （7）拆下橡胶密封圈。	25	操作顺序方法不正确，每处扣 3 分，扣完为止		

续表

序号	项目名称	质量要求	满分	扣分标准	扣分原因	得分
2.2	拆卸	(8) 转动发动机找准喷油正时标记。 (9) 拆下喷油泵前端螺栓。 (10) 拆下喷油泵紧固螺栓。 (11) 拆下托架。 (12) 取下喷油泵总成	25	操作顺序方法不正确，每处扣 3 分，扣完为止		
2.3	零部件清洁	对所有零部件进行清洁	10	清洁不到位，每件扣 1 分，扣完为止		
2.4	组装	按与拆卸相反的顺序进行组装	25	操作顺序方法不正确，每处扣 3 分； 丢失或漏装零部件，每只扣 2 分； 扣完为止		
3	工作结束					
3.1	整理工器具	工具整理，摆放整齐	5	未整理工器具扣 5 分		
3.2	工作现场清理	清理现场	5	未清理现场扣 5 分		
4	填写记录					
4.1	填写维保记录单	内容全面，记录规范	10	填写不全面，每处扣 2 分，扣完为止		
合计			100			

Jc0005442011　润滑油泵的拆装。(100 分)

考核知识点：发动机维护保养

难易度：中

技能等级评价专业技能考核操作工作任务书

一、任务名称

润滑油泵的拆装。

二、适用工种

机具维护工中级工。

三、具体任务

发动机润滑油泵的拆装。

四、工作规范及要求

(1) 掌握发动机的工作性能。

(2) 工器具的正确使用及做好安全措施。

五、考核时间及要求

(1) 本模块操作时间为 20 分钟，时间到停止考评。

(2) 考评过程中如果由于测试人员操作不规范，有可能引发不安全因素的，停止考评，该项考核项目不得分，但不影响其他项目。

技能等级评价专业技能考核操作评分标准

工种	机具维护工					评价等级	中级工
项目模块	专业知识—机具维护保养				编号	Jc0005442011	
单位			准考证号			姓名	
考试时限	20 分钟	题型	单项操作			题分	100 分

续表

成绩		考评员		考评组长		日期	
试题正文	润滑油泵的拆装						
需要说明的问题和要求	（1）要求单人操作，考评员监护。 （2）在设定考试工位上完成操作。 （3）操作结束后，待考评员同意后方可离开考场。 （4）备注：以全柴 490 柴油机为主						

序号	项目名称	质量要求	满分	扣分标准	扣分原因	得分
1	准备工作					
1.1	相关安全措施的准备	着装应符合安全要求：穿工作服、戴线手套、注意安全防护	5	未按要求穿工作服扣 3 分； 未按要求戴手套扣 2 分		
1.2	工器具、设备及辅助设备完备	检查工器具及辅助设备是否齐全洁净，符合作业要求	5	少一件工器具扣 1 分，扣完为止		
2	操作步骤					
2.1	清洁	对发动机外表进行清洁	10	未清洁扣 10 分； 清洁不到位扣 5 分		
2.2	拆解	（1）放出润滑油。 （2）拆除油底壳。 （3）拆下润滑油泵。 （4）拆下限压阀总成并进行拆解。 （5）拆下集滤器。 （6）拆下润滑油泵后盖。 （7）取出主被动齿轮	25	操作顺序、方法不正确，每处扣 4 分，扣完为止		
2.3	零部件清洁	对所有零部件进行清洁	10	清洁不到位，每件扣 1 分，扣完为止		
2.4	组装	按与拆卸相反的顺序进行组装	25	操作顺序方法不正确，每处扣 4 分； 丢失或漏装零部件，每只扣 2 分； 扣完为止		
3	工作结束					
3.1	整理工器具	工具整理，摆放整齐	5	未整理工器具扣 5 分		
3.2	工作现场清理	清理现场	5	未清理现场扣 5 分		
4	填写记录					
4.1	填写维保记录单	内容全面，记录规范	10	填写不全面，每处扣 2 分，扣完为止		
	合计		100			

Jc0004442012 刃磨标准麻花钻。(100 分)

考核知识点：设备操作使用

难易度：中

技能等级评价专业技能考核操作工作任务书

一、任务名称

刃磨标准麻花钻。

二、适用工种

机具维护工中级工。

三、具体任务

用砂轮机刃磨标准麻花钻。

四、工作规范及要求

（1）掌握麻花钻的刃磨方法、工艺要求。

（2）工器具、设备的正确使用及做好安全措施。

五、考核时间及要求

（1）本模块操作时间为10分钟，时间到停止考评。

（2）考评过程中如果由于测试人员操作不规范，有可能引发不安全因素的，停止考评，该项考核项目不得分，但不影响其他项目。

技能等级评价专业技能考核操作评分标准

工种	机具维护工					评价等级	中级工
项目模块	基本技能知识—机具操作使用				编号	Jc0004442012	
单位			准考证号			姓名	
考试时限	10分钟	题型	单项操作			题分	100分
成绩		考评员		考评组长		日期	
试题正文	刃磨标准麻花钻						
需要说明的问题和要求	（1）要求单人操作，考评员监护。 （2）在设定考试工位上完成操作。 （3）操作结束后，待考评员同意后方可离开考场						

序号	项目名称	质量要求	满分	扣分标准	扣分原因	得分
1	准备工作					
1.1	相关安全措施的准备	着装应符合安全要求：穿工作服、戴护目镜、注意安全防护	5	未按要求穿工作服扣3分； 未按要求戴护目镜扣2分		
1.2	工器具完备及辅助设备完备	检查工器具及辅助设备是否齐全洁净，符合作业要求	5	少一件工器具扣1分		
2	操作步骤					
2.1	用砂轮机刃磨麻花钻	（1）顶角：顶角118°±2°	10	顶角与同型号的样板比较每超差2°扣2分，扣完为止		
		（2）横刃斜角：横刃斜角50°～55°	10	横刃斜角每超差2°扣1分，扣完为止		
		（3）后角：后角10°～14°	10	后角为零，扣10分； 后角目测，酌情扣分，扣完为止		
		（4）后刀角：后刀角圆滑	10	后刀面曲面时目测，酌情扣分，扣完为止		
		（5）两切削刃尺寸：两切削刃尺寸相等	10	两切削刃尺寸用游标卡尺测量，每超0.1mm扣1分，扣完为止		
		（6）试钻：排出屑应一致	10	试钻排出屑不一致扣5分； 单刃切削扣5分		
		（7）刃磨要领：刃磨要领掌握好，方法正确	20	刃磨要领、方法不正确，酌情扣分，扣完为止		
3	工作结束					
3.1	整理工具	工具整理、摆放整齐	5	未整理工器具扣5分		
3.2	工作现场清理	清理现场，整理工器具	5	未清理现场扣5分		
合计			100			

Jc0005442013　发动机启动机的拆装。(100 分)

考核知识点：发动机维护保养

难易度：中

技能等级评价专业技能考核操作工作任务书

一、任务名称

发动机启动机的拆装。

二、适用工种

机具维护工中级工。

三、具体任务

牵引机发动机启动机的拆装。

四、工作规范及要求

(1) 掌握发动机的工作性能。

(2) 工器具的正确使用及做好安全措施。

五、考核时间及要求

(1) 本模块操作时间为 20 分钟，时间到停止考评。

(2) 考评过程中如果由于测试人员操作不规范，有可能引发不安全因素的，停止考评，该项考核项目不得分，但不影响其他项目。

技能等级评价专业技能考核操作评分标准

工种	机具维护工					评价等级	中级工
项目模块	专业知识—机具维护保养				编号	Jc0005442013	
单位			准考证号			姓名	
考试时限	20 分钟		题型	单项操作		题分	100 分
成绩		考评员		考评组长		日期	
试题正文	发动机启动机的拆装						
需要说明的问题和要求	(1) 要求单人操作，考评员监护。 (2) 在设定考试工位上完成操作。 (3) 操作结束后，待考评员同意后方可离开考场						

序号	项目名称	质量要求	满分	扣分标准	扣分原因	得分
1	准备工作					
1.1	相关安全措施的准备	着装应符合安全要求：穿工作服、戴线手套、注意安全防护	5	未按要求穿工作服扣 3 分； 未按要求戴手套扣 2 分		
1.2	工器具、设备及辅助设备完备	检查工器具及辅助设备是否齐全洁净，符合作业要求	5	少一件工器具扣 1 分，扣完为止		
2	操作步骤					
2.1	清洁	将启动机外部油泥擦洗干净；清洁各部零件	10	未清洁扣 10 分； 清洁不到位扣 5 分		
2.2	拆解	(1) 从启动机上拆下电磁开关。 (2) 拆下换向端盖和贯穿螺栓。 (3) 从电刷架中取出电刷。	25	操作顺序、方法不正确，每处扣 4 分，扣完为止		

续表

序号	项目名称	质量要求	满分	扣分标准	扣分原因	得分
2.2	拆解	（4）用长嘴手钳压缩弹簧端部拆下叉上的电刷架。 （5）用木槌轻轻敲端部，拆下电枢。 （6）拆下壳上的两个螺钉，取下电磁开关的传动壳。 （7）拆下传动壳的减速档杆和保持器	25	操作顺序、方法不正确，每处扣 4 分，扣完为止		
2.3	零部件清洁	对所有零部件进行清洁	10	清洁不到位，每件扣 1 分，扣完为止		
2.4	组装	按与拆卸相反的顺序进行组装	25	操作顺序方法不正确，每处扣 4 分； 丢失或漏装零部件，每只扣 2 分； 扣完为止		
3	工作结束					
3.1	整理工器具	工具整理，摆放整齐	5	未整理工器具扣 5 分		
3.2	工作现场清理	清理现场	5	未清理现场扣 5 分		
4	填写记录					
4.1	填写维保记录单	内容全面，记录规范	10	填写不全面，每处扣 2 分，扣完为止		
合计			100			

Jc0005442014　发动机启动机电气元件的检测。（100 分）

考核知识点：发动机电气元件检测

难易度：中

技能等级评价专业技能考核操作工作任务书

一、任务名称

发动机启动机电气元件的检测。

二、适用工种

机具维护工中级工。

三、具体任务

检测发动机启动机电气元件。

四、工作规范及要求

（1）掌握启动机的工作性能。

（2）工器具的正确使用及做好安全措施。

五、考核时间及要求

（1）本模块操作时间为 20 分钟，时间到停止考评。

（2）考评过程中如果由于测试人员操作不规范，有可能引发不安全因素的，停止考评，该项考核项目不得分，但不影响其他项目。

技能等级评价专业技能考核操作评分标准

工种	机具维护工					评价等级	中级工
项目模块	专业知识—机具试验检测			编号		Jc0005442014	
单位			准考证号			姓名	
考试时限	20 分钟	题型		单项操作		题分	100 分

续表

成绩		考评员		考评组长		日期	
试题正文	发动机启动机电气元件的检测						
需要说明的问题和要求	（1）要求单人操作，考评员监护。 （2）在设定考试工位上完成操作。 （3）操作结束后，待考评员同意后方可离开考场						

序号	项目名称	质量要求	满分	扣分标准	扣分原因	得分
1	准备工作					
1.1	相关安全措施的准备	着装应符合安全要求：穿工作服。戴线手套、注意安全防护	5	未按要求穿工作服扣3分； 未按要求戴手套扣2分		
1.2	工器具、设备及辅助设备完备	检查工器具及辅助设备是否齐全洁净，符合作业要求	5	少一件工器具扣1分，扣完为止		
2	操作步骤					
2.1	测量	测量换向器云母片是否磨损严重（标准深度为0.7～0.9mm，使用极限为0.2mm）	20	测量方法不正确或测量结果误差超过标准，每处扣10分，扣完为止		
2.2	检查	（1）检查换向器外径为35mm。 （2）检查换向器使用极限为34mm。 （3）检查电枢线圈有无搭铁，其阻值应为无穷大。 （4）检查电枢线圈有无短路。 （5）检查电枢线圈有无断路	50	检查不到位，每处扣10分，扣完为止		
3	工作结束					
3.1	整理工器具	工具整理，摆放整齐	5	未整理工器具扣5分		
3.2	工作现场清理	清理现场	5	未清理现场扣5分		
4	填写记录					
4.1	填写维保记录单	内容全面，记录规范	10	填写不全面，每处扣2分，扣完为止		
	合计		100			

Jc0005441015 发动机的日常保养。（100分）

考核知识点：发动机维护保养

难易度：易

技能等级评价专业技能考核操作工作任务书

一、任务名称

发动机的日常保养。

二、适用工种

机具维护工中级工。

三、具体任务

康明斯B系列发动机的日常保养。

四、工作规范及要求

（1）熟悉发动机机械性能及操作要求

（2）相关工器具的准备。

（3）工器具、仪器仪表的正确使用及做好安全措施。

五、考核时间及要求

（1）本模块操作时间为 30 分钟，时间到停止考评。

（2）考评过程中如果由于测试人员操作不规范，有可能引发不安全因素的，停止考评，该项考核项目不得分，但不影响其他项目。

技能等级评价专业技能考核操作评分标准

工种	机具维护工					评价等级	中级工
项目模块	专业知识—机具维护保养				编号		Jc0005441015
单位			准考证号			姓名	
考试时限	30 分钟		题型	单项操作		题分	100 分
成绩		考评员		考评组长		日期	
试题正文	发动机的日常保养						
需要说明的问题和要求	（1）要求单人操作，考评员监护。 （2）在设定考试工位上完成操作。 （3）操作结束后，待考评员同意后方可离开考场						

序号	项目名称	质量要求	满分	扣分标准	扣分原因	得分
1	准备工作					
1.1	相关安全措施的准备	着装应符合安全要求：穿工作服、戴线手套、注意安全防护	5	未按要求穿工作服扣 2 分； 未按要求戴手套扣 1 分； 消防设施未准备扣 2 分		
1.2	工器具完备及辅助设备完备	检查备品备件及工具是否齐全洁净，符合作业要求	5	少一件工器具扣 1 分，扣完为止		
2	操作步骤					
2.1	润滑油检查	可用柴油机上的润滑油尺检查，如低于要求位置，可添加与柴油机中质量和牌号相同的润滑油	15	检查不到位扣 15 分		
2.2	冷却液检查	检查柴油机冷却液储液罐液位是否在 MAX（上限）和 MIN（下限）之间。如果发动机冷却液液位过低，检查是否存在泄漏，并添加冷却液至上下限之间的位置	15	检查不到位扣 15 分		
2.3	皮带检查	检查皮带是否松弛，如有打滑现象，如有上述现象，应对皮带进行张紧调整。检查的皮带主要有水泵皮带、风扇传动皮带、发电机的皮带	15	检查不到位扣 15 分		
2.4	空气滤清器检查	检查进气阻力指示器，清洁或更换空气滤清器滤芯；检查空滤器集成盘	15	检查不到位扣 15 分		
2.5	损坏情况检查	检查所有接头有无渗漏或损坏，检查柴油机其他部分有无损坏	10	检查不到位，每处扣 2 分，扣完为止		
3	工作结束					
3.1	整理工具	工具整理、摆放整齐	5	未整理工器具扣 5 分		
3.2	工作现场清理	清理现场	5	未清理现场扣 5 分		
4	填写记录					
4.1	填写维保记录单	内容全面，记录规范	10	填写不全面，每少一项扣 2 分，扣完为止		
合计			100			

Jc0005443016 张力机整机检查。（100 分）

考核知识点：张力机检查

难易度：难

技能等级评价专业技能考核操作工作任务书

一、任务名称

张力机整机检查。

二、适用工种

机具维护工中级工。

三、具体任务

FRB-501 张力机整机检查。

四、工作规范及要求

掌握牵张机的机械性能及操作要求。

五、考核时间及要求

（1）本模块操作时间为 60 分钟，时间到停止考评。

（2）考评过程中如果由于测试人员操作不规范，有可能引发不安全因素的，停止考评，该项考核项目不得分，但不影响其他项目。

技能等级评价专业技能考核操作评分标准

工种	机具维护工					评价等级	中级工
项目模块	专业知识—机具检查检修				编号	Jc0005443016	
单位			准考证号			姓名	
考试时限	60 分钟		题型	单项操作		题分	100 分
成绩		考评员		考评组长		日期	
试题正文	张力机整机检查						
需要说明的问题和要求	（1）要求单人操作，考评员监护。 （2）在设定考试工位上完成操作。 （3）操作结束后，待考评员同意后方可离开考场						

序号	项目名称	质量要求	满分	扣分标准	扣分原因	得分
1	准备工作					
1.1	相关安全措施的准备	着装应符合安全要求：穿工作服、戴线手套、注意安全防护	5	未按要求穿工作服扣 3 分； 未按要求戴手套扣 2 分		
1.2	工器具、设备及辅助设备完备	检查备品、备件及工具是否齐全洁净，符合作业要求	5	少一件工器具扣 1 分，扣完为止		
2	检查项目					
2.1	设备外表检查	机容、机貌整洁，无污泥、脱漆、变形损坏	5	检查不到位，每处扣 1 分，扣完为止		
2.2	操作柜检查	（1）外罩面板完好，无损坏。 （2）支架及固定螺栓完整、齐全，无缺损。 （3）电源、启动钥匙、邮箱、面板等齐全，无缺损。 （4）指示灯齐全完好，无缺损。 （5）仪表齐全完好，无缺损。 （6）操作手柄（油门、支腿、收放线、制动、冷却等手柄）完好，无缺损。 （7）阀调节旋钮、工况选择开关等完好，无缺损。 （8）熔断器盒、熔丝齐全完好，无缺损	5	检查不到位，每处扣 1 分，扣完为止		

续表

序号	项目名称	质量要求	满分	扣分标准	扣分原因	得分
2.3	进出线机构检查	（1）进出线辊轮及支架完好，无缺失、转动不灵、损坏、变形、松动。 （2）张力轮并轮附件（连接销）完好，无缺损。 （3）张力轮槽、牵引卷筒完好，无异常磨损、变形。 （4）张力轮轮缘板完好，无缺失、变形，连接螺栓无松动或缺损。 （5）计数器及其传动机构完好，无损坏。 （6）张力轮传动链条、传动齿轮完好，无损坏	5	检查不到位，每处扣 1 分，扣完为止		
2.4	液压和电气部分检查	（1）液压油箱完好，无漏油、变形、箱盖缺损。 （2）液压油滤芯及其堵塞压力表、报警器完好，无损坏。 （3）液压管路完好，无漏油、老化。 （4）液压管路布置整齐，保护措施得当，无凌乱、磨损。 （5）尾架输出接头完好，无漏油、损坏。 （6）减速器油标及呼吸阀完好，无损坏、漏油。 （7）液压开关、阀、泵、马达、油缸完好，无漏油、损坏。 （8）电气线路布置整齐，保护措施得当，无凌乱、磨损	5	检查不到位，每处扣 1 分，扣完为止		
2.5	滤芯、油液、润滑、电瓶等部件检查	（1）空滤、燃油滤芯、润滑油滤芯完好。 （2）液压油、润滑油、齿轮油、燃油、冷却液等液位（数量）及质量合格，无缺少、变质超标。 （3）润滑脂泵和润滑脂管路完好，管路无老化、断损。 （4）润滑点润滑良好，不缺脂。 （5）水箱、燃油箱完好，无渗漏、变形、箱盖缺失。 （6）水箱开关完好，开关自如，不渗漏。 （7）电瓶完好，电瓶液位合格、桩头连接牢固、无脏污腐蚀、性能合格	5	检查不到位，每处扣 1 分，扣完为止		
2.6	结构件及其他检查	（1）外罩完好，无损坏（变形、裂损脱漆、缺失）。 （2）拖杆及连接销齐全、完好，无缺损。 （3）轮胎气压正常，花纹符合要求，无硬伤。 （4）机桥轴头完好，无损。 （5）轮制动器手柄、拉条（或拉杆）、制动器齐全完好。 （6）总成件与机架连接螺栓齐全完好，无松动、缺损。 （7）支腿及其连接销齐全完好，无变形、裂损	5	检查不到位，每处扣 1 分，扣完为止		
2.7	发动机试运行	（1）发动机运转正常，无抖动、异响。 （2）发动机润滑油压力正常。 （3）发动机温度（水温、润滑油温度）正常。 （4）发动机故障指示灯指示正常。 （5）充电系统正常，发动后指示灯灭。 （6）发动机工作时间表正常指示	15	检查不到位，每处扣 3 分，扣完为止		

续表

序号	项目名称	质量要求	满分	扣分标准	扣分原因	得分
2.8	液压传动机构试运行	（1）液压泵、马达运转正常，无异响，温度正常。 （2）支腿升降机构升降平稳，无卡滞、泄压自降。 （3）液压油冷却系统完好，温控系统和冷却强度正常可控。 （4）张力轮正反转正常，张力轮制动系统正常。 （5）补油压力正常。 （6）液晶控制面板完好，能正常显示、设置。 （7）液压油滤芯堵塞指示灯指示正常，可正常设置	10	检查不到位，每处扣 2 分，扣完为止		
2.9	导线尾车及附件检查	（1）管路（进油管、出油管）数量齐全，无老化、不漏油。 （2）外观清洁，无泥污。 （3）马达头完好：转动正常，无异响，不漏油，螺栓、呼吸阀齐全完好。 （4）导线轴及其附件齐全完好：轴无裂损变形，轴头螺纹及其配套螺母无损，锥套、隔套、传动销无变形丢失，轴承及支撑座完好。 （5）导线架完好：结构件无变形，把手完好，连接销齐全，支撑油缸或支撑管完好	5	检查不到位，每处扣 1 分，扣完为止		
2.10	导线轴及刹车盘	（1）外观清洁，无污泥。 （2）导线轴及其附件齐全完好：轴无裂损变形，轴头螺纹及配套螺母无损，锥套、隔套、传动销无变形丢失，十字轴完好，轴承及支撑座完好。 （3）支撑架完好：结构件无变形，把手完好，连接销齐全，支撑油缸或支撑管完好。 （4）刹车盘完好：摩擦片有效、调整螺杆不缺失、把手无变形、刹车盘支撑轴承不松旷、制动盘磨损不严重	5	检查不到位，每处扣 1.5 分，扣完为止		
2.11	设备安全装置	（1）设备接地是否齐全、有效。 （2）导线接地滑车是否安全、有效。 （3）设备操作手脚踏板的绝缘胶板是否齐全、可靠	5	检查不到位，每处扣 2 分，扣完为止		
3	工作结束					
3.1	整理工具	工具整理、摆放整齐	5	未整理工器具扣 5 分		
3.2	工作现场清理	清理现场	5	未清理现场扣 5 分		
4	填写记录					
4.1	填写检查记录单	内容全面，记录规范	10	填写不全面，每处扣 2 分，扣完为止		
合计			100			

Jc0005443017　牵引机整机检查。（100 分）

考核知识点：牵引机检查

难易度：难

技能等级评价专业技能考核操作工作任务书

一、任务名称

牵引机整机检查。

二、适用工种

机具维护工中级工。

三、具体任务

ARS-907 牵引机整机检查。

四、工作规范及要求

掌握牵张机的机械性能及操作要求。

五、考核时间及要求

（1）本模块操作时间为 60 分钟，时间到停止考评。

（2）考评过程中如果由于测试人员操作不规范，有可能引发不安全因素的，停止考评，该项考核项目不得分，但不影响其他项目。

技能等级评价专业技能考核操作评分标准

工种	机具维护工					评价等级	中级工
项目模块	专业知识—机具检查检修				编号	Jc0005443017	
单位			准考证号			姓名	
考试时限	60 分钟	题型		单项操作		题分	100 分
成绩		考评员		考评组长		日期	
试题正文	牵引机整机检查						
需要说明的问题和要求	（1）要求单人操作，考评员监护。 （2）在设定考试工位上完成操作。 （3）操作结束后，待考评员同意后方可离开考场						

序号	项目名称	质量要求	满分	扣分标准	扣分原因	得分
1	准备工作					
1.1	相关安全措施的准备	着装应符合安全要求：穿工作服、戴线手套、注意安全防护	5	未按要求穿工作服扣 3 分； 未按要求戴手套扣 2 分		
1.2	工器具完备及辅助设备完备	检查备品备件及工具是否齐全洁净，符合作业要求	5	少一件工器具扣 1 分，扣完为止		
2	检查项目					
2.1	设备外表检查	机容机貌整洁，无污泥、脱漆、变形损坏	5	检查不到位，每处扣 1 分，扣完为止		
2.2	操作柜检查	（1）外罩面板完好，无损坏。 （2）支架及固定螺栓完整、齐全，无缺损。 （3）电源、启动钥匙、邮箱、面板等齐全，无缺损。 （4）指示灯齐全完好，无缺损。 （5）仪表齐全完好，无缺损。 （6）操作手柄（油门、支腿、收放线、制动、冷却等手柄）完好，无缺损。 （7）阀调节旋钮、工况选择开关等完好，无缺损。 （8）熔断器盒、熔丝齐全完好，无缺损	5	检查不到位，每处扣 1 分，扣完为止		
2.3	进出线机构检查	进出线辊轮及支架完好，无缺失、转动不灵、损坏、变形、松动	5	检查不到位，每处扣 1 分，扣完为止		
2.4	液压和电气部分检查	（1）液压油箱完好，无漏油、变形、箱盖缺损。 （2）液压油滤芯及其堵塞压力表、报警器完好，无损坏。 （3）液压管路完好，无漏油、老化。 （4）液压管路布置整齐，保护措施得当，无凌乱、磨损。 （5）尾架输出接头完好，无漏油、损坏。 （6）减速器油标及呼吸阀完好，无损坏、漏油。 （7）液压开关、阀、泵、马达、油缸完好，无漏油、损坏。 （8）电气线路布置整齐，保护措施得当，无凌乱、磨损	5	检查不到位，每处扣 1 分，扣完为止		

续表

序号	项目名称	质量要求	满分	扣分标准	扣分原因	得分
2.5	滤芯、油液、润滑、电瓶等部件检查	（1）空滤、燃油滤芯、润滑油滤芯完好。 （2）液压油、润滑油、齿轮油、燃油、冷却液等液位（数量）及质量合格，无缺少、变质超标。 （3）润滑脂泵和润滑脂管路完好，管路无老化、断损。 （4）润滑点润滑良好，不缺脂。 （5）水箱、燃油箱完好，无渗漏、变形、箱盖缺失。 （6）水箱开关完好，开关自如不渗漏。 （7）电瓶完好，电瓶液位合格，桩头连接牢固，无脏污腐蚀，性能合格	10	检查不到位，每处扣1.5分，扣完为止		
2.6	结构件及其他检查	（1）外罩完好，无损坏（变形、裂损脱漆、缺失）。 （2）拖杆及连接销齐全、完好，无缺损。 （3）轮胎气压正常，花纹符合要求，无硬伤。 （4）机桥轴头完好，无损。 （5）轮制动器手柄、拉条（或拉杆）、制动器齐全完好。 （6）总成件与机架连接螺栓齐全完好，无松动、缺损。 （7）支腿及其连接销齐全完好，无变形、裂损	10	检查不到位，每处扣1.5分，扣完为止		
2.7	发动机试运行	（1）发动机运转正常，无抖动、异响。 （2）发动机润滑油压力正常。 （3）发动机温度（水温、润滑油温度）正常。 （4）发动机故障指示灯指示正常。 （5）充电系统正常，发动后指示灯灭。 （6）发动机工作时间表正常指示	10	检查不到位，每处扣2分，扣完为止		
2.8	液压传动机构试运行	（1）液压泵、马达运转正常，无异响，温度正常。 （2）支腿升降机构升降平稳，无卡滞、泄压自降。 （3）液压油冷却系统完好，温控系统和冷却强度正常可控。 （4）牵引卷筒正反转正常，牵引卷筒制动系统正常。 （5）补油压力正常。 （6）液晶控制面板完好，能正常显示、设置。 （7）液压油滤芯堵塞指示灯指示正常，可正常设置	10	检查不到位，每处扣1.5分，扣完为止		
2.9	主牵轴组	（1）外观清洁，无污泥。 （2）主牵主轴及其附件齐全完好：轴无裂损变形，轴头螺纹及配套螺母无损	5	检查不到位，每处扣2分，扣完为止		
2.10	设备安全装置	（1）设备接地是否齐全，有效。 （2）牵引绳接地滑车是否安全，有效。 （3）设备操作手脚踏板的绝缘胶板是否齐全，可靠	5	检查不到位，每处扣2分，扣完为止		
3	工作结束					
3.1	整理工具	工具整理、摆放整齐	5	未整理工器具扣5分		
3.2	工作现场清理	清理现场，整理工器具	5	未清理现场扣5分		
4	填写记录					
4.1	填写检查记录单	内容全面，记录规范	10	填写不全面，每处扣2分，扣完为止		
合计			100			

Jc0005442018　电焊机开机烧熔断器故障排除。（100分）

考核知识点：电焊机故障分析

难易度：中

技能等级评价专业技能考核操作工作任务书

一、任务名称

电焊机开机烧熔断器故障排除。

二、适用工种

机具维护工中级工。

三、具体任务

ZXG-150型电焊机开机烧熔断器故障排除。

四、工作规范及要求

（1）掌握电焊机的电气性能及操作要求。

（2）故障的正确分析及处理。

（3）工器具的正确使用及做好安全防护。

五、考核时间及要求

（1）本模块操作时间为30分钟，时间到停止考评。

（2）考评过程中如果由于测试人员操作不规范，有可能引发不安全因素的，停止考评，该项考核项目不得分，但不影响其他项目。

技能等级评价专业技能考核操作评分标准

工种	机具维护工					评价等级	中级工
项目模块	专业知识—机具故障排除				编号	Jc0005442018	
单位			准考证号			姓名	
考试时限	30分钟		题型	单项操作		题分	100分
成绩		考评员		考评组长		日期	
试题正文	电焊机开机烧熔断器故障排除						
需要说明的问题和要求	（1）要求单人操作，考评员监护。 （2）在设定考试工位上完成操作。 （3）操作结束后，待考评员同意后方可离开考场。 （4）设置故障点：保护电容损坏						

序号	项目名称	质量要求	满分	扣分标准	扣分原因	得分
1	准备工作					
1.1	相关安全措施的准备	着装应符合安全要求：穿工作服、戴绝缘手套、注意安全防护	5	未按要求穿工作服扣3分； 未按要求戴手套扣2分		
1.2	工器具、设备及辅助设备备品备件完备	检查工器具及辅助设备是否齐全洁净，符合作业要求	5	少一件工器具扣1分，扣完为止		
2	操作步骤					
2.1	故障原因分析	（1）弧焊变压器短路。 （2）整流管击穿短路。 （3）保护电容损坏	15	每少分析或分析不正确一处扣5分，扣完为止		
2.2	设备检查	（1）检查变压器，若有损坏，进行更换。 （2）检查整流管，若有损坏，进行更换。 （3）检查保护电容，若有损坏，进行更换	15	检查不到位，每处扣5分，扣完为止		
2.3	确定故障	保护电容损坏	10	确认不正确扣10分		
2.4	故障排除	更换保护电容	20	操作顺序、方法不正确，每处扣1分； 丢失或漏装零部件，每只扣1分； 扣完为止		

续表

序号	项目名称	质量要求	满分	扣分标准	扣分原因	得分
2.5	故障排除后检查	电焊机运转正常，故障排除	10	检查不到位，每处扣 2 分，扣完为止		
3	工作结束					
3.1	整理工器具	工具整理，摆放整齐	5	未整理工器具扣 5 分		
3.2	工作现场清理	清理现场	5	未清理现场扣 5 分		
4	填写记录					
4.1	填写维保记录单	内容全面，记录规范	10	填写不全面，每少一项扣 2 分，扣完为止		
合计			100			

Jc0004441019　发动机防冻液的更换。（100 分）

考核知识点：发动机维护保养

难易度：易

技能等级评价专业技能考核操作工作任务书

一、任务名称

发动机防冻液的更换。

二、适用工种

机具维护工中级工。

三、具体任务

张力机发动机防冻液的更换。

四、工作规范及要求

（1）掌握发动机的机械性能。

（2）工器具的正确使用及做好安全措施。

五、考核时间及要求

（1）本模块操作时间为 30 分钟，时间到停止考评。

（2）考评过程中如果由于测试人员操作不规范，有可能引发不安全因素的，停止考评，该项考核项目不得分，但不影响其他项目。

技能等级评价专业技能考核操作评分标准

工种	机具维护工					评价等级	中级工
项目模块	基本技能知识—机具维护保养				编号	Jc0004441019	
单位			准考证号			姓名	
考试时限	30 分钟		题型	单项操作		题分	100 分
成绩		考评员		考评组长		日期	
试题正文	发动机防冻液的更换						
需要说明的问题和要求	（1）要求单人操作，考评员监护。 （2）在设定考试工位上完成操作。 （3）操作结束后，待考评员同意后方可离开考场						

序号	项目名称	质量要求	满分	扣分标准	扣分原因	得分
1	准备工作					
1.1	相关安全措施的准备	着装应符合安全要求：穿工作服、戴线手套、注意安全防护	5	未按要求穿工作服扣 3 分； 未按要求戴手套扣 2 分		
1.2	工器具、设备及辅助设备完备	检查备品备件及工具是否齐全洁净，符合作业要求	5	少一件工器具扣 1 分，扣完为止		

续表

序号	项目名称	质量要求	满分	扣分标准	扣分原因	得分
2	操作步骤					
2.1	检查	在彻底更换防冻液之前，要全面检查，观察各管道有无泄漏的痕迹，是否有裂缝。如果发现有泄漏防冻液的现象，应根据情况更换管道或重新固定接口	20	检查不到位扣 10 分； 未更换或固定扣 10 分		
2.2	排放防冻液	打开阀门，将旧的防冻液放出	5	操作方法不正确扣 5 分		
2.3	二次清洁	用清水清洗液体通道，将清水加入防冻液罐，使清水连续不断地流经发动机冷却系统，随后怠速 3～5min，让水循环起来。开始流出的水会有颜色（残留冷却液），继续注入清水，直至流出来的水是无色透明的	20	操作顺序、方法不正确，每处扣 10 分，扣完为止		
2.4	加注防冻液	将新的防冻液加入防冻液罐和水箱，启动发动机怠速运转，温度正常后熄火。这时冷却系统由于排除部分空气，液面有所下降，再把防冻液加进去，加注至标准容量	25	操作顺序、方法不正确，每处扣 5 分，扣完为止		
3	工作结束					
3.1	整理工具	工具整理、摆放整齐	5	未整理工器具扣 5 分		
3.2	工作现场清理	清理现场	5	未清理现场扣 5 分		
4	填写记录					
4.1	填写维保记录单	内容全面，记录规范	10	填写不全面，每少一项扣 2 分，扣完为止		
合计			100			

Jc0004441020　发动机柴油滤清器的更换。（100 分）

考核知识点：发动机维护保养

难易度：易

技能等级评价专业技能考核操作工作任务书

一、任务名称

发动机柴油滤清器的更换。

二、适用工种

机具维护工中级工。

三、具体任务

康明斯 6BT 发动机柴油滤清器的更换。

四、工作规范及要求

（1）掌握发动机的机械性能。

（2）工器具的正确使用及做好安全措施。

五、考核时间及要求

（1）本模块操作时间为 20 分钟，时间到停止考评。

（2）考评过程中如果由于测试人员操作不规范，有可能引发不安全因素的，停止考评，该项考核项目不得分，但不影响其他项目。

技能等级评价专业技能考核操作评分标准

工种	机具维护工				评价等级	中级工
项目模块	基本技能知识—机具维护保养			编号	Jc0004441020	
单位		准考证号			姓名	
考试时限	20 分钟	题型	单项操作		题分	100 分

续表

成绩		考评员		考评组长		日期	
试题正文	发动机柴油滤清器的更换						
需要说明的问题和要求	（1）要求单人操作，考评员监护。 （2）在设定考试工位上完成操作。 （3）操作结束后，待考评员同意后方可离开考场						

序号	项目名称	质量要求	满分	扣分标准	扣分原因	得分
1	准备工作					
1.1	相关安全措施的准备	着装应符合安全要求：穿工作服、戴线手套、注意安全防护	5	未按要求穿工作服扣3分； 未按要求戴手套扣2分		
1.2	工器具完备及辅助设备完备	检查备品备件及工具是否齐全洁净，符合作业要求	5	少一件工器具扣1分，扣完为止		
2	操作步骤					
2.1	拆卸柴油滤清器	使用专用扳手拆除牵引机上的柴油滤清器，滤清器内的油应倒入专用盛油容器里，按规定处理以免污染环境	10	操作顺序、方法不正确，每处扣5分，扣完为止		
2.2	接口垫处理	将新滤清器里注满柴油，并在新滤清器的接口垫圈处涂抹柴油	20	操作顺序、方法不正确，每处扣10分，扣完为止		
2.3	安装柴油滤清器	按说明书规定，用手将滤清器拧入、拧紧，再使用专用扳手拧入1/2圈	10	操作顺序、方法不正确扣10分，扣完为止		
2.4	排气	拧松排气螺塞，使用发动机上的输油泵进行发动机低压燃油系统排气，直至排气螺塞处喷出的柴油中无气泡，然后拧紧排气螺塞，并使输油泵的泵油手柄回至初始位	20	操作顺序、方法不正确，每处扣5分，扣完为止		
2.5	发动机试运转	启动发动机，发动机运转正常，无漏油现象，滤清器更换完成	10	柴油滤清器漏油扣5分； 发动机运转异常扣10分		
3	工作结束					
3.1	整理工具	工具整理、摆放整齐	5	未整理工器具扣5分		
3.2	工作现场清理	清理现场	5	未清理现场扣5分		
4	填写记录					
4.1	填写维保记录单	内容全面，记录规范	10	填写不全面，每少一项扣2分，扣完为止		
合计			100			

Jc0005442021　张力机静态检查。（100分）

考核知识点：张力机检查

难易度：中

技能等级评价专业技能考核操作工作任务书

一、任务名称

张力机静态检查。

二、适用工种

机具维护工中级工。

三、具体任务

FRB-501张力机静态检查。

四、工作规范及要求

掌握牵张机的机械性能和操作要求。

五、考核时间及要求

（1）本模块操作时间为20分钟，时间到停止考评。

（2）考评过程中如果由于测试人员操作不规范，有可能引发不安全因素的，停止考评，该项考核项目不得分，但不影响其他项目。

技能等级评价专业技能考核操作评分标准

工种	机具维护工					评价等级	中级工
项目模块	专业知识—机具检查检修				编号	Jc0005442021	
单位			准考证号			姓名	
考试时限	20分钟	题型		单项操作		题分	100分
成绩		考评员		考评组长		日期	
试题正文	张力机静态检查						
需要说明的问题和要求	（1）要求单人操作，考评员监护。 （2）在设定考试工位上完成操作。 （3）操作结束后，待考评员同意后方可离开考场						

序号	项目名称	质量要求	满分	扣分标准	扣分原因	得分
1	准备工作					
1.1	相关安全措施的准备	着装应符合安全要求：穿工作服、戴线手套	5	未按要求穿工作服扣3分； 未按要求戴手套扣2分		
1.2	工器具、设备及辅助设备完备	检查备品备件及工具是否齐全洁净，符合作业要求	5	少一件工器具扣1分，扣完为止		
2	检查项目					
2.1	设备外表检查	机容机貌整洁，无污泥、脱漆、变形损坏	5	检查不到位，每处扣1.5分，扣完为止		
2.2	操作柜检查	（1）电源、启动钥匙、油箱、面板等齐全，无缺损。 （2）指示灯齐全完好，无缺损。 （3）仪表齐全完好，无缺损。 （4）操作手柄（油门、支腿、收放线、制动、冷却等手柄）完好，无缺损。 （5）阀调节旋钮、工况选择开关等完好，无缺损。 （6）熔断器盒、熔丝齐全完好，无缺损	5	检查不到位，每处扣1分，扣完为止		
2.3	进出线机构检查	（1）进出线辊轮及支架完好，无缺失、转动不灵、损坏、变形、松动。 （2）张力轮并轮附件（连接销）完好，无缺损。 （3）张力轮槽、牵引卷筒完好，无异常磨损、变形。 （4）张力轮轮缘板完好，无缺失、变形，连接螺栓无松动或缺损。 （5）计数器及其传动机构完好，无损坏。 （6）张力轮传动链条、传动齿轮完好，无损坏	5	检查不到位，每处扣1分，扣完为止		
2.4	液压和电气部分检查	（1）液压油箱完好，无漏油、变形、箱盖缺损。 （2）液压油滤芯及其堵塞压力表、报警器完好，无损坏。 （3）液压管路完好，无漏油、老化。 （4）液压管路布置整齐，保护措施得当，无凌乱、磨损。 （5）尾架输出接头完好，无漏油、损坏。 （6）减速器油标及呼吸阀完好，无损坏、漏油。 （7）液压开关、阀、泵、马达、油缸完好，无漏油、损坏。 （8）电气线路布置整齐，保护措施得当，无凌乱、磨损	10	检查不到位，每处扣1.5分，扣完为止		

续表

序号	项目名称	质量要求	满分	扣分标准	扣分原因	得分
2.5	滤芯、油液、润滑、电瓶等部件检查	（1）空滤、燃油滤芯、润滑油滤芯完好。 （2）液压油、润滑油、齿轮油、燃油、冷却液等液位（数量）及质量合格，无缺少、变质超标。 （3）润滑脂泵和润滑脂管路完好，管路无老化、断损。 （4）润滑点润滑良好，不缺脂。 （5）水箱、燃油箱完好，无渗漏、变形、箱盖缺失。 （6）水箱开关完好，开关自如，不渗漏。 （7）电瓶完好，电瓶液位合格，桩头连接牢固，无脏污腐蚀，性能合格	10	检查不到位，每处扣 1.5 分，扣完为止		
2.6	结构件及其他检查	（1）外罩完好，无损坏（变形、裂损脱漆、缺失）。 （2）拖杆及连接销齐全、完好，无缺损。 （3）轮胎气压正常，花纹符合要求，无硬伤。 （4）机桥轴头完好，无损。 （5）轮制动器手柄、拉条（或拉杆）、制动器齐全完好。 （6）总成件与机架连接螺栓齐全完好，无松动、缺损。 （7）支腿及其连接销齐全完好，无变形、裂损	10	检查不到位，每处扣 1.5 分，扣完为止		
2.7	导线尾车及附件检查	（1）管路（进油管、出油管）数量齐全、无老化、不漏油。 （2）外观清洁，无泥污。 （3）马达头完好：转动正常，无异响，不漏油，螺栓、呼吸阀齐全完好。 （4）导线轴及其附件齐全完好：轴无裂损变形，轴头螺纹及其配套螺母无损，锥套、隔套、传动销无变形丢失，轴承及支撑座完好。 （5）导线架完好：结构件无变形，把手完好，连接销齐全，支撑油缸或支撑管完好	10	检查不到位，每处扣 2 分，扣完为止		
2.8	导线轴及刹车盘	（1）外观清洁，无污泥。 （2）导线轴及其附件齐全完好：轴无裂损变形，轴头螺纹及配套螺母无损，锥套、隔套、传动销无变形丢失，十字轴完好，轴承及支撑座完好。 （3）支撑架完好：结构件无变形，把手完好，连接销齐全，支撑油缸或支撑管完好。 （4）刹车盘完好：摩擦片有效、调整螺杆不缺失、把手无变形、刹车盘支撑轴承不松旷、制动盘磨损不严重	10	检查不到位，每处扣 2.5 分，扣完为止		
2.9	设备安全装置	（1）设备接地是否齐全、有效。 （2）导线接地滑车是否安全、有效。 （3）设备操作手脚踏板的绝缘胶板是否齐全、可靠	5	检查不到位，每处扣 2 分，扣完为止		
3	工作结束					

续表

序号	项目名称	质量要求	满分	扣分标准	扣分原因	得分
3.1	整理工具	工具整理、摆放整齐	5	未整理工器具扣5分		
3.2	工作现场清理	清理现场	5	未清理现场扣5分		
4	填写记录					
4.1	填写检查记录单	内容全面，记录规范	10	填写不全面，每处扣2分，扣完为止		
合计			100			

Jc0005442022　牵引机静态检查。（100分）

考核知识点：牵引机检查

难易度：中

技能等级评价专业技能考核操作工作任务书

一、任务名称

牵引机静态检查。

二、适用工种

机具维护工中级工。

三、具体任务

ARS-907牵引机静态检查。

四、工作规范及要求

掌握牵张机的机械性能和操作要求。

五、考核时间及要求

（1）本模块操作时间为20分钟，时间到停止考评。

（2）考评过程中如果由于测试人员操作不规范，有可能引发不安全因素的，停止考评，该项考核项目不得分，但不影响其他项目。

技能等级评价专业技能考核操作评分标准

工种	机具维护工					评价等级	中级工
项目模块	专业知识—机具检查检修				编号	Jc0005442022	
单位			准考证号			姓名	
考试时限	20分钟		题型	单项操作		题分	100分
成绩		考评员		考评组长		日期	
试题正文	牵引机静态检查						
需要说明的问题和要求	（1）要求单人操作，考评员监护。 （2）在设定考试工位上完成操作。 （3）操作结束后，待考评员同意后方可离开考场						

续表

序号	项目名称	质量要求	满分	扣分标准	扣分原因	得分
1	准备工作					
1.1	相关安全措施的准备	着装应符合安全要求：穿工作服、戴线手套	5	未按要求穿工作服扣 3 分； 未按要求戴手套扣 2 分		
1.2	工器具完备及辅助设备完备	检查备品备件及工具是否齐全洁净，符合作业要求	5	少一件工器具扣 1 分，扣完为止		
2	检查项目					
2.1	设备外表检查	机容机貌整洁，无污泥、脱漆、变形损坏	5	检查不到位，每处扣 1 分，扣完为止		
2.2	操作柜检查	（1）外罩面板完好，无损坏。 （2）支架及固定螺栓完整、齐全，无缺损。 （3）电源、启动钥匙、油箱、面板等齐全，无缺损。 （4）指示灯齐全完好，无缺损。 （5）仪表齐全完好，无缺损。 （6）操作手柄（油门、支腿、收放线、制动、冷却等手柄）完好，无缺损。 （7）阀调节旋钮、工况选择开关等完好，无缺损。 （8）熔断器盒、熔丝齐全完好，无缺损	5	检查不到位，每处扣 1 分，扣完为止		
2.3	进出线机构检查	进出线辊轮及支架完好，无缺失、转动不灵、损坏、变形、松动	10	检查不到位，每处扣 2 分，扣完为止		
2.4	液压和电气部分检查	（1）液压油箱完好，无漏油、变形、箱盖缺损。 （2）液压油滤芯及其堵塞压力表、报警器完好，无损坏。 （3）液压管路完好，无漏油、老化。 （4）液压管路布置整齐，保护措施得当，无凌乱、磨损。 （5）尾架输出接头完好，无漏油、损坏。 （6）减速器油标及呼吸阀完好，无损坏、漏油。 （7）液压开关、阀、泵、马达、油缸完好，无漏油、损坏。 （8）电气线路布置整齐、保护措施得当，无凌乱、磨损	10	检查不到位，每处扣 1.5 分，扣完为止		
2.5	滤芯、油液、润滑、电瓶等部件检查	（1）空滤、燃油滤芯、润滑油滤芯完好。 （2）液压油、润滑油、齿轮油、燃油、冷却液等液位（数量）及质量合格，无缺少、变质超标。 （3）润滑脂泵和润滑脂管路完好，管路无老化、断损。 （4）润滑点润滑良好，不缺脂。 （5）水箱、燃油箱完好，无渗漏、变形、箱盖缺失。 （6）水箱开关完好，开关自如，不渗漏。 （7）电瓶完好，电瓶液位合格，桩头连接牢固，无脏污腐蚀，性能合格	10	检查不到位，每处扣 1.5 分，扣完为止		

续表

序号	项目名称	质量要求	满分	扣分标准	扣分原因	得分
2.6	结构件及其他检查	（1）外罩完好，无损坏（变形、裂损脱漆、缺失）。 （2）拖杆及连接销齐全、完好，无缺损。 （3）轮胎气压正常，花纹符合要求，无硬伤。 （4）机桥轴头完好，无损。 （5）轮制动器手柄、拉条（或拉杆）、制动器齐全完好。 （6）总成件与机架连接螺栓齐全完好，无松动、缺损。 （7）支腿及其连接销齐全完好，无变形、裂损	10	检查不到位，每处扣 1.5 分，扣完为止		
2.7	主牵轴组	（1）外观清洁，无污泥。 （2）主牵主轴及其附件齐全完好：轴无裂损变形，轴头螺纹及配套螺母无损	10	检查不到位，每处扣 2.5 分，扣完为止		
2.8	设备安全装置	（1）设备接地是否齐全、有效。 （2）牵引绳接地滑车是否安全、有效。 （3）设备操作手脚踏板的绝缘胶板是否齐全、可靠	10	检查不到位，每处扣 3.5 分，扣完为止		
3	工作结束					
3.1	整理工具	工具整理、摆放整齐	5	未整理工器具扣 5 分		
3.2	工作现场清理	清理现场	5	未清理现场扣 5 分		
4	填写记录					
4.1	填写检查记录单	内容全面，记录规范	10	填写不全面，每处扣 2 分，扣完为止		
合计			100			

Jc0005442023　牵引机动态检查。（100 分）

考核知识点：牵引机检查

难易度：中

技能等级评价专业技能考核操作工作任务书

一、任务名称

牵引机动态检查。

二、适用工种

机具维护工中级工。

三、具体任务

ARS-907 牵引机动态检查。

四、工作规范及要求

掌握牵张机的机械性能和操作要求。

五、考核时间及要求

（1）本模块操作时间为 40 分钟，时间到停止考评。

（2）考评过程中如果由于测试人员操作不规范，有可能引发不安全因素的，停止考评，该项考核项目不得分，但不影响其他项目。

技能等级评价专业技能考核操作评分标准

工种	机具维护工					评价等级	中级工
项目模块	专业知识—机具检查检修				编号	Jc0005442023	
单位			准考证号			姓名	
考试时限	40 分钟		题型	单项操作		题分	100 分
成绩		考评员		考评组长		日期	
试题正文	牵引机动态检查						
需要说明的问题和要求	（1）要求单人操作，考评员监护。 （2）在设定考试工位上完成操作。 （3）操作结束后，待考评员同意后方可离开考场						

序号	项目名称	质量要求	满分	扣分标准	扣分原因	得分
1	准备工作					
1.1	相关安全措施的准备	着装应符合安全要求：穿工作服、戴线手套、注意安全防护	5	未按要求穿工作服扣 3 分； 未按要求戴手套扣 2 分		
1.2	工器具、设备及辅助设备完备	检查备品备件及工具是否齐全洁净，符合作业要求	5	少一件工器具扣 1 分，扣完为止		
2	检查项目					
2.1	发动机试运行	（1）发动机运转正常，无抖动、异响。 （2）发动机润滑油压力正常。 （3）发动机温度（水温、润滑油温度）正常。 （4）发动机故障指示灯指示正常。 （5）充电系统正常，发动后指示灯灭。 （6）发动机工作时间表正常指示	35	检查不到位，每处扣 6 分，扣完为止		
2.2	液压传动机构试运行	（1）液压泵、马达运转正常，无异响，温度正常。 （2）支腿升降机构升降平稳，无卡滞、泄压自降。 （3）液压油冷却系统完好，温控系统和冷却强度正常可控。 （4）牵引卷筒正反转正常；牵引卷筒制动系统正常。 （5）补油压力正常。 （6）液晶控制面板完好，能正常显示、设置。 （7）液压油滤芯堵塞指示灯指示正常，可正常设置	35	检查不到位，每处扣 5 分，扣完为止		
3	工作结束					
3.1	整理工具	工具整理、摆放整齐	5	未整理工器具扣 5 分		
3.2	工作现场清理	清理现场，整理工器具	5	未清理现场扣 5 分		
4	填写记录					
4.1	填写检查记录单	内容全面，记录规范	10	填写不全面，每处扣 2 分，扣完为止		
合计			100			

Jc0005442024　钢筋对焊机不工作故障排除。（100 分）

考核知识点：钢筋对焊机故障分析

难易度：中

技能等级评价专业技能考核操作工作任务书

一、任务名称

钢筋对焊机不工作故障排除。

二、适用工种

机具维护工中级工。

三、具体任务

钢筋对焊机不工作故障排除步骤。

四、工作规范及要求

（1）掌握钢筋对焊机机械性能、电气性能及操作要求。

（2）故障的正确分析及处理。

（3）工器具的正确使用及做好安全防护。

五、考核时间及要求

（1）本模块操作时间为30分钟，时间到停止考评。

（2）考评过程中如果由于测试人员操作不规范，有可能引发不安全因素的，停止考评，该项考核项目不得分，但不影响其他项目。

技能等级评价专业技能考核操作评分标准

工种	机具维护工					评价等级	中级工
项目模块	专业知识—机具故障排除				编号	Jc0005442024	
单位			准考证号			姓名	
考试时限	30分钟		题型	单项操作		题分	100分
成绩		考评员		考评组长		日期	
试题正文	钢筋对焊机不工作故障排除						
需要说明的问题和要求	（1）要求单人操作，考评员监护。 （2）在设定考试工位上完成操作。 （3）操作结束后，待考评员同意后方可离开考场。 （4）设置故障点为：交流接触器线圈烧毁						

序号	项目名称	质量要求	满分	扣分标准	扣分原因	得分
1	准备工作					
1.1	相关安全措施的准备	着装应符合安全要求：穿工作服、戴绝缘手套、注意安全防护	5	未按要求穿工作服扣3分； 未按要求戴手套扣2分		
1.2	工器具及辅助设备备品备件完备	检查工器具、设备及辅助设备是否齐全洁净，符合作业要求	5	少一件工器具扣1分，扣完为止		
2	操作步骤					
2.1	故障原因分析	（1）控制开关损坏。 （2）熔断器烧坏。 （3）控制电缆断线。 （4）控制电缆插头座损坏。 （5）控制变压器损坏。 （6）继电器或交流接触器线圈烧毁。 （7）电动机及其他机械故障	20	每少分析或分析不正确一处扣3分，扣完为止		

续表

序号	项目名称	质量要求	满分	扣分标准	扣分原因	得分
2.2	设备检查	（1）检查控制开关，若有损坏，进行更换。 （2）检查控制电缆，若有损坏，进行重接。 （3）检查熔断器，若有损坏，进行更换。 （4）检查控制变压器，若有损坏，进行更换。 （5）检查继电器及交流接触器，若有损坏，进行更换。 （6）检查电动机，及其他机械故障，若故障，进行检修或更换	20	检查不到位，每处扣 3.5 分，扣完为止		
2.3	确定故障	交流接触器线圈烧毁	10	确认不正确扣 10 分		
2.4	故障排除	更换交流接触器	10	操作顺序、方法不正确，每处扣 1 分； 丢失或漏装零部件，每只扣 1 分； 扣完为止		
2.5	故障排除试运转	接通电源，钢筋对焊机运行正常，故障排除	10	检查不到位，每处扣 2 分，扣完为止		
3	工作结束					
3.1	整理工器具	工具整理，摆放整齐	5	未整理工器具扣 5 分		
3.2	工作现场清理	清理现场	5	未清理现场扣 5 分		
4	填写记录					
4.1	填写维保记录单	内容全面，记录规范	10	填写不全面，每少一项扣 2 分，扣完为止		
合计			100			

Jc0004441025　迪尼玛绳的检查。（100 分）

考核知识点：迪尼玛绳检查

难易度：易

技能等级评价专业技能考核操作工作任务书

一、任务名称

迪尼玛绳的检查。

二、适用工种

机具维护工中级工。

三、具体任务

ϕ18 迪尼玛绳的检查。

四、工作规范及要求

掌握迪尼玛绳的工作性能、结构、各项参数。

五、考核时间及要求

（1）本模块操作时间为 10 分钟，时间到停止考评。

（2）考评过程中如果由于测试人员操作不规范，有可能引发不安全因素的，停止考评，该项考核项目不得分，但不影响其他项目。

技能等级评价专业技能考核操作评分标准

工种	机具维护工					评价等级	中级工
项目模块	基本技能知识—机具检查检修				编号	Jc0004441025	
单位			准考证号			姓名	
考试时限	10 分钟		题型	单项操作		题分	100 分
成绩		考评员		考评组长		日期	
试题正文	迪尼玛绳的检查						
需要说明的问题和要求	（1）要求单人操作，考评员监护。 （2）在设定考试工位上完成操作。 （3）操作结束后，待考评员同意后方可离开考场						

序号	项目名称	质量要求	满分	扣分标准	扣分原因	得分
1	准备工作					
1.1	相关安全措施的准备	着装应符合安全要求：穿工作服、工作鞋	10	未按要求穿工作服扣 5 分； 未按要求穿工作鞋扣 5 分		
2	操作步骤					
2.1	标牌或标识的检查	标牌或标识（包含名称、型号、荷载、厂家、出厂日期等）明显	10	检查不到位，每处扣 2 分，扣完为止		
2.2	外观检查	（1）每股绳索及每股均应紧密结合，不应有松散，分股的现象。 （2）绳索每股中丝线均不应有叠痕、凸起、压伤、背股、抽筋等缺陷。 （3）接头应单根丝线连接，不准许有股接头。单丝接头应封闭在绳股内部，不应露在外面。 （4）股绳和股线的捻距及纬线在其全长上均匀。 （5）经防潮处理后的绝缘绳索表面应无油渍、污迹、脱皮等	60	检查不到位，每处扣 12 分，扣完为止		
3	工作结束					
3.1	工作现场清理	清理现场	10	未清理现场扣 10 分		
4	填写记录					
4.1	填写检查记录单	内容全面，记录规范	10	填写不全面，每处扣 2 分，扣完为止		
合计			100			

Jc0005443026　干燥空气发生器压缩机压力过低故障排除。（100 分）

考核知识点：干燥空气发生器故障分析

难易度：难

技能等级评价专业技能考核操作工作任务书

一、任务名称

干燥空气发生器压缩机压力过低故障排除。

二、适用工种

机具维护工中级工。

三、具体任务

GF200BY 型干燥空气发生器压缩机压力过低故障排除。

四、工作规范及要求

（1）掌握 GF200BY 干燥空气发生器的构造。

（2）故障的正确分析及处理。

（3）工器具的正确使用及做好安全防护。

五、考核时间及要求

（1）本模块操作时间为 60 分钟，时间到停止考评。

（2）考评过程中如果由于测试人员操作不规范，有可能引发不安全因素的，停止考评，该项考核项目不得分，但不影响其他项目。

技能等级评价专业技能考核操作评分标准

工种	机具维护工					评价等级	中级工
项目模块	专业知识—机具故障排除				编号	Jc0005443026	
单位			准考证号			姓名	
考试时限	60 分钟		题型	单项操作		题分	100 分
成绩		考评员		考评组长		日期	
试题正文	干燥空气发生器压缩机压力过低故障排除						
需要说明的问题和要求	（1）要求单人操作，考评员监护。 （2）在设定考试工位上完成操作。 （3）操作结束后，待考评员同意后方可离开考场。 （4）设置故障点为：空气过滤器滤芯堵塞						

序号	项目名称	质量要求	满分	扣分标准	扣分原因	得分
1	准备工作					
1.1	相关安全措施的准备	着装应符合安全要求，穿工作服，戴线手套、注意安全防护	5	未按要求穿工作服扣 3 分； 未按要求戴手套扣 2 分		
1.2	工器具及辅助设备备品备件完备	检查工器具及辅助设备是否齐全洁净，符合作业要求	5	少一件工器具扣 1 分，扣完为止		
2	操作步骤					
2.1	故障原因分析	（1）耗气量超过压缩机的排气量。 （2）电磁阀故障。 （3）控制用空气软管泄漏。 （4）进气阀未完全打开。 （5）油气分离器堵塞。 （6）安全阀泄漏。 （7）空气过滤器滤芯堵塞	20	每少分析或分析不正确一处扣 3 分，扣完为止		
2.2	设备检查	（1）检查相连接的设备。 （2）检查电磁阀，若故障进行检修或更换。 （3）检查空气软管，若泄漏，进行更换。 （4）检查进气阀，将进气阀完全打开。 （5）检查油气分离器，若堵塞进行更换油气分离器滤芯。 （6）检查安全阀，若故障进行更换。 （7）检查空气过滤器滤芯，若堵塞进行清洁或更换	20	检查不到位，每处扣 3 分，扣完为止		
2.3	确定故障	空气过滤器滤芯堵塞	10	故障确认不正确扣 10 分		
2.4	故障排除	清洁或更换空气过滤器滤芯	10	操作顺序、方法不正确，每处扣 2 分； 丢失或漏装零部件，每只扣 2 分； 扣完为止		

续表

序号	项目名称	质量要求	满分	扣分标准	扣分原因	得分
2.5	故障排除后检查	重新启动干燥空气发生器，设备运转正常，故障排除	10	检查不到位，每处扣 2 分，扣完为止		
3	工作结束					
3.1	整理工器具	工具整理，摆放整齐	5	未整理工器具扣 5 分		
3.2	工作现场清理	清理现场	5	未清理现场扣 5 分		
4	填写记录					
4.1	填写维保记录单	内容全面，记录规范	10	填写不全面，每少一项扣 2 分，扣完为止		
合计			100			

Jc0005442027　牵引机发动机无法启动故障排除。(100 分)

考核知识点：牵引机发动机故障分析

难易度：中

技能等级评价专业技能考核操作工作任务书

一、任务名称

牵引机发动机无法启动故障排除。

二、适用工种

机具维护工中级工。

三、具体任务

QT90KN 牵引机发动机无法启动故障排除。

四、工作规范及要求

（1）掌握牵张机的机械性能和操作要求。

（2）故障的正确分析及处理。

（3）工器具的正确使用及做好安全防护。

五、考核时间及要求

（1）本模块操作时间为 40 分钟，时间到停止考评。

（2）考评过程中如果由于测试人员操作不规范，有可能引发不安全因素的，停止考评，该项考核项目不得分，但不影响其他项目。

技能等级评价专业技能考核操作评分标准

工种	机具维护工					评价等级	中级工
项目模块	专业知识—机具故障排除				编号	Jc0005442027	
单位			准考证号			姓名	
考试时限	40 分钟		题型	单项操作		题分	100 分
成绩		考评员		考评组长		日期	
试题正文	牵引机发动机无法启动故障排除						
需要说明的问题和要求	（1）要求单人操作，考评员监护。 （2）在设定考试工位上完成操作。 （3）操作结束后，待考评员同意后方可离开考场。 （4）设置故障点为：柴油机吸油管路中进空气						

续表

序号	项目名称	质量要求	满分	扣分标准	扣分原因	得分
1	准备工作					
1.1	相关安全措施的准备	着装应符合安全要求，穿工作服、戴线手套、注意安全防护	5	未按要求穿工作服扣2分； 未按要求戴手套扣1分； 消防设施未准备扣2分		
1.2	工器具、设备及辅助设备备品备件完备	检查工器具、设备及辅助设备是否齐全洁净，符合作业要求	5	少一件工器具扣1分，扣完为止		
2	操作步骤					
2.1	故障原因分析	（1）柴油箱缺油。 （2）蓄电池故障。 （3）熄火电磁铁未回位。 （4）柴油中混有杂质。 （5）启动电路线路松脱。 （6）柴油机吸油管路中混有空气	20	每少分析或分析不正确一处扣3.5分，扣完为止		
2.2	设备检查	（1）检查柴油箱油位。 （2）检查机载蓄电池电压是否达到24V及接线柱是否紧固。 （3）检查熄火电磁铁上推杆是否已回位。 （4）检查是否使用了劣质的含水柴油，如是应立即予以更换。 （5）检查启动电路线路是否松脱。 （6）使用手油泵排出柴油机吸油管路中的空气，重新发动	20	检查不到位，每处扣3.5分，扣完为止		
2.3	确定故障	确认柴油机吸油管路中进空气	10	确认不正确扣10分		
2.4	故障排除	排出柴油机吸油管路中的空气	10	操作顺序、方法不正确，每处扣1分； 丢失或漏装零部件，每只扣1分； 扣完为止		
2.5	故障排除后检查	重新启动发动机，发动机运行正常，故障排除	10	检查不到位，每处扣2分，扣完为止		
3	工作结束					
3.1	整理工器具	工具整理，摆放整齐	5	未整理工器具扣5分		
3.2	工作现场清理	清理现场	5	未清理现场扣5分		
4	填写记录					
4.1	填写维保记录单	内容全面，记录规范	10	填写不全面，每少一项扣2分，扣完为止		
合计			100			

Jc0005441028 蓄电池的保养。（100分）

考核知识点：蓄电池维护保养

难易度：易

技能等级评价专业技能考核操作工作任务书

一、任务名称

蓄电池的保养。

二、适用工种

机具维护工中级工。

三、具体任务

铅酸蓄电池的保养。

四、工作规范及要求

（1）掌握蓄电池的电气性能。

（2）工器具的正确使用及做好安全措施。

（3）掌握蓄电池保养方法。

五、考核时间及要求

（1）本模块操作时间为20分钟，时间到停止考评。

（2）考评过程中如果由于测试人员操作不规范，有可能引发不安全因素的，停止考评，该项考核项目不得分，但不影响其他项目。

技能等级评价专业技能考核操作评分标准

工种	机具维护工				评价等级	中级工
项目模块	专业知识—机具维护保养			编号	Jc0005441028	
单位		准考证号			姓名	
考试时限	20分钟	题型	单项操作		题分	100分
成绩		考评员		考评组长	日期	
试题正文	蓄电池的保养					
需要说明的问题和要求	（1）要求单人操作，考评员监护。 （2）在设定考试工位上完成操作。 （3）操作结束后，待考评员同意后方可离开考场					

序号	项目名称	质量要求	满分	扣分标准	扣分原因	得分
1	准备工作					
1.1	相关安全措施的准备	着装应符合安全要求：穿工作服、戴线手套、注意安全防护	5	未按要求穿工作服扣3分； 未按要求戴手套扣2分		
1.2	工器具完备及辅助设备完备	检查工器具、设备及辅助设备是否齐全洁净，符合作业要求	5	少一件工器具扣1分，扣完为止		
2	操作步骤					
2.1	检查	仔细检查蓄电池外壳，观察有无电解液渗漏，如果发现渗漏应及时修理或更换	10	检查不到位，每处扣2分，扣完为止		
2.2	补液选择	选择专用蓄电池补充液	20	选择不正确扣20分		
2.3	清洁	应清洁加注口周围的污物，防止其落入蓄电池格中	10	未清洁扣10分； 清洁不到位扣5分		
2.4	加液	将加注口打开，加入适量的补充液	20	操作顺序、方法不正确，每处扣2分，扣完为止		
2.5	清洁	及时清除蓄电池极桩接线柱外表的腐蚀物。外表出现了腐蚀物，接线柱内表面也会出现腐蚀现象，导致电阻值增大，影响蓄电池的正常充电和放电，必须及时处理	10	未清洁扣10分； 清洁不到位扣5分		
3	工作结束					
3.1	整理工具	工具整理、摆放整齐	5	未整理工器具扣5分		
3.2	工作现场清理	清理现场，整理工器具	5	未清理现场扣5分		
4	填写记录					
4.1	填写维保记录单	内容全面，记录规范	10	填写不全面，每少一项扣2分，扣完为止		
合计			100			

Jc0004441029 液压油精滤器的更换。（100 分）

考核知识点：牵张机液压油精滤器维护保养

难易度：易

技能等级评价专业技能考核操作工作任务书

一、任务名称

液压油精滤器的更换。

二、适用工种

机具维护工中级工。

三、具体任务

牵张机液压油精滤器的更换。

四、工作规范及要求

（1）掌握牵张机机械性能及操作要求。

（2）工器具的正确使用及做好安全措施。

五、考核时间及要求

（1）本模块操作时间为 30 分钟，时间到停止考评。

（2）考评过程中如果由于测试人员操作不规范，有可能引发不安全因素的，停止考评，该项考核项目不得分，但不影响其他项目。

技能等级评价专业技能考核操作评分标准

工种	机具维护工				评价等级	中级工
项目模块	基本技能知识—机具维护保养			编号	Jc0004441029	
单位		准考证号			姓名	
考试时限	30 分钟	题型	单项操作		题分	100 分
成绩		考评员		考评组长	日期	
试题正文	液压油精滤器的更换					
需要说明的问题和要求	（1）要求单人操作，考评员监护。 （2）在设定考试工位上完成操作。 （3）操作结束后，待考评员同意后方可离开考场					

序号	项目名称	质量要求	满分	扣分标准	扣分原因	得分
1	准备工作					
1.1	相关安全措施的准备	着装应符合安全要求：穿工作服、戴线手套、注意安全防护	5	未按要求穿工作服扣 3 分； 未按要求戴手套扣 2 分		
1.2	工器具、设备完备及辅助设备完备	检查工器具、设备及辅助设备是否齐全洁净，符合作业要求	5	少一件工器具扣 1 分，扣完为止		
2	操作步骤					
2.1	拆下液压油精滤器	使用专用扳手拆除牵引机上的液压油精滤器，精滤器内的油应倒入专用盛油容器里，按规定处理以免污染环境	25	操作顺序、方法不正确，每处扣 10 分，扣完为止		
2.2	接口垫处理	在新精滤器的接口垫圈处涂抹液压油	10	操作顺序、方法不正确扣 10 分，扣完为止		
2.3	安装液压油精滤器	按说明书规定，用手将精滤器拧入、拧紧，再使用专用扳手拧入 3/4 圈	25	操作顺序、方法不正确，每处扣 10 分，扣完为止		

续表

序号	项目名称	质量要求	满分	扣分标准	扣分原因	得分
2.4	发动机试运转	启动发动机，液压系统运转正常，无漏油现象，液压油油量符合标准，精滤器更换完成	10	操作顺序、方法不正确，每处扣2分，扣完为止		
3	工作结束					
3.1	整理工具	工具整理、摆放整齐	5	未整理工器具扣5分		
3.2	工作现场清理	清理现场	5	未清理现场扣5分		
4	填写记录					
4.1	填写维保记录单	内容全面，记录规范	10	填写不全面，每少一项扣2分，扣完为止		
合计			100			

Jc0005442030 发动机的一级维护。(100分)

考核知识点：发动机维护保养

难易度：中

技能等级评价专业技能考核操作工作任务书

一、任务名称

发动机的一级维护。

二、适用工种

机具维护工中级工。

三、具体任务

牵张机发动机的一级维护。

四、工作规范及要求

(1) 掌握发动机的机械性能。

(2) 工器具、仪器仪表的正确使用及做好安全措施。

五、考核时间及要求

(1) 本模块操作时间为40分钟，时间到停止考评。

(2) 考评过程中如果由于测试人员操作不规范，有可能引发不安全因素的，停止考评，该项考核项目不得分，但不影响其他项目。

技能等级评价专业技能考核操作评分标准

工种	机具维护工					评价等级	中级工
项目模块	专业知识—机具维护保养				编号	Jc0005442030	
单位			准考证号			姓名	
考试时限	40分钟	题型	单项操作			题分	100分
成绩	考评员		考评组长			日期	
试题正文	发动机的一级维护						
需要说明的问题和要求	(1) 要求单人操作，考评员监护。 (2) 在设定考试工位上完成操作。 (3) 操作结束后，待考评员同意后方可离开考场						

续表

序号	项目名称	质量要求	满分	扣分标准	扣分原因	得分
1	准备工作					
1.1	相关安全措施的准备	着装应符合安全要求：穿工作服、戴线手套、注意安全防护	5	未按要求穿工作服扣3分； 未按要求戴手套扣2分		
1.2	工器具、设备完备及辅助设备完备	检查工器具、设备及辅助设备是否齐全洁净，符合作业要求	5	少一件工器具扣1分，扣完为止		
2	操作步骤					
2.1	清洁	进行整机清洁	10	未清洁扣10分； 清洁不到位扣5分		
2.2	检查风扇皮带	用拇指以3～5kg的压力按下皮带，其扰度一般为15～20mm	10	检查不到位扣10分		
2.3	检查润滑油	检查润滑油油位是否处于上限与下限之间，以靠近上限为佳，但不能超限，不够需添加同型号润滑油	10	检查不到位扣10分		
2.4	检查冷却液	检查柴油机冷却液储液罐液位是否在MAX（上限）和MIN（下限）之间。如果发动机冷却液液位过低，检查是否存在泄漏，并添加冷却液至上下限之间的位置	10	检查不到位扣10分		
2.5	清洁空气滤清器	空气滤清器滤芯清洁有效	10	操作不规范扣5分； 清洁不到位扣5分		
2.6	检查柴油机各部件螺栓紧固情况	发动机外露连接螺栓、螺母齐全、紧固	10	检查不到位，每处扣2分，扣完为止		
2.7	发动机试运转	启动发动机，检查发动机无漏油、漏水、漏气、漏电等“四漏”现象；无异常响声，各转速正常，排烟正常	10	检查不到位，每处扣5分，扣完为止		
3	工作结束					
3.1	整理工具	工具整理、摆放整齐	5	未整理工器具扣5分		
3.2	工作现场清理	清理现场	5	未清理现场扣5分		
4	填写记录					
4.1	填写维保记录单	内容全面，记录规范	10	填写不全面，每少一项扣2分，扣完为止		
合计			100			

Jc0005442031　行车的日常检查。（100分）

考核知识点：行车检查

难易度：中

技能等级评价专业技能考核操作工作任务书

一、任务名称

行车的日常检查。

二、适用工种

机具维护工中级工。

三、具体任务

10t行车的日常检查。

四、工作规范及要求

（1）掌握行车的机械性能及操作要求。

（2）工器具的正确使用及做好安全措施。

五、考核时间及要求

（1）本模块操作时间为30分钟，时间到停止考评。

（2）考评过程中如果由于测试人员操作不规范，有可能引发不安全因素的，停止考评，该项考核项目不得分，但不影响其他项目。

技能等级评价专业技能考核操作评分标准

工种	机具维护工					评价等级	中级工
项目模块	专业知识—机具检查检修				编号	Jc0005442031	
单位			准考证号			姓名	
考试时限	30分钟		题型	单项操作		题分	100分
成绩		考评员		考评组长		日期	
试题正文	行车的日常检查						
需要说明的问题和要求	（1）要求单人操作，考评员监护。 （2）在设定考试工位上完成操作。 （3）操作结束后，待考评员同意后方可离开考场						

序号	项目名称	质量要求	满分	扣分标准	扣分原因	得分
1	准备工作					
1.1	相关安全措施的准备	着装应符合安全要求：穿工作服、戴线手套、注意安全防护	5	未按要求穿工作服扣3分； 未按要求戴线手套扣2分		
1.2	工器具、设备及辅助设备备品备件完备	检查工器具及辅助设备是否齐全洁净，符合作业要求	5	少一件工器具扣1分，扣完为止		
2	操作步骤					
2.1	检查制动器	制动灵活可靠	10	检查不到位，每处扣2分，扣完为止		
2.2	检查钢丝绳	检查各部钢丝绳有无断丝和松股现象	10	检查不到位，每处扣2分，扣完为止		
2.3	检查螺栓	检查各部位的螺栓连接情况，如有松动应予拧紧。所有连接销轴都必须装有开口销，并需充分张开	15	检查不到位，每处扣3分，扣完为止		
2.4	检查润滑情况	检查减速箱、变速箱、外啮合齿轮等各部位的润滑以及液压油均按生产厂家中的要求进行	15	检查不到位，每处扣3分，扣完为止		
2.5	检查各安全防护装置	齐全有效	20	检查不到位，每处扣2分，扣完为止		
3	工作结束					
3.1	整理工器具	工具整理，摆放整齐	5	未整理工器具扣5分		
3.2	工作现场清理	清理现场	5	未清理现场扣5分		
4	填写记录					
4.1	填写检查记录单	内容全面，记录规范	10	填写不全面，每处扣2分，扣完为止		
合计			100			

Jc0005441032　行车电气系统定期检查维护。（100分）

考核知识点： 行车检查

难易度： 易

技能等级评价专业技能考核操作工作任务书

一、任务名称

行车电气系统的定期检查维护。

二、适用工种

机具维护工中级工。

三、具体任务

5t 行车电气系统的定期检查维护。

四、工作规范及要求

（1）掌握行车的机械性能及操作要求。

（2）工器具的正确使用及做好安全措施。

五、考核时间及要求

（1）本模块操作时间为 20 分钟，时间到停止考评。

（2）考评过程中如果由于测试人员操作不规范，有可能引发不安全因素的，停止考评，该项考核项目不得分，但不影响其他项目。

技能等级评价专业技能考核操作评分标准

工种	机具维护工					评价等级	中级工
项目模块	专业知识—机具检查检修				编号	Jc0005441032	
单位			准考证号			姓名	
考试时限	20 分钟		题型	单项操作		题分	100 分
成绩		考评员		考评组长		日期	
试题正文	行车电气系统的定期检查维护						
需要说明的问题和要求	（1）要求单人操作，考评员监护。 （2）在设定考试工位上完成操作。 （3）操作结束后，待考评员同意后方可离开考场						

序号	项目名称	质量要求	满分	扣分标准	扣分原因	得分
1	准备工作					
1.1	相关安全措施的准备	着装应符合安全要求：穿工作服、戴线手套、注意安全防护	5	未按要求穿工作服扣 3 分； 未按要求戴线手套扣 2 分		
1.2	工器具、设备及辅助设备备品备件完备	检查工器具及辅助设备是否齐全洁净，符合作业要求	5	少一件工器具扣 1 分，扣完为止		
2	操作步骤					
2.1	检查电线电缆	检查所有的电线、电缆有无损伤，要及时包扎和更换已损伤的部分	10	检查不到位，每处扣 2 分，扣完为止		
2.2	检查电刷	各部分电刷，其接触面要保持清洁，调整电刷压力，使其接触面积不小于 50%	20	检查不到位，每处扣 2 分，扣完为止		
2.3	检查控制箱、配电箱	各控制箱、配电箱等保持清洁，及时清扫电气设备上的灰尘	10	检查不到位，每处扣 2 分，扣完为止		
2.4	检查安全装置	检查各安全装置齐全有效	20	检查不到位，每处扣 2 分，扣完为止		
2.5	测量接地电阻	测量保护接地电阻，保证不大于 4Ω	10	不会测量扣 10 分； 测量数值不准确，每处扣 2 分，扣完为止		

续表

序号	项目名称	质量要求	满分	扣分标准	扣分原因	得分
3	工作结束					
3.1	整理工器具	工具整理，摆放整齐	5	未整理工器具扣 5 分		
3.2	工作现场清理	清理现场	5	未清理现场扣 5 分		
4	填写记录					
4.1	填写检查记录单	内容全面，记录规范	10	填写不全面，每处扣 2 分，扣完为止		
合计			100			

Jc0005441033　交流电焊机的保养和检测。(100 分)

考核知识点：交流电焊机保养和检测

难易度：易

技能等级评价专业技能考核操作工作任务书

一、任务名称

交流电焊机的保养和检测。

二、适用工种

机具维护工中级工。

三、具体任务

BX－500 型交流电焊机的保养和检测。

四、工作规范及要求

（1）掌握交流电焊机的机械性能和操作要求。

（2）工器具的正确使用及做好安全措施。

五、考核时间及要求

（1）本模块操作时间为 30 分钟，时间到停止考评。

（2）考评过程中如果由于测试人员操作不规范，有可能引发不安全因素的，停止考评，该项考核项目不得分，但不影响其他项目。

技能等级评价专业技能考核操作评分标准

工种	机具维护工				评价等级	中级工
项目模块	专业知识—机具试验检测			编号	Jc0005441033	
单位		准考证号			姓名	
考试时限	30 分钟	题型		单项操作	题分	100 分
成绩		考评员		考评组长	日期	
试题正文	交流电焊机的保养和检测					
需要说明的问题和要求	（1）要求单人操作，考评员监护。 （2）在设定考试工位上完成操作。 （3）操作结束后，待考评员同意后方可离开考场					
序号	项目名称	质量要求	满分	扣分标准	扣分原因	得分
1	准备工作					

续表

序号	项目名称	质量要求	满分	扣分标准	扣分原因	得分
1.1	相关安全措施的准备	着装应符合安全要求：穿工作服，戴绝缘手套、切断电源、注意安全防护	5	未按要求穿工作服扣2分； 未按要求戴手套扣1分； 未切断电源扣2分		
1.2	工器具、设备完备及辅助设备完备	检查工器具及辅助设备是否齐全洁净，符合作业要求	5	少一件工器具扣1分，扣完为止		
2	操作步骤					
2.1	设备外表清洁	外表整洁、完好、无油污	10	未清洁扣10分； 清洁不到位扣5分		
2.2	连接处检查	性能、功能良好，消除所有连接不可靠现象	10	检查不到位，每处扣2分，扣完为止		
2.3	检查手把线	手把线接线良好，无松动、破损现象	10	检查不到位，每处扣5分，扣完为止		
2.4	除尘	用干燥的压缩空气或刷子除净堆积在焊机内部的灰尘	10	未除尘扣5分； 除尘方式不正确扣5分		
2.5	检查绝缘	用绝缘电阻表测量一次侧绕组与二次侧绕组之间、一次侧绕组和二次侧绕组分别与机架之间的绝缘电阻，不得低于1MΩ	20	检查不到位，每处扣5分，扣完为止		
2.6	检查开关与旋钮	开关与旋钮灵敏正常	10	检查不到位，每处扣5分，扣完为止		
3	工作结束					
3.1	整理工器具	工具整理，摆放整齐	5	未整理工器具扣5分		
3.2	工作现场清理	清理现场	5	未清理现场扣5分		
4	填写记录					
4.1	填写维保记录单	内容全面，记录规范	10	填写不全面，每少一项扣2分，扣完为止		
合计			100			

Jc0005441034　测量交流电焊机一次侧绕组与机架之间的绝缘电阻。（100分）

考核知识点：仪器仪表使用

难易度：易

技能等级评价专业技能考核操作工作任务书

一、任务名称

测量交流电焊机一次侧绕组与机架之间的绝缘电阻。

二、适用工种

机具维护工中级工。

三、具体任务

测量BX1－330型交流电焊机一次侧绕组与机架之间的绝缘电阻。

四、工作规范及要求

（1）掌握电焊机的机械性能和操作要求。

（2）工器具的正确使用及做好安全防护。

五、考核时间及要求

（1）本模块操作时间为10分钟，时间到停止考评。

（2）考评过程中如果由于测试人员操作不规范，有可能引发不安全因素的，停止考评，该项考核项目不得分，但不影响其他项目。

技能等级评价专业技能考核操作评分标准

工种	机具维护工					评价等级	中级工
项目模块	专业知识—机具操作使用				编号	Jc0005441034	
单位			准考证号			姓名	
考试时限	10 分钟		题型	单项操作		题分	100 分
成绩		考评员		考评组长		日期	
试题正文	测量交流电焊机一次侧绕组与机架之间的绝缘电阻						
需要说明的问题和要求	（1）要求单人操作，考评员监护。 （2）在设定考试工位上完成操作。 （3）操作结束后，待考评员同意后方可离开考场						

序号	项目名称	质量要求	满分	扣分标准	扣分原因	得分
1	准备工作					
1.1	相关安全措施大的准备	着装应符合安全要求：穿工作服、戴绝缘手套、断开焊机电源、注意安全防护	5	未按要求要求穿工作服扣 3 分； 未按要求戴手套扣 2 分		
1.2	工器具、设备完备及辅助设备完备	检查工器具及辅助设备是否齐全洁净，符合作业要求	5	少一件工器具扣 1 分，扣完为止		
2	操作步骤					
2.1	兆欧表外观检查	无破损、有合格证、在有效期内	5	检查不到位，每处扣 2 分，扣完为止		
2.2	兆欧表电源检查	熟练正确检查兆欧表电源正常	5	检查不到位扣 5 分		
2.3	电焊机清洁	电焊机线圈及机架清洁	5	未清洁扣 5 分； 清洁不到位扣 2 分		
2.4	检查被试设备	电焊机对外连接线应拆除，且已放电	5	检查不到位扣 5 分		
2.5	接线	红线接导体端“L”，黑色线接地端“E”	5	接错扣 5 分		
2.6	档位选择	选择绝缘电阻档	10	选择不正确扣 10 分		
2.7	量程选择	选择输出电压 500V	10	量程选择不正确扣 10 分		
2.8	绝缘电阻测量	打开电源，开路检查表针指示“∞”，表笔短接指针指示“0”，测量时黑色导线接电焊机机架；红色线接电焊机一次侧线圈，打开电源开始测量，按要求分别测试（15s、60s）等值	10	操作顺序，方法不正确扣 10 分		
2.9	读数	按照显示直读	5	不会读数或读错扣 5 分		
2.10	数据分析	标准值为不低于 1MΩ 即为正常	5	分析不正确扣 5 分		
2.11	测量结束	测量结束时先断开红色表线，再断开黑色表线，关闭电源	5	断线不正确扣 3 分； 电源不关扣 2 分		
3	填写记录					
3.1	填写测量记录单	内容全面，记录规范	10	填写不全面，每少一项扣 2 分，扣完为止		
4	工作结束					
4.1	整理工器具	工具整理，摆放整齐	5	未整理工器具扣 5 分		
4.2	工作现场清理	清理现场	5	未清理现场扣 5 分		
合计			100			

Jc0004441035 机动绞磨更换润滑油。(100分)

考核知识点：机动绞磨维护保养

难易度：易

技能等级评价专业技能考核操作工作任务书

一、任务名称

机动绞磨更换润滑油。

二、适用工种

机具维护工中级工。

三、具体任务

ZJ－QXS－50/30A 机动绞磨更换润滑油。

四、工作规范及要求

(1) 掌握机动绞磨的机械性能和操作要求。

(2) 工器具的正确使用及做好安全措施。

五、考核时间及要求

(1) 本模块操作时间为30分钟，时间到停止考评。

(2) 考评过程中如果由于测试人员操作不规范，有可能引发不安全因素的，停止考评，该项考核项目不得分，但不影响其他项目。

技能等级评价专业技能考核操作评分标准

工种	机具维护工					评价等级	中级工
项目模块	基本技能知识—机具维护保养				编号	Jc0004441035	
单位			准考证号			姓名	
考试时限	30分钟		题型	单项操作		题分	100分
成绩		考评员		考评组长		日期	
试题正文	机动绞磨更换润滑油						
需要说明的问题和要求	(1) 要求单人操作，考评员监护。 (2) 在设定考试工位上完成操作。 (3) 操作结束后，待考评员同意后方可离开考场						

序号	项目名称	质量要求	满分	扣分标准	扣分原因	得分
1	准备工作					
1.1	相关安全措施的准备	着装应符合安全要求：穿工作服、戴线手套、注意安全防护	5	未按要求穿工作服扣3分； 未按要求戴手套扣2分		
1.2	工器具、设备及辅助设备备品备件完备	检查工器具及辅助设备是否齐全洁净，符合作业要求	5	少一件工器具扣1分，扣完为止		
2	操作步骤					
2.1	清洁	对设备发动机外表进行清洁	10	未清洁扣10分； 清洁不到位扣5分		
2.2	升温	应在汽油机热机时进行，能够保证润滑油迅速彻底排放	10	操作顺序、方法不正确扣10分		
2.3	放油	拧下润滑油尺、放油螺栓，把润滑油排放在专用容器内	15	操作顺序、方法不正确，每处扣5分，扣完为止		

续表

序号	项目名称	质量要求	满分	扣分标准	扣分原因	得分
2.4	加注新油	排放彻底后，拧紧放油螺栓，把汽油机置于水平平面，从加油口注入规定使用的润滑油	15	操作顺序、方法不正确，每处扣5分，扣完为止		
2.5	油位检查	启动发动机试运转，再关闭机动绞磨发动机、使其处于水平状态。 润滑油尺擦拭干净，插入加油口，抽出后观察润滑油油位，油位应保持在上限和下限之间	20	操作顺序、方法不正确，每处扣5分； 检查不到位，每处扣5分； 扣完为止		
3	工作结束					
3.1	整理工器具	工具整理，摆放整齐	5	未整理工器具扣5分		
3.2	工作现场清理	清理现场	5	未清理现场扣5分		
4	填写记录					
4.1	填写维保记录单	内容全面，记录规范	10	填写不全面，每少一项扣2分，扣完为止		
合计			100			

Jc0005442036　汽油机绞磨火花塞检修。(100分)

考核知识点：汽油机绞磨维护保养

难易度：中

技能等级评价专业技能考核操作工作任务书

一、任务名称

汽油机绞磨火花塞检修。

二、适用工种

机具维护工中级工。

三、具体任务

5t汽油机绞磨火花塞检修。

四、工作规范及要求

（1）掌握机动绞磨的机械性能和操作要求。

（2）工器具的正确使用及做好安全防护。

五、考核时间及要求

（1）本模块操作时间为20分钟，时间到停止考评。

（2）考评过程中如果由于测试人员操作不规范，有可能引发不安全因素的，停止考评，该项考核项目不得分，但不影响其他项目。

技能等级评价专业技能考核操作评分标准

工种	机具维护工					评价等级	中级工
项目模块	专业知识—机具检查检修				编号	Jc0005442036	
单位			准考证号			姓名	
考试时限	20分钟	题型		单项操作		题分	100分
成绩		考评员		考评组长		日期	

续表

试题正文	汽油机绞磨火花塞检修					
需要说明的问题和要求	（1）要求单人操作，考评员监护。 （2）在设定考试工位上完成操作。 （3）操作结束后，待考评员同意后方可离开考场					
序号	项目名称	质量要求	满分	扣分标准	扣分原因	得分
1	准备工作					
1.1	相关安全措施的准备	着装应符合安全要求：穿工作服、戴线手套、注意安全防护	5	未按要求穿工作服扣 3 分； 未按要求戴手套扣 2 分		
1.2	工器具、设备及辅助设备备品备件完备	检查工器具及辅助设备是否齐全洁净，符合作业要求	5	少一件工器具扣 1 分，扣完为止		
2	操作步骤					
2.1	拆卸火花塞	拆开火花塞帽，将火花塞周围脏物清除，并使用专用套筒扳手卸下火花塞	10	操作顺序、方法不正确，每处扣 2 分，扣完为止		
2.2	检查火花塞	检查火花塞，如果有明显磨损或绝缘体有裂缝或缺损，应进行更换	10	未检查扣 10 分		
2.3	测量火花塞间隙	弯曲侧电极间隙在 0.7～0.8mm	10	未测量扣 10 分； 测量数据不准确扣 5 分		
2.4	火花塞更换安装	（1）火花塞安装时应小心，防止螺纹滑牙，安装后使用专用套筒扳手拧紧。 （2）安装使用过的火花塞，压紧垫圈后再多拧 1/8～1/4 圈。 （3）安装新的火花塞，压紧垫圈后再多拧 1/2 圈	30	未使用专用套筒扳手扣 5 分； 操作顺序、方法不正确，每处扣 10 分；扣完为止		
2.5	更换后检查	设备运转正常	10	检查不到位，每处扣 2 分，扣完为止		
3	工作结束					
3.1	整理工器具	工具整理，摆放整齐	5	未整理工器具扣 5 分		
3.2	工作现场清理	清理现场	5	未清理现场扣 5 分		
4	填写记录					
4.1	填写维保记录单	内容全面，记录规范	10	填写不全面，每少一项扣 2 分，扣完为止		
合计			100			

Jc0005441037　汽油机绞磨怠速调整。（100 分）

考核知识点：汽油机绞磨检修

难易度：易

技能等级评价专业技能考核操作工作任务书

一、任务名称

汽油机绞磨怠速调整。

二、适用工种

机具维护工中级工。

三、具体任务

5t 汽油机绞磨怠速调整。

四、工作规范及要求

（1）掌握汽油机绞磨的机械性能和操作要求。

（2）工器具的正确使用及做好安全防护。

五、考核时间及要求

（1）本模块操作时间为15分钟，时间到停止考评。

（2）考评过程中如果由于测试人员操作不规范，有可能引发不安全因素的，停止考评，该项考核项目不得分，但不影响其他项目。

技能等级评价专业技能考核操作评分标准

工种	机具维护工				评价等级	中级工
项目模块	专业知识—机具检查检修			编号	Jc0005441037	
单位		准考证号			姓名	
考试时限	15分钟	题型	单项操作		题分	100分
成绩		考评员		考评组长		日期	
试题正文	汽油机绞磨怠速调整					
需要说明的问题和要求	（1）要求单人操作，考评员监护。 （2）在设定考试工位上完成操作。 （3）操作结束后，待考评员同意后方可离开考场					

序号	项目名称	质量要求	满分	扣分标准	扣分原因	得分
1	准备工作					
1.1	相关安全措施的准备	着装应符合安全要求：穿工作服、戴线手套、注意安全防护	5	未按要求穿工作服扣3分； 未按要求戴手套扣2分		
1.2	工器具、设备及辅助设备完备	检查工器具及辅助设备是否齐全洁净，符合作业要求	5	少一件工器具扣1分，扣完为止		
2	操作步骤					
2.1	预热	将汽油机预热至正常运转时所需要的温度	20	未预热扣20分		
2.2	节气门手柄调整	节气门手柄置于最低速度位置	25	节气门手柄未置于最低速度位置扣25分		
2.3	怠速调整	调节节气门止动螺栓以获得标准怠速	25	调整不标准扣25分		
3	工作结束					
3.1	整理工器具	工具整理，摆放整齐	5	未整理工器具扣5分		
3.2	工作现场清理	清理现场	5	未清理现场扣5分		
4	填写记录					
4.1	填写维保记录单	内容全面，记录规范	10	填写不全面，每少一项扣2分，扣完为止		
合计			100			

Jc0005443038 切割机出现电动机声音异常，并且不旋转故障排除。（100分）

考核知识点：切割机故障分析

难易度：难

技能等级评价专业技能考核操作工作任务书

一、任务名称

切割机出现电动机声音异常，并且不旋转故障排除。

二、适用工种

机具维护工中级工。

三、具体任务

切割机出现电动机声音异常并且不旋转故障，排除该故障的步骤。

四、工作规范及要求

（1）掌握切割机的机械性能、电气性能及操作要求。

（2）故障的正确分析及处理

（3）工器具的正确使用及做好安全防护。

五、考核时间及要求

（1）本模块操作时间为40分钟，时间到停止考评。

（2）考评过程中如果由于测试人员操作不规范，有可能引发不安全因素的，停止考评，该项考核项目不得分，但不影响其他项目。

技能等级评价专业技能考核操作评分标准

工种	机具维护工			评价等级	中级工
项目模块	专业知识—机具故障排除		编号	Jc0005443038	
单位		准考证号		姓名	
考试时限	40分钟	题型	单项操作	题分	100分
成绩	考评员		考评组长		日期
试题正文	切割机出现电动机声音异常，并且不旋转故障排除				
需要说明的问题和要求	（1）要求单人操作，考评员监护。 （2）在设定考试工位上完成操作。 （3）操作结束后，待考评员同意后方可离开考场。 （4）设置故障点为：转子绕组短路				

序号	项目名称	质量要求	满分	扣分标准	扣分原因	得分
1	准备工作					
1.1	相关安全措施的准备	着装应符合安全要求：穿工作服、戴绝缘手套、注意安全防护	5	未按要求穿工作服扣3分； 未按要求戴手套扣2分		
1.2	工器具、设备及辅助设备备品备件完备	检查工器具及辅助设备是否齐全洁净，符合作业要求	5	少一件工器具扣1分，扣完为止		
2	操作步骤					
2.1	故障原因分析	（1）电源开关触头烧毁。 （2）电压低。 （3）锁定推杆活动。 （4）电源线或焊接电线截面太小。 （5）轴承损坏。 （6）轴向推力过大使工具过载。 （7）三相异步电动机断一相或两相。 （8）单相异步电动机启动电容损坏。 （9）转子绕组短路或断路	20	每少分析或分析不正确一处扣2.5分，扣完为止		

续表

序号	项目名称	质量要求	满分	扣分标准	扣分原因	得分
2.2	设备检查	（1）检查电源线接头，若松动，进行检修。 （2）检查并调整电源电压。 （3）检查锁定推杆，若松动，进行检修。 （4）检查电源线线径，若截面不匹配，进行更换。 （5）检查轴承，若有故障，进行更换。 （6）检查轴向推力，若过大，进行检修。 （7）检查异步电动机，若有故障，进行检修。 （8）检查启动电容，若损坏，进行更换。 （9）检查转子绕组，若有故障，进行检修或更换	20	检查不到位，每处扣 2.5 分，扣完为止		
2.3	确定故障	确认转子绕组短路	10	确认不正确扣 10 分		
2.4	故障排除	更换转子绕组	10	操作顺序、方法不正确，每处扣 1 分；丢失或漏装零部件，每只扣 1 分；扣完为止		
2.5	故障排除后检查	试运转设备，观察是否正常	10	检查不到位，每处扣 2 分，扣完为止		
3	工作结束					
3.1	整理工器具	工具整理，摆放整齐	5	未整理工器具扣 5 分		
3.2	工作现场清理	清理现场	5	未清理现场扣 5 分		
4	填写记录					
4.1	填写维保记录单	内容全面，记录规范	10	填写不全面，每少一项扣 2 分，扣完为止		
合计			100			

Jc0004441039　汽油液压机沉淀杯清洁。（100 分）

考核知识点： 液压机维护保养

难易度： 易

技能等级评价专业技能考核操作工作任务书

一、任务名称

汽油液压机沉淀杯清洁。

二、适用工种

机具维护工中级工。

三、具体任务

125SY－BQ－80－A 汽油液压机沉淀杯清洁。

四、工作规范及要求

（1）掌握汽油液压机的机械性能和操作要求。

（2）工器具的正确使用及做好安全防护。

五、考核时间及要求

（1）本模块操作时间为 20 分钟，时间到停止考评。

（2）考评过程中如果由于测试人员操作不规范，有可能引发不安全因素的，停止考评，该项考核项目不得分，但不影响其他项目。

技能等级评价专业技能考核操作评分标准

工种	机具维护工					评价等级	中级工
项目模块	基本技能知识—机具维护保养				编号	Jc0004441039	
单位			准考证号			姓名	
考试时限	20 分钟	题型		单项操作		题分	100 分
成绩		考评员		考评组长		日期	
试题正文	汽油液压机沉淀杯清洁						
需要说明的问题和要求	（1）要求单人操作，考评员监护。 （2）在设定考试工位上完成操作。 （3）操作结束后，待考评员同意后方可离开考场						

序号	项目名称	质量要求	满分	扣分标准	扣分原因	得分
1	准备工作					
1.1	相关安全措施的准备	着装应符合安全要求：穿工作服、戴线手套、注意安全防护	5	未按要求穿工作服扣 3 分； 未按要求戴手套扣 2 分		
1.2	工器具及辅助设备备品备件完备	检查工器具及辅助设备是否齐全洁净，符合作业要求	5	少一件工器具扣 1 分，扣完为止		
2	操作步骤					
2.1	拆卸	把燃油开关关闭，卸下沉淀杯和 O 形圈	20	操作顺序、方法不正确扣 20 分		
2.2	清洗	用不易燃烧的溶剂清洗沉淀杯和 O 形圈，然后进行干燥	20	清洗剂选用不正确扣 10 分； 未干燥扣 10 分		
2.3	安装	把 O 形圈放回燃油管内，装回沉淀杯，并进行紧固	20	操作顺序、方法不正确扣 20 分		
2.4	检查	燃油开关扳至“开”位置，检查是否有渗油	10	未检查扣 10 分； 检查不到位扣 5 分		
3	工作结束					
3.1	整理工器具	工具整理，摆放整齐	5	未整理工器具扣 5 分		
3.2	工作现场清理	清理现场	5	未清理现场扣 5 分		
4	填写记录					
4.1	填写维保记录单	内容全面，记录规范	10	填写不全面，每少一项扣 2 分，扣完为止		
合计			100			

Jc0005441040　钢筋弯曲机定期保养。（100 分）

考核知识点： 钢筋弯曲机维护保养

难易度： 易

技能等级评价专业技能考核操作工作任务书

一、任务名称

钢筋弯曲机定期保养。

二、适用工种

机具维护工中级工。

三、具体任务

钢筋弯曲机的定期保养步骤。

四、工作规范及要求

掌握钢筋弯曲机机械性能、电气性能和操作要求。

五、考核时间及要求

（1）本模块操作时间为30分钟，时间到停止考评。

（2）考评过程中如果由于测试人员操作不规范，有可能引发不安全因素的，停止考评，该项考核项目不得分，但不影响其他项目。

技能等级评价专业技能考核操作评分标准

工种	机具维护工				评价等级	中级工
项目模块	专业知识—机具维护保养			编号	Jc0005441040	
单位		准考证号			姓名	
考试时限	30分钟	题型	单项操作		题分	100分
成绩		考评员		考评组长		日期
试题正文	钢筋弯曲机定期保养					
需要说明的问题和要求	（1）要求单人操作，考评员监护。 （2）在设定考试工位上完成操作。 （3）操作结束后，待考评员同意后方可离开考场					

序号	项目名称	质量要求	满分	扣分标准	扣分原因	得分
1	准备工作					
1.1	相关安全措施的准备	着装应符合安全要求：穿工作服、戴线手套、注意安全防护	5	未按要求穿工作服扣3分； 未按要求戴手套扣2分		
1.2	工器具、设备及辅助设备完备	检查工器具及辅助设备是否齐全洁净，符合作业要求	5	少一个工器具扣1分，扣完为止		
2	操作步骤					
2.1	外部检查	清除机体上的污垢，检查防护装置是否齐全牢靠	10	检查不到位，每处扣2分，扣完为止		
2.2	润滑	按规定加注油料	10	未润滑扣10分		
2.3	检查线头	检查线头，应连接牢固，装上规定的熔丝，开关要接触可靠、接地应良好	10	检查不到位，每处扣2.5分，扣完为止		
2.4	检查挡板卡头和工作盘	挡板卡头和工作盘，应装置牢固	10	检查不到位，每处扣5分，扣完为止		
2.5	运转检查	用手转动2～3转，灵活无阻后再接通电源。试运转1～3min，运转时应均匀平稳，无过大的噪声	15	未检查扣10分； 检查不到位扣5分		
2.6	检查电动机及轴承	在运转中检查轴承及电动机温度，滚动轴承、滑动轴承和电动机的温度不能超过60℃	15	未检查扣10分； 检查不到位扣5分		
3	工作结束					
3.1	整理工器具	工具整理，摆放整齐	5	未整理工器具扣5分		
3.2	工作现场清理	清理现场	5	未清理现场扣5分		
4	填写记录					
4.1	填写维保记录单	内容全面，记录规范	10	填写不全面，每处扣2分，扣完为止		
合计			100			

Jc0005441041 切割机的日常维护保养。（100 分）

考核知识点：切割机维护保养

难易度：易

技能等级评价专业技能考核操作工作任务书

一、任务名称

切割机的日常维护保养。

二、适用工种

机具维护工中级工。

三、具体任务

切割机的日常维护保养步骤。

四、工作规范及要求

（1）掌握切割机的机械性能、电气性能及操作要求。

（2）相关工器具的准备。

（3）工器具的正确使用及做好安全措施。

五、考核时间及要求

（1）本模块操作时间为 30 分钟，时间到停止考评。

（2）考评过程中如果由于测试人员操作不规范，有可能引发不安全因素的，停止考评，该项考核项目不得分，但不影响其他项目。

技能等级评价专业技能考核操作评分标准

工种	机具维护工				评价等级	中级工
项目模块	专业知识—机具维护保养			编号	Jc0005441041	
单位		准考证号			姓名	
考试时限	30 分钟	题型	单项操作		题分	100 分
成绩		考评员		考评组长		日期
试题正文	切割机日常维护保养					
需要说明的问题和要求	（1）要求单人操作，考评员监护。 （2）在设定考试工位上完成操作。 （3）操作结束后，待考评员同意后方可离开考场					

序号	项目名称	质量要求	满分	扣分标准	扣分原因	得分
1	准备工作					
1.1	相关安全措施的准备	着装应符合安全要求：穿工作服、戴线手套、注意安全防护	5	未按要求穿工作服扣 2 分； 未按要求戴手套扣 3 分		
1.2	工器具、设备及辅助设备备品备件完备	检查工器具及辅助设备是否齐全洁净，符合作业要求	5	少一个工器具扣 1 分，扣完为止		
2	保养项目					
2.1	设备外表清洁	外表整洁、完好、无油污	5	未清洁扣 5 分； 清洁不到位扣 2 分		
2.2	检查连接处	检查并补增因作业中机身上丢失的机体螺钉紧固件	5	未补增紧固件，每个扣 1 分，扣完为止		
2.3	检查碳刷、锯片	检查切割机的碳刷、锯片及机身整体是否完好	15	检查不到位，每处扣 5 分，扣完为止		

续表

序号	项目名称	质量要求	满分	扣分标准	扣分原因	得分
2.4	传动部分检查	检查传动部分及防护罩是否完好，对转动部分加注润滑油	15	检查不到位，每处扣3分，扣完为止		
2.5	检查三角带	检查三角带松紧是否适度，有无打滑现象，是否老化	10	检查不到位扣10分		
2.6	检查电器元件	检查电器元件，接线螺钉是否有松动现象，接地良好，动作是否灵敏	20	检查不到位，每处扣2分，扣完为止		
3	工作结束					
3.1	整理工器具	工具整理，摆放整齐	5	未整理工器具扣5分		
3.2	工作现场清理	清理现场	5	未清理现场扣5分		
4	填写记录					
4.1	填写维保记录单	内容全面，记录规范	10	填写不全面，每少一项扣2分，扣完为止		
合计			100			

Jc0005441042　钢筋调直机的定期保养。(100分)

考核知识点：钢筋调直机维护保养

难易度：易

技能等级评价专业技能考核操作工作任务书

一、任务名称

钢筋调直机的定期保养。

二、适用工种

机具维护工中级工。

三、具体任务

钢筋调直机的定期保养步骤。

四、工作规范及要求

(1)掌握钢筋调直机的机械性能、电气性能及操作要求。

(2)相关工器具的准备。

(3)工器具的正确使用及做好安全措施。

五、考核时间及要求

(1)本模块操作时间为20分钟，时间到停止考评。

(2)考评过程中如果由于测试人员操作不规范，有可能引发不安全因素的，停止考评，该项考核项目不得分，但不影响其他项目。

技能等级评价专业技能考核操作评分标准

工种	机具维护工					评价等级	中级工
项目模块	专业知识—机具维护保养				编号	Jc0005441042	
单位			准考证号			姓名	
考试时限	20分钟		题型	单项操作		题分	100分
成绩		考评员		考评组长		日期	

续表

试题正文	钢筋调直机的定期保养
需要说明的问题和要求	（1）要求单人操作，考评员监护。 （2）在设定考试工位上完成操作。 （3）操作结束后，待考评员同意后方可离开考场

序号	项目名称	质量要求	满分	扣分标准	扣分原因	得分
1	准备工作					
1.1	相关安全措施的准备	着装应符合安全要求：穿工作服、戴线手套、注意安全防护	5	未按要求穿工作服扣 3 分； 未按要求戴手套扣 2 分		
1.2	工器具、设备及辅助设备完备	检查工器具及辅助设备是否齐全洁净，符合作业要求	5	少一个工器具扣 1 分，扣完为止		
2	操作步骤					
2.1	外部清洁	外表整洁、完好、无油污	10	未清洁扣 10 分； 清洁不到位扣 5 分		
2.2	润滑	对活动部位适当润滑，按润滑规定加注润滑油	10	润滑不到位，每处扣 2 分，扣完为止		
2.3	检查螺栓	各部螺栓不得缺损，紧固牢靠	10	检查不到位，每处扣 2 分，扣完为止		
2.4	检查调直筒	检查调直筒左右旋丝有没有因蓄污卡死而拧不动的现象	10	检查不到位，每处扣 2 分，扣完为止		
2.5	检查三角带	调整三角带松紧程度，皮带松动后应适当调整电动机机座下的连接螺钉，保持松紧合适	15	检查不到位扣 15 分		
2.6	检查电气元件和安全防护装置	电气元件齐全可靠，接地良好；安全防护装置齐全有效	15	检查不到位每处扣 3 分		
3	工作结束					
3.1	整理工器具	工具整理，摆放整齐	5	未整理工器具扣 5 分		
3.2	工作现场清理	清理现场	5	未清理现场扣 5 分		
4	填写记录					
4.1	填写维保记录单	内容全面，记录规范	10	填写不全面，每处扣 2 分，扣完为止		
合计			100			

Jc0005442043 焊条电弧焊整流器无输入故障排除。（100 分）

考核知识点：焊条电弧焊整流器故障分析

难易度：中

技能等级评价专业技能考核操作工作任务书

一、任务名称

焊条电弧焊整流器无输入故障排除。

二、适用工种

机具维护工中级工。

三、具体任务

ZXG－150 型焊条电弧焊整流器无输入故障排除。

四、工作规范及要求

（1）掌握电焊机电气性能及操作要求。

（2）故障的正确分析及处理。

（3）工器具的正确使用及做好安全防护。

五、考核时间及要求

（1）本模块操作时间为30分钟，时间到停止考评。

（2）考评过程中如果由于测试人员操作不规范，有可能引发不安全因素的，停止考评，该项考核项目不得分，但不影响其他项目。

技能等级评价专业技能考核操作评分标准

工种	机具维护工					评价等级	中级工
项目模块	专业知识—机具故障排除				编号	Jc0005442043	
单位			准考证号			姓名	
考试时限	30分钟		题型	单项操作		题分	100分
成绩		考评员		考评组长		日期	
试题正文	焊条电弧焊整流器无输入故障排除						
需要说明的问题和要求	（1）要求单人操作，考评员监护。 （2）在设定考试工位上完成操作。 （3）操作结束后，待考评员同意后方可离开考场。 （4）设置故障点：滤波电感损坏						

序号	项目名称	质量要求	满分	扣分标准	扣分原因	得分
1	准备工作					
1.1	相关安全措施的准备	着装应符合安全要求：穿工作服、戴绝缘手套、注意安全防护	5	未按要求穿工作服扣3分； 未按要求戴手套扣2分		
1.2	工器具及辅助设备备品备件完备	检查工器具及辅助设备是否齐全洁净，符合作业要求	5	少一件工器具扣1分，扣完为止		
2	操作步骤					
2.1	故障原因分析	（1）弧焊变压器短路。 （2）电抗器损坏。 （3）滤波电感损坏	15	每少分析或分析不正确一处扣5分，扣完为止		
2.2	设备检查	（1）检查变压器，若有故障，进行检修。 （2）检查电抗器，若有损坏，进行更换。 （3）检查滤波电感，若有损坏，进行更换	15	检查不到位，每处扣5分，扣完为止		
2.3	确定故障	滤波电感损坏	10	确认不正确扣10分		
2.4	故障排除	更换滤波电感	20	操作顺序、方法不正确，每处扣1分； 丢失或漏装零部件，每只扣1分； 扣完为止		
2.5	故障排除后检查	接通电源，电焊机运转正常，故障排除	10	检查不到位，每处扣2分，扣完为止		
3	工作结束					
3.1	整理工器具	工具整理，摆放整齐	5	未整理工器具扣5分		
3.2	工作现场清理	清理现场	5	未清理现场扣5分		
4	填写记录					
4.1	填写维保记录单	内容全面，记录规范	10	填写不全面，每少一项扣2分，扣完为止		
合计			100			

Jc0005442044　弧焊机焊接电流不稳定故障排除。（100分）

考核知识点：弧焊机故障分析

难易度：中

技能等级评价专业技能考核操作工作任务书

一、任务名称

弧焊机焊接电流不稳定故障排除。

二、适用工种

机具维护工中级工。

三、具体任务

ZXG－500型弧焊机焊接电流不稳定故障排除。

四、工作规范及要求

（1）掌握电焊机的电气性能及操作要求。

（2）故障的正确分析及处理。

（3）工器具的正确使用及做好安全防护。

五、考核时间及要求

（1）本模块操作时间为30分钟，时间到停止考评。

（2）考评过程中如果由于测试人员操作不规范，有可能引发不安全因素的，停止考评，该项考核项目不得分，但不影响其他项目。

技能等级评价专业技能考核操作评分标准

<table>
<tr><td>工种</td><td colspan="5">机具维护工</td><td>评价等级</td><td>中级工</td></tr>
<tr><td>项目模块</td><td colspan="4">专业知识—机具故障排除</td><td>编号</td><td colspan="2">Jc0005442044</td></tr>
<tr><td>单位</td><td colspan="2"></td><td>准考证号</td><td colspan="2"></td><td>姓名</td><td></td></tr>
<tr><td>考试时限</td><td colspan="2">30分钟</td><td>题型</td><td colspan="2">单项操作</td><td>题分</td><td>100分</td></tr>
<tr><td>成绩</td><td></td><td>考评员</td><td></td><td>考评组长</td><td></td><td>日期</td><td></td></tr>
<tr><td>试题正文</td><td colspan="7">弧焊机焊接电流不稳定故障排除</td></tr>
<tr><td>需要说明的问题和要求</td><td colspan="7">（1）要求单人操作，考评员监护。
（2）在设定考试工位上完成操作。
（3）操作结束后，待考评员同意后方可离开考场。
（4）设置故障点：线路中接触不良</td></tr>
</table>

序号	项目名称	质量要求	满分	扣分标准	扣分原因	得分
1	准备工作					
1.1	相关安全措施的准备	着装应符合安全要求：穿工作服、戴绝缘手套、注意安全防护	5	未按要求穿工作服扣3分； 未按要求戴手套扣2分		
1.2	工器具及辅助设备备品备件完备	检查工器具及辅助设备是否齐全洁净，符合作业要求	5	少一件工器具扣1分，扣完为止		
2	操作步骤					
2.1	故障原因分析	（1）稳压线路接触不良。 （2）交流接触器抖动。 （3）风压开关抖动。 （4）控制线圈接触不良。 （5）线路中接触不良	15	每少分析或分析不正确一处扣3分，扣完为止		

续表

序号	项目名称	质量要求	满分	扣分标准	扣分原因	得分
2.2	设备检查	（1）检查稳压线路，若有故障，进行排除。 （2）检查交流接触器，若有故障，进行检修或更换。 （3）检查风压开关，若有故障，进行检修。 （4）检查控制线圈，若有故障，进行检修。 （5）检查内部线路，若有故障，进行检修	15	检查不到位，每处扣3分，扣完为止		
2.3	确定故障	线路中接触不良	10	确认不正确扣10分		
2.4	故障排除	修复接触不良点	20	操作顺序、方法不正确，每处扣1分；丢失或漏装零部件，每只扣1分；扣完为止		
2.5	故障排除后检查	电焊机运行正常，故障排除	10	检查不到位，每处扣2分，扣完为止		
3	工作结束					
3.1	整理工器具	工具整理，摆放整齐	5	未整理工器具扣5分		
3.2	工作现场清理	清理现场	5	未清理现场扣5分		
4	填写记录					
4.1	填写维保记录单	内容全面，记录规范	10	填写不全面，每少一项扣2分，扣完为止		
合计			100			

Jc0005442045　电焊机无焊接电流输出故障排除。（100分）

考核知识点： 电焊机故障分析

难易度： 中

技能等级评价专业技能考核操作工作任务书

一、任务名称

电焊机无焊接电流输出故障排除。

二、适用工种

机具维护工中级工。

三、具体任务

BX－500型交流电焊机无焊接电流输出故障排除。

四、工作规范及要求

（1）掌握交流电焊机电气性能及操作要求。

（2）故障的正确分析及处理。

（3）工器具的正确使用及做好安全防护。

五、考核时间及要求

（1）本模块操作时间为30分钟，时间到停止考评。

（2）考评过程中如果由于测试人员操作不规范，有可能引发不安全因素的，停止考评，该项考核项目不得分，但不影响其他项目。

技能等级评价专业技能考核操作评分标准

工种	机具维护工					评价等级	中级工
项目模块	专业知识—机具故障排除				编号	Jc0005442045	
单位			准考证号			姓名	
考试时限	30 分钟	题型		单项操作		题分	100 分
成绩		考评员		考评组长		日期	
试题正文	电焊机无焊接电流输出故障排除						
需要说明的问题和要求	(1)要求单人操作，考评员监护。 (2)在设定考试工位上完成操作。 (3)操作结束后，待考评员同意后方可离开考场。 (4)设置故障点为：绕组烧毁						

序号	项目名称	质量要求	满分	扣分标准	扣分原因	得分
1	准备工作					
1.1	相关安全措施的准备	着装应符合安全要求：穿工作服，戴绝缘手套、断开焊机电源、注意安全防护	5	未按要求穿工作服扣 2 分； 未按要求戴手套扣 1 分； 未断开电源扣 2 分		
1.2	工器具及辅助设备备品备件完备	检查工器具及辅助设备是否齐全洁净，符合作业要求	5	少一件工器具扣 1 分，扣完为止		
2	操作步骤					
2.1	故障原因分析	(1)焊机输入端无电压输入。 (2)内部接线脱落或断路。 (3)内部绕组烧坏	20	每少分析或分析不正确一处，扣 7 分，扣完为止		
2.2	设备检查	(1)检查配电箱到焊机输入端的开关、熔丝、各连接处。若有故障，进行检修或更换。 (2)检查焊机内部开关，绕组的接线。若有故障，进行重连或更换。 (3)检查绕组，若烧坏，进行重新绕制或更换	20	检查不到位，每处扣 7 分，扣完为止		
2.3	确定故障	绕组烧毁	10	确认不正确扣 10 分		
2.4	故障排除	更换绕组	10	操作顺序、方法不正确，每处扣 1 分； 丢失或漏装零部件，每只扣 1 分； 扣完为止		
2.5	故障排除后检查	交流电焊机通电后，运行正常，故障排除	10	检查不到位，每处扣 2 分，扣完为止		
3	工作结束					
3.1	整理工器具	工具整理，摆放整齐	5	未整理工器具扣 5 分		
3.2	工作现场清理	清理现场	5	未清理现场扣 5 分		
4	填写记录					
4.1	填写维保记录单	内容全面，记录规范	10	填写不全面，每少一项扣 2 分，扣完为止		
合计			100			

Jc0005442046 无人机上电后的检查。(100 分)

考核知识点：无人机检查

难易度：中

技能等级评价专业技能考核操作工作任务书

一、任务名称

无人机上电后的检查。

二、适用工种

机具维护工中级工。

三、具体任务

无人机上电后，需要进行的检查内容。

四、工作规范及要求

（1）掌握无人机的机械性能、电气性能及操作要求。

（2）工器具的正确使用及做好安全措施。

五、考核时间及要求

（1）本模块操作时间为10分钟，时间到停止考评。

（2）考评过程中如果由于测试人员操作不规范，有可能引发不安全因素的，停止考评，该项考核项目不得分，但不影响其他项目。

技能等级评价专业技能考核操作评分标准

工种	机具维护工				评价等级	中级工
项目模块	专业知识—机具检查检修			编号	Jc0005442046	
单位		准考证号			姓名	
考试时限	10分钟	题型	单项操作		题分	100分
成绩	考评员		考评组长		日期	
试题正文	无人机上电后的检查					
需要说明的问题和要求	（1）要求单人操作，考评员监护。 （2）在设定考试工位上完成操作。 （3）操作结束后，待考评员同意后方可离开考场					

序号	项目名称	质量要求	满分	扣分标准	扣分原因	得分
1	准备工作					
1.1	相关安全措施的准备	着装应符合安全要求：穿工作服	5	未按要求穿工作服扣5分		
1.2	工器具、设备及辅助设备备品备件完备	检查工器具及辅助设备是否齐全洁净，符合作业要求	5	少一件工器具扣1分，扣完为止		
2	操作步骤					
2.1	检查GPS信号	检查GPS信号是否满足起飞标准	10	检查不到位扣10分		
2.2	检查电调	检查电调指示音是否正确	10	检查不到位扣10分		
2.3	检查舵机	检查舵机有工作是否正常，有无高频抖动	20	检查不到位扣20分		
2.4	检查电子设备	检查各电子设备有无不正常发热现象	15	检查不到位扣15分		
2.5	检查指示灯	检查各指示灯是否正常	15	检查不到位扣15分		
3	工作结束					
3.1	整理工器具	工具整理，摆放整齐	5	未整理工器具扣5分		
3.2	工作现场清理	清理现场	5	未正确操作扣5分		
4	填写记录					
4.1	填写检查记录单	内容全面，记录规范	10	填写不全面，每处扣2分，扣完为止		
合计			100			

Jc0005441047 电动机轴承的装配。（100 分）
考核知识点：电动机维护保养
难易度：易

技能等级评价专业技能考核操作工作任务书

一、任务名称
电动机轴承的装配。
二、适用工种
机具维护工中级工。
三、具体任务
三相异步电动机滚动轴承的装配。
四、工作规范及要求
（1）掌握异步电动机的机械性能及使用要求。
（2）掌握轴承的安装工艺。
（3）工器具的正确使用及做好安全措施。
五、考核时间及要求
（1）本模块操作时间为 20 分钟，时间到停止考评。
（2）考评过程中如果由于测试人员操作不规范，有可能引发不安全因素的，停止考评，该项考核项目不得分，但不影响其他项目。

技能等级评价专业技能考核操作评分标准

<table>
<tr><td>工种</td><td colspan="5">机具维护工</td><td>评价等级</td><td>中级工</td></tr>
<tr><td>项目模块</td><td colspan="4">专业知识—机具维护保养</td><td>编号</td><td colspan="2">Jc0005441047</td></tr>
<tr><td>单位</td><td colspan="2"></td><td>准考证号</td><td colspan="2"></td><td>姓名</td><td></td></tr>
<tr><td>考试时限</td><td colspan="2">20 分钟</td><td>题型</td><td colspan="2">单项操作</td><td>题分</td><td>100 分</td></tr>
<tr><td>成绩</td><td></td><td>考评员</td><td></td><td>考评组长</td><td></td><td>日期</td><td></td></tr>
<tr><td>试题正文</td><td colspan="7">电动机轴承的装配</td></tr>
<tr><td>需要说明的问题和要求</td><td colspan="7">（1）要求单人操作，考评员监护。
（2）在设定考试工位上完成操作。
（3）操作结束后，待考评员同意后方可离开考场</td></tr>
</table>

序号	项目名称	质量要求	满分	扣分标准	扣分原因	得分
1	准备工作					
1.1	相关安全措施的准备	着装应符合安全要求：穿工作服、戴线手套、注意安全防护	5	未按要求穿工作服扣 3 分； 未按要求戴手套扣 2 分		
1.2	工器具设备及辅助设备完备	检查工器具及辅助设备是否齐全洁净，符合作业要求	5	少一件工器具扣 1 分，扣完为止		
2	操作步骤					
2.1	轴承和内轴承盖清洗	轴承和内轴承盖清洗干净	10	未清洁扣 10 分； 清洁不到位扣 5 分		
2.2	检查轴承转动情况	轴承转动灵活	10	检查不到位扣 10 分		
2.3	检查公差和光洁度	检查轴承内圈与轴、外圈与端盖轴承孔之间的公差和光洁度	20	检查不到位，每处扣 2 分，扣完为止		

续表

序号	项目名称	质量要求	满分	扣分标准	扣分原因	得分
2.4	装配滚动轴承	将轴承套到轴上，钢管抵住轴承内圈，用手锤敲打钢管的另一端，将轴承打入至轴肩。装配时操作方法正确、步骤正确，用力平衡，轴承准确到位	30	操作顺序、方法不正确，每处扣5分，扣完为止		
2.5	加注润滑脂	滚动轴承加润滑脂量满足：2个极的电机应装满1/3～1/2的空腔容积；对于4个极及以上的电动机应装满轴承空腔的2/3	10	加注润滑脂量不满足规定标准扣10分		
3	工作结束					
3.1	整理工具	工具整理、摆放整齐	5	未整理工器具扣5分		
3.2	工作现场清理	清理现场	5	未清理现场扣5分		
合计			100			

Jc0005442048　电动机定、转子气隙的测量。(100分)

考核知识点： 电动机检测

难易度： 中

技能等级评价专业技能考核操作工作任务书

一、任务名称

电动机定、转子气隙的测量。

二、适用工种

机具维护工中级工。

三、具体任务

三相异步电动机定、转子气隙的测量。

四、工作规范及要求

（1）掌握电动机的机械性能及使用要求。

（2）工器具、仪器仪表的正确使用及做好安全措施。

五、考核时间及要求

（1）本模块操作时间为10分钟，时间到停止考评。

（2）考评过程中如果由于测试人员操作不规范，有可能引发不安全因素的，停止考评，该项考核项目不得分，但不影响其他项目。

技能等级评价专业技能考核操作评分标准

工种	机具维护工				评价等级	中级工
项目模块	专业知识—机具试验检测			编号	Jc0005442048	
单位		准考证号			姓名	
考试时限	10分钟	题型	单项操作		题分	100分
成绩		考评员		考评组长	日期	
试题正文	电动机定、转子气隙的测量					
需要说明的问题和要求	（1）要求单人操作，考评员监护。 （2）在设定考试工位上完成操作。 （3）操作结束后，待考评员同意后方可离开考场					

续表

序号	项目名称	质量要求	满分	扣分标准	扣分原因	得分
1	准备工作					
1.1	相关安全措施的准备	着装应符合安全要求：穿工作服、戴线手套、注意安全防护	5	未按要求穿工作服扣 3 分； 未按要求戴手套扣 2 分		
1.2	工器具、设备及辅助设备完备	检查工器具及辅助设备是否齐全洁净，符合作业要求	5	少一件工器具扣 1 分，扣完为止		
2	操作步骤					
2.1	拆卸靠背轮	正确使用拉具拆卸靠背轮，在靠背轮与轴结合较紧不容易拉出时，可用煤油浸润或火焊对背靠轮迅速加热，并用紫铜锤轻敲取下	10	操作顺序、方法不正确，每处扣 2 分，扣完为止		
2.2	拆卸端盖	拆卸端盖方法、步骤正确，并应注意在端盖接缝处打上记号，防止装配时出错	20	操作顺序、方法不正确，每处扣 5 分，扣完为止		
2.3	测量气隙尺寸	用塞尺在 4 个直径位置上反复测量气隙 3 次，每次转动转子 120°	20	测量方法不正确，每处扣 2 分，扣完为止		
2.4	数据记录	及时记录气隙数据	20	数据记录不正确，每处扣 2 分，扣完为止		
2.5	计算	计算气隙最大偏差应合格	10	不会计算气隙最大偏差或结果不正确扣 10 分		
3	工作结束					
3.1	整理工具	工具整理、摆放整齐	5	未整理工器具扣 5 分		
3.2	工作现场清理	清理现场	5	未清理现场扣 5 分		
合计			100			

Jc0005441049　手扶机动绞磨静态检查。（100 分）

考核知识点：手扶机动绞磨检查

难易度：易

技能等级评价专业技能考核操作工作任务书

一、任务名称

手扶机动绞磨静态检查。

二、适用工种

机具维护工中级工。

三、具体任务

5t 手扶机动绞磨静态检查。

四、工作规范及要求

（1）掌握机动绞磨的机械性能及操作要求。

（2）工器具的正确使用及做好安全措施。

五、考核时间及要求

（1）本模块操作时间为 20 分钟，时间到停止考评。

（2）考评过程中如果由于测试人员操作不规范，有可能引发不安全因素的，停止考评，该项考核项目不得分，但不影响其他项目。

技能等级评价专业技能考核操作评分标准

工种	机具维护工					评价等级	中级工
项目模块	专业知识—机具检查检修				编号	Jc0005441049	
单位			准考证号			姓名	
考试时限	20 分钟		题型	单项操作		题分	100 分
成绩		考评员		考评组长		日期	
试题正文	手扶机动绞磨静态检查						
需要说明的问题和要求	（1）要求单人操作，考评员监护。 （2）在设定考试工位上完成操作。 （3）操作结束后，待考评员同意后方可离开考场						

序号	项目名称	质量要求	满分	扣分标准	扣分原因	得分
1	准备工作					
1.1	相关安全措施的准备	着装应符合安全要求：穿工作服、戴线手套、注意安全防护	5	未按要求穿工作服扣 3 分； 未按要求戴线手套扣 2 分		
1.2	工器具、设备及辅助设备备品备件完备	检查工器具及辅助设备是否齐全洁净，符合作业要求	5	少一件工器具扣 1 分，扣完为止		
2	操作步骤					
2.1	检查机体、齿轮箱	（1）机体清洁，无破损。 （2）齿轮箱清洁，无破损	10	检查不到位，每处扣 2.5 分，扣完为止		
2.2	检查油箱、水箱	（1）油箱无严重变形、裂纹、漏油。 （2）水箱无严重变形、漏水	10	检查不到位，每处扣 2 分，扣完为止		
2.3	检查皮带	皮带无断裂、磨损，张紧度符合要求	10	检查不到位扣 10 分		
2.4	检查左右操控把、扶手、油门拉线、手油门开关、油门调速总成	各部件均齐全，功能正常	10	检查不到位，每处扣 2 分，扣完为止		
2.5	检查磨筒	磨筒无严重磨损、裂纹	10	检查不到位扣 10 分		
2.6	检查轮胎	轮胎齐全、气压充足	5	检查不到位扣 5 分		
2.7	检查空滤、柴油滤芯	（1）空滤齐全、清洁。 （2）柴油滤芯齐全、清洁	10	检查不到位，每处扣 2.5 分，扣完为止		
2.8	检查柴油、齿轮油、润滑油	各种油均充足、无变质	5	检查不到位，每处扣 2 分，扣完为止		
3	工作结束					
3.1	整理工器具	工具整理，摆放整齐	5	未整理工器具扣 5 分		
3.2	工作现场清理	清理现场	5	未清理现场扣 5 分		
4	填写记录					
4.1	填写检查记录单	内容全面，记录规范	10	填写不全面，每处扣 2 分，扣完为止		
合计			100			

Jc0005442050 起重机安全防护装置检查。（100 分）

考核知识点： 起重机检查

难易度： 中

技能等级评价专业技能考核操作工作任务书

一、任务名称

起重机安全防护装置检查操作。

二、适用工种

机具维护工中级工。

三、具体任务

16t 流动式起重机安全防护装置检查操作。

四、工作规范及要求

（1）掌握起重机的机械性能及操作要求。

（2）工器具的正确使用及做好安全措施。

五、考核时间及要求

（1）本模块操作时间为 30 分钟，时间到停止考评。

（2）考评过程中如果由于测试人员操作不规范，有可能引发不安全因素的，停止考评，该项考核项目不得分，但不影响其他项目。

技能等级评价专业技能考核操作评分标准

工种	机具维护工					评价等级	中级工
项目模块	专业知识—机具检查检修				编号	Jc0005442050	
单位			准考证号			姓名	
考试时限	30 分钟		题型	单项操作		题分	100 分
成绩		考评员		考评组长		日期	
试题正文	起重机安全防护装置检查						
需要说明的问题和要求	（1）要求单人操作，考评员监护。 （2）在设定考试工位上完成操作。 （3）操作结束后，待考评员同意后方可离开考场						

序号	项目名称	质量要求	满分	扣分标准	扣分原因	得分
1	准备工作					
1.1	相关安全措施的准备	着装应符合安全要求：穿工作服、戴线手套、注意安全防护	5	未按要求穿工作服扣 3 分； 未按要求戴线手套扣 2 分		
1.2	工器具、设备及辅助设备备品备件完备	检查工器具及辅助设备是否齐全洁净，符合作业要求	5	少一件工器具扣 1 分，扣完为止		
2	操作步骤					
2.1	检查起重力矩限制器	起重力矩限制器应完好。当实际值达到额定值的 95%时，它会发出报效当实际值超过额定载荷但小于额定载荷的 10%时，起重力矩限制器自动切断危险号（起升、伸臂、降臂、回转）动力源	10	检查不到位扣 10 分		
2.2	检查极限力矩限制装置	极限力矩限制装置应完好。流动式起重机的臂架旋转阻力矩大于规定力矩时，极限力矩限制装置应能自动切断动力源，停止旋转运动	10	检查不到位扣 10 分		
2.3	检查起升高度限位器	起升高度限位器应完好。当取物装置上升到设计规定的上极限位置或下降到设计规定的下极限位置时，起升高度限位器应能立即切断危险方向作业动力源	10	检查不到位扣 10 分		

续表

序号	项目名称	质量要求	满分	扣分标准	扣分原因	得分
2.4	检查紧急开关、联锁保护、零位保护	紧急开关、联锁保护、零位保护应完好。利用紧急开关应能迅速断开起重机总电源，起重机停机。联锁保护和零位保护装置只要有一个出现非正常状态，起重机应不能向危险方向作业	10	检查不到位扣 10 分		
2.5	检查幅度指示器	幅度指示器应完好。幅度指示器应能正确指示变幅机构整个作业过程的工作幅度	5	检查不到位扣 5 分		
2.6	检查水平仪	水平仪应完好。水平仪应能正确指示起重机的水平状态	5	检查不到位扣 5 分		
2.7	检查风速仪	风速仪应完好。当工作环境风力大于限制工作风速设定值时，风速仪报警器应能发出报警信号	5	检查不到位扣 5 分		
2.8	检查倒车报警装置	倒车报警装置应完好。起重机倒车时，倒车报警装置应能发出清晰的报警音响，并伴有灯光闪烁信号	5	检查不到位扣 5 分		
2.9	检查支腿回缩锁定装置	支腿回缩锁定装置应完好。支腿回缩锁定装置应无变形、裂损，锁定后应能可靠地双向锁定支腿	5	检查不到位扣 5 分		
2.10	检查防护罩	防护罩应完好。起重机外露活动零部件（开式齿轮、联轴器、传动轴、链轮、链条、传动带、皮带轮等）及电气设备的防护罩应无变形、裂损，安装牢固	5	检查不到位扣 5 分		
3	工作结束					
3.1	整理工器具	工具整理，摆放整齐	5	未整理工器具扣 5 分		
3.2	工作现场清理	清理现场	5	未清理现场扣 5 分		
4	填写记录					
4.1	填写检查记录单	内容全面，记录规范	10	填写不全面，每处扣 2 分，扣完为止		
合计			100			

Jc0004442051　电动机试运转。（100 分）

考核知识点： 电动机运行检查

难易度： 中

技能等级评价专业技能考核操作工作任务书

一、任务名称

电动机试运转。

二、适用工种

机具维护工中级工。

三、具体任务

380V 低压异步电动机试运转。

四、工作规范及要求

（1）掌握电动机机械性能、电气性能及使用要求。

（2）工器具的正确使用及做好安全措施。

五、考核时间及要求

（1）本模块操作时间为10分钟，时间到停止考评。

（2）考评过程中如果由于测试人员操作不规范，有可能引发不安全因素的，停止考评，该项考核项目不得分，但不影响其他项目。

技能等级评价专业技能考核操作评分标准

工种	机具维护工				评价等级	中级工
项目模块	基本技能知识—机具检查检修			编号	Jc0004442051	
单位		准考证号			姓名	
考试时限	10分钟	题型	单项操作		题分	100分
成绩		考评员		考评组长	日期	
试题正文	电动机试运转					
需要说明的问题和要求	（1）要求单人操作，考评员监护。 （2）在设定考试工位上完成操作。 （3）操作结束后，待考评员同意后方可离开考场					

序号	项目名称	质量要求	满分	扣分标准	扣分原因	得分
1	准备工作					
1.1	相关安全措施的准备	着装应符合安全要求：穿工作服、戴线手套、注意安全防护	5	未按要求穿工作服扣3分； 未按要求戴手套扣2分		
1.2	工器具、设备及辅助设备完备	检查工器具及辅助设备是否齐全洁净，符合作业要求	5	少一件工器具扣1分，扣完为止		
2	操作步骤					
2.1	检查接线	（1）控制回路接线应完整正确。 （2）一次回路接线应完整正确	10	检查不到位，每处扣5分，扣完为止		
2.2	绝缘检查	（1）用500V绝缘电阻表测量控制回路绝缘。 （2）用1000V绝缘电阻表测量电动机绝缘	10	未做绝缘检查扣10分； 绝缘电阻表选择不正确扣5分		
2.3	绕组检查	用万用表检查电动机三相绕组阻值相等	10	未检查扣10分； 读数不正确扣5分		
2.4	机械部分检查	应盘动电动机转子，转动应灵活无碰卡现象	10	未做检查扣10分； 检查不到位扣5分		
2.5	送电空载试转	（1）将电动机与机械部分断开连接进行空载试转。 （2）检查电动机旋转方向。 （3）测量并记录空载电流	15	未进行空载实验扣10分； 未检查电动机的旋转方向扣5分； 未测量空载电流扣5分； 发现异常未及时停电者扣15分		
2.6	带负荷试运转	（1）检查电动机三相电流值应无显著差异。 （2）转子声响应均匀、无异常。 （3）轴承温升应小于规定值	15	未检查电动机三相电流值扣5分； 未检查转子声响扣5分； 未检查轴承温升扣5分； 发现异常未及时停电者扣15分		
2.7	记录	记录应齐全，正确	10	填写不全面，每处扣2分，扣完为止		
3	工作结束					
3.1	整理工具	工具整理、摆放整齐	5	未整理工器具扣5分		
3.2	工作现场清理	清理现场	5	未清理现场扣5分		
合计			100			

Jc0004442052　配电箱送电前检查及操作。（100 分）

考核知识点：配电箱送电前检查

难易度：中

技能等级评价专业技能考核操作工作任务书

一、任务名称

配电箱送电前检查及操作。

二、适用工种

机具维护工中级工。

三、具体任务

380V 动力配电箱送电前检查及操作。

四、工作规范及要求

（1）掌握动力电源箱的正确使用。

（2）工器具的正确使用及做好安全措施。

五、考核时间及要求

（1）本模块操作时间为 10 分钟，时间到停止考评。

（2）考评过程中如果由于测试人员操作不规范，有可能引发不安全因素的，停止考评，该项考核项目不得分，但不影响其他项目。

技能等级评价专业技能考核操作评分标准

工种	机具维护工				评价等级	中级工	
项目模块	基本技能知识—机具检查检修			编号	Jc0004442052		
单位		准考证号			姓名		
考试时限	10 分钟	题型	单项操作		题分	100 分	
成绩		考评员		考评组长		日期	
试题正文	配电箱送电前检查及操作						
需要说明的问题和要求	（1）要求单人操作，考评员监护。 （2）在设定考试工位上完成操作。 （3）操作结束后，待考评员同意后方可离开考场						

序号	项目名称	质量要求	满分	扣分标准	扣分原因	得分
1	准备工作					
1.1	相关安全措施的准备	着装应符合安全要求：穿工作服、戴绝缘手套、注意安全防护	5	未按要求穿工作服扣 3 分； 未按要求戴绝缘手套扣 2 分		
1.2	工器具完备及辅助设备完备	检查工器具及辅助设备是否齐全洁净，符合作业要求	5	少一件工器具扣 1 分，扣完为止		
2	操作步骤					
2.1	接线检查	检查电缆正确，电缆芯线与线鼻子压接紧固	10	检查不到位，每处扣 5 分，扣完为止		
2.2	紧固螺钉	配电箱内、外开关螺钉紧固无松动	10	螺钉紧固不到位，每处扣 2 分，扣完为止		
2.3	绝缘检查	应使用 500V 绝缘电阻表测量电缆、配电箱的绝缘	10	未进行绝缘检查扣 10 分； 绝缘电阻表选择不正确扣 5 分		

续表

序号	项目名称	质量要求	满分	扣分标准	扣分原因	得分
2.4	配电箱的检查	应断开配电箱内的所有负荷开关，取下所有的熔丝	10	每有一处未断开，扣2分，扣完为止		
2.5	送电	操作者送电时应先联系后送电	10	未联系即送电扣10分； 未戴绝缘手套扣5分		
2.6	送电后检查	检查两端配电箱内有无短路、发热等异常情况	10	检查不到位，每处扣2分，扣完为止		
2.7	相序检查	会正确使用相序表测量电源相序 两电源箱内的电源相序应一致	10	未测量相序扣10分； 相序不一致扣5分		
2.8	记录	记录应齐全，正确	10	填写不全面，每处扣2分，扣完为止		
3	工作结束					
3.1	整理工具	工具整理、摆放整齐	5	未整理工器具扣5分		
3.2	工作现场清理	清理现场	5	未清理现场扣5分		
合计			100			

Jc0004442053　用薄钢板制作方漏斗。（100分）

考核知识点：设备操作使用

难易度：中

技能等级评价专业技能考核操作工作任务书

一、任务名称

用薄钢板制作方漏斗。

二、适用工种

机具维护工中级工。

三、具体任务

使用1.2mm薄钢板制作上口300mm×300mm，下口ϕ15的方漏斗。

四、工作规范及要求

（1）掌握钳工、焊工工艺要求。

（2）工器具的正确使用及做好安全措施。

五、考核时间及要求

（1）本模块操作时间为30分钟，时间到停止考评。

（2）考评过程中如果由于测试人员操作不规范，有可能引发不安全因素的，停止考评，该项考核项目不得分，但不影响其他项目。

技能等级评价专业技能考核操作评分标准

<table>
<tr><td>工种</td><td colspan="5">机具维护工</td><td>评价等级</td><td>中级工</td></tr>
<tr><td>项目模块</td><td colspan="4">基本技能知识—机具操作使用</td><td>编号</td><td colspan="2">Jc0004442053</td></tr>
<tr><td>单位</td><td colspan="2"></td><td>准考证号</td><td colspan="2"></td><td>姓名</td><td></td></tr>
<tr><td>考试时限</td><td colspan="2">30分钟</td><td>题型</td><td colspan="2">单项操作</td><td>题分</td><td>100分</td></tr>
<tr><td>成绩</td><td></td><td>考评员</td><td></td><td>考评组长</td><td></td><td>日期</td><td></td></tr>
<tr><td>试题正文</td><td colspan="7">用薄钢板制作方漏斗</td></tr>
</table>

续表

需要说明的问题和要求	（1）要求单人操作，考评员监护。 （2）在设定考试工位上完成操作。 （3）操作结束后，待考评员同意后方可离开考场。 （4）使用 1.2mm 厚钢板制作上口 300mm×300mm 下口 ϕ15 的漏斗

序号	项目名称	质量要求	满分	扣分标准	扣分原因	得分
1	准备工作					
1.1	相关安全措施的准备	着装应符合安全要求：穿工作服、戴绝缘手套、注意安全防护	5	未按要求穿工作服扣 3 分； 未按要求戴手套扣 2 分		
1.2	工器具、设备及辅助设备完备	检查工器具及辅助设备是否齐全洁净，符合作业要求	5	少一件工器具扣 1 分，扣完为止		
2	操作步骤					
2.1	计算各单件尺寸	长度尺寸偏差、放样偏差±0.5mm，成型后偏差±1mm	10	计算尺寸超差，扣 10 分		
2.2	在钢板上放样，求实长	放样方法正确、熟练	20	放样、划线方法不正确扣 20 分		
2.3	气割下料	使用气割设备操作熟练	20	气割操作不正确扣 10 分； 气割操作不熟练扣 5 分； 工件割后尺寸超差扣 5 分		
2.4	装配，定位焊	装配操作程序正确	20	装配程序不正确扣 10 分； 有焊缝外观缺陷扣 10 分		
2.5	矫正，修整	矫正变形，修整表面	10	扭曲尺寸超差扣 5 分； 表面修整不到位扣 5 分		
3	工作结束					
3.1	整理工具	工具整理、摆放整齐	5	未整理工器具扣 5 分		
3.2	工作现场清理	清理现场	5	未清理现场扣 5 分		
合计			100			

Jc0004442054　电钻保养。（100 分）

考核知识点： 电钻维护保养

难易度： 中

技能等级评价专业技能考核操作工作任务书

一、任务名称

电钻保养。

二、适用工种

机具维护工中级工。

三、具体任务

220V 手持电钻保养。

四、工作规范及要求

（1）掌握电动手枪钻机械性能、电气性能及操作要求。

（2）相关工器具的准备。

（3）工器具的正确使用及做好安全措施。

五、考核时间及要求

（1）本模块操作时间为 20 分钟，时间到停止考评。

（2）考评过程中如果由于测试人员操作不规范，有可能引发不安全因素的，停止考评，该项考核项目不得分，但不影响其他项目。

技能等级评价专业技能考核操作评分标准

工种	机具维护工				评价等级	中级工	
项目模块	基本技能知识—机具维护保养			编号	Jc0004442054		
单位			准考证号		姓名		
考试时限	20 分钟	题型	单项操作		题分	100 分	
成绩		考评员		考评组长		日期	
试题正文	电钻保养						
需要说明的问题和要求	（1）要求单人操作，考评员监护。 （2）在设定考试工位上完成操作。 （3）操作结束后，待考评员同意后方可离开考场						

序号	项目名称	质量要求	满分	扣分标准	扣分原因	得分
1	准备工作					
1.1	相关安全措施的准备	着装应符合安全要求：穿工作服、戴线手套、注意安全防护	5	未按要求穿工作服扣 3 分； 未按要求戴手套扣 2 分		
1.2	工器具完备	检查测试仪器仪表及工具是否齐全洁净，符合作业要求	5	少一个工器具扣 1 分，扣完为止		
2	操作步骤					
2.1	维护保养	设备外表清洁、除锈、完好	10	未清洁扣 10 分； 清洁不到位扣 5 分		
		紧固连接件螺钉	10	螺钉未紧，每只扣 2 分，扣完为止		
		检查碳刷，碳刷磨损正常	10	检查不到位扣 10 分		
		检查卡具、连接线及插头是否完好	10	检查不到位，每处扣 5 分，扣完为止		
		检查测试各装置功能灵敏度，运行是否平稳，无异声、异味	10	检查不到位，每处扣 5 分，扣完为止		
		检查绝缘，绝缘电阻大于 0.5Ω	20	测试方法不正确扣 10 分； 绝缘电阻不合格，不知原因和处理方法，扣 10 分		
3	工作结束					
3.1	整理工器具	工具整理，摆放整齐	5	未整理工器具扣 5 分		
3.2	工作现场清理	清理现场	5	未清理现场扣 5 分		
4	填写记录					
4.1	填写维保记录单	内容全面，记录规范	10	填写不全面，每少一项扣 2 分，扣完为止		
合计			100			

Jc0004441055 更换起重滑车轮片。（100 分）

考核知识点：起重滑车维护保养

难易度：易

技能等级评价专业技能考核操作工作任务书

一、任务名称

更换起重滑车轮片。

二、适用工种

机具维护工中级工。

三、具体任务

更换10t起重滑车轮片。

四、工作规范及要求

（1）掌握起重滑车机械性能及使用要求。

（2）相关工器具的准备。

（3）工器具的正确使用及做好安全防护。

五、考核时间及要求

（1）本模块操作时间为30分钟，时间到停止考评。

（2）考评过程中如果由于测试人员操作不规范，有可能引发不安全因素的，停止考评，该项考核项目不得分，但不影响其他项目。

技能等级评价专业技能考核操作评分标准

工种	机具维护工					评价等级	中级工
项目模块	基本技能知识—机具维护保养				编号	Jc0004441055	
单位			准考证号			姓名	
考试时限	30分钟		题型	单项操作		题分	100分
成绩		考评员		考评组长		日期	
试题正文	更换起重滑车轮片						
需要说明的问题和要求	（1）要求单人操作，考评员监护。 （2）在设定考试工位上完成操作。 （3）操作结束后，待考评员同意后方可离开考场						

序号	项目名称	质量要求	满分	扣分标准	扣分原因	得分
1	准备工作					
1.1	相关安全措施的准备	着装应符合安全要求：穿工作服、戴线手套、注意安全防护	5	未按要求穿工作服扣3分； 未按要求戴手套扣2分		
1.2	工器具完备	检查备品备件及工具是否齐全洁净，符合作业要求	5	少一件工器具扣1分，扣完为止		
2	操作步骤					
2.1	外表清洁	对所维修起重滑车进行外表清洁	5	未清洁扣5分； 清洁不到位扣2分		
2.2	起重滑车拆卸	（1）卸下锁轴圆螺母及固定螺母。 （2）卸下加强板。 （3）卸下吊环组件。 （4）卸下滑轮组件。 （5）卸下轴承	20	操作顺序、方法不正确，每处扣4分，扣完为止		
2.3	零部件清洁	应将零件用钢丝刷清洗（无污染）等方式方法进行清洁，使零部件保持洁净	5	未清洁扣5分； 清洁不到位扣2分		

续表

序号	项目名称	质量要求	满分	扣分标准	扣分原因	得分
2.4	零部件检查确认良好	检查吊环、轴承、滑轮轴等部件确认良好	10	检查不到位，每处扣 1 分； 丢失零件，每只扣 1 分； 扣完为止		
2.5	起重滑车组装	（1）组装与拆卸顺序。 （2）起重滑车在装配过程中轴承内、转动部位注入润滑脂。 （3）轴承装入滑轮后，滑轮径向和端面的圆跳动公差不应大于轮滑绳槽底径的 2.25/1000	20	操作顺序、方法不正确，每处扣 2 分； 丢失或漏装零部件，每只扣 2 分； 扣完为止		
2.6	无载运转检查	起重滑车在无荷载状态下，用手旋转滑轮、吊环、开合合页等各转动部位时，应转动灵活，无卡阻现象	10	检查不到位，每处扣 2 分，扣完为止		
3	工作结束					
3.1	整理工器具	工具整理，摆放整齐	5	未整理工器具扣 5 分		
3.2	工作现场清理	清理现场	5	未清理现场扣 5 分		
4	填写记录					
4.1	填写维保记录单	内容全面，记录规范	10	填写不全面，每少一项扣 2 分，扣完为止		
合计			100			

Jc0004442056　更换手扳葫芦链条。（100 分）

考核知识点：手扳葫芦维护保养

难易度：中

技能等级评价专业技能考核操作工作任务书

一、任务名称

更换手扳葫芦链条。

二、适用工种

机具维护工中级工。

三、具体任务

更换 HSH 型 6t 手扳葫芦链条。

四、工作规范及要求

（1）掌握手扳葫芦机械性能及使用要求。

（2）相关工器具的准备。

（3）工器具的正确使用及做好安全防护。

五、考核时间及要求

（1）本模块操作时间为 40 分钟，时间到停止考评。

（2）考评过程中如果由于测试人员操作不规范，有可能引发不安全因素的，停止考评，该项考核项目不得分，但不影响其他项目。

技能等级评价专业技能考核操作评分标准

工种	机具维护工					评价等级	中级工
项目模块	基本技能知识—机具维护保养				编号	Jc0004442056	
单位			准考证号			姓名	
考试时限	40 分钟		题型	单项操作		题分	100 分
成绩		考评员		考评组长		日期	
试题正文	更换手扳葫芦链条						
需要说明的问题和要求	（1）要求单人操作，考评员监护。 （2）在设定考试工位上完成操作。 （3）操作结束后，待考评员同意后方可离开考场						

序号	项目名称	质量要求	满分	扣分标准	扣分原因	得分
1	准备工作					
1.1	相关安全措施的准备	着装应符合安全要求：穿工作服、戴线手套、注意安全防护	5	未按要求穿工作服扣 3 分； 未按要求戴手套扣 2 分		
1.2	工器具完备	检查备品备件及工具是否齐全洁净，符合作业要求	5	少一件工器具扣 1 分，扣完为止		
2	操作步骤					
2.1	外表清洁	对所维修手扳葫芦进行外表清洁	5	未清洁扣 5 分； 清洁不到位扣 2 分		
2.2	手扳葫芦拆卸	（1）卸下扳手外板组件。 （2）卸下换向棘轮。 （3）卸下扳手内板组件。 （4）卸下制动组件。 （5）卸下左墙板组件。 （6）卸下轴承内圈及滚珠。 （7）卸下起重链条。 （8）卸下下吊钩组件	20	操作顺序、方法不正确，每处扣 2.5 分，扣完为止		
2.3	零部件清洁	应将零件用钢丝刷清洗（无污染）等方式方法进行清洁，使零部件保持洁净	5	未清洁扣 5 分； 清洁不到位扣 2 分		
2.4	零部件检查确认良好	检查换向棘爪、制动棘爪、刹车片、轴承、棘轮、吊钩、壳体等部件确认良好	10	检查不到位，每处扣 2 分； 丢失零部件，每只扣 2 分； 扣完为止		
2.5	手扳葫芦组装	（1）更换链条，组装与拆卸顺序相反，手扳葫芦在装配过程中，不得摔砸，以防部件变形。 （2）槽形螺母安装时，应先顺时针方向转动手轮，使棘轮、摩擦片压紧在制动器座上，再装上槽形螺母。 （3）槽形螺母与手轮端面间应留有 0.5～1mm 间隙。 （4）制动器的摩擦表面必须保持干净。 （5）轴承及转动部位注入润滑脂	20	操作顺序、方法不正确，每处扣 2 分； 丢失或漏装零部件，每只扣 2 分； 扣完为止		
2.6	无载运转检查	无载动作时各机构（手轮、起重链轮、上下吊钩、换向棘爪和棘轮、游轮）运转应灵活，不应有卡阻或时松时紧的现象。脱开离合装置，用手拽动链条应轻便灵活	10	检查不到位，每处扣 2 分，扣完为止		
3	工作结束					
3.1	整理工器具	工具整理，摆放整齐	5	未整理工器具扣 5 分		
3.2	工作现场清理	清理现场	5	未清理现场扣 5 分		
4	填写记录					
4.1	填写维保记录单	内容全面，记录规范	10	填写不全面，每少一项扣 2 分，扣完为止		
合计			100			

Jc0005441057 起重滑车分解检修。(100 分)

考核知识点: 起重滑车检修

难易度: 易

技能等级评价专业技能考核操作工作任务书

一、任务名称

起重滑车分解检修。

二、适用工种

机具维护工中级工。

三、具体任务

ZQ－1H－50 型起重滑车分解检修。

四、工作规范及要求

(1) 掌握起重滑车机械性能。

(2) 关工器具的准备。

(3) 工器具的正确使用及做好安全措施。

五、考核时间及要求

(1) 本模块操作时间为 30 分钟，时间到停止考评。

(2) 考评过程中如果由于测试人员操作不规范，有可能引发不安全因素的，停止考评，该项考核项目不得分，但不影响其他项目。

技能等级评价专业技能考核操作评分标准

工种	机具维护工					评价等级	中级工
项目模块	专业知识—机具检查检修				编号	Jc0005441057	
单位			准考证号			姓名	
考试时限	30 分钟		题型	单项操作		题分	100 分
成绩		考评员		考评组长		日期	
试题正文	起重滑车分解检修						
需要说明的问题和要求	(1) 要求单人操作，考评员监护。 (2) 在设定考试工位上完成操作。 (3) 操作结束后，待考评员同意后方可离开现场						

序号	项目名称	质量要求	满分	扣分标准	扣分原因	得分
1	准备工作					
1.1	相关安全措施的准备	着装应符合安全要求：穿工作服、戴线手套、注意安全防护	5	未按要求穿工作服扣 3 分； 未按要求戴手套扣 2 分		
1.2	工器具完备	检查备品备件及工具是否齐全洁净，符合作业要求	5	少一件工器具扣 1 分，扣完为止		
2	操作步骤					
2.1	设备外表清洁	对所保养设备进行外表清洁	5	未清洁扣 5 分； 清洁不到位扣 2 分		
2.2	滑车拆卸	(1) 拆下滑车两侧锁轴圆螺母及固定螺母。 (2) 拆下加强板。 (3) 拆下吊环组件。 (4) 拆下滑轮组件。 (5) 拆下滑轮轴	20	操作方法、顺序不正确，每处扣 4 分，扣完为止		

续表

序号	项目名称	质量要求	满分	扣分标准	扣分原因	得分
2.3	零部件清结	应将零件用钢丝刷等方式方法进行清洁使零部件保持洁净	5	未清洁扣 5 分； 清洁不到位扣 2 分		
2.4	零部件检查	滑车轮片、吊钩磨损量均不得超过 10%	10	检查不到位，每处扣 5 分，扣完为止		
2.5	滑车组装	（1）轴承内、转动部位注入润滑脂。 （2）组装与拆卸顺序。 （3）轴承装入滑轮后，滑轮径向和端面的圆跳动公差不应大于轮滑绳槽底径的 2.25/1000	20	操作顺序、方法不正确，每处扣 5 分； 丢失或漏装零部件，每只扣 2 分； 扣完为止		
2.6	滑车组装后检查	滑车在无荷载状态下，用手旋转滑轮、吊环、开合合页等各转动部位时，应转动灵活，无卡阻现象	10	检查不到位，每处扣 2 分，扣完为止		
3	工作结束					
3.1	整理工器具	工具整理，摆放整齐	5	未整理工器具扣 5 分		
3.2	工作现场清理	清理现场	5	未清理现场扣 5 分		
4	填写记录					
4.1	填写维保记录单	内容全面，记录规范	10	填写不全面，每少一项扣 2 分，扣完为止		
合计			100			

Jc0004442058　起重滑车滑轮卡死的维修。（100 分）

考核知识点：起重滑车故障分析

难易度：中

技能等级评价专业技能考核操作工作任务书

一、任务名称

起重滑车滑轮卡死的维修。

二、适用工种

机具维护工中级工。

三、具体任务

ZQ－1H－50 型起重滑车滑轮卡死的维修。

四、工作规范及要求

（1）掌握起重滑车机械性能。

（2）故障的正确分析及处理。

（3）工器具的正确使用及做好安全防护。

五、考核时间及要求

（1）本模块操作时间为 40 分钟，时间到停止考评。

（2）考评过程中如果由于测试人员操作不规范，有可能引发不安全因素的，停止考评，该项考核项目不得分，但不影响其他项目。

技能等级评价专业技能考核操作评分标准

<table>
<tr><td>工种</td><td colspan="5">机具维护工</td><td>评价等级</td><td>中级工</td></tr>
<tr><td>项目模块</td><td colspan="4">基本技能知识—机具故障排除</td><td>编号</td><td colspan="2">Jc0004442058</td></tr>
<tr><td>单位</td><td colspan="2"></td><td>准考证号</td><td colspan="2"></td><td>姓名</td><td></td></tr>
<tr><td>考试时限</td><td>40 分钟</td><td>题型</td><td colspan="3">单项操作</td><td>题分</td><td>100 分</td></tr>
<tr><td>成绩</td><td>考评员</td><td></td><td>考评组长</td><td colspan="2"></td><td>日期</td><td></td></tr>
<tr><td>试题正文</td><td colspan="7">起重滑车滑轮卡死的维修</td></tr>
<tr><td>需要说明的问题和要求</td><td colspan="7">（1）要求单人操作，考评员监护。
（2）在设定考试工位上完成操作。
（3）操作结束后，待考评员同意后方可离开考场。
（4）设置故障点为：起重滑车轴承损坏</td></tr>
</table>

序号	项目名称	质量要求	满分	扣分标准	扣分原因	得分
1	准备工作					
1.1	相关安全措施的准备	着装应符合安全要求：穿工作服、戴线手套、注意安全防护	5	未按要求穿工作服扣 3 分； 未按要求戴手套扣 2 分		
1.2	工器具及辅助设备备品备件完备	检查备品备件及工具是否齐全洁净，符合作业要求	5	少一件工器具扣 1 分，扣完为止		
2	操作步骤					
2.1	故障原因分析	（1）侧板变形。 （2）轴隔套磨损严重或开裂。 （3）轴承损坏、异物进入	20	每少分析或分析不正确一处扣 7 分，扣完为止		
2.2	设备检查	（1）检查侧板，若变形，进行修复。 （2）检查轴隔套，若损坏，进行更换。 （3）检查轴承，若损坏，进行更换；若有异物，进行清洁	20	检查不到位，每处扣 7 分，扣完为止		
2.3	确定故障	轴承损坏	10	确认不正确扣 10 分		
2.4	故障排除	更换轴承后进行重新装配	10	操作顺序、方法不正确，每处扣 2 分； 丢失或漏装零部件，每只扣 2 分； 扣完为止		
2.5	故障排除后检查	滑车在无荷载状态下，用手旋转滑轮、吊环、开合合页等各转动部位时，应转动灵活，无卡阻现象	10	检查不到位，每处扣 2 分，扣完为止		
3	工作结束					
3.1	整理工器具	工具整理，摆放整齐	5	未整理工器具扣 5 分		
3.2	工作现场清理	清理现场	5	未清理现场扣 5 分		
4	填写记录					
4.1	填写维保记录单	内容全面，记录规范	10	填写不全面，每少一项扣 2 分，扣完为止		
合计			100			

Jc0005442059　电动机的保养。（100 分）

考核知识点：电动机维护保养

难易度：中

技能等级评价专业技能考核操作工作任务书

一、任务名称

电动机的保养。

二、适用工种

机具维护工中级工。

三、具体任务

小型三相异步电动机的保养。

四、工作规范及要求

（1）掌握电动机的机械性能、电气性能及使用要求。

（2）工器具、仪器仪表的正确使用及做好安全措施。

五、考核时间及要求

（1）本模块操作时间为 30 分钟，时间到停止考评。

（2）考评过程中如果由于测试人员操作不规范，有可能引发不安全因素的，停止考评，该项考核项目不得分，但不影响其他项目。

技能等级评价专业技能考核操作评分标准

工种	机具维护工					评价等级	中级工
项目模块	专业知识—机具维护保养				编号	Jc0005442059	
单位			准考证号			姓名	
考试时限	30 分钟		题型	单项操作		题分	100 分
成绩		考评员		考评组长		日期	
试题正文	电动机的保养						
需要说明的问题和要求	（1）要求单人操作，考评员监护。 （2）在设定考试工位上完成操作。 （3）操作结束后，待考评员同意后方可离开考场						

序号	项目名称	质量要求	满分	扣分标准	扣分原因	得分
1	准备工作					
1.1	相关安全措施的准备	着装应符合安全要求：穿工作服、戴线手套、注意安全防护	5	未按要求穿工作服扣 3 分； 未按要求戴手套扣 2 分		
1.2	工器具、设备及辅助设备完备	检查备品备件及工具是否齐全洁净，符合作业要求	5	少一件工器具扣 1 分，扣完为止		
2	操作步骤					
2.1	拆卸电动机	拆卸步骤、方法正确，不碰伤定子绕组和损坏零部件，拆卸前做好标记，正确使用工具	10	操作顺序、方法不正确，每处扣 2 分，扣完为止		
2.2	零部件清洗	轴承清洗不到位方法正确，干净	10	未清洁扣 10 分； 清洁不到位扣 5 分		
2.3	电动机零部件检查	零部件齐全、完好	10	检查不到位，每只扣 2 分，扣完为止		
2.4	电动机装配	装配方法、步骤正确、装配质量符合要求	10	操作顺序、方法不正确，每处扣 2 分； 丢失或漏装零部件，每只扣 2 分； 扣完为止		
2.5	三相绕组接线	各绕组接线正确	10	各相绕组接线不正确扣 10 分		
2.6	电动机检查	装配后测试相间绝缘、相对地绝缘合格，测试绝缘电阻方法正确	10	检查不到位，每处扣 2 分，扣完为止		
2.7	电动机通电试车	通电试转一次成功	10	转子不灵活扣 5 分； 试转不成功扣 5 分		
3	工作结束					
3.1	整理工具	工具整理、摆放整齐	5	未整理工器具扣 5 分		

续表

序号	项目名称	质量要求	满分	扣分标准	扣分原因	得分
3.2	工作现场清理	清理现场	5	未清理现场扣 5 分		
4	填写记录					
4.1	填写维保记录单	内容全面，记录规范	10	填写不全面，每少一项扣 2 分，扣完为止		
合计			100			

Jc0004441060　发动机润滑油滤清器的更换。（100 分）

考核知识点：发动机维护保养

难易度：易

技能等级评价专业技能考核操作工作任务书

一、任务名称

发动机润滑油滤清器的更换。

二、适用工种

机具维护工中级工。

三、具体任务

牵引机发动机润滑油滤清器的更换。

四、工作规范及要求

（1）掌握发动机的工作性能。

（2）工器具的正确使用及做好安全措施。

五、考核时间及要求

（1）本模块操作时间为 10 分钟，时间到停止考评。

（2）考评过程中如果由于测试人员操作不规范，有可能引发不安全因素的，停止考评，该项考核项目不得分，但不影响其他项目。

技能等级评价专业技能考核操作评分标准

工种	机具维护工					评价等级	中级工
项目模块	基本技能知识—机具维护保养				编号	Jc0004441060	
单位		准考证号				姓名	
考试时限	10 分钟	题型	单项操作			题分	100 分
成绩		考评员		考评组长		日期	
试题正文	发动机润滑油滤清器的更换						
需要说明的问题和要求	（1）要求单人操作，考评员监护。 （2）在设定考试工位上完成操作。 （3）操作结束后，待考评员同意后方可离开考场						

序号	项目名称	质量要求	满分	扣分标准	扣分原因	得分
1	准备工作					
1.1	相关安全措施的准备	着装应符合安全要求：穿工作服、戴线手套	5	未按要求穿工作服扣 3 分； 未按要求戴手套扣 2 分		

续表

序号	项目名称	质量要求	满分	扣分标准	扣分原因	得分
1.2	工器具、设备完备及辅助设备完备	检查工器具、设备及辅助设备是否齐全洁净，符合作业要求	5	少一件工器具扣1分，扣完为止		
2	操作步骤					
2.1	拆下润滑油滤清器	使用专用扳手拆除发动机上的润滑油滤清器，滤清器内的油应倒入专用盛油容器里，按规定处理以免污染环境	25	未使用专用扳手扣5分； 操作顺序、方法不正确，每处扣10分； 扣完为止		
2.2	接口垫处理	在新滤清器的接口垫圈处涂抹润滑油	10	操作顺序、方法不正确，扣5分，扣完为止		
2.3	安装润滑油滤清器	按说明书规定，用手将滤清器拧入、拧紧，再使用专用扳手拧入3/4圈	25	未使用专用扳手扣5分； 操作顺序、方法不正确，每处扣10分； 扣完为止		
2.4	发动机试运转	启动发动机，发动机运转正常，无漏油现象，滤清器更换完成	10	发动机运转异常扣10分； 滤清器漏油扣5分		
3	工作结束					
3.1	整理工器具	工具整理，摆放整齐	5	未整理工器具扣5分		
3.2	工作现场清理	清理现场	5	未清理现场扣5分		
4	填写记录					
4.1	填写维保记录单	内容全面，记录规范	10	填写不全面，每少一项扣2分，扣完为止		
合计			100			

Jc0005442061　发动机多楔传动带更换。（100分）

考核知识点：发动机维护保养

难易度：中

技能等级评价专业技能考核操作工作任务书

一、任务名称

发动机多楔传动带更换。

二、适用工种

机具维护工中级工。

三、具体任务

康明斯6BT发动机多楔传动带更换。

四、工作规范及要求

（1）掌握发动机的机械性能。

（2）工器具的正确使用及做好安全防护。

五、考核时间及要求

（1）本模块操作时间为40分钟，时间到停止考评。

（2）考评过程中如果由于测试人员操作不规范，有可能引发不安全因素的，停止考评，该项考核项目不得分，但不影响其他项目。

技能等级评价专业技能考核操作评分标准

<table>
<tr><td>工种</td><td colspan="4">机具维护工</td><td>评价等级</td><td colspan="2">中级工</td></tr>
<tr><td>项目模块</td><td colspan="3">专业知识—机具维护保养</td><td>编号</td><td colspan="3">Jc0005442061</td></tr>
<tr><td>单位</td><td colspan="2"></td><td>准考证号</td><td></td><td>姓名</td><td colspan="2"></td></tr>
<tr><td>考试时限</td><td>40 分钟</td><td>题型</td><td colspan="2">单项操作</td><td>题分</td><td colspan="2">100 分</td></tr>
<tr><td>成绩</td><td>考评员</td><td></td><td>考评组长</td><td></td><td>日期</td><td colspan="2"></td></tr>
<tr><td>试题正文</td><td colspan="7">发动机多楔传动带更换</td></tr>
<tr><td>需要说明的问题和要求</td><td colspan="7">（1）要求单人操作，考评员监护。
（2）在设定考试工位上完成操作。
（3）操作结束后，待考评员同意后方可离开考场</td></tr>
</table>

序号	项目名称	质量要求	满分	扣分标准	扣分原因	得分
1	准备工作					
1.1	相关安全措施的准备	着装应符合安全要求：穿工作服、戴线手套、注意安全防护	5	未按要求穿工作服扣 3 分； 未按要求戴手套扣 2 分		
1.2	工器具、设备及辅助设备备品备件完备	检查工器具、设备及辅助设备是否齐全洁净，符合作业要求	5	少一件工器具扣 1 分，扣完为止		
2	操作步骤					
2.1	拆卸皮带	（1）拆卸风扇防护罩。 （2）用发动机传动带张紧轮拆装专用扳手橇起张紧轮，拆下多楔传动带	30	未使用专用扳手扣 5 分； 操作顺序、方法不正确，每处扣 10 分； 扣完为止		
2.2	安装皮带	按相反顺序安装新传动带	30	操作顺序、方法不正确，每处扣 5 分； 丢失或漏装零部件，每只扣 2 分； 扣完为止		
2.3	试运转	启动发动机，试运转正常后，发动机熄火，安装防护罩	10	操作顺序、方法不正确，每处扣 2 分，扣完为止		
3	工作结束					
3.1	整理工器具	工具整理，摆放整齐	5	未整理工器具扣 5 分		
3.2	工作现场清理	清理现场	5	未清理现场扣 5 分		
4	填写记录					
4.1	填写维保记录单	内容全面，记录规范	10	填写不全面，每少一项扣 2 分，扣完为止		
合计			100			

Jc0005441062 发动机的发电机总成拆装。（100 分）

考核知识点：发动机维护保养

难易度：易

技能等级评价专业技能考核操作工作任务书

一、任务名称

发动机的发电机总成拆装。

二、适用工种

机具维护工中级工。

三、具体任务

康明斯 6BT 发动机的发电机总成拆装。

四、工作规范及要求

（1）掌握发动机的机械性能。

（2）工器具的正确使用及做好安全防护。

五、考核时间及要求

（1）本模块操作时间为40分钟，时间到停止考评。

（2）考评过程中如果由于测试人员操作不规范，有可能引发不安全因素的，停止考评，该项考核项目不得分，但不影响其他项目。

技能等级评价专业技能考核操作评分标准

工种	机具维护工					评价等级	中级工
项目模块	专业知识—机具维护保养				编号	Jc0005441062	
单位			准考证号			姓名	
考试时限	40分钟	题型	单项操作			题分	100分
成绩		考评员		考评组长		日期	
试题正文	发动机的发电机总成拆装						
需要说明的问题和要求	（1）要求单人操作，考评员监护。 （2）在设定考试工位上完成操作。 （3）操作结束后，待考评员同意后方可离开考场						

序号	项目名称	质量要求	满分	扣分标准	扣分原因	得分
1	准备工作					
1.1	相关安全措施的准备	着装应符合安全要求：穿工作服、戴线手套、注意安全防护	5	未按要求穿工作服扣3分； 未按要求戴手套扣2分		
1.2	工器具、设备及辅助设备备品备件完备	检查工器具、设备及辅助设备是否齐全洁净，符合作业要求	5	少一件工器具扣1分，扣完为止		
2	操作步骤					
2.1	拆卸发电机	（1）拆卸风扇防护罩。 （2）拆卸多楔传动带。 （3）断开线束和线束卡夹。 （4）拆下固定螺母和调节螺母，以及发电机总成。 （5）拆下线束夹支架	30	操作顺序、方法不正确，每处扣6分，扣完为止		
2.2	安装发电机	按相反顺序安装发电机	30	操作顺序、方法不正确，每处扣6分； 丢失或漏装零部件，每只扣2分； 扣完为止		
2.3	试运转	启动发动机，试运转正常后，发动机熄火，安装防护罩	10	操作顺序、方法不正确，每处扣2分，扣完为止		
3	工作结束					
3.1	整理工器具	工具整理，摆放整齐	5	未整理工器具扣5分		
3.2	工作现场清理	清理现场	5	未清理现场扣5分		
4	填写记录					
4.1	填写维保记录单	内容全面，记录规范	10	填写不全面，每少一项扣2分，扣完为止		
合计			100			

Jc0005441063　发动机的启动机总成拆装。（100分）

考核知识点：发动机维护保养

难易度： 易

技能等级评价专业技能考核操作工作任务书

一、任务名称

发动机的启动机总成拆装。

二、适用工种

机具维护工中级工。

三、具体任务

康明斯 6BT 发动机的启动机总成拆装。

四、工作规范及要求

（1）掌握发动机的机械性能。

（2）工器具的正确使用及做好安全防护。

五、考核时间及要求

（1）本模块操作时间为 40 分钟，时间到停止考评。

（2）考评过程中如果由于测试人员操作不规范，有可能引发不安全因素的，停止考评，该项考核项目不得分，但不影响其他项目。

技能等级评价专业技能考核操作评分标准

工种	机具维护工				评价等级	中级工
项目模块	专业知识—机具维护保养			编号	Jc0005441063	
单位		准考证号			姓名	
考试时限	40 分钟	题型	单项操作		题分	100 分
成绩		考评员		考评组长		日期	
试题正文	发动机的启动机总成拆装					
需要说明的问题和要求	（1）要求单人操作，考评员监护。 （2）在设定考试工位上完成操作。 （3）操作结束后，待考评员同意后方可离开考场					

序号	项目名称	质量要求	满分	扣分标准	扣分原因	得分
1	准备工作					
1.1	相关安全措施的准备	着装应符合安全要求：穿工作服、戴线手套、注意安全防护	5	未按要求穿工作服扣 3 分； 未按要求戴手套扣 2 分		
1.2	工器具、设备及辅助设备备品备件完备	检查工器具、设备及辅助设备是否齐全洁净，符合作业要求	5	少一件工器具扣 1 分，扣完为止		
2	操作步骤					
2.1	拆卸启动机	（1）断开启动机线束插头，拆下启动导线螺母，拆下启动机电缆。 （2）拆下启动机打铁电缆螺栓。 （3）拆下启动机固定螺栓，取下启动机	25	操作顺序、方法不正确，每处扣 7 分，扣完为止		
2.2	安装启动机	（1）安装启动机并将螺栓和螺母紧固至规定值。 （2）安装启动机打铁电缆。 （3）安装启动机电缆，启动机启动导线螺母。 （4）连接启动机线束插头	25	操作顺序、方法不正确，每处扣 7 分； 丢失或漏装零部件，每只扣 2 分； 扣完为止		
2.3	试运转	启动发动机，试运转正常后，拆装结束	20	发动机运转异常扣 20 分		

续表

序号	项目名称	质量要求	满分	扣分标准	扣分原因	得分
3	工作结束					
3.1	整理工器具	工具整理，摆放整齐	5	未整理工器具扣 5 分		
3.2	工作现场清理	清理现场	5	未清理现场扣 5 分		
4	填写记录					
4.1	填写维保记录单	内容全面，记录规范	10	填写不全面，每少一项扣 2 分，扣完为止		
合计			100			

Jc0005443064　双平臂抱杆变幅、回转正常，起升无动作故障排除。（100 分）

考核知识点：双平臂抱杆故障分析

难易度：难

技能等级评价专业技能考核操作工作任务书

一、任务名称

双平臂抱杆变幅、回转正常，起升无动作故障排除。

二、适用工种

机具维护工中级工。

三、具体任务

T2T80G2 双平臂抱杆变幅、回转正常，起升无动作故障排除。

四、工作规范及要求

（1）掌握双平臂抱杆设备的机械性能和操作要求。

（2）故障的正确分析及处理。

（3）工器具的正确使用及做好安全防护。

五、考核时间及要求

（1）本模块操作时间为 40 分钟，时间到停止考评。

（2）考评过程中如果由于测试人员操作不规范，有可能引发不安全因素的，停止考评，该项考核项目不得分，但不影响其他项目。

技能等级评价专业技能考核操作评分标准

<table>
<tr><td>工种</td><td colspan="6">机具维护工</td><td>评价等级</td><td>中级工</td></tr>
<tr><td>项目模块</td><td colspan="5">专业知识—机具故障排除</td><td>编号</td><td colspan="2">Jc0005443064</td></tr>
<tr><td>单位</td><td colspan="3"></td><td>准考证号</td><td colspan="2"></td><td>姓名</td><td></td></tr>
<tr><td>考试时限</td><td colspan="2">40 分钟</td><td>题型</td><td colspan="3">单项操作</td><td>题分</td><td>100 分</td></tr>
<tr><td>成绩</td><td></td><td>考评员</td><td></td><td colspan="2">考评组长</td><td></td><td>日期</td><td></td></tr>
<tr><td>试题正文</td><td colspan="8">双平臂抱杆变幅、回转正常，起升无动作故障排除</td></tr>
<tr><td>需要说明的问题和要求</td><td colspan="8">（1）要求单人操作，考评员监护。
（2）在设定考试工位上完成操作。
（3）操作结束后，待考评员同意后方可离开考场。
（4）设置故障点为：起升电控柜总起接触器 KM2、KM3 损坏</td></tr>
</table>

续表

序号	项目名称	质量要求	满分	扣分标准	扣分原因	得分
1	准备工作					
1.1	相关安全措施的准备	着装应符合安全要求：穿工作服、戴线手套、注意安全防护	5	未按要求穿工作服扣 3 分； 未按要求戴手套扣 2 分		
1.2	工器具及辅助设备备品备件完备	检查工器具、设备及辅助设备是否齐全洁净，符合作业要求	5	少一件工器具扣 1 分，扣完为止		
2	操作步骤					
2.1	故障原因分析	（1）起升电控箱里可编程控制器 RUN 指示灯不亮，内置 RUN/STOP 开关没有打开。 （2）起升电控箱里可编程控制器出错指示灯亮，PROG－E 闪烁则程序出错或 CUO－E 亮则 CUP 出错。 （3）电控箱里的断路器没有合上。 （4）电控箱里的错断相保护器起作用。 （5）工作目标选择开关在回转/变幅位置。 （6）变频器故障。 （7）起升电控柜总起接触器 KM2、KM3 不吸合，损坏	20	每少分析或分析不正确一处扣 3 分，扣完为止		
2.2	设备检查	（1）检查内置 RUN/STOP 开关，若未开，向上拔开开关。 （2）检查可编程控制器，若程序出错，与设备厂家联系，重新输入程序或检测程序器。 （3）检查电控箱里的断路器，若未闭合，则合上空气开关。 （4）检查相序，若错误，重新连接。 （5）检查工作目标选择开关的位置，若在起升位置，进行调整。 （6）检查变频器，若有故障码，查看变频器说明书故障对应表，找出故障，并根据说明书所述解决方法进行处理。 （7）检查起升电控柜总起接触器 KM2、KM3，若损坏，进行更换	20	检查不到位，每处扣 3 分，扣完为止		
2.3	确定故障	起升电控柜总起接触器 KM2、KM3 损坏	10	确认不正确扣 10 分，扣完为止		
2.4	故障排除	更换起升电控柜总起接触器 KM2、KM3	10	操作顺序、方法不正确，每处扣 1 分； 丢失或漏装零部件，每只扣 1 分； 扣完为止		
2.5	故障排除后检查	重新启动，各机构运行正常，故障排除	10	检查不到位，每处扣 2 分，扣完为止		
3	工作结束					
3.1	整理工器具	工具整理，摆放整齐	5	未整理工器具扣 5 分		
3.2	工作现场清理	清理现场	5	未清理现场扣 5 分		
4	填写记录					
4.1	填写维保记录单	内容全面，记录规范	10	填写不全面，每少一项扣 2 分，扣完为止		
合计			100			

Jc0005441065　机动绞磨汽油机火花塞拆解维修。（100 分）

考核知识点：机动绞磨维护保养

难易度：易

技能等级评价专业技能考核操作工作任务书

一、任务名称

机动绞磨汽油机火花塞拆解维修。

二、适用工种

机具维护工中级工。

三、具体任务

ZJ－QXS－50/24－A 型双卷筒机动绞磨汽油机火花塞拆解维修。

四、工作规范及要求

（1）掌握机动绞磨的机械性能和操作要求。

（2）工器具的正确使用及做好安全防护。

五、考核时间及要求

（1）本模块操作时间为 30 分钟，时间到停止考评。

（2）考评过程中如果由于测试人员操作不规范，有可能引发不安全因素的，停止考评，该项考核项目不得分，但不影响其他项目。

技能等级评价专业技能考核操作评分标准

工种	机具维护工					评价等级	中级工
项目模块	专业知识—机具检查检修				编号	Jc0005441065	
单位			准考证号			姓名	
考试时限	30 分钟		题型	单项操作		题分	100 分
成绩		考评员		考评组长		日期	
试题正文	机动绞磨汽油机火花塞拆解维修						
需要说明的问题和要求	（1）要求单人操作，考评员监护。 （2）在设定考试工位上完成操作。 （3）操作结束后，待考评员同意后方可离开考场						

序号	项目名称	质量要求	满分	扣分标准	扣分原因	得分
1	准备工作					
1.1	相关安全措施的准备	着装应符合安全要求：穿工作服、戴线手套、注意安全防护	5	未按要求穿工作服扣 3 分； 未按要求戴线手套扣 2 分		
1.2	工器具、设备及辅助设备备品备件完备	检查工器具及辅助设备是否齐全洁净，符合作业要求	5	少一件工器具扣 1 分，扣完为止		
2	操作步骤					
2.1	拆除旧火花塞	打开火花塞帽，将火花塞周围脏物清除，并使用专用套筒扳手卸下火花塞	10	操作顺序、方法不正确扣 10 分		
2.2	检查火花塞	检查火花塞，如果有明显磨损或绝缘体有裂缝或残缺，应进行更换	10	检查不到位扣 10 分		
2.3	测量火花塞间隙	应保证弯曲侧电极间隙在 0.7～0.8mm	10	测量方法不正确扣 10 分		
2.4	火花塞安装	火花塞安装时应小心，防止螺纹滑。安装后使用专用套筒扳手拧紧。 注意：安装新的火花塞，压紧垫圈后再多拧 1/2 圈	25	未使用专用套筒扳手扣 10 分； 操作顺序、方法不正确扣 15 分		
2.5	启动检查	启动绞磨发动机，检查发动机运转有无异常	10	操作顺序、方法不正确，每处扣 5 分，扣完为止		

续表

序号	项目名称	质量要求	满分	扣分标准	扣分原因	得分
2.6	停机	将绞磨停机制动、熄火关闭	5	操作不正确扣5分		
3	工作结束					
3.1	整理工器具	工具整理，摆放整齐	5	未整理工器具扣5分		
3.2	工作现场清理	清理现场	5	未清理现场扣5分		
4	填写记录					
4.1	填写检查记录单	内容全面，记录规范	10	填写不全面，每处扣2分，扣完为止		
合计			100			

Jc0005441066 机动绞磨汽油机怠速调整。(100分)

考核知识点：机动绞磨检修

难易度：易

技能等级评价专业技能考核操作工作任务书

一、任务名称

机动绞磨汽油机怠速调整。

二、适用工种

机具维护工中级工。

三、具体任务

ZJ－QXS－50/24－A型双卷筒机动绞磨汽油机怠速调整。

四、工作规范及要求

（1）掌握机动绞磨的机械性能和操作要求。

（2）工器具的正确使用及做好安全防护。

五、考核时间及要求

（1）本模块操作时间为10分钟，时间到停止考评。

（2）考评过程中如果由于测试人员操作不规范，有可能引发不安全因素的，停止考评，该项考核项目不得分，但不影响其他项目。

技能等级评价专业技能考核操作评分标准

<table>
<tr><td>工种</td><td colspan="5">机具维护工</td><td>评价等级</td><td>中级工</td></tr>
<tr><td>项目模块</td><td colspan="4">专业知识—机具检查检修</td><td>编号</td><td colspan="2">Jc0005441066</td></tr>
<tr><td>单位</td><td colspan="2"></td><td>准考证号</td><td colspan="2"></td><td>姓名</td><td></td></tr>
<tr><td>考试时限</td><td>10分钟</td><td>题型</td><td colspan="3">单项操作</td><td>题分</td><td>100分</td></tr>
<tr><td>成绩</td><td></td><td>考评员</td><td></td><td>考评组长</td><td></td><td>日期</td><td></td></tr>
<tr><td>试题正文</td><td colspan="7">机动绞磨汽油机怠速调整</td></tr>
<tr><td>需要说明的问题和要求</td><td colspan="7">（1）要求单人操作，考评员监护。
（2）在设定考试工位上完成操作。
（3）操作结束后，待考评员同意后方可离开考场</td></tr>
</table>

续表

序号	项目名称	质量要求	满分	扣分标准	扣分原因	得分
1	准备工作					
1.1	相关安全措施的准备	着装应符合安全要求：穿工作服、戴线手套、注意安全防护	5	未按要求穿工作服扣 3 分； 未按要求戴线手套扣 2 分		
1.2	工器具、设备及辅助设备备件完备	检查工器具及辅助设备是否齐全洁净，符合作业要求	5	少一件工器具扣 1 分，扣完为止		
2	操作步骤					
2.1	汽油机预热	将汽油机启动预热至正常运转时所需要的温度	15	汽油机未预热扣 15 分		
2.2	节气门归位	将节气门手柄置于最低速度位置	20	操作不正确扣 20 分		
2.3	调整怠速	调节节气门制动螺栓以获得标准怠速	30	操作不正确扣 30 分		
2.4	停机	将发动机熄火	5	操作方法不正确扣 5 分		
3	工作结束					
3.1	整理工器具	工具整理，摆放整齐	5	未整理工器具扣 5 分		
3.2	工作现场清理	清理现场	5	未清理现场扣 5 分		
4	填写记录					
4.1	填写维保记录单	内容全面，记录规范	10	填写不全面，每处扣 2 分，扣完为止		
合计			100			

Jc0005442067　发动机曲轴正时齿轮更换。（100 分）

考核知识点：发动机维护保养

难易度：中

技能等级评价专业技能考核操作工作任务书

一、任务名称

发动机曲轴正时齿轮更换。

二、适用工种

机具维护工中级工。

三、具体任务

牵张机康明斯 B 系列发动机曲轴正时齿轮更换。

四、工作规范及要求

（1）掌握牵张机的机械性能和操作要求。

（2）故障的正确分析及处理。

（3）工器具的正确使用及做好安全防护。

五、考核时间及要求

（1）本模块操作时间为 30 分钟，时间到停止考评。

（2）考评过程中如果由于测试人员操作不规范，有可能引发不安全因素的，停止考评，该项考核项目不得分，但不影响其他项目。

技能等级评价专业技能考核操作评分标准

<table>
<tr><td>工种</td><td colspan="5">机具维护工</td><td>评价等级</td><td colspan="2">中级工</td></tr>
<tr><td>项目模块</td><td colspan="4">专业知识—机具维护保养</td><td>编号</td><td colspan="3">Jc0005442067</td></tr>
<tr><td>单位</td><td colspan="3"></td><td>准考证号</td><td></td><td>姓名</td><td colspan="2"></td></tr>
<tr><td>考试时限</td><td>30 分钟</td><td>题型</td><td colspan="3">单项操作</td><td>题分</td><td colspan="2">100 分</td></tr>
<tr><td>成绩</td><td></td><td>考评员</td><td></td><td>考评组长</td><td></td><td>日期</td><td colspan="2"></td></tr>
<tr><td>试题正文</td><td colspan="8">发动机曲轴正时齿轮更换</td></tr>
<tr><td>需要说明的问题和要求</td><td colspan="8">（1）要求单人操作，考评员监护。
（2）在设定考试工位上完成操作。
（3）操作结束后，待考评员同意后方可离开考场</td></tr>
</table>

序号	项目名称	质量要求	满分	扣分标准	扣分原因	得分
1	准备工作					
1.1	相关安全措施的准备	着装应符合安全要求：穿工作服、戴线手套、注意安全防护	5	未按要求穿工作服扣 3 分； 未按要求戴手套扣 2 分		
1.2	工器具、设备及辅助设备备品备件完备	检查工器具、设备及辅助设备是否齐全洁净，符合作业要求	5	少一件工器具扣 1 分，扣完为止		
2	操作步骤					
2.1	拆卸	（1）用齿轮拉器拆下曲轴齿轮。 （2）分离曲轴齿轮时，应使用锤子和齿轮分离器	20	操作顺序、方法不正确，每处扣 10 分，扣完为止		
2.2	清洁	清洁所有零部件	10	未清洁扣 10 分； 清洁不到位扣 5 分		
2.3	安装	（1）安装曲轴齿轮定位销。 （2）在恒温箱中加热曲轴齿轮（新），温度在 177℃，加热 45min。 （3）将热齿轮安装到曲轴上	40	操作顺序、方法不正确，每处扣 10 分； 丢失或漏装零部件，每只扣 2 分； 扣完为止		
3	工作结束					
3.1	整理工器具	工具整理，摆放整齐	5	未整理工器具扣 5 分		
3.2	工作现场清理	清理现场	5	未清理现场扣 5 分		
4	填写记录					
4.1	填写维保记录单	内容全面，记录规范	10	填写不全面，每处扣 2 分，扣完为止		
合计			100			

Jc0005442068 发动机曲轴后油封更换。（100 分）

考核知识点：发动机维护保养

难易度：中

技能等级评价专业技能考核操作工作任务书

一、任务名称

发动机曲轴后油封更换。

二、适用工种

机具维护工中级工。

三、具体任务

牵张机康明斯B系列发动机曲轴后油封更换。

四、工作规范及要求

（1）掌握牵张机的机械性能和操作要求。

（2）故障的正确分析及处理。

（3）工器具的正确使用及做好安全防护。

五、考核时间及要求

（1）本模块操作时间为30分钟，时间到停止考评。

（2）考评过程中如果由于测试人员操作不规范，有可能引发不安全因素的，停止考评，该项考核项目不得分，但不影响其他项目。

技能等级评价专业技能考核操作评分标准

<table>
<tr><td>工种</td><td colspan="5">机具维护工</td><td>评价等级</td><td>中级工</td></tr>
<tr><td>项目模块</td><td colspan="4">专业知识—机具维护保养</td><td>编号</td><td colspan="2">Jc0005442068</td></tr>
<tr><td>单位</td><td colspan="3"></td><td>准考证号</td><td></td><td>姓名</td><td></td></tr>
<tr><td>考试时限</td><td colspan="2">30分钟</td><td>题型</td><td colspan="2">单项操作</td><td>题分</td><td>100分</td></tr>
<tr><td>成绩</td><td></td><td>考评员</td><td></td><td>考评组长</td><td></td><td>日期</td><td></td></tr>
<tr><td>试题正文</td><td colspan="7">发动机曲轴后油封更换</td></tr>
<tr><td>需要说明的问题和要求</td><td colspan="7">（1）要求单人操作，考评员监护。
（2）在设定考试工位上完成操作。
（3）操作结束后，待考评员同意后方可离开考场</td></tr>
</table>

序号	项目名称	质量要求	满分	扣分标准	扣分原因	得分
1	准备工作					
1.1	相关安全措施的准备	着装应符合安全要求：穿工作服、戴线手套、注意安全防护	5	未按要求穿工作服扣3分； 未按要求戴手套扣2分		
1.2	工器具、设备及辅助设备备品备件完备	检查工器具、设备及辅助设备是否齐全洁净，符合作业要求	5	少一件工器具扣1分，扣完为止		
2	操作步骤					
2.1	拆卸	（1）拆下液压油泵。 （2）拆下联轴器。 （3）拆下飞轮。 （4）拆下曲轴后油封	20	操作顺序、方法不正确，每处扣5分，扣完为止		
2.2	清洁	清洁油封唇边和曲轴密封面	10	未清洁扣10分； 清洁不到位扣5分		
2.3	检查	检查壳体有无裂纹或损坏	10	检查不到位，每处扣2分，扣完为止		
2.4	安装	（1）安装曲轴后油封。 （2）安装飞轮。 （3）安装联轴器。 （4）安装液压油泵	25	操作顺序、方法不正确，每处扣5分； 丢失或漏装零部件，每只扣2分； 扣完为止		
2.5	试运转	启动发动机，检查有无泄漏	5	检查不到位扣5分		
3	工作结束					
3.1	整理工器具	工具整理，摆放整齐	5	未整理工器具扣5分		
3.2	工作现场清理	清理现场	5	未清理现场扣5分		

续表

序号	项目名称	质量要求	满分	扣分标准	扣分原因	得分
4	填写记录					
4.1	填写维保记录单	内容全面，记录规范	10	填写不全面，每处扣 2 分，扣完为止		
	合计		100			

Jc0005442069　发动机高压共轨燃烧器检修。(100 分)

考核知识点：发动机检修

难易度：中

技能等级评价专业技能考核操作工作任务书

一、任务名称

发动机高压共轨燃烧器检修。

二、适用工种

机具维护工中级工。

三、具体任务

牵张机康明斯 B 系列发动机高压共轨燃烧器检修。

四、工作规范及要求

(1) 掌握牵张机的机械性能和操作要求。

(2) 故障的正确分析及处理。

(3) 工器具的正确使用及做好安全防护。

五、考核时间及要求

(1) 本模块操作时间为 30 分钟，时间到停止考评。

(2) 考评过程中如果由于测试人员操作不规范，有可能引发不安全因素的，停止考评，该项考核项目不得分，但不影响其他项目。

技能等级评价专业技能考核操作评分标准

工种	机具维护工					评价等级	中级工
项目模块	专业知识—机具检查检修				编号	Jc0005442069	
单位			准考证号			姓名	
考试时限	30 分钟		题型	单项操作		题分	100 分
成绩		考评员		考评组长		日期	
试题正文	发动机高压共轨燃烧器检修						
需要说明的问题和要求	(1) 要求单人操作，考评员监护。 (2) 在设定考试工位上完成操作。 (3) 操作结束后，待考评员同意后方可离开考场						

序号	项目名称	质量要求	满分	扣分标准	扣分原因	得分
1	准备工作					
1.1	相关安全措施的准备	着装应符合安全要求：穿工作服、戴线手套、注意安全防护	5	未按要求穿工作服扣 3 分； 未按要求戴手套扣 2 分		

续表

序号	项目名称	质量要求	满分	扣分标准	扣分原因	得分
1.2	工器具、设备及辅助设备备品备件完备	检查工器具、设备及辅助设备是否齐全洁净，符合作业要求	5	少一件工器具扣 1 分，扣完为止		
2	操作步骤					
2.1	拆卸	（1）拆下燃油油轨与高压燃油连接件之间的高压油管，拆下摇臂室盖。 （2）拆下排气摇臂。 （3）拆下燃烧器电磁阀导线。 （4）拆下 8mm 的燃烧器压板螺栓。 （5）使用燃烧器拆卸工具拆下燃烧器	20	操作顺序、方法不正确，每处扣 4 分，扣完为止		
2.2	清洁	用溶剂和清洁软布清洁燃烧器端部和燃烧器体	10	未清洁扣 10 分； 清洁不到位扣 5 分		
2.3	检查	（1）检查燃烧器端部是否存在积炭或腐蚀，如有积炭，应使用黄铜刷清除积炭。 （2）检查电磁阀端子是否损坏。 （3）检查燃烧器进油口、高压燃油连接件端部和进油口是否损坏	10	检查不到位，每处扣 3.5 分，扣完为止		
2.4	测量	测量燃烧器密封垫圈厚度是否正确，规定的垫圈厚度为 3mm	5	测量工具使用方法不正确扣 2 分； 测量结果误差超过标准扣 3 分		
2.5	安装	（1）将燃烧器正确装入缸盖中，并安装新 O 形圈，拧紧燃烧器压板螺栓，拧紧力矩 3.5N·m。连接并拧紧电磁阀导线，拧紧力矩 2.0N·m。 （2）安装排气摇臂，调整排气门间隙。 （3）安装摇臂室盖，安装燃油连接件，安装高压燃油供油管	20	操作顺序、方法不正确，每处扣 5 分； 丢失或漏装零部件，每只扣 2 分； 扣完为止		
2.6	试运转	运转发动机，检查有无泄漏	5	检查不到位扣 5 分		
3	工作结束					
3.1	整理工器具	工具整理，摆放整齐	5	未整理工器具扣 5 分		
3.2	工作现场清理	清理现场	5	未清理现场扣 5 分		
4	填写记录					
4.1	填写维保记录单	内容全面，记录规范	10	填写不全面，每处扣 2 分，扣完为止		
合计			100			

Jc0005442070 发动机燃烧器高压供油管检修。（100 分）

考核知识点：发动机检修

难易度：中

技能等级评价专业技能考核操作工作任务书

一、任务名称

发动机燃烧器高压供油管检修。

二、适用工种

机具维护工中级工。

三、具体任务

牵张机康明斯 B 系列发动机燃烧器高压供油管检修。

四、工作规范及要求

（1）掌握牵张机的机械性能和操作要求。

（2）故障的正确分析及处理。

（3）工器具的正确使用及做好安全防护。

五、考核时间及要求

（1）本模块操作时间为30分钟，时间到停止考评。

（2）考评过程中如果由于测试人员操作不规范，有可能引发不安全因素的，停止考评，该项考核项目不得分，但不影响其他项目。

技能等级评价专业技能考核操作评分标准

工种	机具维护工					评价等级	中级工
项目模块	专业知识—机具检查检修				编号	Jc0005442070	
单位			准考证号			姓名	
考试时限	30分钟		题型	单项操作		题分	100分
成绩		考评员		考评组长		日期	
试题正文	发动机燃烧器高压供油管检修						
需要说明的问题和要求	（1）要求单人操作，考评员监护。 （2）在设定考试工位上完成操作。 （3）操作结束后，待考评员同意后方可离开考场						

序号	项目名称	质量要求	满分	扣分标准	扣分原因	得分
1	准备工作					
1.1	相关安全措施的准备	着装应符合安全要求：穿工作服、戴线手套、注意安全防护	5	未按要求穿工作服扣3分； 未按要求戴手套扣2分		
1.2	工器具、设备及辅助设备备品备件完备	检查工器具、设备及辅助设备是否齐全洁净，符合作业要求	5	少一件工器具扣1分，扣完为止		
2	操作步骤					
2.1	初始检查	检查燃烧器高压供油管有无裂纹、泄漏等损坏，支架是否松动或断裂	10	检查不到位，每处扣2分，扣完为止		
2.2	拆卸	拆下高压燃油连接件与燃油油轨之间的高压油管	20	操作顺序、方法不正确，每处扣5分，扣完为止		
2.3	检查	检查高压供油管管箍和高压供油管有无损坏，若有损坏，应当更换	10	检查不到位，每处扣2分，扣完为止		
2.4	安装	按与拆卸相反的顺序安装高压供油管，并拧紧螺母，拧紧力矩22N·m	20	操作顺序、方法不正确，每处扣5分； 丢失或漏装零部件，每只扣2分； 扣完为止		
2.5	试运转	运转发动机，检查有无泄漏	10	检查不到位扣10分		
3	工作结束					
3.1	整理工器具	工具整理，摆放整齐	5	未整理工器具扣5分		
3.2	工作现场清理	清理现场	5	未清理现场扣5分		
4	填写记录					
4.1	填写维保记录单	内容全面，记录规范	10	填写不全面，每处扣2分，扣完为止		
合计			100			

Jc0005442071　发动机燃油压力调压阀检修。（100 分）

考核知识点：发动机检修

难易度：中

技能等级评价专业技能考核操作工作任务书

一、任务名称

发动机燃油压力调压阀检修。

二、适用工种

机具维护工中级工。

三、具体任务

牵张机康明斯 B 系列发动机燃油压力调压阀检修。

四、工作规范及要求

（1）掌握牵张机的机械性能和操作要求。

（2）故障的正确分析及处理。

（3）工器具的正确使用及做好安全防护。

五、考核时间及要求

（1）本模块操作时间为 30 分钟，时间到停止考评。

（2）考评过程中如果由于测试人员操作不规范，有可能引发不安全因素的，停止考评，该项考核项目不得分，但不影响其他项目。

技能等级评价专业技能考核操作评分标准

<table>
<tr><td>工种</td><td colspan="5">机具维护工</td><td>评价等级</td><td>中级工</td></tr>
<tr><td>项目模块</td><td colspan="4">专业知识—机具检查检修</td><td>编号</td><td colspan="2">Jc0005442071</td></tr>
<tr><td>单位</td><td colspan="2"></td><td>准考证号</td><td colspan="2"></td><td>姓名</td><td></td></tr>
<tr><td>考试时限</td><td colspan="2">30 分钟</td><td>题型</td><td colspan="2">单项操作</td><td>题分</td><td>100 分</td></tr>
<tr><td>成绩</td><td></td><td>考评员</td><td></td><td>考评组长</td><td></td><td>日期</td><td></td></tr>
<tr><td>试题正文</td><td colspan="7">发动机燃油压力调压阀检修</td></tr>
<tr><td>需要说明的问题和要求</td><td colspan="7">（1）要求单人操作，考评员监护。
（2）在设定考试工位上完成操作。
（3）操作结束后，待考评员同意后方可离开考场</td></tr>
</table>

序号	项目名称	质量要求	满分	扣分标准	扣分原因	得分
1	准备工作					
1.1	相关安全措施的准备	着装应符合安全要求：穿工作服、戴线手套、注意安全防护	5	未按要求穿工作服扣 3 分； 未按要求戴手套扣 2 分		
1.2	工器具、设备及辅助设备备品备件完备	检查工器具、设备及辅助设备是否齐全洁净，符合作业要求	5	少一件工器具扣 1 分，扣完为止		
2	操作步骤					
2.1	初始检查	检查燃油压力调压阀有无泄漏或损坏	10	检查不到位，每处扣 2 分，扣完为止		
2.2	拆卸	（1）拆下压力调压阀燃油管。 （2）放掉压力调压阀中的燃油	20	操作顺序、方法不正确，每处扣 10 分，扣完为止		
2.3	安装	（1）安装并拧紧压力调压阀，拧紧力矩 60N·m。 （2）连接压力调压阀的燃油管	30	操作顺序、方法不正确，每处扣 10 分； 丢失或漏装零部件，每只扣 2 分； 扣完为止		

续表

序号	项目名称	质量要求	满分	扣分标准	扣分原因	得分
2.4	试运转	运转发动机，检查燃油压力调压阀和燃油管有无泄漏	10	检查不到位，每处扣 5 分，扣完为止		
3	工作结束					
3.1	整理工器具	工具整理，摆放整齐	5	未整理工器具扣 5 分		
3.2	工作现场清理	清理现场	5	未清理现场扣 5 分		
4	填写记录					
4.1	填写维保记录单	内容全面，记录规范	10	填写不全面，每处扣 2 分，扣完为止		
合计			100			

Jc0005442072　发动机润滑油底壳拆装及检修。（100 分）

考核知识点：发动机检修

难易度：中

技能等级评价专业技能考核操作工作任务书

一、任务名称

发动机润滑油底壳拆装及检修。

二、适用工种

机具维护工中级工。

三、具体任务

牵张机康明斯 B 系列发动机润滑油底壳拆装及检修。

四、工作规范及要求

（1）掌握牵张机的机械性能和操作要求。

（2）故障的正确分析及处理。

（3）工器具的正确使用及做好安全防护。

五、考核时间及要求

（1）本模块操作时间为 30 分钟，时间到停止考评。

（2）考评过程中如果由于测试人员操作不规范，有可能引发不安全因素的，停止考评，该项考核项目不得分，但不影响其他项目。

技能等级评价专业技能考核操作评分标准

<table>
<tr><td>工种</td><td colspan="6">机具维护工</td><td>评价等级</td><td>中级工</td></tr>
<tr><td>项目模块</td><td colspan="5">专业知识—机具检查检修</td><td>编号</td><td colspan="2">Jc0005442072</td></tr>
<tr><td>单位</td><td colspan="3"></td><td>准考证号</td><td colspan="2"></td><td>姓名</td><td></td></tr>
<tr><td>考试时限</td><td colspan="2">30 分钟</td><td>题型</td><td colspan="3">单项操作</td><td>题分</td><td>100 分</td></tr>
<tr><td>成绩</td><td></td><td>考评员</td><td></td><td colspan="2">考评组长</td><td></td><td>日期</td><td></td></tr>
<tr><td>试题正文</td><td colspan="8">发动机润滑油底壳拆装及检修</td></tr>
<tr><td>需要说明的问题和要求</td><td colspan="8">（1）要求单人操作，考评员监护。
（2）在设定考试工位上完成操作。
（3）操作结束后，待考评员同意后方可离开考场</td></tr>
</table>

续表

序号	项目名称	质量要求	满分	扣分标准	扣分原因	得分
1	准备工作					
1.1	相关安全措施的准备	着装应符合安全要求：穿工作服、戴线手套、注意安全防护	5	未按要求穿工作服扣3分； 未按要求戴手套扣2分		
1.2	工器具、设备及辅助设备备品备件完备	检查工器具、设备及辅助设备是否齐全洁净，符合作业要求	5	少一件工器具扣1分，扣完为止		
2	操作步骤					
2.1	拆卸	（1）运转发动机，直到冷却液温度达到60℃，关闭发动机，拆下油底壳上的放油螺塞，放尽润滑油。 （2）按顺序拆卸螺栓。 （3）拆下油底壳密封垫。 （4）拆下吸油管	20	操作顺序、方法不正确，每处扣5分，扣完为止		
2.2	清洗	清洗油底壳	5	未清洁扣5分； 清洁不到位扣2分		
2.3	检查	检查油底壳支承法兰、密封垫、吸油管及托架是否损坏	10	检查不到位，每处扣2.5分，扣完为止		
2.4	安装	（1）重新安装吸油管。 （2）将密封垫安装到油底壳上。 （3）按顺序紧固螺栓，拧紧力矩24N·m。 （4）安装并紧固放油螺塞，拧紧力矩60N·m。 （5）加注SAE－15W－40润滑油	30	操作顺序、方法不正确，每处扣5分； 丢失或漏装零部件，每只扣2分； 扣完为止		
2.5	试运转	（1）运转发动机，检查有无泄漏，仪表显示润滑油压力是否正常。 （2）关闭发动机，大约5min后，再次检查润滑油油位，如有必要，应当添加润滑油到润滑油标尺的“H”标记处	5	检查不到位，每处扣2.5分，扣完为止		
3	工作结束					
3.1	整理工器具	工具整理，摆放整齐	5	未整理工器具扣5分		
3.2	工作现场清理	清理现场	5	未清理现场扣5分		
4	填写记录					
4.1	填写维保记录单	内容全面，记录规范	10	填写不全面，每处扣2分，扣完为止		
合计			100			

Jc0005442073　发动机节温器的拆装及检修。（100分）

考核知识点：发动机检修

难易度：中

技能等级评价专业技能考核操作工作任务书

一、任务名称

发动机节温器拆装及检修。

二、适用工种

机具维护工中级工。

三、具体任务

牵张机康明斯B系列发动机节温器拆装及检修。

四、工作规范及要求

（1）掌握牵张机的机械性能和操作要求。

（2）故障的正确分析及处理。

（3）工器具的正确使用及做好安全防护。

五、考核时间及要求

（1）本模块操作时间为 20 分钟，时间到停止考评。

（2）考评过程中如果由于测试人员操作不规范，有可能引发不安全因素的，停止考评，该项考核项目不得分，但不影响其他项目。

技能等级评价专业技能考核操作评分标准

工种	机具维护工					评价等级	中级工
项目模块	专业知识—机具检查检修				编号	Jc0005442073	
单位		准考证号				姓名	
考试时限	20 分钟		题型	单项操作		题分	100 分
成绩		考评员		考评组长		日期	
试题正文	发动机节温器的拆装及检修						
需要说明的问题和要求	（1）要求单人操作，考评员监护。 （2）在设定考试工位上完成操作。 （3）操作结束后，待考评员同意后方可离开考场						

序号	项目名称	质量要求	满分	扣分标准	扣分原因	得分
1	准备工作					
1.1	相关安全措施的准备	着装应符合安全要求：穿工作服、戴线手套、注意安全防护	5	未按要求穿工作服扣 3 分； 未按要求戴手套扣 2 分		
1.2	工器具、设备及辅助设备备品备件完备	检查工器具、设备及辅助设备是否齐全洁净，符合作业要求	5	少一件工器具扣 1 分，扣完为止		
2	操作步骤					
2.1	拆卸	（1）排放冷却液，使液位在节温器水平以下 （2）拆下出水管接头螺栓。 （3）拆下出水管接头。 （4）拆下节温器	20	操作顺序、方法不正确，每处扣 5 分，扣完为止		
2.2	清洁	清洁密封配合面	5	未清洁扣 5 分； 清洁不到位扣 2 分		
2.3	检查	（1）检查节温器、固定板及密封垫是否损坏。 （2）检查节温器温度是否在规定温度开启：将温度计和节温器放入容器中，进行加热，规定节温器必须在规定工作温度 1℃范围内开始开启，节温器必须在额定工作温度 12℃范围内完全开启。节温器开启温度为初开温度最小 81℃、最大 83℃，完全开启温度 94℃。节温器法兰与节温器壳体之间完全开启的最小距离是 14.3mm	20	检查不到位，每处扣 4 分，扣完为止		
2.4	安装	（1）安装散热器软管，将节温器转入节温器壳体中。 （2）安装出水管接头和固定螺栓，拧紧螺栓，拧紧力矩 10N·m。 （3）加注冷却液到规定液位	20	操作顺序、方法不正确，每处扣 4 分； 丢失或漏装零部件，每只扣 2 分； 扣完为止		

续表

序号	项目名称	质量要求	满分	扣分标准	扣分原因	得分
2.5	试运转	运转发动机，检查有无泄漏	5	检查不到位，每处扣 1 分，扣完为止		
3	工作结束					
3.1	整理工器具	工具整理，摆放整齐	5	未整理工器具扣 5 分		
3.2	工作现场清理	清理现场	5	未清理现场扣 5 分		
4	填写记录					
4.1	填写维保记录单	内容全面，记录规范	10	填写不全面，每处扣 2 分，扣完为止		
合计			100			

Jc0005442074　发动机启动继电器检修。(100 分)

考核知识点：发动机检修

难易度：中

技能等级评价专业技能考核操作工作任务书

一、任务名称

发动机启动继电器检修。

二、适用工种

机具维护工中级工。

三、具体任务

牵张机康明斯 B 系列发动机启动继电器检修。

四、工作规范及要求

（1）掌握牵张机的机械性能和操作要求。

（2）故障的正确分析及处理。

（3）工器具的正确使用及做好安全防护。

五、考核时间及要求

（1）本模块操作时间为 20 分钟，时间到停止考评。

（2）考评过程中如果由于测试人员操作不规范，有可能引发不安全因素的，停止考评，该项考核项目不得分，但不影响其他项目。

技能等级评价专业技能考核操作评分标准

<table>
<tr><td>工种</td><td colspan="5">机具维护工</td><td>评价等级</td><td>中级工</td></tr>
<tr><td>项目模块</td><td colspan="4">专业知识—机具检查检修</td><td>编号</td><td colspan="2">Jc0005442074</td></tr>
<tr><td>单位</td><td colspan="2"></td><td>准考证号</td><td colspan="2"></td><td>姓名</td><td></td></tr>
<tr><td>考试时限</td><td colspan="2">20 分钟</td><td>题型</td><td colspan="2">单项操作</td><td>题分</td><td>100 分</td></tr>
<tr><td>成绩</td><td></td><td>考评员</td><td></td><td>考评组长</td><td></td><td>日期</td><td></td></tr>
<tr><td>试题正文</td><td colspan="7">发动机启动继电器检修</td></tr>
<tr><td>需要说明的问题和要求</td><td colspan="7">（1）要求单人操作，考评员监护。
（2）在设定考试工位上完成操作。
（3）操作结束后，待考评员同意后方可离开考场</td></tr>
</table>

续表

序号	项目名称	质量要求	满分	扣分标准	扣分原因	得分
1	准备工作					
1.1	相关安全措施的准备	着装应符合安全要求：穿工作服、戴线手套、注意安全防护	5	未按要求穿工作服扣 3 分；未按要求戴手套扣 2 分		
1.2	工器具、设备及辅助设备备品备件完备	检查工器具、设备及辅助设备是否齐全洁净，符合作业要求	5	少一件工器具扣 1 分，扣完为止		
2	操作步骤					
2.1	初始检查	在对启动机进行故障判断前，应确保蓄电池端子未松动、未腐蚀	10	检查不到位，每处扣 1 分，扣完为止		
2.2	电压检查	（1）用万用表测量启动机电磁阀正极端子与接地间的电压，当点火开关在“OFF”位置时，万用表应显示电压正常。如果没有电压，应检查电磁阀和蓄电池电缆线是否断裂。同时，还要检查端子是否松动，是否被腐蚀。 （2）如果万用表显示有电压，但启动机不工作，应检查启动机电磁阀与点火开关的导线是否存在断裂，还要检查端子是否松动或腐蚀。 （3）如果启动机电磁阀和点火开关导线未松动或未损坏，而启动机不工作，应从电磁阀端子上拆下连接启动机和电磁阀的电缆。用万用表正表笔与电磁阀 S 端子或开关端子相连，负表笔接地。 （4）将点火开关转至“START”位置，万用表指示有电压而启动机不能工作，说明启动机电磁阀存在故障，应当更换。 （5）若万用表未显示电压，应进行下列检查，需检查的项目是：电磁阀 S 端子或开关端子与电磁开关导线是否断裂；端子是否松动或腐蚀；熔丝是否熔断；检查点火开关和电磁开关电压是否正确；检查安全停机系统。 （6）若启动机电磁阀与电磁开关的导线未松动、未损坏，而启动机不能工作，则应检查电磁阀与启动机电缆是否断裂，端子是否松动或腐蚀。 （7）检查连接启动机与蓄电池的电缆是否断裂，端子是否松动或腐蚀。 （8）若电缆未松动，未损坏，说明启动机损坏，必须更换	60	检查不到位，每处扣 5 分，扣完为止		
3	工作结束					
3.1	整理工器具	工具整理，摆放整齐	5	未整理工器具扣 5 分		
3.2	工作现场清理	清理现场	5	未清理现场扣 5 分		
4	填写记录					
4.1	填写维保记录单	内容全面，记录规范	10	填写不全面，每处扣 2 分，扣完为止		
合计			100			

Jc0005441075　发动机点火开关检查。（100 分）

考核知识点：发动机检查

难易度：易

技能等级评价专业技能考核操作工作任务书

一、任务名称

发动机点火开关检查。

二、适用工种

机具维护工中级工。

三、具体任务

牵张机康明斯 B 系列发动机点火开关检查。

四、工作规范及要求

（1）掌握牵张机的机械性能和操作要求。

（2）故障的正确分析及处理。

（3）工器具的正确使用及做好安全防护。

五、考核时间及要求

（1）本模块操作时间为 10 分钟，时间到停止考评。

（2）考评过程中如果由于测试人员操作不规范，有可能引发不安全因素的，停止考评，该项考核项目不得分，但不影响其他项目。

技能等级评价专业技能考核操作评分标准

工种	机具维护工				评价等级	中级工
项目模块	专业知识—机具检查检修			编号	Jc0005441075	
单位		准考证号			姓名	
考试时限	10 分钟	题型	单项操作		题分	100 分
成绩		考评员		考评组长	日期	
试题正文	发动机点火开关检查					
需要说明的问题和要求	（1）要求单人操作，考评员监护。 （2）在设定考试工位上完成操作。 （3）操作结束后，待考评员同意后方可离开考场					

序号	项目名称	质量要求	满分	扣分标准	扣分原因	得分
1	准备工作					
1.1	相关安全措施的准备	着装应符合安全要求：穿工作服、戴线手套、注意安全防护	5	未按要求穿工作服扣 5 分； 未按要求戴手套扣 5 分		
1.2	工器具、设备及辅助设备备品备件完备	检查工器具、设备及辅助设备是否齐全洁净，符合作业要求	5	少一件工器具扣 1 分，扣完为止		
2	操作步骤					
2.1	初始检查	在对点火开关进行故障判断前，应确保蓄电池端子未松动、未腐蚀	10	检查不到位，每处扣 1 分，扣完为止		
2.2	电压检查	（1）从点火开关端子上拆下连接点火开关与电磁开关（S 或星形标记）的导线。万用表正极与点火开关端子相连，负极接地。 （2）当点火开关在“OFF”位置时，万用表应指示 0 电压。如果万用表指示有电压，说明点火开关有故障，必须更换。 （3）当点火开关在“START”位置时，万用表应指示系统电压。 （4）如果没有电压，应将点火开关转到“OFF”位置，用万用表正表笔与点火开关端子相连，该端子已有一根导线与启动机电磁阀“B”端子相连，检查点火开关处有无电源电压。 （5）将点火开关转到“START”位置，如果万用表指示点火开关端子处电压为系统电压，说明点火开关损坏，必须更换。 （6）如果万用表指示没有电压，则点火开关不是发生故障的原因。检查点火开关与启动机电磁阀“B”端子间的导线，以及连接启动机电磁阀与蓄电池的导线是否断裂或损坏	60	检查不到位，每处扣 10 分，扣完为止		

续表

序号	项目名称	质量要求	满分	扣分标准	扣分原因	得分
3	工作结束					
3.1	整理工器具	工具整理，摆放整齐	5	未整理工器具扣5分		
3.2	工作现场清理	清理现场	5	未清理现场扣5分		
4	填写记录					
4.1	填写维保记录单	内容全面，记录规范	10	填写不全面，每处扣2分，扣完为止		
合计			100			

Jc0005442076 发动机启动机电磁开关检修。(100分)

考核知识点：发动机检修

难易度：中

技能等级评价专业技能考核操作工作任务书

一、任务名称

发动机启动机电磁开关检修。

二、适用工种

机具维护工中级工。

三、具体任务

牵张机康明斯B系列发动机启动机电磁开关检修。

四、工作规范及要求

（1）掌握牵张机的机械性能和操作要求。

（2）故障的正确分析及处理。

（3）工器具的正确使用及做好安全防护。

五、考核时间及要求

（1）本模块操作时间为10分钟，时间到停止考评。

（2）考评过程中如果由于测试人员操作不规范，有可能引发不安全因素的，停止考评，该项考核项目不得分，但不影响其他项目。

技能等级评价专业技能考核操作评分标准

工种	机具维护工				评价等级	中级工
项目模块	专业知识—机具检查检修			编号	Jc0005442076	
单位		准考证号			姓名	
考试时限	10分钟	题型	单项操作		题分	100分
成绩		考评员	考评组长		日期	
试题正文	发动机启动机电磁开关检修					
需要说明的问题和要求	（1）要求单人操作，考评员监护。 （2）在设定考试工位上完成操作。 （3）操作结束后，待考评员同意后方可离开考场					

续表

序号	项目名称	质量要求	满分	扣分标准	扣分原因	得分
1	准备工作					
1.1	相关安全措施的准备	着装应符合安全要求：穿工作服、戴线手套、注意安全防护	5	未按要求穿工作服扣 3 分； 未按要求戴手套扣 2 分		
1.2	工器具、设备及辅助设备备品备件完备	检查工器具、设备及辅助设备是否齐全洁净，符合作业要求	5	少一件工器具扣 1 分，扣完为止		
2	操作步骤					
2.1	电阻检查	（1）从电磁开关端子上拆下连接电磁开关和启动机电磁阀的电缆，将万用表连接到开关端子，测量电阻。 （2）当点火开关在“OFF”位置时，电阻应大于 100kΩ，当点火开关转到“START”位置时，电阻应小于 10Ω。如果电阻不在规定范围，应更换电磁开关	30	检查不到位，每处扣 15 分，扣完为止		
2.2	电压检查	（1）当点火开关在“START”位置时，电阻超过 100kΩ，说明存在故障。这时应将点火开关转至“OFF”位置，测量直流电压，应为 12V。 （2）用万用表测量电磁开关 S 端子与接地电压，当点火开关在“START”位置，应当有电压，如果没有电压，说明存在故障，应更换电磁开关。 （3）将点火开关转至“OFF”位置，拆下万用表，将电磁开关与启动机电磁阀导线相连	40	检查不到位，每处扣 15 分，扣完为止		
3	工作结束					
3.1	整理工器具	工具整理，摆放整齐	5	未整理工器具扣 5 分		
3.2	工作现场清理	清理现场	5	未清理现场扣 5 分		
4	填写记录					
4.1	填写维保记录单	内容全面，记录规范	10	填写不全面，每处扣 2 分，扣完为止		
合计			100			

Jc0005442077 发动机气门、气门座及导管检查。（100 分）

考核知识点：发动机检查

难易度：中

技能等级评价专业技能考核操作工作任务书

一、任务名称

发动机气门、气门座及导管检查。

二、适用工种

机具维护工中级工。

三、具体任务

牵张机康明斯 B 系列发动机气门、气门座及导管检查。

四、工作规范及要求

（1）掌握牵张机的机械性能和操作要求。

（2）故障的正确分析及处理。

（3）工器具的正确使用及做好安全防护。

五、考核时间及要求

（1）本模块操作时间为40分钟，时间到停止考评。

（2）考评过程中如果由于测试人员操作不规范，有可能引发不安全因素的，停止考评，该项考核项目不得分，但不影响其他项目。

技能等级评价专业技能考核操作评分标准

工种	机具维护工					评价等级	中级工
项目模块	专业知识—机具检查检修				编号	Jc0005442077	
单位			准考证号			姓名	
考试时限	40 分钟		题型	单项操作		题分	100 分
成绩		考评员		考评组长		日期	
试题正文	发动机气门、气门座及导管检查						
需要说明的问题和要求	（1）要求单人操作，考评员监护。 （2）在设定考试工位上完成操作。 （3）操作结束后，待考评员同意后方可离开考场						

序号	项目名称	质量要求	满分	扣分标准	扣分原因	得分
1	准备工作					
1.1	相关安全措施的准备	着装应符合安全要求：穿工作服、戴线手套、注意安全防护	5	未按要求穿工作服扣 3 分； 未按要求戴手套扣 2 分		
1.2	工器具、设备及辅助设备备品备件完备	检查工器具、设备及辅助设备是否齐全洁净，符合作业要求	5	少一件工器具扣 1 分，扣完为止		
2	操作步骤					
2.1	检查	（1）检查气门导管。 （2）检查气门座有无损伤。 （3）检查气门头部和气门杆有无异常磨损。 （4）测量气门杆直径见表Jc0005442077-1，如果气门杆直径超过技术规范，必须更换。 （5）气门座角度和深度见表Jc0005442077-2。 （6）检查气杆端部是否平直，如果磨损，必须更换。 （7）检查气门是否弯曲，如果弯曲，应当更换。 （8）测量气门头部边缘厚度，见表Jc0005442077-3，如果边缘厚度超出技术规范，必须更换。 （9）检查气门弹簧的自由长度和最大斜度，见表 Jc0005442077-4。 （10）用气门弹簧压缩器将弹簧压缩到35.33mm 的高度。所需载荷为 320.8～358.8N，若载荷不在此范围，说明弹簧弹力已减弱，应当更换	70	检查不到位，每处扣 7 分，扣完为止		
3	工作结束					
3.1	整理工器具	工具整理，摆放整齐	5	未整理工器具扣 5 分		
3.2	工作现场清理	清理现场	5	未清理现场扣 5 分		
4	填写记录					
4.1	填写维保记录单	内容全面，记录规范	10	填写不全面，每处扣 2 分，扣完为止		
合计			100			

表 Jc0005442077-1　　气门杆直径　　（单位：mm）

名称	最小值	最大值
气门杆直径	6.96	7.01

表 Jc0005442077-2　　气门深度　　（单位：mm）

名称	最小值	最大值	名称	最小值	最大值
进气门深度（已安装）	0.584	0.965	排气门深度（已安装）	1.092	1.473

表 Jc0005442077-3　　气门头部边缘厚度极限　　（单位：mm）

名称	最小值
气门头部边缘厚度极限	0.79

表 Jc0005442077-4　　气门弹簧尺寸　　（单位：mm）

名称	尺寸	名称	尺寸
自由长度	47.75	最大斜度	1.5

Jc0005442078　柱塞泵柱塞和缸体孔径的间隙测量。(100 分)

考核知识点：牵张机柱塞泵检测

难易度：中

技能等级评价专业技能考核操作工作任务书

一、任务名称

柱塞泵柱塞和缸体孔径的间隙测量。

二、适用工种

机具维护工中级工。

三、具体任务

牵张机柱塞泵柱塞和缸体孔径的间隙测量。

四、工作规范及要求

（1）掌握牵张机液压系统的性能。

（2）故障的正确分析及处理。

（3）工器具的正确使用及做好安全防护。

五、考核时间及要求

（1）本模块操作时间为 30 分钟，时间到停止考评。

（2）考评过程中如果由于测试人员操作不规范，有可能引发不安全因素的，停止考评，该项考核项目不得分，但不影响其他项目。

技能等级评价专业技能考核操作评分标准

工种	机具维护工					评价等级	中级工
项目模块	专业知识—机具试验检测				编号	Jc0005442078	
单位			准考证号			姓名	
考试时限	30 分钟	题型	单项操作			题分	100 分
成绩		考评员		考评组长		日期	

续表

试题正文	柱塞泵柱塞和缸体孔径的间隙测量
需要说明的问题和要求	（1）要求单人操作，考评员监护。 （2）在设定考试工位上完成操作。 （3）操作结束后，待考评员同意后方可离开现场

序号	项目名称	质量要求	满分	扣分标准	扣分原因	得分
1	准备工作					
1.1	相关安全措施的准备	着装应符合安全要求：穿工作服、戴线手套，注意安全防护	5	未按要求穿工作服扣 3 分； 未按要求戴手套扣 2 分		
1.2	工器具设备及辅助设备备品备件完备	检查工器具及辅助设备是否齐全洁净，符合作业要求	5	少一件工器具扣 1 分，扣完为止		
2	操作步骤					
2.1	测量	测量柱塞和缸体孔径的间隙。首先使用外径千分尺测量柱塞的直径，将外径千分尺锁定，利用这个尺寸调节内径千分尺的指针为零位，然后将内径千分尺的触头放入缸体的孔中	40	千分尺使用不正确扣 15 分； 测量方法、步骤不正确，每处扣 10 分；扣完为止		
2.2	读数	读取间隙值	30	测量数据不正确扣 10 分； 测量正确但不会读数扣 10 分； 测量正确但读数不正确扣 10 分		
3	工作结束					
3.1	整理工器具	工具整理，摆放整齐	5	未整理工器具扣 5 分		
3.2	工作现场清理	清理现场	5	未清理现场扣 5 分		
4	填写记录					
4.1	填写检查记录单	内容全面，记录规范	10	填写不全面，每处扣 2 分，扣完为止		
合计			100			

Jc0005442079　空气压缩机排气量减小故障排除。（100 分）

考核知识点：空气压缩机故障分析

难易度：中

技能等级评价专业技能考核操作工作任务书

一、任务名称

空气压缩机排气量减小故障排除。

二、适用工种

机具维护工中级工。

三、具体任务

空气压缩机排气量减小故障的排除步骤。

四、工作规范及要求

（1）掌握空气压缩机的机械性能和操作要求。

（2）故障的正确分析及处理。

（3）工器具的正确使用及做好安全防护。

五、考核时间及要求

（1）本模块操作时间为 60 分钟，时间到停止考评。

（2）考评过程中如果由于测试人员操作不规范，有可能引发不安全因素的，停止考评，该项考核项目不得分，但不影响其他项目。

技能等级评价专业技能考核操作评分标准

工种	机具维护工					评价等级	中级工
项目模块	专业知识—机具故障排除			编号		Jc0005442079	
单位			准考证号			姓名	
考试时限	60 分钟	题型		单项操作		题分	100 分
成绩		考评员		考评组长		日期	
试题正文	空气压缩机排气量减小故障排除						
需要说明的问题和要求	（1）要求单人操作，考评员监护。 （2）在设定考试工位上完成操作。 （3）操作结束后，待考评员同意后方可离开考场。 （4）设置故障点为：空气滤清器堵塞						

序号	项目名称	质量要求	满分	扣分标准	扣分原因	得分
1	准备工作					
1.1	相关安全措施的准备	着装应符合安全要求：穿工作服、戴线手套、注意安全防护	5	未按要求穿工作服扣 3 分； 未按要求戴手套扣 2 分		
1.2	工器具及辅助设备备品备件完备	检查工器具及辅助设备是否齐全洁净，符合作业要求	5	少一件工器具扣 1 分，扣完为止		
2	操作步骤					
2.1	故障原因分析	（1）气阀漏气。 （2）活塞环、刮油环、气缸磨损过度。 （3）空气滤清器堵塞。 （4）管路漏气。 （5）压缩上止点间隙过大。 （6）空气压缩机转速过低	20	每少分析或分析不正确一处，扣 4 分，扣完为止		
2.2	设备检查	（1）检查气阀，若漏气，进行检修。 （2）检查活塞环、刮油环、气缸，若磨损过度，进行更换。 （3）检查空气滤清器，若有堵塞，进行清洁。 （4）检查管路，若有漏气，进行检修。 （5）检查活塞上止点间隙，若间隙过大，进行调整。 （6）检查空气压缩机转速，若转速过低，进行调整	20	检查不到位，每处扣 4 分，扣完为止		
2.3	确定故障	空气滤清器堵塞	10	故障确认不正确扣 10 分		
2.4	故障排除	清洗或更换空滤	10	操作顺序、方法不正确，每处扣 1 分； 丢失或漏装零部件，每只扣 1 分； 扣完为止		
2.5	故障排除后检查	重新启动空气压缩机，设备运转正常，故障排除	10	检查不到位扣 10 分		
3	工作结束					
3.1	整理工器具	工具整理，摆放整齐	5	未整理工器具扣 5 分		
3.2	工作现场清理	清理现场	5	未清理现场扣 5 分		
4	填写记录					
4.1	填写维保记录单	内容全面，记录规范	10	填写不全面，每少一项扣 2 分，扣完为止		
合计			100			

Jc0005441080　配电柜断路器无法合闸故障排除。（100 分）

考核知识点：配电柜故障分析

难易度：易

技能等级评价专业技能考核操作工作任务书

一、任务名称

配电柜断路器无法合闸故障排除。

二、适用工种

机具维护工中级工。

三、具体任务

配电柜断路器无法合闸故障的排除步骤。

四、工作规范及要求

（1）掌握配电柜构造，了解配电柜性能。

（2）故障的正确分析及处理。

（3）工器具的正确使用及做好安全防护。

五、考核时间及要求

（1）本模块操作时间为 30 分钟，时间到停止考评。

（2）考评过程中如果由于测试人员操作不规范，有可能引发不安全因素的，停止考评，该项考核项目不得分，但不影响其他项目。

技能等级评价专业技能考核操作评分标准

工种	机具维护工					评价等级	中级工
项目模块	专业知识—机具故障排除			编号		Jc0005441080	
单位			准考证号			姓名	
考试时限	30 分钟		题型	单项操作		题分	100 分
成绩		考评员		考评组长		日期	
试题正文	配电柜断路器无法合闸故障排除						
需要说明的问题和要求	（1）要求单人操作，考评员监护。 （2）在设定考试工位上完成操作。 （3）操作结束后，待考评员同意后方可离开考场。 （4）设置故障点为：合闸电磁铁损坏						

序号	项目名称	质量要求	满分	扣分标准	扣分原因	得分
1	准备工作					
1.1	相关安全措施的准备	着装应符合安全要求：穿工作服、戴绝缘手套、注意安全防护	5	未按要求穿工作服扣 3 分； 未按要求戴手套扣 2 分		
1.2	工器具及辅助设备备品备件完备	检查工器具及辅助设备是否齐全洁净，符合作业要求	5	少一件工器具扣 1 分，扣完为止		
2	操作步骤					
2.1	故障原因分析	（1）按下合闸按钮，合闸线圈有电但不动作，欠压线圈损坏。 （2）合闸按钮接触不良。 （3）控制回路熔芯烧坏。 （4）断路器没有储能。 （5）合闸电磁铁电压过小。 （6）合闸电磁铁损坏。 （7）抽屉式断路器二次回路接触不良	20	每少分析或分析不正确一处扣 3 分，扣完为止		

续表

序号	项目名称	质量要求	满分	扣分标准	扣分原因	得分
2.2	设备检查	（1）检查欠压线圈，若有损坏，进行更换。 （2）检查合闸按钮，若有损坏，进行更换。 （3）检查控制回路熔芯，若有损坏，进行更换。 （4）检查断路器，若有损坏，进行更换。 （5）检查合闸电磁铁，若有损坏，进行更换。 （6）测量合闸电磁铁电压，若电压过小，进行检修。 （7）检查断路器二次回路接线，若未接通，进行检修	20	检查不到位，每处扣 3 分，扣完为止		
2.3	确定故障	合闸电磁铁损坏	10	故障确认不正确扣 10 分		
2.4	故障排除	更换合闸电磁铁	10	操作顺序、方法不正确，每处扣 1 分；丢失或漏装零部件，每只扣 1 分；扣完为止		
2.5	故障排除后检查	重新合闸，断路器正常，故障排除后	10	检查不到位扣 10 分		
3	工作结束					
3.1	整理工器具	工具整理，摆放整齐	5	未整理工器具扣 5 分		
3.2	工作现场清理	清理现场	5	未清理现场扣 5 分		
4	填写记录					
4.1	填写维保记录单	内容全面，记录规范	10	填写不全面，每少一项扣 2 分，扣完为止		
合计			100			

Jc0005442081　发电机组发动机高温故障排除。（100 分）

考核知识点：发电机组故障分析

难易度：中

技能等级评价专业技能考核操作工作任务书

一、任务名称

发电机组发动机高温故障排除。

二、适用工种

机具维护工中级工。

三、具体任务

发电机组发动机高温故障的排除步骤。

四、工作规范及要求

（1）了解发电机组性能。

（2）故障的正确分析及处理。

（3）工器具的正确使用及做好安全防护。

五、考核时间及要求

（1）本模块操作时间为 30 分钟，时间到停止考评。

（2）考评过程中如果由于测试人员操作不规范，有可能引发不安全因素的，停止考评，该项考核项目不得分，但不影响其他项目。

技能等级评价专业技能考核操作评分标准

工种	机具维护工			评价等级	中级工
项目模块	专业知识—机具故障排除		编号	Jc0005442081	
单位		准考证号		姓名	
考试时限	30 分钟	题型	单项操作	题分	100 分
成绩		考评员	考评组长		日期
试题正文	发电机组发动机高温故障排除				
需要说明的问题和要求	（1）要求单人操作，考评员监护。 （2）在设定考试工位上完成操作。 （3）操作结束后，待考评员同意后方可离开考场。 （4）设置故障点为：节温器故障				

序号	项目名称	质量要求	满分	扣分标准	扣分原因	得分
1	准备工作					
1.1	相关安全措施的准备	着装应符合安全要求；穿工作服、戴线手套、注意安全防护	5	未按要求穿工作服扣 3 分； 未按要求戴手套扣 2 分		
1.2	工器具及辅助设备备品备件完备	检查工器具及辅助设备是否齐全洁净，符合作业要求	5	少一件工器具扣 1 分，扣完为止		
2	操作步骤					
2.1	故障原因分析	（1）长时间超负荷作业。 （2）冷却液不足。 （3）风扇皮带过松或风扇变形。 （4）散热器表面附着杂物。 （5）冷却液循环不畅。 （6）节温器或水泵损坏。 （7）环境温度过高	20	每少分析或分析不正确一处扣 3 分，扣完为止		
2.2	设备检查	（1）若长时间超负荷作业，应降低负荷。 （2）检查冷却液存量。若液位低，应补充至标准值。 （3）检查柴油机风扇皮带，若松弛进行调整；若风扇形状异常，进行更换。 （4）检查散热器表面并进行清洁。 （5）检查节温器、水泵，若有损坏，进行更换或检修。 （6）若环境温度过高，应停机冷却	20	检查不到位，每处扣 3 分，扣完为止		
2.3	确定故障	节温器损坏	10	故障确认不正确扣 10 分		
2.4	故障排除	更换节温器	10	操作顺序、方法不正确，每处扣 5 分； 丢失或漏装零部件，每只扣 2 分； 扣完为止		
2.5	故障排除后检查	重新启动发电机组，设备运行正常，故障排除	10	检查不到位扣 10 分		
3	工作结束					
3.1	整理工器具	工具整理，摆放整齐	5	未整理工器具扣 5 分		
3.2	工作现场清理	清理现场	5	未清理现场扣 5 分		
4	填写记录					
4.1	填写维保记录单	内容全面，记录规范	10	填写不全面，每少一项扣 2 分，扣完为止		
合计			100			

Jc0005442082　气割钢板质量检验。（100分）

考核知识点： 气割钢板质量检测

难易度： 中

技能等级评价专业技能考核操作工作任务书

一、任务名称

气割钢板质量检验。

二、适用工种

机具维护工中级工。

三、具体任务

气割钢板的质量检验步骤。

四、工作规范及要求

（1）掌握气割钢板的质量要求。

（2）工器具的正确使用及做好安全措施。

五、考核时间及要求

（1）本模块操作时间为20分钟，时间到停止考评。

（2）考评过程中如果由于测试人员操作不规范，有可能引发不安全因素的，停止考评，该项考核项目不得分，但不影响其他项目。

技能等级评价专业技能考核操作评分标准

工种	机具维护工				评价等级	中级工
项目模块	专业知识—机具试验检测			编号	Jc0005442082	
单位		准考证号			姓名	
考试时限	20分钟	题型	单项操作		题分	100分
成绩		考评员		考评组长	日期	
试题正文	气割钢板质量检验					
需要说明的问题和要求	（1）要求单人操作，专业技术人员监护。 （2）在设定考试工位上完成操作。 （3）操作结束后，待考评员同意后方可离开考场					

序号	项目名称	质量要求	满分	扣分标准	扣分原因	得分
1	准备工作					
1.1	相关安全措施的准备	着装应符合安全要求：穿工作服、戴线手套、注意安全防护	5	未按要求穿工作服扣3分； 未按要求戴手套扣2分		
1.2	工器具、设备及辅助设备完备	检查工器具及辅助设备是否齐全洁净，符合作业要求	5	少一件工器具扣1分，扣完为止		
2	操作步骤					
2.1	表面粗糙度	波纹高度（G值）小于等于80μm	20	加工精度超差扣20分		
2.2	平面度	平面度（B值）小于等于1%	10	加工精度超差扣10分		
2.3	上缘融化程度	圆角塌边，宽度小于等于1mm	10	加工精度超差扣10分		
2.4	挂渣状态	有挂渣，容易清除	10	加工精度超差扣10分		
2.5	缺陷的极限间距	每个缺陷的间距大于等于2mm	10	难清除，留有残迹，扣10分		

续表

序号	项目名称	质量要求	满分	扣分标准	扣分原因	得分
2.6	直线度	沿切割方向将起止两端连成的直线同实际切割面之间的间隙小于等于 0.8mm	10	加工精度超差扣 10 分		
2.7	垂直度	垂直度小于等于 2%	10	加工精度超差扣 10 分		
3	工作结束					
3.1	整理工具	工具整理、摆放整齐	5	未整理工器具扣 5 分		
3.2	工作现场清理	清理现场	5	未清理现场扣 5 分		
合计			100			

Jc0005441083　双卷筒机动绞磨日常检查。（100 分）

考核知识点：双卷筒机动绞磨检查

难易度：易

技能等级评价专业技能考核操作工作任务书

一、任务名称

双卷筒机动绞磨日常检查。

二、适用工种

机具维护工中级工。

三、具体任务

ZJ－QXS－50/24－A 型双卷筒机动绞磨日常检查。

四、工作规范及要求

掌握机动绞磨的机械性能及操作要求。

五、考核时间及要求

（1）本模块操作时间为 10 分钟，时间到停止考评。

（2）考评过程中如果由于测试人员操作不规范，有可能引发不安全因素的，停止考评，该项考核项目不得分，但不影响其他项目。

技能等级评价专业技能考核操作评分标准

工种	机具维护工					评价等级	中级工
项目模块	专业知识—机具检查检修				编号	Jc0005441083	
单位			准考证号			姓名	
考试时限	10 分钟	题型	单项操作			题分	100 分
成绩		考评员		考评组长		日期	
试题正文	双卷筒机动绞磨日常检查						
需要说明的问题和要求	（1）要求单人操作，考评员监护。 （2）在设定考试工位上完成操作。 （3）操作结束后，待考评员同意后方可离开考场						

序号	项目名称	质量要求	满分	扣分标准	扣分原因	得分
1	准备工作					

续表

序号	项目名称	质量要求	满分	扣分标准	扣分原因	得分
1.1	相关安全措施的准备	着装应符合安全要求：穿工作服、戴线手套、注意安全防护	5	未按要求穿工作服扣3分； 未按要求戴手套扣2分		
2.2	工器具及辅助设备完备	检查工器具及辅助设备是否齐全洁净，符合作业要求	5	少一件工器具扣1分，扣完为止		
2	操作步骤					
2.1	标牌或标识的检查	标牌或标识（包含名称、型号、荷载、厂家、出厂日期等）明显	20	检查不到位，每处扣5分，扣完为止		
2.2	完好性的检查	绞磨各附件齐全，滚筒无锈蚀、无破损、无变形、无缺件、无漏油，检查并调整三角皮带松紧度、各部件紧固良好	20	检查不到位，每处扣3分，扣完为止		
2.3	无载运转检查	机动绞磨在无荷载状态下，启动绞磨，检查正转、反转情况，操作检查控制杆、油门、制动器是否灵活可靠	30	检查不到位，每处扣6分，扣完为止		
3	工作结束					
3.1	整理工器具	工具整理，摆放整齐	5	未整理工器具扣5分		
3.2	工作现场清理	清理现场	5	未归位扣5分		
4	填写记录					
4.1	填写检查记录单	内容全面，记录规范	10	填写不全面，每处扣2分，扣完为止		
合计			100			

Jc0005443084　双卷筒机动绞磨分解检修。（100分）

考核知识点：双卷筒机动绞磨检修

难易度：难

技能等级评价专业技能考核操作工作任务书

一、任务名称

双卷筒机动绞磨分解检修。

二、适用工种

机具维护工中级工。

三、具体任务

ZJ－QXS－50/24－A型双卷筒机动绞磨分解检修。

四、工作规范及要求

（1）掌握机动绞磨的机械性能及操作要求。

（2）工器具的正确使用及做好安全措施。

五、考核时间及要求

（1）本模块操作时间为30分钟，时间到停止考评。

（2）考评过程中如果由于测试人员操作不规范，有可能引发不安全因素的，停止考评，该项考核项目不得分，但不影响其他项目。

技能等级评价专业技能考核操作评分标准

工种	机具维护工			评价等级	中级工
项目模块	专业知识—机具检查检修		编号	Jc0005443084	
单位		准考证号		姓名	
考试时限	30分钟	题型	单项操作	题分	100分
成绩		考评员		考评组长		日期	
试题正文	双卷筒机动绞磨分解检修				
需要说明的问题和要求	（1）要求单人操作，考评员监护。 （2）在设定考试工位上完成操作。 （3）操作结束后，待考评员同意后方可离开考场				

序号	项目名称	质量要求	满分	扣分标准	扣分原因	得分
1	准备工作					
1.1	相关安全措施的准备	着装应符合安全要求：穿工作服、戴线手套、注意安全防护	5	未按要求穿工作服扣3分； 未按要求戴线手套扣2分		
1.2	工器具、设备完备及辅助设备完备	检查工器具及辅助设备是否齐全洁净，符合作业要求	5	少一件工器具扣1分，扣完为止		
2	操作步骤					
2.1	设备外部清洁	清洁机动绞磨	10	未清洁扣10分； 清洁不到位扣5分		
2.2	拆卸	（1）先拆下三角皮带传动装置的防护罩、三角皮带和齿轮传动装置的防护罩。 （2）再拆开电线的接头和电动机配电盘的端子，拆下电动机和三角皮带传动装置的主动皮带轮。 （3）拆开手柄与操敞杠杆、踏板与制动带的连接处，取下操纵手柄，拧下制动带的拉紧螺帽和制动器踏板弹簧的螺帽，取下制动带、制动轴和棘轮机构的棘爪。 （4）拆下卷筒轴（连同卷筒）、从动齿轮和棘轮，拧下螺钉。并取下中间轴的垫圈、三角皮带传动装置的从动皮带轮、轴承套的盖和滚珠轴承、中间轴连同滚珠轴承和主动齿轮等零件。 （5）把拆下的部件放在工作台或支架上，以便进一步把部件拆成零件。把部件拆成零件时，应在零件上做记号，避免零件混淆，组装不便	20	操作顺序、方法不正确，每处扣4分，扣完为止		
2.3	零部件清洁	拆卸后的零部件放在煤油或热苏打溶液中清洗	10	未清洁扣10分； 清洁不到位扣5分		
2.4	组装	按拆卸相反顺序进行组装	20	操作顺序、方法不正确，每处扣4分； 丢失或漏装零部件，每只扣1分； 扣完为止		
2.5	无载运转检查	机动绞磨在无荷载状态下，启动绞磨，检查正转、反转情况，操作检查控制杆、油门、制动器是否灵活可靠	10	检查不到位，每处扣2分，扣完为止		
3	工作结束					
3.1	整理工器具	工具整理，摆放整齐	5	未整理工器具扣5分		
3.2	工作现场清理	清理现场	5	未清理现场扣5分		
4	填写记录					
4.1	填写维保记录单	内容全面，记录规范	10	填写不全面，每处扣2分，扣完为止		
合计			100			

Jc0005441085　更换起重机液压油滤清器。（100 分）

考核知识点：起重机维护保养

难易度：易

技能等级评价专业技能考核操作工作任务书

一、任务名称

更换起重机液压油滤清器。

二、适用工种

机具维护工中级工。

三、具体任务

更换 16t 起重机液压油滤清器。

四、工作规范及要求

（1）掌握起重机的机械性能和操作要求。

（2）工器具的正确使用及做好安全措施。

五、考核时间及要求

（1）本模块操作时间为 30 分钟，时间到停止考评。

（2）考评过程中如果由于测试人员操作不规范，有可能引发不安全因素的，停止考评，该项考核项目不得分，但不影响其他项目。

技能等级评价专业技能考核操作评分标准

工种	机具维护工				评价等级	中级工
项目模块	专业知识—机具维护保养			编号	Jc0005441085	
单位		准考证号			姓名	
考试时限	30 分钟	题型	单项操作		题分	100 分
成绩		考评员		考评组长	日期	
试题正文	更换起重机液压油滤清器					
需要说明的问题和要求	（1）要求单人操作，考评员监护。 （2）在设定考试工位上完成操作。 （3）操作结束后，待考评员同意后方可离开考场					

序号	项目名称	质量要求	满分	扣分标准	扣分原因	得分
1	准备工作					
1.1	相关安全措施的准备	着装应符合安全要求：穿工作服、戴线手套、注意安全防护	5	未按要求穿工作服扣 3 分； 未按要求戴线手套扣 2 分		
1.2	工器具、设备完备及辅助设备完备	检查工器具及辅助设备是否齐全洁净，符合作业要求	5	少一件工器具扣 1 分，扣完为止		
2	操作步骤					
2.1	拆除旧滤清器	使用专用扳手拆除起重机上的液压油滤清器	20	未使用专用扳手扣 10 分； 操作顺序、方法不正确扣 10 分		
2.2	涂抹液压油	在新滤清器的接口垫圈处涂抹液压油	10	操作顺序、方法不正确扣 10 分		
2.3	安装新滤清器	按照说明书的规定，用手将滤清器拧入、拧紧，再使用专用扳手拧入 3/4 圈	25	未使用专用扳手扣 10 分； 操作顺序、方法不正确，每处扣 5 分； 扣完为止		
2.4	检查	启动发动机，液压系统运转正常，无漏油现象，滤清器更换完成	10	检查不到位扣 10 分		

续表

序号	项目名称	质量要求	满分	扣分标准	扣分原因	得分
2.5	停机	将起重机停机制动、熄火关闭	5	未正确操作扣 5 分		
3	工作结束					
3.1	整理工器具	工具整理，摆放整齐	5	未整理工器具扣 5 分		
3.2	工作现场清理	清理现场	5	未清理现场 5 分		
4	填写记录					
4.1	填写维保记录单	内容全面，记录规范	10	填写不全面，每处扣 2 分，扣完为止		
合计			100			

Jc0005442086 发电机灭磁开关的检查。（100 分）

考核知识点：发电机检查

难易度：中

技能等级评价专业技能考核操作工作任务书

一、任务名称

发电机灭磁开关的检查。

二、适用工种

机具维护工中级工。

三、具体任务

同步发电机灭磁开关的检查。

四、工作规范及要求

（1）了解同步发电机构造及性能。

（2）掌握同步发电机灭磁开关的检查方法。

（3）工器具的正确使用及做好安全防护。

五、考核时间及要求

（1）本模块操作时间为 30 分钟，时间到停止考评。

（2）考评过程中如果由于测试人员操作不规范，有可能引发不安全因素的，停止考评，该项考核项目不得分，但不影响其他项目。

技能等级评价专业技能考核操作评分标准

<table>
<tr><td>工种</td><td colspan="5">机具维护工</td><td>评价等级</td><td>中级工</td></tr>
<tr><td>项目模块</td><td colspan="4">专业知识—机具检查检修</td><td>编号</td><td colspan="2">Jc0005442086</td></tr>
<tr><td>单位</td><td colspan="2"></td><td>准考证号</td><td colspan="2"></td><td>姓名</td><td></td></tr>
<tr><td>考试时限</td><td colspan="2">30 分钟</td><td>题型</td><td colspan="2">单项操作</td><td>题分</td><td>100 分</td></tr>
<tr><td>成绩</td><td></td><td>考评员</td><td></td><td>考评组长</td><td></td><td>日期</td><td></td></tr>
<tr><td>试题正文</td><td colspan="7">发电机灭磁开关的检查</td></tr>
<tr><td>需要说明的问题和要求</td><td colspan="7">（1）要求单人操作，工器具检查完备，考评员监护。
（2）在设定考试工位上完成操作。
（3）操作结束后，待考评员同意后方可离开考场</td></tr>
</table>

续表

序号	项目名称	质量要求	满分	扣分标准	扣分原因	得分
1	准备工作					
1.1	相关安全措施的准备	着装应符合安全要求：穿工作服、戴线手套、注意安全防护	5	未按要求穿工作服扣 3 分； 未按要求戴手套扣 2 分		
1.2	工器具完备及辅助设备完备	检查工器具及辅助设备是否齐全洁净，符合作业要求	5	少一件工器具扣 1 分，扣完为止		
2	检查项目					
2.1	检查主副触头、灭弧栅片及弧罩	主副触头应完好，修整或更换后其接触面积达 75%以上	15	检查不到位扣 5 分； 接触面积不达标扣 10 分		
2.2	检查操作机构	操作机构动作灵活，动作未受阻	10	检查不到位，每处扣 2 分，扣完为止		
2.3	检查各部件连接线	各部件连接线应牢固，若有松动拧紧螺栓	20	检查不到位，每处扣 2 分，扣完为止		
2.4	检查灭磁电阻	灭磁电阻完好，无熔断或短接现象	10	检查不到位扣 10 分		
2.5	测量合闸和分闸绕组的直流电阻	合闸和分闸绕组的直流电阻合格，与铭牌数据相差不超过 10%	15	未测量扣 15 分； 测量数据不准确扣 5 分		
3	工作结束					
3.1	整理工器具	工具整理，摆放整齐	5	未整理工器具扣 5 分		
3.2	工作现场清理	清理现场	5	未清理现场扣 5 分		
4	填写记录					
4.1	填写检查记录单	内容全面，记录规范	10	填写不全面，每处扣 2 分，扣完为止		
合计			100			

Jc0005442087　发电机无法启动故障排除。（100 分）

考核知识点：发电机故障分析

难易度：中

技能等级评价专业技能考核操作工作任务书

一、任务名称

发电机无法启动故障排除。

二、适用工种

机具维护工中级工。

三、具体任务

发电机无法启动故障的排除步骤。

四、工作规范及要求

（1）了解发电机构造及性能。

（2）故障的正确分析及处理。

（3）工器具的正确使用及做好安全防护。

五、考核时间及要求

（1）本模块操作时间为 45 分钟，时间到停止考评。

（2）考评过程中如果由于测试人员操作不规范，有可能引发不安全因素的，停止考评，该项考核项目不得分，但不影响其他项目。

技能等级评价专业技能考核操作评分标准

工种	机具维护工				评价等级	中级工
项目模块	专业知识—机具故障排除			编号	Jc0005442087	
单位		准考证号			姓名	
考试时限	45 分钟	题型	单项操作		题分	100 分
成绩		考评员		考评组长	日期	
试题正文	发电机无法启动故障排除					
需要说明的问题和要求	（1）要求单人操作，考评员监护。 （2）在设定考试工位上完成操作。 （3）操作结束后，待考评员同意后方可离开考场。 （4）设置故障点为：燃油滤清器堵塞					

序号	项目名称	质量要求	满分	扣分标准	扣分原因	得分
1	准备工作					
1.1	相关安全措施的准备	着装应符合安全要求：穿工作服、戴线手套、注意安全防护	5	未按要求穿工作服扣 3 分； 未按要求戴手套扣 2 分		
1.2	工器具及辅助设备备品备件完备	检查工器具及辅助设备是否齐全洁净，符合作业要求	5	少一件工器具扣 1 分，扣完为止		
2	操作步骤					
2.1	故障原因分析	（1）缺少燃油。 （2）燃油流动不畅。 （3）燃油管路中有空气或积水。 （4）电气元件故障	20	每少分析或分析不正确一处扣 5 分，扣完为止		
2.2	设备检查	（1）检查燃油，若不足，则添加燃油。 （2）检查燃油滤清器，若滤清器脏污，进行清洁或更换。 （3）检查燃油管路和管路卡箍，若有漏气进行排除。 （4）检查燃油管路，排除空气或积水。 （5）检查电气元件，若有故障，进行检修或更换	20	检查不到位，每处扣 4 分，扣完为止		
2.3	确定故障	燃油滤清器堵塞	10	故障确认不正确扣 10 分		
2.4	故障排除	清洁或更换燃油滤清器	10	操作顺序、方法不正确，每处 1 分； 丢失或漏装零部件，每只扣 1 分； 扣完为止		
2.5	故障排除后检查	重新启动发电机，设备运转正常，故障排除	10	检查不到位扣 10 分		
3	工作结束					
3.1	整理工器具	工具整理，摆放整齐	5	未整理工器具扣 5 分		
3.2	工作现场清理	清理现场	5	未清理现场扣 5 分		
4	填写记录					
4.1	填写维保记录单	内容全面，记录规范	10	填写不全面，每少一项扣 2 分，扣完为止		
合计			100			

Jc0005442088　发电机加载时，发动机转速降低故障排除。（100 分）

考核知识点： 发电机故障分析

难易度： 中

技能等级评价专业技能考核操作工作任务书

一、任务名称

发电机加载时，发动机转速降低故障的排除步骤。

二、适用工种

机具维护工中级工。

三、具体任务

发电机加载时，发动机转速降低故障的排除步骤。

四、工作规范及要求

（1）了解发电机构造及性能。

（2）故障的正确分析及处理。

（3）工器具的正确使用及做好安全防护。

五、考核时间及要求

（1）本模块操作时间为45分钟，时间到停止考评。

（2）考评过程中如果由于测试人员操作不规范，有可能引发不安全因素的，停止考评，该项考核项目不得分，但不影响其他项目。

技能等级评价专业技能考核操作评分标准

工种	机具维护工					评价等级	中级工
项目模块	专业知识—机具故障排除				编号	Jc0005442088	
单位			准考证号			姓名	
考试时限	45分钟		题型	单项操作		题分	100分
成绩		考评员		考评组长		日期	
试题正文	发电机加载时，发动机转速降低故障维修						
需要说明的问题和要求	（1）要求单人操作，考评员监护。 （2）在设定考试工位上完成操作。 （3）操作结束后，待考评员同意后方可离开考场。 （4）设置故障点为：燃油油路堵塞						

序号	项目名称	质量要求	满分	扣分标准	扣分原因	得分
1	准备工作					
1.1	相关安全措施的准备	着装应符合安全要求：穿工作服、戴线手套、注意安全防护	5	未按要求穿工作服扣3分； 未按要求戴手套扣2分		
1.2	工器具及辅助设备备品备件完备	检查工器具及辅助设备是否齐全洁净，符合作业要求	5	少一件工器具扣1分，扣完为止		
2	操作步骤					
2.1	故障原因分析	（1）空气滤清器堵塞。 （2）燃油滤清器堵塞。 （3）润滑油劣化变质。 （4）过载。 （5）燃油油路堵塞	20	每少分析或分析不正确一处扣4分，扣完为止		
2.2	设备检查	（1）检查空气滤清器，若有堵塞，进行清洁或更换。 （2）检查燃油滤清器，若有堵塞，进行清洁或更换。 （3）检查润滑油，若变质，进行更换。 （4）若发电机过载，应降低负载。 （5）检查燃油油路，若有堵塞，进行清洁	20	检查不到位，每处扣4分，扣完为止		

续表

序号	项目名称	质量要求	满分	扣分标准	扣分原因	得分
2.3	确定故障	燃油油路堵塞	10	故障确认不正确扣 10 分		
2.4	故障排除	疏通油路	10	操作顺序、方法不正确，每处 1 分；丢失或漏装零部件，每只扣 1 分；扣完为止		
2.5	故障排除后检查	重新启动发电机，设备运转正常，故障排除	10	检查不到位扣 10 分		
3	工作结束					
3.1	整理工器具	工具整理，摆放整齐	5	未整理工器具扣 5 分		
3.2	工作现场清理	清理现场	5	未清理现场扣 5 分		
4	填写记录					
4.1	填写维保记录单	内容全面，记录规范	10	填写不全面，每少一项扣 2 分，扣完为止		
合计			100			

Jc0005443089　发动机润滑油压力的检测。（100 分）

考核知识点：发动机检测

难易度：难

技能等级评价专业技能考核操作工作任务书

一、任务名称

发动机润滑油压力的检测。

二、适用工种

机具维护工中级工。

三、具体任务

ARS – 907 牵引机发动机润滑油压力的检测。

四、工作规范及要求

（1）掌握牵引机发动机的机械性能。

（2）工器具、仪器仪表的正确使用及做好安全措施。

五、考核时间及要求

（1）本模块操作时间为 20 分钟，时间到停止考评。

（2）考评过程中如果由于测试人员操作不规范，有可能引发不安全因素的，停止考评，该项考核项目不得分，但不影响其他项目。

技能等级评价专业技能考核操作评分标准

<table>
<tr><td>工种</td><td colspan="5">机具维护工</td><td>评价等级</td><td>中级工</td></tr>
<tr><td>项目模块</td><td colspan="4">专业知识—机具试验检测</td><td>编号</td><td colspan="2">Jc0005443089</td></tr>
<tr><td>单位</td><td colspan="2"></td><td>准考证号</td><td colspan="2"></td><td>姓名</td><td></td></tr>
<tr><td>考试时限</td><td colspan="2">20 分钟</td><td>题型</td><td colspan="2">单项操作</td><td>题分</td><td>100 分</td></tr>
<tr><td>成绩</td><td></td><td>考评员</td><td></td><td>考评组长</td><td></td><td>日期</td><td></td></tr>
<tr><td>试题正文</td><td colspan="7">发动机润滑油压力的检测</td></tr>
<tr><td>需要说明的问题和要求</td><td colspan="7">（1）要求单人操作，考评员监护。
（2）在设定考试工位上完成操作。
（3）操作结束后，待考评员同意后方可离开考场</td></tr>
</table>

续表

序号	项目名称	质量要求	满分	扣分标准	扣分原因	得分
1	准备工作					
1.1	相关安全措施的准备	着装应符合安全要求：穿工作服、戴线手套、注意安全防护	5	未按要求穿工作服扣 3 分； 未按要求戴手套扣 2 分		
1.2	工器具、设备及辅助设备备品备件完备	检查工器具、设备及辅助设备是否齐全洁净，符合作业要求	5	少一件工器具扣 1 分，扣完为止		
2	操作检测项目					
2.1	拆卸	在发动机熄火状态下，将润滑油压力测量孔螺塞拆下	20	操作顺序、方法不正确扣 20 分		
2.2	接表	接上润滑油压力表	10	操作顺序、方法不正确扣 10 分		
2.3	检测	启动发动机分别测得冷车和正常温度下；怠速、中速和高速润滑油压力表读数（一般发动机的润滑油压力应为 0.2～0.5MPa；怠速时最低应不小于 0.15MPa；高速时最高压应不大于 0.60MPa）	40	操作顺序、方法不正确，每处扣 5 分； 测量数据超标，每处扣 5 分； 扣完为止		
3	工作结束					
3.1	整理工器具	工具整理，摆放整齐	5	未整理工器具扣 5 分		
3.2	工作现场清理	清理现场	5	未清理现场扣 5 分		
4	填写记录					
4.1	填写维保记录单	内容全面，记录规范	10	填写不全面，每处扣 2 分，扣完为止		
合计			100			

Jc0004441090　压接管保护套检查。（100 分）

考核知识点： 压接管保护套检查

难易度： 易

技能等级评价专业技能考核操作工作任务书

一、任务名称

压接管保护套检查。

二、适用工种

机具维护工中级工。

三、具体任务

1250 型压接管保护套检查。

四、工作规范及要求

掌握压接管钢护套的使用要求。

五、考核时间及要求

（1）本模块操作时间为 5 分钟，时间到停止考评。

（2）考评过程中如果由于测试人员操作不规范，有可能引发不安全因素的，停止考评，该项考核项目不得分，但不影响其他项目。

技能等级评价专业技能考核操作评分标准

工种	机具维护工				评价等级	中级工
项目模块	专业知识—机具检查检修			编号	Jc0004441090	
单位		准考证号			姓名	
考试时限	5分钟	题型	单项操作		题分	100分
成绩		考评员		考评组长	日期	
试题正文	压接管保护套检查					
需要说明的问题和要求	（1）要求单人操作，考评员监护。 （2）在设定考试工位上完成操作。 （3）操作结束后，待考评员同意后方可离开考场					

序号	项目名称	质量要求	满分	扣分标准	扣分原因	得分
1	准备工作					
1.1	相关安全措施的准备	着装应符合安全要求：穿工作服、戴线手套、注意安全防护	5	未按要求穿工作服扣3分； 未按要求戴手套扣2分		
1.2	工器具及辅助设备完备	检查工器具及辅助设备是否齐全洁净，符合作业要求	5	少一件工器具扣1分，扣完为止		
2	检查项目					
2.1	标牌或标识的检查	标牌或标识（包含名称、型号、荷载、厂家、出厂日期等）明显	20	检查不到位，每处扣5分，扣完为止		
2.2	完好性的检查	压接管保护套无锈蚀、无严重破损，无变形、两头橡胶头良好无破损	20	检查不到位，每处扣5分，扣完为止		
2.3	外部尺寸的检查	用游标卡尺测量钢管外径（同一截面至少两个测点互成90°），钢管外径应符合被保护接续管直径的1.22～1.32倍	30	游标卡尺使用不正确扣10分； 检查不到位扣10分； 测量数据不正确或读数不正确扣10分		
3	工作结束					
3.1	整理工具	工具整理、摆放整齐	5	未整理工器具扣5分		
3.2	工作现场清理	清理现场	5	未清理现场扣5分		
4	填写记录					
4.1	填写检查记录单	内容全面，记录规范	10	填写不全面，每处扣2分，扣完为止		
合计			100			

Jc0005441091 网套连接器的检查。（100分）

考核知识点：网套连接器检查

难易度：易

技能等级评价专业技能考核操作工作任务书

一、任务名称

网套连接器的检查。

二、适用工种

机具维护工中级工。

三、具体任务

630型网套连接器的检查。

四、工作规范及要求

掌握网套连接器使用要求。

五、考核时间及要求

（1）本模块操作时间为5分钟，时间到停止考评。

（2）考评过程中如果由于测试人员操作不规范，有可能引发不安全因素的，停止考评，该项考核项目不得分，但不影响其他项目。

技能等级评价专业技能考核操作评分标准

工种	机具维护工					评价等级	中级工
项目模块	专业知识—机具检查检修				编号	Jc0005441091	
单位			准考证号			姓名	
考试时限	5分钟		题型	单项操作		题分	100分
成绩		考评员		考评组长		日期	
试题正文	网套连接器的检查						
需要说明的问题和要求	（1）要求单人操作，考评员监护。 （2）在设定考试工位上完成操作。 （3）操作结束后，待考评员同意后方可离开考场						

序号	项目名称	质量要求	满分	扣分标准	扣分原因	得分
1	准备工作					
1.1	相关安全措施的准备	着装应符合安全要求：穿工作服、戴线手套、注意安全防护	5	未按要求穿工作服扣3分； 未按要求戴手套扣2分		
1.2	工器具及辅助设备完备	检查工器具及辅助设备是否齐全洁净，符合作业要求	5	少一件工器具扣1分，扣完为止		
2	检查项目					
2.1	标牌或标识的检查	标牌或标识（包含名称、型号、荷载、厂家、出厂日期等）明显	20	检查不到位，每处扣5分，扣完为止		
2.2	完好性的检查	（1）网套连接器无锈蚀、断丝、扭结等现象。 （2）网套连接器保护管损坏、缺失等不可使用。 （3）牵引钢丝绳断丝、腐蚀、破损等不可使用。 （4）网套连接器保护套管内出现锈蚀现象不可使用。 （5）网套连接器压接管锈蚀、开裂、变形等不可使用	40	检查不到位，每处扣8分，扣完为止		
2.3	外部尺寸的检查	网套连接器长度符合要求	10	检查不到位扣10分		
3	工作结束					
3.1	整理工具	工具整理、摆放整齐	5	未整理工器具扣5分		
3.2	工作现场清理	清理现场	5	未清理现场扣5分		
4	填写记录					
4.1	填写检查记录单	内容全面，记录规范	10	填写不全面，每少一项扣2分，扣完为止		
合计			100			

Jc0005441092　卸扣的检查。（100分）

考核知识点：卸扣检查

难易度：易

技能等级评价专业技能考核操作工作任务书

一、任务名称

卸扣的检查。

二、适用工种

机具维护工中级工。

三、具体任务

15t卸扣的检查。

四、工作规范及要求

掌握卸扣使用要求。

五、考核时间及要求

（1）本模块操作时间为5分钟，时间到停止考评。

（2）考评过程中如果由于测试人员操作不规范，有可能引发不安全因素的，停止考评，该项考核项目不得分，但不影响其他项目。

技能等级评价专业技能考核操作评分标准

工种	机具维护工					评价等级	中级工
项目模块	专业知识—机具检查检修				编号	Jc0005441092	
单位			准考证号			姓名	
考试时限	5分钟		题型	单项操作		题分	100分
成绩		考评员		考评组长		日期	
试题正文	卸扣的检查						
需要说明的问题和要求	（1）要求单人操作，考评员监护。 （2）在设定考试工位上完成操作。 （3）操作结束后，待考评员同意后方可离开考场						

序号	项目名称	质量要求	满分	扣分标准	扣分原因	得分
1	准备工作					
1.1	相关安全措施的准备	着装应符合安全要求：穿工作服、戴线手套、注意安全防护	5	未按要求穿工作服扣3分； 未按要求戴手套扣2分		
1.2	工器具及辅助设备完备	检查工器具及辅助设备是否齐全洁净，符合作业要求	5	少一件工器具扣1分，扣完为止		
2	检查项目					
2.1	标牌或标识的检查	标牌或标识（包含名称、型号、荷载、厂家、出厂日期等）明显	20	检查不到位，每处扣5分，扣完为止		
2.2	工艺检查	铸铁或铸钢材质的卸扣严禁使用	10	检查不到位扣10分		
2.3	外观检查	（1）表面光滑平整，不得有裂纹、锐边、过烧等缺陷。 （2）有钻孔或修补痕迹的严禁使用。 （3）扣体或轴销有变形的严禁使用。 （4）螺纹有损伤，卸扣拧紧不到位的严禁使用。 （5）扣体或轴销磨损超标严禁使用	40	检查不到位，每处扣8分，扣完为止		

续表

序号	项目名称	质量要求	满分	扣分标准	扣分原因	得分
3	工作结束					
3.1	整理工器具	工具整理，摆放整齐	5	未整理工器具扣 5 分		
3.2	工作现场清理	清理现场	5	未清理现场扣 5 分		
4	填写记录					
4.1	填写检查记录单	内容全面，记录规范	10	填写不全面，每少一项扣 2 分，扣完为止		
合计			100			

Jc0005441093　地锚的检查。（100 分）

考核知识点：地锚检查

难易度：易

技能等级评价专业技能考核操作工作任务书

一、任务名称

地锚的检查。

二、适用工种

机具维护工中级工。

三、具体任务

8t 地锚的检查。

四、工作规范及要求

掌握地锚使用要求。

五、考核时间及要求

（1）本模块操作时间为 5 分钟，时间到停止考评。

（2）考评过程中如果由于测试人员操作不规范，有可能引发不安全因素的，停止考评，该项考核项目不得分，但不影响其他项目。

技能等级评价专业技能考核操作评分标准

工种	机具维护工					评价等级	中级工
项目模块	专业知识—机具检查检修				编号	Jc0005441093	
单位			准考证号			姓名	
考试时限	5 分钟		题型	单项操作		题分	100 分
成绩		考评员		考评组长		日期	
试题正文	地锚的检查						
需要说明的问题和要求	（1）要求单人操作，考评员监护。 （2）在设定考试工位上完成操作。 （3）操作结束后，待考评员同意后方可离开考场						

序号	项目名称	质量要求	满分	扣分标准	扣分原因	得分
1	准备工作					
1.1	相关安全措施的准备	着装应符合安全要求：穿工作服、戴线手套、注意安全防护	5	未按要求穿工作服扣 3 分； 未按要求戴手套扣 2 分		

续表

序号	项目名称	质量要求	满分	扣分标准	扣分原因	得分
1.2	工器具及辅助设备完备	检查工器具及辅助设备是否齐全洁净，符合作业要求	5	少一件工器具扣1分，扣完为止		
2	检查项目					
2.1	标牌或标识的检查	标牌或标识（包含名称、型号、荷载、厂家、出厂日期等）明显	20	检查不到位，每处扣5分，扣完为止		
2.2	外观检查	（1）外表整洁、完好。 （2）所有焊接处无开焊、破损。 （3）地锚连接环无破损、变形、锈蚀、开裂等现象。 （4）地锚连接环与主体连接处无任何开焊、开裂、腐蚀、锈蚀等现象。 （5）地锚连接环磨损符合规程规范要求	50	检查不到位，每处扣10分，扣完为止		
3	工作结束					
3.1	整理工器具	工具整理，摆放整齐	5	未整理工器具扣5分		
3.2	工作现场清理	清理现场	5	未清理现场扣5分		
4	填写记录					
4.1	填写检查记录单	内容全面，记录规范	10	填写不全面，每少一项扣2分，扣完为止		
合计			100			

Jc0005441094 网套连接器的维护保养。（100分）

考核知识点：网套连接器维护保养

难易度：易

技能等级评价专业技能考核操作工作任务书

一、任务名称

网套连接器的维护保养。

二、适用工种

机具维护工中级工。

三、具体任务

630型网套连接器的维护保养。

四、工作规范及要求

（1）掌握网套连接器使用要求。

（2）工器具的正确使用及做好安全措施。

五、考核时间及要求

（1）本模块操作时间为10分钟，时间到停止考评。

（2）考评过程中如果由于测试人员操作不规范，有可能引发不安全因素的，停止考评，该项考核项目不得分，但不影响其他项目。

技能等级评价专业技能考核操作评分标准

工种	机具维护工				评价等级	中级工
项目模块	专业知识—机具维护保养			编号	Jc0005441094	
单位		准考证号			姓名	
考试时限	10 分钟	题型	单项操作		题分	100 分
成绩		考评员		考评组长	日期	
试题正文	网套连接器的维护保养					
需要说明的问题和要求	（1）要求单人操作，考评员监护。 （2）在设定考试工位上完成操作。 （3）操作结束后，待考评员同意后方可离开考场					

序号	项目名称	质量要求	满分	扣分标准	扣分原因	得分
1	准备工作					
1.1	相关安全措施的准备	着装应符合安全要求：穿工作服、戴线手套、注意安全防护	5	未按要求穿工作服扣 3 分； 未按要求戴手套扣 2 分		
1.2	工器具及辅助设备完备	检查工器具及辅助设备是否齐全洁净，符合作业要求	5	少一件工器具扣 1 分，扣完为止		
2	操作步骤					
2.1	维护保养	网套连接器有污物，清理污物，晒干防止网丝、钢丝绳锈蚀	10	维护保养不到位扣 10 分		
		牵引环钢丝绳应润滑，防止锈蚀损坏，网丝部分不得沾染油脂	15	维护保养不到位扣 15 分		
		对出现的锈蚀，应进行除锈处理。锈蚀严重时严禁使用	15	维护保养不到位扣 15 分		
		网丝保护套管出现变形现象时，应进行校正	15	维护保养不到位扣 15 分		
		网套压接环磨损、变形等情况严禁使用	15	检查不到位扣 15 分		
3	工作结束					
3.1	整理工具	工具整理、摆放整齐	5	未整理工器具扣 5 分		
3.2	工作现场清理	清理现场	5	未清理现场扣 5 分		
4	填写记录					
4.1	填写维保记录单	内容全面，记录规范	10	填写不全面，每少一项扣 2 分，扣完为止		
合计			100			

Jc0005441095　压接管保护套的维护保养。（100 分）

考核知识点：压接管保护套维护保养

难易度：易

技能等级评价专业技能考核操作工作任务书

一、任务名称

压接管保护套的维护保养。

二、适用工种

机具维护工中级工。

三、具体任务

1250 型压接管保护套的维护保养。

四、工作规范及要求

（1）掌握压接管保护套使用要求。

（2）工器具的正确使用及做好安全措施。

五、考核时间及要求

（1）本模块操作时间为 10 分钟，时间到停止考评。

（2）考评过程中如果由于测试人员操作不规范，有可能引发不安全因素的，停止考评，该项考核项目不得分，但不影响其他项目。

技能等级评价专业技能考核操作评分标准

工种	机具维护工				评价等级	中级工
项目模块	专业知识—机具维护保养			编号	Jc0005441095	
单位		准考证号			姓名	
考试时限	10 分钟	题型	单项操作		题分	100 分
成绩		考评员		考评组长	日期	
试题正文	压接管保护套的维护保养					
需要说明的问题和要求	（1）要求单人操作，考评员监护。 （2）在设定考试工位上完成操作。 （3）操作结束后，待考评员同意后方可离开考场					

序号	项目名称	质量要求	满分	扣分标准	扣分原因	得分
1	准备工作					
1.1	相关安全措施的准备	着装应符合安全要求：穿工作服、戴线手套、注意安全防护	5	未按要求穿工作服扣 3 分； 未按要求戴手套扣 2 分		
1.2	工器具及辅助设备完备	检查工器具及辅助设备是否齐全洁净，符合作业要求	5	少一件工器具扣 1 分，扣完为止		
2	操作步骤					
2.1	维护保养	标牌不清，重新打印标示牌	10	维护保养不到位扣 10 分		
		打开保护套，如发现有锈蚀、污垢，需除锈、清洗	10	维护保养不到位扣 10 分		
		检查橡胶皮头，如有不合格的，更换新的橡胶皮头	15	维护保养不到位扣 15 分		
		有多节接头的护套管，要打开每节接头，清洗接头，补充润滑油	10	维护保养不到位扣 10 分		
		用游标卡尺测量钢管外径，钢管外径应符合被保护接续管直径的 1.22～1.32 倍	15	维护保养不到位扣 15 分		
		恢复护套管，两头用铁丝（绑扎丝）绑固	10	维护保养不到位扣 10 分		
3	工作结束					
3.1	整理工具	工具整理、摆放整齐	5	未整理工器具扣 5 分		
3.2	工作现场清理	清理现场	5	未清理现场扣 5 分		
4	填写记录					
4.1	填写维保记录单	内容全面，记录规范	10	填写不全面，每处扣 2 分，扣完为止		
合计			100			

Jc0005441096　卡线器的维护保养。（100分）

考核知识点：卡线器维护保养

难易度：易

技能等级评价专业技能考核操作工作任务书

一、任务名称

卡线器的维护保养。

二、适用工种

机具维护工中级工。

三、具体任务

400型卡线器的维护保养。

四、工作规范及要求

（1）掌握卡线器的使用要求。

（2）工器具的正确使用及做好安全措施。

五、考核时间及要求

（1）本模块操作时间为20分钟，时间到停止考评。

（2）考评过程中如果由于测试人员操作不规范，有可能引发不安全因素的，停止考评，该项考核项目不得分，但不影响其他项目。

技能等级评价专业技能考核操作评分标准

工种	机具维护工					评价等级	中级工
项目模块	专业知识—机具维护保养				编号	Jc0005441096	
单位			准考证号			姓名	
考试时限	20分钟		题型	单项操作		题分	100分
成绩		考评员		考评组长		日期	
试题正文	卡线器的维护保养						
需要说明的问题和要求	（1）要求单人操作，考评员监护。 （2）在设定考试工位上完成操作。 （3）操作结束后，待考评员同意后方可离开考场						

序号	项目名称	质量要求	满分	扣分标准	扣分原因	得分
1	准备工作					
1.1	相关安全措施的准备	着装应符合安全要求：穿工作服、戴线手套、注意安全防护	5	未按要求穿工作服扣3分； 未按要求戴手套扣2分		
1.2	工器具及辅助设备完备	检查工器具及辅助设备是否齐全洁净，符合作业要求	5	少一件工器具扣1分，扣完为止		
2	操作步骤					
2.1	维护保养	标示不清，重新打印标示	10	维护保养不到位扣10分		
		清洁污秽、泥土等	10	维护保养不到位扣10分		
		卡线器有缺失卡簧或开口销的应补齐	10	维护保养不到位扣10分		
		卡线器有开合不够灵活，应进行除污或除锈工作，使其灵活	10	维护保养不到位扣10分		
		卡线器卡口如有轻微损伤可进行修复	10	维护保养不到位扣10分		

续表

序号	项目名称	质量要求	满分	扣分标准	扣分原因	得分
2.1	维护保养	卡线器回位弹簧如不灵活应更换	10	维护保养不到位扣 10 分		
		卡线器所有螺栓如有防松装置不合格或损坏的，要进行更换	10	维护保养不到位扣 10 分		
3	工作结束					
3.1	整理工具	工具整理、摆放整齐	5	未整理工器具扣 5 分		
3.2	工作现场清理	清理现场	5	未清理现场扣 5 分		
4	填写记录					
4.1	填写维保记录单	内容全面，记录规范	10	填写不全面，每少一项扣 2 分，扣完为止		
合计			100			

Jc0005441097　双钩紧线器的维护保养。（100 分）

考核知识点：双钩紧线器维护保养

难易度：易

技能等级评价专业技能考核操作工作任务书

一、任务名称

双钩紧线器的维护保养。

二、适用工种

机具维护工中级工。

三、具体任务

5t 双钩紧线器的维护保养。

四、工作规范及要求

（1）掌握双钩紧线器使用要求。

（2）工器具的正确使用及做好安全措施。

五、考核时间及要求

（1）本模块操作时间为 20 分钟，时间到停止考评。

（2）考评过程中如果由于测试人员操作不规范，有可能引发不安全因素的，停止考评，该项考核项目不得分，但不影响其他项目。

技能等级评价专业技能考核操作评分标准

<table>
<tr><td>工种</td><td colspan="6">机具维护工</td><td>评价等级</td><td>中级工</td></tr>
<tr><td>项目模块</td><td colspan="5">专业知识—机具维护保养</td><td>编号</td><td colspan="2">Jc0005441097</td></tr>
<tr><td>单位</td><td colspan="3"></td><td>准考证号</td><td colspan="2"></td><td>姓名</td><td></td></tr>
<tr><td>考试时限</td><td colspan="2">20 分钟</td><td>题型</td><td colspan="3">单项操作</td><td>题分</td><td>100 分</td></tr>
<tr><td>成绩</td><td></td><td>考评员</td><td></td><td>考评组长</td><td colspan="2"></td><td>日期</td><td></td></tr>
<tr><td>试题正文</td><td colspan="8">双钩紧线器的维护保养</td></tr>
<tr><td>需要说明的问题和要求</td><td colspan="8">（1）要求单人操作，考评员监护。
（2）在设定考试工位上完成操作。
（3）操作结束后，待考评员同意后方可离开考场</td></tr>
</table>

续表

序号	项目名称	质量要求	满分	扣分标准	扣分原因	得分
1	准备工作					
1.1	相关安全措施的准备	着装应符合安全要求：穿工作服、戴线手套、注意安全防护	5	未按要求穿工作服扣 3 分； 未按要求戴手套扣 2 分		
1.2	工器具及辅助设备完备	检查工器具及辅助设备是否齐全洁净，符合作业要求	5	少一件工器具扣 1 分，扣完为止		
2	操作步骤					
2.1	维护保养	双钩紧线器上标识不清则重新打标	5	维护保养不到位扣 5 分		
		清洁污垢	5	维护保养不到位扣 5 分		
		安全锁片有损坏或不能自动锁定的更换安全锁片	5	维护保养不到位扣 5 分		
		打开丝母锁定螺栓	5	维护保养不到位扣 5 分		
		退出钩形丝杆，检查丝杆安全销进行更换或保养	5	维护保养不到位扣 5 分		
		保养钩形丝杆，涂抹润滑油	5	维护保养不到位扣 5 分		
		拧入钩形丝杆，安装丝母，锁定螺栓	5	维护保养不到位扣 5 分		
		抽出手把组件的铆钉	5	维护保养不到位扣 5 分		
		打开手把组件，进行清洗保养	10	维护保养不到位扣 10 分		
		针对棘轮进行清洗保养	5	维护保养不到位扣 5 分		
		安装手把组件	5	维护保养不到位扣 5 分		
		安装手把组件铆钉	5	维护保养不到位扣 5 分		
		确认安装保养维修无误	5	维护保养不到位扣 5 分		
3	工作结束					
3.1	整理工具	工具整理、摆放整齐	5	未整理工器具扣 5 分		
3.2	工作现场清理	清理现场	5	未清理现场扣 5 分		
4	填写记录					
4.1	填写维保记录单	内容全面，记录规范	10	填写不全面，每少一项扣 1 分，扣完为止		
合计			100			

Jc0005441098　提线器的维护保养。（100 分）

考核知识点：提线器维护保养

难易度：易

技能等级评价专业技能考核操作工作任务书

一、任务名称

提线器的维护保养。

二、适用工种

机具维护工中级工。

三、具体任务

双线提线器的维护保养。

四、工作规范及要求

（1）掌握提线器使用要求。

（2）工器具的正确使用及做好安全措施。

五、考核时间及要求

（1）本模块操作时间为20分钟，时间到停止考评。

（2）考评过程中如果由于测试人员操作不规范，有可能引发不安全因素的，停止考评，该项考核项目不得分，但不影响其他项目。

技能等级评价专业技能考核操作评分标准

工种	机具维护工					评价等级	中级工
项目模块	专业知识—机具维护保养				编号	Jc0005441098	
单位			准考证号			姓名	
考试时限	20分钟	题型		单项操作		题分	100分
成绩		考评员		考评组长		日期	
试题正文	提线器的维护保养						
需要说明的问题和要求	（1）要求单人操作，考评员监护。 （2）在设定考试工位上完成操作。 （3）操作结束后，待考评员同意后方可离开考场						

序号	项目名称	质量要求	满分	扣分标准	扣分原因	得分
1	准备工作					
1.1	相关安全措施的准备	着装应符合安全要求：穿工作服、戴线手套、注意安全防护	5	未按要求穿工作服扣3分； 未按要求戴手套扣2分		
1.2	工器具及辅助设备完备	检查工器具及辅助设备是否齐全洁净，符合作业要求	5	少一件工器具扣1分，扣完为止		
2	操作步骤					
2.1	维护保养	提线器上标识不清需重新打印标示	10	维护保养不到位扣10分		
		清理提线器的污垢及外物	10	维护保养不到位扣10分		
		提线器上钢丝绳有损伤的，更换钢丝绳	10	维护保养不到位扣10分		
		提线器上钢丝绳应使用压接绳套，如插接应符合规范要求	10	维护保养不到位扣10分		
		提线钩上的橡胶有损伤的立即更换	10	维护保养不到位扣10分		
		对提线器的所有旋转、活动部位进行涂抹润滑油的保养	10	维护保养不到位扣10分		
		检查提线器吊点滑车完好转动灵活	5	检查不到位扣5分		
		确认保养无误	5	维护保养不到位扣5分		
3	工作结束					
3.1	整理工具	工具整理、摆放整齐	5	未整理工器具扣5分		
3.2	工作现场清理	清理现场	5	未清理现场扣5分		
4	填写记录					
4.1	填写维保记录单	内容全面，记录规范	10	填写不全面，每少一项扣2分，扣完为止		
合计			100			

Jc0005441099 地锚的维护保养。（100 分）

考核知识点：地锚维护保养

难易度：易

技能等级评价专业技能考核操作工作任务书

一、任务名称

地锚的维护保养。

二、适用工种

机具维护工中级工。

三、具体任务

10t 地锚的维护保养。

四、工作规范及要求

（1）掌握地锚使用要求。

（2）工器具的正确使用及做好安全措施。

五、考核时间及要求

（1）本模块操作时间为 20 分钟，时间到停止考评。

（2）考评过程中如果由于测试人员操作不规范，有可能引发不安全因素的，停止考评，该项考核项目不得分，但不影响其他项目。

技能等级评价专业技能考核操作评分标准

工种	机具维护工					评价等级	中级工
项目模块	专业知识—机具维护保养				编号	Jc0005441099	
单位			准考证号			姓名	
考试时限	20 分钟		题型	单项操作		题分	100 分
成绩		考评员		考评组长		日期	
试题正文	地锚的维护保养						
需要说明的问题和要求	（1）要求单人操作，考评员监护。 （2）在设定考试工位上完成操作。 （3）操作结束后，待考评员同意后方可离开考场						

序号	项目名称	质量要求	满分	扣分标准	扣分原因	得分
1	准备工作					
1.1	相关安全措施的准备	着装应符合安全要求：穿工作服、戴线手套、注意安全防护	5	未按要求穿工作服扣 3 分； 未按要求戴手套扣 2 分		
1.2	工器具及辅助设备完备	检查工器具及辅助设备是否齐全洁净，符合作业要求	5	少一件工器具扣 1 分，扣完为止		
2	操作步骤					
2.1	维护保养	标识不清则重新打印标示	10	维护保养不到位扣 10 分		
		清理外表污垢、锈蚀	10	维护保养不到位扣 10 分		
		有轻微变形破损进行校正修焊	10	维护保养不到位扣 10 分		
		各个接口处如有轻微开裂，进行补焊	10	维护保养不到位扣 10 分		
		地锚连接环与主体连接处如有裂纹锈蚀，进行补焊除锈	10	维护保养不到位扣 10 分		
		所有补焊、除锈处进行防腐、防锈处理	10	维护保养不到位扣 10 分		
		维修保养结束后做受力试验	10	维护保养不到位扣 10 分		

续表

序号	项目名称	质量要求	满分	扣分标准	扣分原因	得分
3	工作结束					
3.1	整理工器具	工具整理，摆放整齐	5	未整理工器具扣 5 分		
3.2	工作现场清理	清理现场	5	未清理现场扣 5 分		
4	填写记录					
4.1	填写维保记录单	内容全面，记录规范	10	填写不全面，每少一项扣 2 分，扣完为止		
合计			100			

Jc0005442100　放线滑车拆解检修。(100 分)

考核知识点： 放线滑车检修

难易度： 中

技能等级评价专业技能考核操作工作任务书

一、任务名称

放线滑车拆解检修。

二、适用工种

机具维护工中级工。

三、具体任务

SHD－3N－560/35 型放线滑车拆解检修。

四、工作规范及要求

（1）掌握放线滑车机械性能及使用要求。

（2）工器具的正确使用及做好安全措施。

五、考核时间及要求

（1）本模块操作时间为 60 分钟，时间到停止考评。

（2）考评过程中如果由于测试人员操作不规范，有可能引发不安全因素的，停止考评，该项考核项目不得分，但不影响其他项目。

技能等级评价专业技能考核操作评分标准

工种	机具维护工					评价等级	中级工
项目模块	专业知识—机具检查检修				编号	Jc0005442100	
单位			准考证号			姓名	
考试时限	60 分钟	题型	单项操作			题分	100 分
成绩		考评员		考评组长		日期	
试题正文	放线滑车拆解检修						
需要说明的问题和要求	（1）要求单人操作，考评员监护。 （2）在设定考试工位上完成操作。 （3）操作结束后，待考评员同意后方可离开考场						

序号	项目名称	质量要求	满分	扣分标准	扣分原因	得分
1	准备工作					

续表

序号	项目名称	质量要求	满分	扣分标准	扣分原因	得分
1.1	相关安全措施的准备	着装应符合安全要求：穿工作服、戴线手套、注意安全防护	5	未按要求穿工作服扣 3 分； 未按要求戴手套扣 2 分		
1.2	工器具及辅助设备完备	检查工器具及辅助设备是否齐全洁净，符合作业要求	5	少一件工器具扣 1 分，扣完为止		
2	操作步骤					
2.1	外表清洁	对滑车外表清洁、去污	5	未清洁扣 5 分； 清洁不到位扣 2 分		
2.2	打印标识	检查滑车标示标牌，若不清晰，则重新打印标示	5	检查、操作不到位扣 5 分		
2.3	滑车拆卸	（1）将滑车平放，抽出滑车三角板与架体的连接销（螺栓），放倒三角板。 （2）打开主轴螺栓和底座螺栓。 （3）取下已打开的滑车架体槽钢。 （4）取下轴套及调整圈。 （5）取下第一片滑车轮片。 （6）依据以上的顺序取下其他轮片，注意分辨中轮轮片。 （7）打开每片轮片两侧的轴承的防尘盖。 （8）取出轮片两侧的轴承	15	操作顺序、方法不正确，每处扣 2 分，扣完为止		
2.4	零部件清洁	清洁轴承、主轴等部件	5	未清洁扣 5 分； 清洗不到位，每件扣 0.5 分，扣完为止		
2.5	零部件检查	（1）检查主轴，如有损坏进行维修或更换。 （2）检查轴承，如有损坏应更换。 （3）检查每一片轮片，如有损坏应更换	10	检查不到位，每处扣 3.5 分，扣完为止		
2.6	涂抹润滑脂	将清洁后的主轴、轴承涂抹润滑脂	5	未润滑扣 5 分		
2.7	滑车组装及调整	（1）按照分解相反顺序进行滑车组装。 （2）注意分清中间轮片。 （3）调整轮片与轮片的间隙为 4mm，调整轮片与滑车架体的间隙为 5～6mm	15	操作顺序、方法不正确，每处扣 2 分； 丢失或漏装零部件，每只扣 1 分； 间隙调整不合适，每处扣 2 分； 扣完为止		
2.8	滑车组装后检查	滑车在无荷载状态下，用手旋转滑轮等各转动部位时，应转动灵活，无卡阻现象、间隙合适	10	检查不到位，每处扣 2 分，扣完为止		
3	工作结束					
3.1	整理工器具	工具整理，摆放整齐	5	未整理工器具扣 3 分		
3.2	工作现场清理	清理现场	5	未清理现场扣 2 分		
4	填写记录					
4.1	填写维保记录单	内容全面，记录规范	10	填写不全面，每少一项扣 2 分，扣完为止		
合计			100			

Jc0005442101　更换放线滑车中轮轴承。（100 分）

考核知识点：放线滑车维护保养

难易度：中

技能等级评价专业技能考核操作工作任务书

一、任务名称

更换放线滑车中轮轴承。

二、适用工种

机具维护工中级工。

三、具体任务

更换 SHD－5N－800/120 型放线滑车中轮轴承。

四、工作规范及要求

（1）掌握放线滑车机械性能及使用要求。

（2）工器具的正确使用及做好安全措施。

五、考核时间及要求

（1）本模块操作时间为 60 分钟，时间到停止考评。

（2）考评过程中如果由于测试人员操作不规范，有可能引发不安全因素的，停止考评，该项考核项目不得分，但不影响其他项目。

技能等级评价专业技能考核操作评分标准

工种	机具维护工				评价等级	中级工
项目模块	专业知识—机具维护保养			编号	Jc0005442101	
单位		准考证号			姓名	
考试时限	60 分钟	题型	单项操作		题分	100 分
成绩		考评员		考评组长	日期	
试题正文	更换放线滑车中轮轴承					
需要说明的问题和要求	（1）要求单人操作，考评员监护。 （2）在设定考试工位上完成操作。 （3）操作结束后，待考评员同意后方可离开考场					

序号	项目名称	质量要求	满分	扣分标准	扣分原因	得分
1	准备工作					
1.1	相关安全措施的准备	着装应符合安全要求：穿工作服、戴线手套、注意安全防护	5	未按要求穿工作服扣 3 分； 未按要求戴手套扣 2 分		
1.2	工器具及辅助设备完备	检查工器具及辅助设备是否齐全洁净，符合作业要求	5	少一件工器具扣 1 分，扣完为止		
2	操作步骤					
2.1	外表清洁	对滑车外表清洁、去污	5	未清洁扣 5 分； 清洁不到位扣 2 分		
2.2	滑车拆卸	（1）将滑车平放，抽出滑车三角板与架体的连接销（螺栓），放倒三角板。 （2）打开主轴螺栓和底座螺栓。 （3）取下已打开的滑车架体槽钢。 （4）取下轴套及调整圈。 （5）取下第一片滑车轮片。 （6）依据以上两步的顺序取下中轮一侧轮片，注意分辨中轮轮片。 （7）打开中轮轮片两侧的轴承的防尘罩。 （8）取出轮片两侧的轴承	15	操作顺序、方法不正确，每处扣 2 分，扣完为止		
2.3	零部件清洁	清洁轴承、主轴等部件	5	清洗不到位，每件扣 0.5 分，扣完为止		
2.4	零部件检查	（1）检查主轴，如有损坏进行维修或更换。 （2）检查轴承，更换损坏的中轮轴承。 （3）检查每一片轮片，如有损坏应更换	10	检查不到位，每处扣 3.5 分，扣完为止		
2.5	涂抹润滑脂	将清洁后的主轴、轴承涂抹润滑脂	5	润滑不到位，每处扣 1 分，扣完为止		

续表

序号	项目名称	质量要求	满分	扣分标准	扣分原因	得分
2.6	滑车组装	（1）更换中轮轴承。 （2）组装滑车的步骤与拆卸顺序相反。 （3）调整轮片与轮片的间隙为 4mm，调整轮片与滑车架体的间隙为 5～6mm	20	操作顺序、方法不正确，每处扣 1 分；丢失或漏装零部件，每只扣 1 分；间隙调整不合适，每处扣 2 分；扣完为止		
2.7	滑车组装后检查	滑车在无荷载状态下，用手旋转滑轮等各转动部位时，应转动灵活，无卡阻现象、间隙合适	10	检查不到位，每处扣 2 分，扣完为止		
3	工作结束					
3.1	整理工器具	工具整理，摆放整齐	5	未整理工器具扣 3 分		
3.2	工作现场清理	清理现场	5	未清理现场扣 2 分		
4	填写记录					
4.1	填写维保记录单	内容全面，记录规范	10	填写不全面，每少一项扣 2 分，扣完为止		
合计			100			

Jc0005442102　更换放线滑车边轮。（100 分）

考核知识点：放线滑车维护保养

难易度：中

技能等级评价专业技能考核操作工作任务书

一、任务名称

更换放线滑车边轮。

二、适用工种

机具维护工中级工。

三、具体任务

更换 SHD－3N－800/60 型放线滑车边轮。

四、工作规范及要求

（1）掌握放线滑车机械性能及使用要求。

（2）工器具的正确使用及做好安全措施。

五、考核时间及要求

（1）本模块操作时间为 30 分钟，时间到停止考评。

（2）考评过程中如果由于测试人员操作不规范，有可能引发不安全因素的，停止考评，该项考核项目不得分，但不影响其他项目。

技能等级评价专业技能考核操作评分标准

工种	机具维护工					评价等级	中级工
项目模块	专业知识—机具维护保养				编号	Jc0005442102	
单位			准考证号			姓名	
考试时限	30 分钟		题型	单项操作		题分	100 分
成绩		考评员		考评组长		日期	

续表

试题正文	更换放线滑车边轮					
需要说明的问题和要求	（1）要求单人操作，考评员监护。 （2）在设定考试工位上完成操作。 （3）操作结束后，待考评员同意后方可离开考场					
序号	项目名称	质量要求	满分	扣分标准	扣分原因	得分
1	准备工作					
1.1	相关安全措施的准备	着装应符合安全要求：穿工作服、戴线手套、注意安全防护	5	未按要求穿工作服扣 3 分； 未按要求戴手套扣 2 分		
1.2	工器具及辅助设备完备	检查工器具及辅助设备是否齐全洁净，符合作业要求	5	少一件工器具扣 1 分，扣完为止		
2	操作步骤					
2.1	外表清洁	对滑车外表清洁、去污	5	未清洁扣 5 分； 清洁不到位扣 2 分		
2.2	滑车拆卸	（1）将滑车平放，抽出滑车三角板与架体的连接销（螺栓），放倒三角板。 （2）打开主轴螺栓和底座螺栓。 （3）取下已打开的滑车架体槽钢。 （4）取下轴套及调整圈。 （5）取下滑车边轮片	15	操作顺序、方法不正确，每处扣 3 分，扣完为止		
2.3	零部件清洁	清洁已拆卸零部件	5	清洗不到位，每件扣 0.5 分，扣完为止		
2.4	零部件检查	（1）检查主轴，如有损坏进行维修或更换。 （2）检查轴承，如有损坏应更换。 （3）检查每一片轮片，如有损坏应更换	10	检查不到位，每处扣 3.5 分，扣完为止		
2.5	涂抹润滑脂	将清洁后的主轴、轴承涂抹润滑脂	5	未润滑扣 5 分； 润滑不到位，每处扣 1 分，扣完为止		
2.6	滑车组装	（1）更换边轮轮片。 （2）组装滑车的步骤与拆卸顺序相反。 （3）调整轮片与轮片的间隙为 4mm，调整轮片与滑车架体的间隙为 5～6mm	20	操作顺序、方法不正确，每处扣 1 分； 丢失或漏装零部件，每只扣 1 分； 间隙调整不合适，每处扣 2 分； 扣完为止		
2.7	滑车组装后检查	滑车在无荷载状态下，用手旋转滑轮等各转动部位时，应转动灵活，无卡阻现象、间隙合适	10	检查不到位，每处扣 2 分，扣完为止		
3	工作结束					
3.1	整理工器具	工具整理，摆放整齐	5	未整理工器具扣 5 分		
3.2	工作现场清理	清理现场	5	未清理现场扣 5 分		
4	填写记录					
4.1	填写维保记录单	内容全面，记录规范	10	填写不全面，每少一项扣 2 分，扣完为止		
合计			100			

Jc0005443103 起重机钢丝绳卷筒检修。（100 分）

考核知识点：起重机检修

难易度：难

技能等级评价专业技能考核操作工作任务书

一、任务名称

起重机钢丝绳卷筒检修。

二、适用工种

机具维护工中级工。

三、具体任务

25t 起重机钢丝绳卷筒检修。

四、工作规范及要求

（1）掌握起重机的机械性能及操作要求。

（2）工器具的正确使用及做好安全措施。

五、考核时间及要求

（1）本模块操作时间为 20 分钟，时间到停止考评。

（2）考评过程中如果由于测试人员操作不规范，有可能引发不安全因素的，停止考评，该项考核项目不得分，但不影响其他项目。

技能等级评价专业技能考核操作评分标准

工种	机具维护工					评价等级	中级工
项目模块	专业知识—机具检查检修				编号		Jc0005443103
单位			准考证号			姓名	
考试时限	20 分钟		题型	单项操作		题分	100 分
成绩		考评员		考评组长		日期	
试题正文	起重机钢丝绳卷筒检修						
需要说明的问题和要求	（1）要求单人操作，考评员监护。 （2）在设定考试工位上完成操作。 （3）操作结束后，待考评员同意后方可离开考场。 （4）此前拆卸工作已完成						

序号	项目名称	质量要求	满分	扣分标准	扣分原因	得分
1	准备工作					
1.1	相关安全措施的准备	着装应符合安全要求：穿工作服、戴线手套、注意安全防护	5	未按要求穿工作服扣 3 分； 未按要求戴线手套扣 2 分		
1.2	工器具、设备及辅助设备备品备件完备	检查工器具及辅助设备是否齐全洁净，符合作业要求	5	少一件工器具扣 1 分，扣完为止		
2	操作步骤					
2.1	检查卷筒绳槽	绳槽磨损超过 2mm 应重新车制，大修后绳槽应达到图纸要求，但卷筒壁厚不应小于原厚度的 81%	10	检查不到位扣 10 分		
2.2	检查卷筒表面	卷筒表面不应有裂纹，不应有明显的失圆度，压板螺钉不应该松动	10	检查不到位扣 10 分		
2.3	检查卷筒轴	卷筒轴上不得有裂纹，大修理后应达到图纸要求，磨损超过名义直径的 5%时，应更换新件	10	检查不到位扣 10 分		
2.4	装配与安装	装配与安装，卷筒轴中心线与小车架支承面要平行，其偏差不应大于 1mm/m，卷筒安装后两轴端中心线偏差应不大于 0.15mm	30	操作顺序、方法不正确，每处扣 5 分； 丢失或漏装零部件，每只扣 2 分； 扣完为止		
2.5	整体检查	确保各部件配合紧密，运转正常	10	检查不到位，每处扣 2 分，扣完为止		
3	工作结束					
3.1	整理工器具	工具整理，摆放整齐	5	未整理工器具扣 5 分		

续表

序号	项目名称	质量要求	满分	扣分标准	扣分原因	得分
3.2	工作现场清理	清理现场	5	未清理现场扣 5 分		
4	填写记录					
4.1	填写检查记录单	内容全面，记录规范	10	填写不全面，每处扣 2 分，扣完为止		
合计			100			

Jc0005443104　测量发动机汽缸缸径的圆度、圆柱度。(100 分)

考核知识点：发动机检测

难易度：难

技能等级评价专业技能考核操作工作任务书

一、任务名称

测量发动机汽缸缸径的圆度、圆柱度。

二、适用工种

机具维护工中级工。

三、具体任务

测量牵张机康明斯 B 系列 6 缸发动机汽缸缸径的圆度、圆柱度。

四、工作规范及要求

（1）掌握发动机的工作性能。

（2）工器具的正确使用及做好安全措施。

五、考核时间及要求

（1）本模块操作时间为 30 分钟，时间到停止考评。

（2）考评过程中如果由于测试人员操作不规范，有可能引发不安全因素的，停止考评，该项考核项目不得分，但不影响其他项目。

技能等级评价专业技能考核操作评分标准

工种	机具维护工				评价等级	中级工
项目模块	专业知识—机具试验检测			编号	Jc0005443104	
单位		准考证号			姓名	
考试时限	30 分钟	题型	单项操作		题分	100 分
成绩		考评员		考评组长	日期	
试题正文	测量发动机汽缸缸径的圆度、圆柱度					
需要说明的问题和要求	（1）要求单人操作，考评员监护。 （2）在设定考试工位上完成操作。 （3）操作结束后，待考评员同意后方可离开考场					

序号	项目名称	质量要求	满分	扣分标准	扣分原因	得分
1	准备工作					
1.1	相关安全措施的准备	着装应符合安全要求：穿工作服、戴线手套、注意安全防护	5	未按要求要求穿工作服扣 3 分； 未按要求戴手套扣 2 分		

续表

序号	项目名称	质量要求	满分	扣分标准	扣分原因	得分
1.2	工器具、设备及辅助设备完备	检查工器具、设备及辅助设备是否齐全洁净，符合作业要求	5	少一件工器具扣1分，扣完为止		
2	操作步骤					
2.1	校正表尺	校准百分表；将内径千分尺的分厘卡校准到被测汽缸的标准尺寸；将内径千分尺校准到分厘卡的尺寸，转动表盘，指针调0，并记住小指针指示的毫米数	20	操作顺序、方法不正确，每处扣5分，扣完为止		
2.2	测量	（1）将内径千分尺在磨损最大部位的横断面上旋转90°测量，两读数差值的一半，即为该汽缸的圆度误差。 （2）用同样方法将内径千分尺下移至汽缸中部和距汽缸下边沿10mm左右处进行测量，并记录；三处测量尺寸最大与最小读数差值的一半，即为此汽缸的圆柱度误差	50	操作顺序、方法不正确，每处扣15分； 测量数据超差，每处扣5分； 扣完为止		
3	工作结束					
3.1	整理工器具	工具整理，摆放整齐	5	未整理工器具扣5分		
3.2	工作现场清理	清理现场	5	未清理现场扣10分		
4	填写记录					
4.1	填写维保记录单	内容全面，记录规范	10	填写不全面，每处扣2分，扣完为止		
合计			100			

第三部分
高级工

第五章　机具维护工高级工技能笔答

Jb0003311001　简述千分尺的形式和组成。（5分）

考核知识点： 千分尺的组成

难易度： 易

标准答案：

千分尺又称螺旋测微器、螺旋测微仪、分厘卡，是一种精密量具，分为机械式千分尺和电子千分尺。

千分尺由测钻、测微螺杆、锁紧装置、微分筒及棘轮等部件组成。

Jb0003311002　简述发动机冷却系中节温器的作用。（5分）

考核知识点： 节温器的作用

难易度： 易

标准答案：

节温器是一个随冷却液温度高低自动调节流经散热器的冷却液流量的装置，可保持冷却液恒温。

Jb0003311003　简述张力机刹车盘的主要结构组成。（5分）

考核知识点： 张力机刹车盘组成

难易度： 易

标准答案：

（1）框架。

（2）传动轴。

（3）衬套。

（4）刹车盘。

（5）摩擦片。

（6）调整螺栓。

Jb0003311004　简述液压泵和液压马达的基本参数。（5分）

考核知识点： 液压泵和液压马达基本知识

难易度： 易

标准答案：

（1）流量（Q）：单位时间内液压泵所排出的液体的体积。

（2）排量（mL）：是指液压泵转动一圈所排出的液体的体积。它只取决于泵的结构参数。例如所说的125泵就是指该泵的排量为125mL，即其转动一圈排出的油液为125mL。

（3）压力（bar或MPa）：单位面积上的法向作用力。液压泵输出的液体实际压力取决于外载荷。在液压系统工作过程中，泵的压力随载荷的变化而变化，载荷增加则压力升高，载荷减小则压力下降。

Jb0003311005 简述液压系统中密封件的性能。（5 分）

考核知识点：密封件性能

难易度：易

标准答案：

（1）具有一定的力学物理性能，如抗张强度、定伸强度、伸长率。

（2）有一定的弹性、硬度合适，并且压缩永久变形小。

（3）与工作介质相适应，不应发生溶胀、分解、硬化等现象。

（4）耐磨，有一定的抗撕性能。

（5）具有耐高温、低温的性能，防止变质。

Jb0003311006 简述补油泵的作用。（5 分）

考核知识点：补油泵作用

难易度：易

标准答案：

（1）给系统提供冷却的油液。

（2）维持主系统回路的压力。

（3）给控制回路提供操纵压力。

（4）补充内泄的油压损失。

Jb0006312007 简述二氧化碳灭火器维护与保养方法。（5 分）

考核知识点：灭火器的维护保养

难易度：中

标准答案：

（1）对二氧化碳灭火器要定期检查，当二氧化碳重量减少 5%时，应及时充装。

（2）应放置在明显、取用方便、干燥、通风，应避免热源和阳光暴晒。

（3）搬运中应轻拿轻放、防止撞击。

Jb0003311008 简述溢流阀在液压系统中的作用。（5 分）

考核知识点：溢流阀作用

难易度：易

标准答案：

（1）调节和限制液压系统的最高压力。

（2）安全保护作用。

Jb0003321009 绘制十型四旋翼无人机电机转动俯视图。（5 分）

考核知识点：旋翼无人机知识

难易度：易

标准答案：

（1）数字标注完整。

（2）数字标注正确。

（3）数字标注与项目类别正确对应。

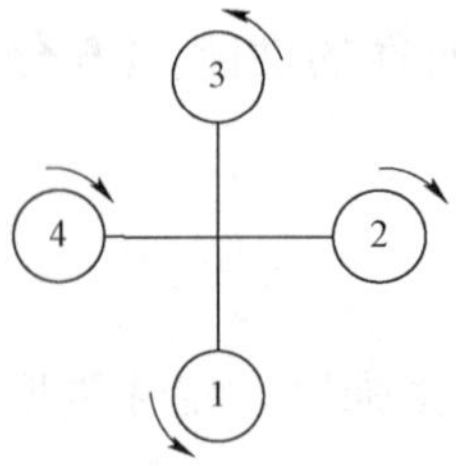

图 Jb0003321009

Jb0003312010　简述发电机转子止推环的作用。（5 分）

考核知识点： 转子止推环的作用

难易度： 中

标准答案：

发电机在高速旋转时，转子端部受到很大的离心力的作用，止推环就是用来固定绕组端部的位置，使转子运转时，端部绕组不发生轴向移动。

Jb0003312011　简述液压泵正常工作必须满足的基本条件。（5 分）

考核知识点： 液压泵正常工作条件

难易度： 中

标准答案：

（1）无论是吸油还是压油，一定要有两个或两个以上有运动件和非运动件所构成的封闭容腔，其中一个（或几个）做吸油腔，一个（或几个）做压油腔。

（2）密闭容积的大小随运动件的运动做周期性的变化，容积由小变大为吸油，由大变小为压油。

（3）具有相应的配油机构，将吸油区与压油区分开。

Jb0003312012　简述液压油污染的危害。（5 分）

考核知识点： 油污染的危害

难易度： 中

标准答案：

（1）油液中的杂质磨损泵、马达、阀类元件，增加内泄，引起工作压力失常，效率下降，功率损失，以至无法工作。

（2）堵塞液压元件中的小孔和缝隙，使液压元件无法正常工作。

（3）加速密封元件的磨损，引起泄漏。

（4）如果液压系统进入水分会引起液压油的变质，会对整个系统造成危害。

Jb0003312013　简述液压油产生污染的原因及途径。（5 分）

考核知识点： 液压油污染原因和途径

难易度： 中

标准答案：

（1）液压系统在装配、加工阀件时产生的毛刺、金属渣、焊渣、污垢等，使用环境中的灰尘，密封件老化剥落的颗粒。

（2）水的侵入。

（3）现场补油时带入的污垢。

（4）检修时带进的灰尘、棉纱、纤维等。

Jb0003312014　三相异步电动机电源缺相后，缺相前后电流如何变化？（5分）

考核知识点： 电动机电源缺相前后电流变化

难易度： 中

标准答案：

由于电动机运行时，线电流一般为额定电流的80%左右，断相后的线电流将增大至额定电流的1.4倍左右。如果不予以保护，欠相后电动机会因绕组过热而烧毁。

Jb0003312015　简述小型电动机转轴弯曲后的处理方法。（5分）

考核知识点： 电动机转轴弯曲处理方法

难易度： 中

标准答案：

对于小型电动机转轴弯曲后，通常在压力机上进行矫正。矫正时，不必压出转子铁芯。首先将转子放置在两个等高的支座上，将转子转动360°，用百分表找出铁芯或轴的凸出面，将凸出面朝上，使压力机的压杆对此凸面施加压力，在测量点用百分表检测轴的弯曲度。施加的压力使百分表指示轴已反向弯曲为止，再慢慢松去压力，记录百分表的变化值。如此反复并逐渐加大压力矫正，使轴恢复标准直线度。

Jb0003312016　简述焊接电流对焊接质量的影响。（5分）

考核知识点： 焊工知识

难易度： 中

标准答案：

（1）焊接电流主要影响熔深的大小。电流过小，电弧不稳定，熔深小，易造成未焊透和夹渣等缺陷，而且生产率低。

（2）电流过大，则焊缝容易产生咬边和烧穿缺陷，同时引起飞溅。

Jb0003312017　液压装置为了防止泄漏，需注意些什么？（5分）

考核知识点： 液压装置防泄漏要求

难易度： 中

标准答案：

（1）确保密封部位加工精度、符合工艺要求。

（2）装配时应确保各密封部位及密封圈的清洁度，并按规定方法进行正确的安装，防止密封圈在装配时发生磨损。

（3）设计时应尽量减少管接头等连接部位的数量，采用集成化的液压阀和阀岛来组成系统。

（4）设计时应尽量采用刚性液压管连接，减少橡胶软管使用。

（5）设计时应根据使用条件，正确选用接头和密封的类型、确定密封圈的材料、合理设计密封沟槽的尺寸、规定恰当的加工要求。

Jb0003312018　简述液压设备对液压油的要求。（5分）

考核知识点： 液压油要求

难易度： 中

标准答案：

（1）适宜的黏度和良好的黏温特性。

（2）优良的润滑性、剪切稳定性和一定的油膜强度。

（3）具有较好的化学稳定性，能够耐高温、抗氧化、防变质等。

（4）防锈性能良好，对金属件和密封件腐蚀性小。

（5）可压缩率小。

（6）燃点、闪点高，挥发性小。

（7）不含水分和其他杂质。

Jb0005312019　简述火割时，回火处理方法。（5分）

考核知识点：火割注意事项

难易度：中

标准答案：

（1）回火有逆火和回烧两种形式。若发生逆火情况，应关闭乙炔阀，加大氧气阀吹扫，待割炬冷却后，再点火继续使用。

（2）若发生回烧情况，应迅速关闭乙炔瓶开关，并采取灭火措施。

（3）灭火可采用灭火器、水、泥土和浸水石棉等。

Jb0003332020　某机加工车间只能加工 m=3、4、5mm 三种模数的齿轮，现打算在齿轮机构中心距为 180mm 不变的条件下，选配一对 i=3 的标准直齿圆柱齿轮机构，试确定在此车间能加工的齿轮模数和齿数。（5分）

考核知识点：齿轮加工计算

难易度：中

标准答案：

解：

由中心距 $a=\dfrac{m(Z_1+Z_2)}{2}$ 得　$Z_1+Z_2=\dfrac{2a}{m}$

当 m=3 时，$Z_1+Z_2=120$

当 m=4 时，$Z_1+Z_2=90$

当 m=5 时，$Z_1+Z_2=72$

题意需满足 i=3 即 $Z_2=3Z_1$

当 m=3 时，取 $Z_1=30$，$Z_2=90$ 能满足。

当 m=5 时，取 $Z_1=18$，$Z_2=54$ 能满足。

答：加工的齿轮模数为 3 时，齿数为 30、90。模数为 5 时，齿数为 18、54。不能加工出满足模数为 4、速比为 3 时的齿轮。

Jb0003332021　有一对齿轮传动，已知主动齿轮转速为 $n_1=960\text{r}/\text{min}$，齿数 $Z_1=20$，从动轮齿数 $Z_2=50$，试计算传动比 i 和从动轮转速 n_2。（5分）

考核知识点：传动比和动轮转速计算

难易度：中

标准答案：

解：

$$i = \frac{Z_2}{Z_1} = \frac{50}{20} = 2.5$$

$$n_2 = \frac{n_1}{i} = \frac{960}{2.5} = 384\ (\text{r/min})$$

答：传动比为 2.5，从动轮转速为 384r/min。

Jb0003332022　设有一双杆活塞油缸，缸内径 D 为 10cm，活塞杆直径 d 为 0.7D，若要求活塞杆运动速度 v 为 8cm/s，求液压缸所需流量 q 为多少？（5 分）

考核知识点：油缸流量计算

难易度：中

标准答案：

解： $$q = vA = 8 \times (10^2 - 7^2) \times \frac{3.14}{4} \times 60 \times 10^{-3} = 19.22\text{L/min}$$

答：液压缸所需流量 q 为 19.22L/min。

Jb0003332023　轴颈直径为 ϕ40 加工一椭圆轴承与其相配。中分面之间垫片厚度为 0.06mm，轴内孔尺寸为 ϕ40.12，试求椭圆轴承的圆度误差。（5 分）

考核知识点：椭圆轴承的圆度误差计算

难易度：中

标准答案：

解：

半径侧间隙　$b = (40.12 - 40) \div 2 = 0.06\ (\text{mm})$

半径顶间隙　$a = \dfrac{40.12 - 40 - 0.06}{2} = 0.03\ (\text{mm})$

圆度误差　$m = 1 - \dfrac{a}{b} = 1 - \dfrac{0.03}{0.06} = \dfrac{1}{2}$

答：椭圆轴承的圆度误差为 $\frac{1}{2}$。

Jb0003332024　如图 Jb0003332024 所示齿轮丝杠传动系统，已知 z_1=30，z_2=60，z_3=20，z_4=80，z_6=75，z_7=120，z_8=30，蜗杆头数 z_5=3，丝杠螺距 P=5mm，求：

（1）主轴转一转时，螺母移动多少距离？

（2）若 n_1=50r/min，则丝杠每分钟转几转？（5 分）

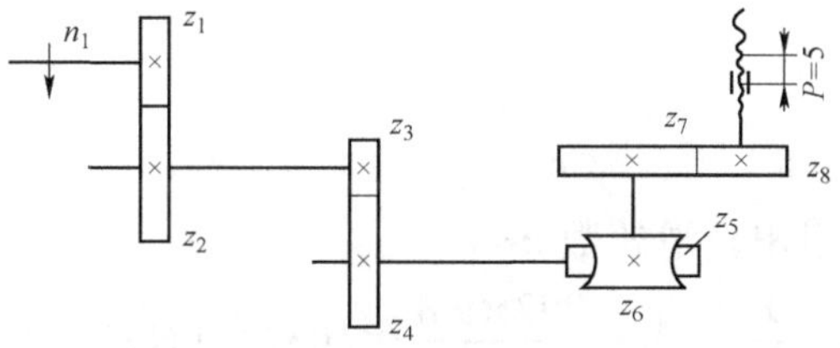

图 Jb0003332024

考核知识点：丝杠计算

难易度：中

标准答案：

解：

（1）按传动系统，螺母移动距离为

$$1\times\frac{30}{60}\times\frac{20}{80}\times\frac{3}{75}\times\frac{120}{30}\times5=0.1\text{（mm）}$$

答：当主轴转一转时，螺母移动 0.1mm

（2）丝杠的转速为

$$50\times\frac{30}{60}\times\frac{20}{80}\times\frac{3}{75}\times\frac{120}{30}=1\text{（r/min）}$$

答：当 $n_1=50\text{r/min}$ 时，丝杠每分钟转 1 转。

Jb0003332025　某 2–2 滑轮组起吊一重 Q=1000kg 的物体，牵引绳由动滑轮引出，由人力绞磨牵引。提升该重物所需拉力为多少？（已知单滑轮工作效率为 95%，滑轮组的综合效率 η=90%。结果保留 2 位小数）（5 分）

考核知识点：受力计算

难易度：中

标准答案：

解：

$$P=\frac{Q\times9.8}{(n+1)\eta}=\frac{1000\times9.8}{(4+1)\times0.9}\approx2177.78\text{（N）}$$

答：提升该重物所需拉力为 2177.78N。

Jb0003332026　如图 Jb0003332026 所示，已知滑轮组的综合效率 90%，分别求出提升 G=292kg 重物所需拉力分别是多少？（结果保留 1 位小数）（5 分）

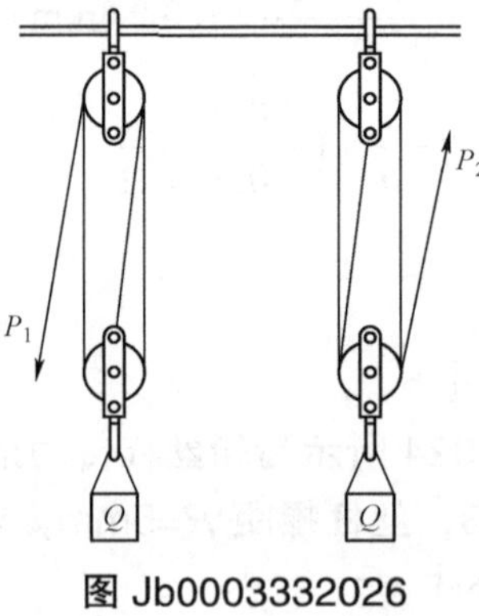

图 Jb0003332026

考核知识点：受力计算

难易度：中

标准答案：

解：

（1）P_1 的牵引绳由定滑车引出，滑轮数 n=3

$$P_1=\frac{Q}{n\eta}=\frac{Gg}{n\eta}=\frac{292\times9.8}{3\times0.9}\approx1059.9\text{（N）}$$

（2）P_2的牵引绳由动滑车引出，滑轮数 n=3

$$P_2=\frac{Q}{(1+n)\eta}=\frac{Gg}{(1+n)\eta}=\frac{292\times9.8}{(1+3)\times0.9}\approx794.9\ (\mathrm{N})$$

答：P_1的拉力约为 1059.9N，P_2的拉力约为 794.9N。

Jb0003332027 某 1-2 滑轮组提升 G=3000kg 重物，牵引绳从定滑轮引出，由人力绞磨牵引，求提升该重物所需钢丝绳的破断力不小于多少？（已知：单滑轮工作效率为 95%，滑轮组综合效率 η=90%，钢丝绳动荷系数 K_1=1.2，安全系数为 K=5.0）结果保留 1 位小数。（5 分）

考核知识点：受力计算

难易度：中

标准答案：

解：
$$T_{\mathrm{D}}=\frac{9.8GKK_1}{n\eta}=\frac{9.8\times3000\times5\times1.2}{3\times0.9}\approx65\,333.3\ (\mathrm{N})$$

答：提升该重物所需钢丝绳的破坏力不小于 65333.3N。

Jb0002311028 简述安装现场临时三级电源箱要求。（5 分）

考核知识点：电源箱安装

难易度：易

标准答案：

（1）必须装自动空气开关。

（2）必须装剩余电流动作保护器。

（3）必须装接线柱或插座、专用接地铜排和端子。

（4）箱体必须可靠接地，并固定牢固。

（5）接地、接零标识应清晰。

Jb0002312029 简述安全工器具使用前的检查内容。（5 分）

考核知识点：安全工器具检查

难易度：中

标准答案：

（1）工器具外观清洁、干燥、无损伤痕迹和变形。

（2）安全工器具的电压等级应与运行设备的电压等级相符，并在试验合格的有效期间内。

（3）使用安全工器具应严格执行规程规定。基本安全工器具必须借助于辅助安全工器具的配合，才可实施操作。

（4）检查发现安全工器具存在损伤，应进行可靠性试验证明。若绝缘性能降低，严禁使用。

Jb0002312030 试述起重作业人员的安全注意事项。（5 分）

考核知识点：起重作业安全注意事项

难易度：中

标准答案：

（1）起重用的一般设备工具，如起重机、滑轮与滑轮组、卷扬机、钢丝绳、千斤顶、桅杆等，要按照载重说明书或试验结果规定其起重能力。所有工具设备须检验合格。

（2）起重作业开始前，制定起重方案，确定操作步骤和方法，统一信号和指令，并进行作业安全交底。

（3）起重作业前，起重作业人员必须仔细检查被吊设备的捆绑是否牢固，重心是否找准以及附近是否有其他障碍物等。

（4）起吊设备前，必须明确所吊设备的实际质量，如不明确必须经过核算，绝对不允许被吊设备的质量超过起重机具的允许载重量的 80%。

（5）在被吊设备下面禁止站人，在起吊时严禁任何人靠近被吊设备。

（6）吊车司机与起重工在工作中不得擅离岗位。将设备吊起后，更不准离开，若必须离开时，应将设备放下或采取防护措施。

（7）用起重机起吊设备时，吊钩钢丝绳应保持垂直状态，不得用吊钩钢丝绳从倾斜方向拖拉设备或斜吊，如果必须用这种方法工作时，应在前方设置导向滑轮，以保证安全。

（8）当起重机设有主钩和副钩时，主钩和副钩不能同时并用。

（9）起重机司机和起重工均需熟悉起重技术基础知识和安全操作方法，以及有关的安全技术守则等，必须经过学习或训练，并经考试合格后，方能正式担任工作。

Jb0004311031　简述千分尺的使用方法及注意事项。（5 分）

考核知识点：千分尺的使用

难易度：易

标准答案：

（1）使用前用标准棒校正千分尺，再检查零点：微分筒前沿与横刻线对齐，主轴刻度基线与微分筒的零刻线对齐。

（2）测量物体时：首先旋转棘轮将测钻与测微螺杆的距离调到稍大于物体尺寸，然后将被测物放入其中，慢慢旋转棘轮至发出咔咔声时方可开始读数。

（3）读数时：先读固定刻度，再读半刻度，若半刻度线已露出，记作 0.5mm，若半刻度线未露出，记作 0.0mm，再读可动刻度（注意估读），记作 $n\times0.01$mm，最终读数结果为固定刻度加上半刻度加上可动刻度。

（4）注意事项：千分尺主尺每格 1mm，微分筒每格 0.01mm。读数的时候要注意视线与刻度垂直，否则会产生误差。

Jb0004311032　简述百分表的使用注意事项。（5 分）

考核知识点：百分表的使用

难易度：易

标准答案：

（1）使用前，应检查测量杆活动的灵活性。即轻轻推动测量杆时，测量杆在套筒内的移动要灵活，没有任何轧卡现象，每次手松开后，指针能回到原来的刻度位置。

（2）使用时，必须把百分表固定在可靠的夹持架上，保持百分表稳固。

（3）测量时，不得使测量杆的行程超过它的测量范围，不得使表头突然撞到工件上，也不得用百分表测量表面粗糙度或有显著凹凸不平的工件。

（4）测量平面时，百分表的测量杆要与平面垂直，测量圆柱形工件时，测量杆要与工件的中心线垂直。

（5）为方便读数，在测量前一般大指针指到刻度盘的零位，小指针压缩 1mm 左右。

Jb0004312033 如何判断骨架式橡胶油封的优劣性？（5分）

考核知识点：油封优劣判断

难易度：中

标准答案：

（1）表面平整平滑，无缺损，无变形。

（2）带骨架的橡胶油封形状端正，端面呈正圆形，放于玻璃平板上应与玻璃表面相贴合，无挠曲现象。

（3）无骨架油封外缘应端正，端面平整，用手握使其变形，松手后能恢复到原来形状。

（4）在整个圆周上刃口形状、厚度应一致，同配套件试装时，刃口在配套颈上应严密贴合。

（5）带弹簧的橡胶油封，弹簧应无锈蚀，无变形，并能较牢固地卡在弹簧槽内。

（6）耐高、低温，抗磨性高，符合介质要求。

Jb0004312034 简述润滑油中含水的鉴别方法和判断。（5分）

考核知识点：润滑油杂质鉴别

难易度：中

标准答案：

（1）观色法。清洁达标的润滑油呈蓝色半透明状。若润滑油中含水，当发动机运转一段时间后，变质润滑油呈乳白色，并伴有泡沫。

（2）燃烧法。把铜棒烧热后放入被检查的润滑油中，若有“噼啦”响声，说明润滑油中含有较多的水。

（3）加热法。将检查的润滑油注入试管中加热，当温度接近80～100℃时，试管中产生水蒸气，则证明润滑油中含有较多的水。

（4）放水法。发动机停机后，让发动机静止30min左右，松开放油螺塞，如有水放出来，则说明润滑油中含有较多的水。

Jb0004312035 空气压缩机压力如何调整？（5分）

考核知识点：空气压缩机压力调整

难易度：中

标准答案：

（1）顺时针旋转压力调整螺钉，闭合和断开压力同步增大。

（2）逆时针旋转压力调整螺钉，闭合和断开压力同步减小。

Jb0004312036 空气压缩机压差如何调整？（5分）

考核知识点：空气压缩机压差调整

难易度：中

标准答案：

（1）顺时针旋转压差调整螺钉，闭合压力不变，断开压力增大。

（2）逆时针旋转压差调整螺钉，闭合压力不变，断开压力减小。

Jb0004312037 简述液压系统中是否含有水分的鉴别方法。（5分）

考核知识点：液压系统含水分的鉴别

难易度：中

标准答案：

（1）观察法。

（2）燃烧法。

（3）加热法。

（4）放水法。

Jb0004312038　简述牵引板外观检查的要求。（5分）

考核知识点：牵引机外观检查

难易度：中

标准答案：

（1）牵引板有明确的标牌或标识。

（2）牵引板所有焊接处必须双面焊满，无间断焊、漏焊、气孔等现象。

（3）牵引板无裂纹、变形等现象。

（4）牵引板平衡锤连接良好并能阻止撞击绝缘子。

（5）采用导引链的牵引板，导引链上的铆钉或螺栓必须连接完好并且安全防脱装置完好无损。

Jb0005311039　简述节流阀的工作原理。（5分）

考核知识点：节流阀工作原理

难易度：易

标准答案：

节流阀的工作原理是通过旋转流量调节手柄轴向移动节流阀心，或旋转阀芯来改变节流阀节流口的通流面积，控制通过阀的流量大小，实现对执行元件的无级调速。

Jb0005311040　简述柱塞泵的工作原理。（5分）

考核知识点：柱塞泵工作原理

难易度：易

标准答案：

由原动机驱动泵的主轴，主轴驱动泵的回转体，回转体的设计可以使得泵内的柱塞在回转的同时沿着柱塞的轴向往复运动。柱塞的往复运动改变柱塞腔的容积，柱塞的容腔接泵的进油口和出油口，实现进油和排油的过程。

Jb0005312041　液压柱塞泵的元件损坏鉴别中为什么要检查配流盘的厚度？（5分）

考核知识点：柱塞泵元件损坏鉴别

难易度：中

标准答案：

由于轴向柱塞泵输油压力的大小也取决于回转体的高压元件的轴向配合压力，轴向配合压力是靠压缩中心弹簧产生的，所以元件的轴向尺寸也能改变弹簧的压缩量，也就会改变轴向力，导致液压油输出的压力改变，所以，元件的轴向尺寸在配流盘上就是其厚度，在维修过程中应规定配流盘的最小厚度，以保证配流盘和其他元件的累计厚度公差不超标。

Jb0005311042　简述起重滑车（含转向滑车）外观检查的要求。（5分）

考核知识点：起重滑车外观检验

难易度：易

标准答案：

（1）标牌或标识（包含荷载、厂家、型号、出厂日期等）明显。

（2）滑车在无荷载状态下，用手旋转滑轮、吊环、开合合页等各转动部位时，应转动灵活，无卡阻现象。

（3）起重滑车局部无锈蚀、严重破损，轮片磨损量不得超过10%。

Jb0005311043　简述挖掘机主控制阀总成安装后的注意事项。（5分）

考核知识点：挖掘机主控制阀总成安装后注意事项

难易度：易

标准答案：

（1）检查液压油油位，必要时加油并排气。

（2）运转发动机，检查发动机部件是否漏油。

Jb0005311044　简述HSH型手扳葫芦原理。（5分）

考核知识点：手扳葫芦原理

难易度：易

标准答案：

（1）HSH型环链手扳葫芦采用对称排列，二级齿轮传动机构，由手柄操动机构、齿轮离合装置、制动装置、齿轮减速机构、起重链轮及起重链等组成。

（2）工作时，只要将拨块置于向上位置，扳动手柄使摩擦片、棘轮、制动器压成一体共同旋转，带动长轴齿轮、传动片齿轮、短轴齿轮、花键齿轮和起重链轮，通过棘轮旋转，带动重物上升或下降。

Jb0005311045　简述交直流两用电焊机出现外壳带电故障的原因。（5分）

考核知识点：电焊机外壳带电故障原因

难易度：易

标准答案：

（1）电源接线处有碰壳，需检查接线是否安全。

（2）焊机内部有线碰壳，需拆除外壳检查是否有线与外部相碰。

（3）线圈搭铁，需找到搭铁短路点，并修复。

（4）环境湿度过大。

（5）电焊机接地不良。

Jb0005311046　简述造成钢筋切断机无法正常工作的原因。（5分）

考核知识点：钢筋切断机无法正常工作原因

难易度：易

标准答案：

（1）电磁换向阀故障。

（2）交流接触器开点故障。

（3）限位开关故障。

（4）中间继电器故障。

（5）电机故障。

Jb0005311047　简述放线滑车外观检查的要求。（5分）

考核知识点：放线滑车外观检查

难易度：易

标准答案：

（1）放线滑车有明确的标识、标牌，包括轮片上都要有明确的标示。

（2）滑轮外观应平整、光滑，不应有尖角、锐边、开裂、破损等。

（3）所有金属件无开焊、变形、锈蚀、断裂、破损、裂纹等现象。

（4）滑车整体紧凑、安装合格、站柱应平直、所有轮片转动灵活。

（5）轮片间隙符合标准，滑车整体晃动量符合要求。

（6）轮片如果挂胶，挂胶符合要求，无脱胶现象。

（7）滑车整体部件齐全，所有螺栓、销钉、穿销齐全，安全防护配件齐全，无损坏、丢失等。

Jb0005311048　简述机动绞磨保养内容。（5分）

考核知识点：机动绞磨保养

难易度：易

标准答案：

（1）要定期更换润滑油。特别是新汽油机，运行一段时间（一个月或工作20h）后要更换润滑油。

（2）清洁空气滤清器。

（3）检查各部件润滑油（脂），符合使用要求。

（4）检查离合器的开启盖摩擦面、联锁刹车摩擦片和自动刹车摩擦片磨损情况，符合安全要求。

（5）检查各部紧固螺栓，拧紧力矩，符合使用要求。

（6）检查滚筒磨损情况，符合使用要求。

Jb0005311049　简述电磁换向阀的定义。（5分）

考核知识点：电磁换向阀定义

难易度：易

标准答案：

电磁换向阀简称电磁阀，它是利用电磁铁通电吸合时产生的推力来操纵阀芯，它的控制信号是电信号。

Jb0005311050　简述异步电动机启动困难的原因。（5分）

考核知识点：异步电动机启动困难原因

难易度：易

标准答案：

（1）电源电压过低。

（2）三相电源严重不平衡。

（3）电机绕组接线错误。

（4）绕组间发生短路或接地故障。

（5）负载过重以及其他机械原因等。

Jb0005312051 简述卸扣外观检查的要求。（5分）

考核知识点： 卸扣外观检查

难易度： 中

标准答案：

（1）铸铁或铸钢材质的卸扣，严禁使用。

（2）卸扣应光滑平整、不得有裂纹、磨损、退火等缺陷。

（3）卸扣上有钻孔或修补痕迹的，严禁使用。

（4）卸扣扣体或轴销有变形的，严禁使用。

（5）卸扣螺纹损伤，销轴紧固不到位的，严禁使用。

Jb0005312052 简述发动机二级维护项目、作业内容和技术要求。（5分）

考核知识点： 发动机二级维护

难易度： 中

标准答案：

（1）除一级维护作业内容外，以检查调整为主。

（2）主要检查并调整各传动带。

（3）检查调整发动机工况和排气污染控制装置等。

（4）对发动机进行不解体检测。

（5）对检查后，需要维修的确定维护附加作业项，确保发动机技术状况良好。

Jb0005312053 简述起重滑车的装配要求。（5分）

考核知识点： 起重滑车装配要求

难易度： 中

标准答案：

（1）滑轮装配后应转动灵活，无卡阻和碰擦现象，轴承装入滑轮后，其滑轮径向和端面的圆跳动公差不应大于轮滑绳槽底径的2.25/1000。

（2）蝶形螺母或心形锁扣安全可靠。

（3）在合页开合90°范围内，应无卡阻现象。

（4）装配后的吊环应能灵活转动360°。

（5）连接螺栓、螺母紧固、锁止可靠，附件齐全。

Jb0005312054 简述液压油缸的保养内容。（5分）

考核知识点： 液压油缸保养

难易度： 中

标准答案：

（1）定期检查液压缸安装和连接。

（2）定期进行连接销轴润滑。

（3）活塞杆防护套（罩）破损后及时更换。

（4）按规定时间检修，并更换全部密封件含挡圈、支承环等。

（5）长期闲置的液压缸，定期进行伸缩运动。

Jb0005312055　简述真空泵电机不能转动的原因。(5分)

考核知识点：真空泵电机不转动原因

难易度：中

标准答案：

(1) 电源故障。

(2) 启动系统故障。

(3) 机械故障。

(4) 电动机故障。

Jb0005312056　简述空气压缩机常见的主机故障。(5分)

考核知识点：空气压缩机常见故障

难易度：中

标准答案：

(1) 无压缩空气或气量过少，压力低。

(2) 排气压力过高。

(3) 主机异响。

(4) 主机温度过高。

(5) 主机抱死。

Jb0005312057　起重机作业时，起重臂伸缩速度缓慢无力，可能的故障原因有哪些？(5分)

考核知识点：起重臂伸缩速度缓慢无力原因

难易度：中

标准答案：

(1) 液压动力系统故障。

(2) 换向阀故障。

(3) 溢流阀故障。

(4) 伸缩油缸故障。

(5) 分流器故障。

Jb0005312058　简述切割机电动机发出异响，并且不旋转或转得很慢的原因。(5分)

考核知识点：切割机电动机异响原因

难易度：中

标准答案：

(1) 电压低。

(2) 电源开关触头烧毁。

(3) 电动机故障。

(4) 轴承损坏。

(5) 三相异步电动机缺相。

(6) 单相异步电动机启动电容损坏。

Jb0005312059　牵张机野外工作出现故障，在判断时需考虑哪些其他因素影响？(5分)

考核知识点：牵张机野外工作故障影响因素

难易度：中

标准答案：

（1）设计制造的影响。

（2）配件质量的影响。

（3）燃油、润滑油、液压油品质的影响。

（4）环境条件的影响。

（5）人为因素的影响。

Jb0005312060　简述发动机活塞环折断的原因。（5 分）

考核知识点：活塞环折断原因

难易度：中

标准答案：

（1）活塞环开口间隙过小。

（2）活塞环与环槽磨损使边间隙增大，产生积炭，结胶。

（3）活塞环失去弹性，磨损过大等易造成折断。

（4）喷油时间（点火时间）不正确。

（5）发动机温度过高。

（6）燃油质量差。

Jb0005312061　发动机出现故障时有哪些表面现象？（5 分）

考核知识点：发动机故障表象

难易度：中

标准答案：

（1）异常声响。

（2）动作异常。

（3）排烟异常。

（4）温度异常。

（5）气味异常。

（6）压力异常。

（7）外观异常。

Jb0005312062　简述同体式交流电焊机出现焊机线圈过热现象的原因。（5 分）

考核知识点：焊机线圈过热原因

难易度：中

标准答案：

（1）焊机长时间过载。

（2）焊机线圈短路或接地。

（3）通风机工件不正常。

（4）线圈通风道堵塞。

Jb0005312063　简述同体式交流电焊机出现焊机铁芯过热现象的原因。（4 分）

考核知识点：焊机铁芯过热原因

难易度：中

标准答案：

（1）电源电压超过额定电压。

（2）铁芯硅钢片短路，铁损增加。

（3）铁芯夹紧螺杆及夹件的绝缘损坏。

（4）重绕一次绕组后，绕组匝数不够。

Jb0005312064　简述真空泵真空度低的原因。（5 分）

考核知识点：真空泵真空度低原因

难易度：中

标准答案：

（1）管道漏气或管路过细。

（2）入口阀未开或有阻力。

（3）过滤网阻塞。

（4）大气压力过低。

（5）真空表不准。

（6）排气阀片不起作用。

（7）轴封或泵密封漏气。

（8）端面间隙过大。

（9）泵转速低。

（10）工作液温度过高。

Jb0005312065　造成整流二极焊机出现焊接电流在调节过程中突然降低的原因有哪些？（5 分）

考核知识点：焊接电流降低原因

难易度：中

标准答案：

（1）磁放大器控制线圈 KF 匝间短路或烧断。

（2）焊接电流控制器接触不良。

（3）稳压变压器线圈短路或烧断。

（4）电感元件损坏。

（5）电容器损坏。

（6）硅整流元件中有击穿现象。

Jb0005312066　钢筋弯曲机出现送料轮异常现象，如何排除故障？（5 分）

考核知识点：送料异常故障排除

难易度：中

标准答案：

（1）检查蜗轮蜗杆，损坏需更换蜗杆。

（2）检查料轮槽是否脱落、损坏，对料轮槽进行固定，必要时进行更换。

（3）检查送料轮的轴承，若出现磨损严重或裂损现象需更换轴承。

（4）检查电动机故障，维修或更换。

（5）检查线路故障，维修。

Jb0005312067 简述拆卸挖掘机主控制阀总成的步骤。（5分）

考核知识点：挖掘机主控制阀总成拆卸

难易度：中

标准答案：

（1）把所有软管和高压管从控制阀处拆开。

（2）拆下控制阀安装螺柱。

（3）用链条或钢丝绳固定到控制阀上。

（4）用起重设备吊出阀总成。

Jb0005312068 简述电磁阀不换向或换向异常的故障原因。（5分）

考核知识点：电磁阀不换向或换向异常原因

难易度：中

标准答案：

（1）无控制电信号。

（2）电磁铁故障。

（3）有杂质，使电磁阀的阀芯卡死。

（4）自动复位对中式弹簧故障。

Jb0005312069 简述液压系统中的“液压卡紧”。（5分）

考核知识点：液压卡紧

难易度：中

标准答案：

液压系统中产生“液压卡紧”是由于阀体运动副几何形状误差和同轴度变化使阀芯产生径向不平衡力的结果。

Jb0005312070 简述电机外壳带电原因及处理方法。（5分）

考核知识点：电机外壳带电原因及处理

难易度：中

标准答案：

（1）机身接地不良。处理方法：寻找接地不良的原因，采取相应的措施确保电机接地良好。

（2）接线板损坏或表面油污堆积。处理方法：清理或更换接线板。

（3）绕组绝缘或出线电缆绝缘损坏。处理方法：修补绝缘或更换电缆及重新浸漆干燥处理。

（4）绕组受潮。处理方法：进行干燥处理。

Jb0005312071 简述塔式起重机保养的一般原则与注意事项。（5分）

考核知识点：塔式起重机保养

难易度：中

标准答案：

（1）在使用过程中应经常进行检查、维修和保养。

（2）传动部分应有足够的润滑油。

（3）对易损构件必须经常检查、维修或更换。

（4）对各机械的螺栓，特别是经常振动的零件，应进行检查是否松动，如有松动则必须及时拧紧或更换。

（5）维修养护时，应将所有控制开关扳至零位，切断主电源，并在闸箱处挂“禁止合闸”标志，必要时应设专人监护。

（6）起重机处于工作状态时不得进行保养、维修，排除故障，应在停机后进行。

Jb0005312072　简述造成异步电动机“扫膛”的原因。（5分）

考核知识点：异步电动机“扫膛”原因

难易度：中

标准答案：

（1）电动机装配时异物遗落在定子内腔。

（2）绕组绝缘损坏后的焚落物进入定子与转子间的间隙。

（3）绕组钢芯松动、脱落。

（4）由于机械原因造成转子“扫膛”，如轴承损坏、主轴磨损和弯曲等。

Jb0005312073　造成三相异步电动机单相运行的原因有哪些？最常见的是哪一种情况？（5分）

考核知识点：异步电动机单相运行原因

难易度：中

标准答案：

原因如下：

（1）熔断器一相熔断。

（2）电源线缺相。

（3）电动机绕组引出线与接线端子之间有一相松脱。

（4）断路器、接触器等开关电器的一相触头损坏等。

最常见的原因是电源线缺相。

Jb0005312074　异步电动机产生异常的振动和声音，在机械方面的原因一般有哪些？（5分）

考核知识点：异步电动机异常振动和声音的原因

难易度：中

标准答案：

（1）电动机风叶损坏或螺栓松动，造成风叶与端盖碰撞，它的声音随着迸出声时大时小。

（2）轴承磨损或转子偏心严重时，定转子相互摩擦，使电机产生剧烈振动和有磁振声。

（3）电动机地脚螺栓松动或基础不牢，而产生不正常的振动。

（4）轴承内缺少润滑油或滚珠损坏。

Jb0005312075　简述电力无人机常规检查内容及注意事项。（5分）

考核知识点：电力无人机常规检查

难易度：中

标准答案：

（1）航前检查或一切地面测试中，飞行器严禁装配螺旋桨，起飞前必须确认做好航前检查。

（2）扫视机身外观，观察机身是否有损坏，特别注意观察机身各螺栓连接处是否有裂纹，各部件螺栓是否紧固，如若出现，及时解决，绝不能视而不见。

（3）安装螺旋桨后，用手转动每支螺旋桨，检查每支桨叶安装是否正确，观察是否出现桨与电机之间相对位移，如若出现及时紧固螺旋桨的固定螺栓。观察每个电机的安装螺栓是否松动，如若出现松动及时紧固。

（4）检查飞机各处接线是否出现断裂、松动、崩脱。

Jb0005312076 简述无人机上电前电子部分检查的内容。（5分）

考核知识点：无人机上电前检查

难易度：中

标准答案：

（1）检查各插头连接是否紧密，插头与电线焊接部分是否有松动。

（2）检查各电线外皮是否完好，有无刮蹭脱皮现象。

（3）检查电子设备是否安装牢固，应保证电子设备清洁、完整，并做好防护。

（4）检查电子罗盘、IMU指向是否正确。

（5）检查电池有无破损，胀气，漏液现象。测量电压是否足够。

（6）检查遥控器模式是否正确，电量是否充足，开关是否完好。

Jb0005312077 简述钢筋弯曲机工作无力的原因。（5分）

考核知识点：钢筋弯曲机工作无力原因

难易度：中

标准答案：

（1）钢筋直径过大或根数过多。

（2）主轴故障。

（3）三角带松弛。

（4）传动平键损坏。

（5）电压过低或缺相。

（6）电动机故障。

Jb0005312078 造成钢筋切断机出现切不断或有时切不断钢筋现象的原因有哪些？（5分）

考核知识点：钢筋切断机切不断钢筋原因

难易度：中

标准答案：

（1）电动机故障。

（2）上、下刀间隙太大。

（3）延时断开时间继电器调整时间短。

（4）所切材料强度太高。

（5）时间继电器设定时间太短。

Jb0005312079 简述无人机上电前机械部分检查的内容。（5分）

考核知识点：无人机上电前检查

难易度：中

标准答案：

（1）检查螺旋桨是否完好，表面是否有污渍和裂纹；安装是否紧固，螺旋桨正反桨是否安装正确；转动螺旋桨看是否有干涉。

（2）检查电机卡环是否牢固，转动电机是否有卡涩现象，电机线圈内部是否洁净，电机轴有无明显的弯曲。

（3）检查机架是否牢固，螺栓有无松动。

（4）检查云台舵机转动是否顺畅，有无干涉，云台、相机安装是否牢固。

（5）检查电池是否固定牢固。

Jb0005312080　简述无人机上电后检查的内容。（5分）

考核知识点：无人机上电后检查

难易度：中

标准答案：

（1）电调指示音是否正确。

（2）舵机工作是否正常，有无抖动。

（3）各电子设备有无不正常发热现象。

（4）各指示信号是否正常。

Jb0004312081　简述用万用表检查三相绕组的首末端的步骤。（5分）

考核知识点：三相绕组首末端检查

难易度：中

标准答案：

（1）先用万用表的欧姆档找出三相绕组各自的两个引线端（U、U，V、V，W、W），并做上标志。

（2）取三个绕组的两引线端中的任一引线端（U、V、W）接在一起，剩余的另三个接线端也接在一起。万用表转至毫安档，并将这两个连接点分别与万用表两表线相连。然后用手转动电动机转子，若万用表指针不动，说明连在一起的三个引线端是同极性端（同为首端 U1、V1、W1，或同为尾端U2、V2、W2）。若指针偏转，说明有一相的首尾接反了，可将其中的任一相的两端相对调，重新测试。

Jb0005312082　简述无人机飞行前预防性维修和检查内容。（5分）

考核知识点：无人机飞行前保养

难易度：中

标准答案：

（1）检查螺旋桨桨叶外观是否有弯折、破损、裂缝、缺口等直接影响飞行稳定性的问题。如有出现此类问题的螺旋桨，立即弃用。起飞前检查螺旋桨是否按顺序固定好。

（2）检查电机轴承是否有磨损、振动，电机壳是否变形，固定的螺钉是否稳固。如果发现问题，及时进行更换处理。

（3）TMU 单元平时也需要检查，必要时候应该校准。首先一定要将飞机放在水平面上然后开启飞机和遥控器，遥控器连接移动设备之后，打开飞控“参数设置一高级设置一传感器状态一校准传感器”。

（4）检查遥控器天线、挂带等连接是否正常。

（5）检查起落架和形变结构是否正常。

（6）检查飞机机身螺钉、螺栓等是否出现松动，飞机机臂是否正常，若有问题尽量寄回厂家检测维修。

（7）检查电池是否有破损或者变形膨胀，电压是否正常。

Jb0005312083　简述无人机电调校准步骤。（5分）

考核知识点：无人机电调校准

难易度：中

标准答案：

（1）开启遥控器。

（2）将油门推到最高点—将电调接上电池。

（3）等待2s—“哔哔”油门最高点确认音—将油门推到最低。

（4）等待1s—N声短鸣音表示锂电节数。

（5）比如6s，电池就会响六声—“哔”油门最低点确认音—系统准备就绪，可以起飞。

Jb0005312084　简述柴油发动机运转期间的检查内容。（5分）

考核知识点：发动机运转期间检查

难易度：中

标准答案：

（1）检查发动机有无异响。

（2）检查发动机及附件有无异常气味。

（3）检查发动机有无漏油、漏水、漏气、漏电等现象。

（4）检查润滑油压力、冷却液温度、电流及燃油指示等仪表读数（指示）是否正常。

（5）检查发动机转速是否平稳，调速灵敏。若有不正常现象应及时调整。

Jb0005312085　简述机动绞磨汽油机动力不足的原因。（5分）

考核知识点：汽油机动力不足原因

难易度：中

标准答案：

（1）燃油质量问题。

（2）发动机工作不良。

（3）各传动件阻力过大。

（4）离合器打滑。

（5）三角皮带打滑。

Jb0005312086　简述冷却液温度过高的原因。（5分）

考核知识点：冷却液温度过高原因

难易度：中

标准答案：

（1）水泵故障，流量过小，水量不足。

（2）水箱和发动机水腔积存水垢过多。

（3）节温器无法开启。

（4）发动机工作不良或喷油（点火）时间过迟。

（5）冷却液沸点过低。

（6）外界温度过高或气压过低。

（7）发动机长时间超负荷工作。

Jb0005312087　简述塔式起重机液压顶升系统的维护和保养内容。（5分）

考核知识点：液压顶升系统维护保养

难易度：中

标准答案：

（1）严格按已规定进行加油和更换油，并清洗油箱内部。

（2）溢流阀的压力调整适当后，不得随意更动，每次进行顶升前应检查油压是否正常。

（3）应经常检查各处管接头是否紧固严密，不准有漏油现象。

（4）滤油器要经常检查有无堵塞，检查安全阀在使用后调整值是否变动。

（5）油泵、油缸和控制阀，如发现渗漏应及时检修。

Jb0005312088　起重机械设备的维护和保养内容有哪些？（5分）

考核知识点：起重机械设备维护保养

难易度：中

标准答案：

（1）检查各安全保护装置工作可靠齐全。

（2）各机构的制动器应经常进行检查和调整，制动片和制动轮的间隙保证灵活可靠，在摩擦面上不应有污物存在，遇有污物必须用汽油或稀料洗掉。

（3）减速箱、变速箱、外啮合齿轮等各部位的润滑以及液压油均按生产厂家的要求进行。

（4）要注意检查各部钢丝绳有无断丝和松股现象。如超过有关规定必须立即更新，钢丝绳的维护保养应严格按 GB/T 5972—2016《起重机　钢丝绳　保养、维护、检验和报废》的规定进行。

（5）经常检查各部位的螺栓连接情况，如有松动应予拧紧。塔身连接螺栓应在塔身受压时检查松紧度（可采用旋转起重臂的方法去造成受压状态），所有连接销轴都必须装有开口销，并需充分张开。

（6）经常检查各机构运转是否正常，有无噪声。如发现故障，必须及时排除。

（7）安装、拆卸和调整回转机构时，要注意保证回转机构减速器的中心线与齿轮中心线平行，其啮合面不小于70%，啮合间隙要合适。

Jb0005312089　发动机润滑油更换的几大误区是什么？（5分）

考核知识点：润滑油更换误区

难易度：中

标准答案：

（1）润滑油变黑了就该换油。

（2）润滑油能多加就多加。

（3）润滑油添加剂用处大。

（4）润滑油规格越高越好。

（5）润滑油经常添加不用换。

Jb0005312090　使用钢筋对焊机加工工件时，出现拉力不够缺陷，应采取哪些措施？（5分）

考核知识点：钢筋对焊机拉力不够故障排除

难易度：中

标准答案：

（1）调整焊接电流（加大）。

（2）调整焊接速度。

（3）按规程重新操作。

（4）使用干燥焊剂。

（5）化验钢筋是否符合要求。

Jb0005312091　造成同体式交流电焊机出现焊机不起弧现象的原因有哪些？（5分）

考核知识点：焊机不起弧原因

难易度：中

标准答案：

（1）电源没有电压。

（2）焊机接线错误。

（3）输出电压过低。

（4）接线和工件接触不良。

Jb0005312092　简述流动式起重机金属结构的日常维护与保养内容。（5分）

考核知识点：起重机金属结构的维护保养

难易度：中

标准答案：

（1）涂装是否完好。

（2）检查结构连接螺栓是否紧固。

（3）焊缝有无裂缝。

（4）构件是否完好，有无变形、松动、开裂和锈蚀等情况。

（5）每次检查应对维修补焊或返锈部位进行补漆。

Jb0005312093　液压设备在运行中油路系统有异常噪声，可能的故障原因有哪些？（5分）

考核知识点：液压设备油路异常噪声原因

难易度：中

标准答案：

（1）管道内存有空气。

（2）油温太低。

（3）管道元件固定不牢靠。

（4）液压元件故障。

（5）滤油器堵塞油箱。

（6）油液不足。

Jb0005312094　简述空气压缩机排气温度过高的原因。（5分）

考核知识点：空气压缩机排气温度过高原因

难易度：中

标准答案：

（1）超负荷运转。

（2）冷却管污垢过多，影响冷却效果。
（3）气阀漏气。
（4）环境温度过高。
（5）活塞环破损或密封不严，使气缸两端互相串气。

Jb0005312095　三相异步电动机电源缺相后，电动机运行情况有什么变化？（5分）
考核知识点：电源缺相后电动机运行情况
难易度：中
标准答案：
（1）运转无力。
（2）转动异响。
（3）电动机过热。
（4）启动困难。

Jb0005312096　简述弧焊发电式直流电焊机出现电刷下火花过大现象的原因。（5分）
考核知识点：电刷火花过大原因
难易度：中
标准答案：
（1）电刷与换向器接触不良。
（2）个别电刷刷绳线接触不良，引起同组其他电刷过载。
（3）电刷在盒中卡住或跳动。
（4）换向器片间云母凸出。
（5）刷架歪曲或松动。
（6）换向器分离，即个别换向片凸出或凹进。

Jb0005312097　简述同体式交流电焊机出现焊机发烫、冒烟或有焦味现象的原因及排除方法。（5分）
考核知识点：焊机发烫、冒烟、有焦味原因
难易度：中
标准答案：
（1）焊机超负载使用：严格按照焊机的负载持续率工作，避免过载使用。
（2）输入电压过高或接错电压（对于可用220V和380V两种电压的焊机，错把380V电压按220V接入）：按实际输入电压接线和操作。
（3）线圈内部短路：检查线圈，排除短路故障。
（4）风机不转（新焊机初次使用时，有轻微绝缘漆味冒出属于正常）：检查风机，排除风机故障。

Jb0005312098　9T牵引机4BT发动机的启动机不工作，应如何检修？（5分）
考核知识点：启动机不工作的检修
难易度：中
标准答案：
（1）检测蓄电池电压是否正常，太低则充电或更换蓄电池。
（2）检测点火开关和电路连接部位如接线柱、熔丝、启动继电器等电路电压。
（3）检查启动继电器故障。

（4）检查启动机故障。

Jb0005312099 简述用交流法检查三相绕组的首末端的步骤。(5分)

考核知识点：三相绕组首末端的检查

难易度：中

标准答案：

（1）先用万用表的欧姆档测量任意两个接线头之间的电阻，若有读数则表明这两个线头是同一绕组的。

（2）先任意假定其中一相绕组的一端为始端U1，另一端为末端U2，把该相绕组和第二相绕组串联起来，接入不大于绕组额定电压的交流电压，然后测量第三相绕组的电压，若读数为零，则说明相串联的两个绕组是同名端相连接的，也就是说，作串联连接的两端是同极性端，同为首端或同为尾端。若读数不为零，则说明作串联连接的两端是异名端。这就确定了第二相绕组的首尾。用同样的方法再将第一相绕组和第三相串联，测量第二相绕组的电压，进而确定第三相绕组的首尾端。

Jb0005312100 钢筋对焊机出现控制开关不起作用，如何排除故障？（5分）

考核知识点：控制开关不起作用故障排除

难易度：中

标准答案：

（1）检查控制开关是否本身损坏，若损坏，更换控制按钮或开关。

（2）检查熔断器是否烧坏，若烧坏，更换熔断器。

（3）检查控制电缆是否断线，若断线，更换控制电缆。

（4）检查控制电缆插头座是否损坏，若损坏，更换电缆插头座。

（5）检查控制变压器是否损坏，若损坏，更换控制变压器。

（6）检查通用继电器或交流接触器线圈是否烧毁，若故障，需进行更换或修理。

Jb0006312101 简述电气作业十不准。(5分)

考核知识点：用电安全

难易度：中

标准答案：

（1）非持证电工不准装接电气设备。

（2）任何人不准玩弄电气设备和开关。

（3）破损的电气设备应及时调换，不准使用绝缘损坏的电气设备。

（4）不准利用电热和灯泡取暖。

（5）设备检修切断电源时，任何人不准启动挂有警告牌的电气设备，或合上拔去的熔断器。

（6）不准用水冲洗揩擦电气设备。

（7）熔断丝熔断时，不准调换容量不符的熔丝。

（8）不办任何手续，不准在埋有电缆的地方进行打桩和动土。

（9）发现有人触电，应立即切断电源进行抢救，按未脱离电源前不准直接接触触电者。

（10）雷雨天气，不准接近避雷器和避雷针。

Jb0006312102 简述焊接作业十不焊。(5分)

考核知识点：焊接安全

难易度： 中

标准答案：

（1）不是焊工不焊。

（2）要害部门和重要场所未经批准不焊。

（3）不了解焊接地点周围情况不焊。

（4）用可燃材料作保温隔音的部位不焊。

（5）装过易燃易爆物品的容器不焊。

（6）不了解焊接物内部情况不焊。

（7）密闭或有压力的容器管道不焊。

（8）焊接部位有易燃易爆物品不焊。

（9）附近有与明火作业相抵触的作业不焊。

（10）禁火区内未办理动火审批手续不焊。

Jb0006313103　编制一份将中级工培训为高级工的培训方案（5分）

要求： 培训时间3年，在取得中级职业资格的基础上累计不少于400标准学时。

考核知识点： 培训方案

难易度： 难

标准答案：

（1）培训目的。通过培训达到《职业技能鉴定规范》对中级工的职业知识和技能的要求。

（2）培训目标及内容见表Jb0006313103。

表 Jb0006313103

培训项目	培训目标	培训内容	培训方式	参考学时
基础知识	掌握绘图工具的正确使用及配合使用方法。掌握制图的相关规定。掌握徒手绘制草图的技巧	机械制图	自学	不少于60学时
	熟悉力、作用力与反作用力、力系、合力、平衡的概念。掌握受力图的画法	电力工程力学		
	熟悉测量方法分类的方式及各类测量方法的概念。熟悉电工测量仪表的分类、熟悉各类仪表的概念和特点	电工基础		
	掌握Q/GDW 11957.2—2020《国家电网有限公司电力建设安全工作规程　第2部分：线路》、Q/GDW 11957.1—2020《国家电网有限公司电力建设安全工作规程　第1部分：变电》相关内容	电力安全生产法律法规		
专业知识	了解汽油机和柴油机的组成、结构和特性。了解汽油机和柴油机的工作原理	发动机的工作原理	现场讲课	不少于60学时
	了解施工机具的试验方式和方法。了解施工机具载荷试验时的相关要求	施工机具设计、试验要求		
	了解油类的种类。了解润滑油、燃油、油脂等油料的特性及使用要求	油料的知识		
相关知识	掌握电气图中的元器件的图形标记。掌握电路图的一般识图方法。掌握电路图布图的基本方法	电气识、绘图	现场讲课	不少于60学时
	了解操作系统的概念、作用。了解Windows10的功能	计算机基础		
基本技能	了解起重设备的类别、主要性能参数及其应用范围。了解起重索具与吊具、常用起重机械的类型、性能特点、应用范围及维护保养方法。了解绳索的常用打结方法，掌握绳索打结的操作要领。掌握吊装常见形状的系解方法、操作要领和系结的安全注意事项。掌握钢丝绳绳扣插接的基本操作方法和操作要领	起重搬运	现场讲课	不少于60学时
	掌握常用维修工具的使用	钳工基础		
	掌握安全用具的使用	电力安全生产及防护		
专业技能一：施工机具修理	了解绞磨、液压机、发电机、卷扬机、电焊机、空气压缩机、切割机、电缆输送机、冲击夯、振动器及道路抹平机等施工机械的工作原理。掌握常用施工机械的正确操作方法	施工机械修理	现场讲课	不少于60学时

续表

培训项目	培训目标	培训内容	培训方式	参考学时
专业技能一：施工机具修理	了解双钩紧线器、网套连接器、旋转（抗弯）连接器、卡线器、走板、钻桩及放线滑车等常规受力工器具使用方法及检修保养	常规受力工器具修理	现场讲课	不少于60学时
	了解非金属绳索的种类及使用要求	绳索类工器具修理		
专业技能二：加工设备修理	了解钢筋对焊机、液压冲孔机、钢筋弯曲机、钢筋切断机、钢筋调直机等加工设备的工作原理。掌握加工设备的正确操作方法	加工设备修理	现场讲课	不少于50学时
专业技能三：变电设备修理	了解电气试验设备的工作原理。掌握电气试验设备的正确使用方法	电气试验设备修理	现场讲课	不少于60学时
	了解 SF_6 回收回充装置、变压器油精密过滤机、储油罐、烘箱、精密过滤机、真空机组、真空滤油机、干燥空气发生器的工作原理。掌握油气处理设备的正确使用方法	油气处理设备修理		
专业技能四：无人机修理	了解无人机的工作原理，掌握无人机的正确使用方法	无人机设备原理	现场讲课	不少于30学时
综合素养	了解合同法、民事法律、劳动合同法、环境保护法及计量管理的基本规定	法律法规	自学	不少于60学时
	掌握职业道德的基本规范，提高和加强职业道德修养的自觉性。熟悉在职业活动中进行交流的原则和技巧，提升工作质量和职业形象	职业道德规范		
	掌握企业文化的定义、内容、结构和特征等基本知识。了解企业文化与思想政治工作、科学管理和精神文明建设的关系	企业文化		
	掌握沟通的重要性及团队的定义	沟通协调与团队建设		

（3）培训方式。以自学和脱产相结合的方式进行基础知识讲课和技能培训。

（4）培训时间。××××年×月×日—××××年×月×日。

（5）培训场所。×××××。

（6）培训设备。×××××。

第六章 机具维护工高级工技能操作

Jc0005341001 发动机湿式汽缸套的安装。(100 分)

考核知识点：发动机维护保养

难易度：易

技能等级评价专业技能考核操作工作任务书

一、任务名称

发动机湿式汽缸套的安装。

二、适用工种

机具维护工高级工。

三、具体任务

康明斯 B 系列发动机湿式汽缸套的安装。

四、工作规范及要求

（1）掌握发动机的工作性能。

（2）工器具的正确使用及做好安全措施。

五、考核时间及要求

（1）本模块操作时间为 20 分钟，时间到停止考评。

（2）考评过程中如果由于测试人员操作不规范，有可能引发不安全因素的，停止考评，该项考核项目不得分，但不影响其他项目。

技能等级评价专业技能考核操作评分标准

工种	机具维护工					评价等级	高级工
项目模块	专业知识—机具维护保养				编号	Jc0005341001	
单位			准考证号			姓名	
考试时限	20 分钟	题型		单项操作		题分	100 分
成绩		考评员		考评组长		日期	
试题正文	发动机湿式汽缸套的安装						
需要说明的问题和要求	（1）要求单人操作，考评员监护。 （2）在设定考试工位上完成操作。 （3）操作结束后，待考评员同意后方可离开考场						

序号	项目名称	质量要求	满分	扣分标准	扣分原因	得分
1	准备工作					
1.1	相关安全措施的准备	着装应符合安全要求：穿工作服、戴线手套、注意安全防护	5	未按要求穿工作服扣 3 分； 未按要求戴手套扣 2 分		
1.2	工器具、设备及辅助设备完备	检查工器具及辅助设备是否齐全洁净，符合作业要求	5	少一件工器具扣 1 分，扣完为止		

续表

序号	项目名称	质量要求	满分	扣分标准	扣分原因	得分
2	操作步骤					
2.1	清洁	清洁所有零部件	10	未清洁扣10分； 清洁不到位，每件扣1分，扣完为止		
2.2	装配	（1）将未装橡胶封水圈的汽缸套和铜垫片装入机体内，在上端面用力将汽缸套压紧。 （2）用深度分厘卡尺测量缸套上端面凸出机体顶面的距离，此距离应为0.04～0.15mm。 （3）按要求装好橡胶封水圈后，将汽缸和铜垫装入机体，测量汽缸套圆度、圆柱度及配缸间隙，符合标准	60	操作顺序、方法不正确，每处扣10分； 丢失或漏装零部件，每只扣5分； 扣完为止		
3	工作结束					
3.1	整理工器具	工具整理，摆放整齐	5	未整理工器具扣5分		
3.2	工作现场清理	清理现场	5	未清理现场扣5分		
4	填写记录					
4.1	填写维保记录单	内容全面，记录规范	10	填写不全面，每处扣2分，扣完为止		
合计			100			

Jc0005342002　发动机气缸盖的检修。（100分）

考核知识点：发动机检修

难易度：中

技能等级评价专业技能考核操作工作任务书

一、任务名称

发动机气缸盖的检修。

二、适用工种

机具维护工高级工。

三、具体任务

康明斯B系列发动机气缸盖的检修。

四、工作规范及要求

（1）掌握发动机的工作性能。

（2）工器具的正确使用及做好安全措施。

五、考核时间及要求

（1）本模块操作时间为20分钟，时间到停止考评。

（2）考评过程中如果由于测试人员操作不规范，有可能引发不安全因素的，停止考评，该项考核项目不得分，但不影响其他项目。

技能等级评价专业技能考核操作评分标准

<table>
<tr><td>工种</td><td colspan="3">机具维护工</td><td>评价等级</td><td>高级工</td></tr>
<tr><td>项目模块</td><td colspan="2">专业知识—机具检查检修</td><td>编号</td><td colspan="2">Jc0005342002</td></tr>
<tr><td>单位</td><td></td><td>准考证号</td><td></td><td>姓名</td><td></td></tr>
</table>

续表

考试时限	20 分钟		题型	单项操作		题分	100 分
成绩		考评员		考评组长		日期	
试题正文	发动机气缸盖的检修						
需要说明的问题和要求	（1）要求单人操作，考评员监护。 （2）在设定考试工位上完成操作。 （3）操作结束后，待考评员同意后方可离开考场						

序号	项目名称	质量要求	满分	扣分标准	扣分原因	得分
1	准备工作					
1.1	相关安全措施的准备	着装应符合安全要求：穿工作服、戴线手套、注意安全防护	5	未按要求穿工作服扣 3 分； 未按要求戴手套扣 2 分		
1.2	工器具、设备及辅助设备完备	检查工器具及辅助设备是否齐全洁净，符合作业要求	5	少一件工器具扣 1 分，扣完为止		
2	操作步骤					
2.1	清洁	清洁发动机气缸盖	10	未清洁扣 10 分； 清洁不到位扣 5 分		
2.2	检查平面度	检查气缸盖的平面度和翘曲度。若平面度和翘曲度超差，应采用磨削或铣削方法修平；若超差过大，更换	20	检查不到位，每处扣 10 分，扣完为止		
2.3	检查气门座、气门导管、燃烧室	如果气门座过低或烧蚀，应重新加工和研磨；气门导管磨损超差，应更换；检查进排气道、燃烧室有无裂纹，若有进行更换	30	检查不到位，每处扣 10 分，扣完为止		
2.4	检查缸盖金属体	气缸盖安装螺孔附近有金属凸起、裂纹时，进行修复	10	检查不到位扣 10 分		
3	工作结束					
3.1	整理工器具	工具整理，摆放整齐	5	未整理工器具扣 5 分		
3.2	工作现场清理	清理现场	5	未清理现场扣 5 分		
4	填写记录					
4.1	填写检查记录单	内容全面，记录规范	10	填写不全面，每处扣 2 分，扣完为止		
合计			100			

Jc0005341003　发动机气门的研磨。（100 分）

考核知识点：发动机维护保养

难易度：易

技能等级评价专业技能考核操作工作任务书

一、任务名称

发动机气门的研磨。

二、适用工种

机具维护工高级工。

三、具体任务

康明斯 B 系列发动机气门的研磨。

四、工作规范及要求

（1）掌握发动机的工作性能。

（2）工器具的正确使用及做好安全措施。

五、考核时间及要求

（1）本模块操作时间为20分钟，时间到停止考评。

（2）考评过程中如果由于测试人员操作不规范，有可能引发不安全因素的，停止考评，该项考核项目不得分，但不影响其他项目。

技能等级评价专业技能考核操作评分标准

工种	机具维护工				评价等级	高级工
项目模块	专业知识—机具维护保养			编号	Jc0005341003	
单位		准考证号			姓名	
考试时限	20分钟	题型	单项操作		题分	100分
成绩		考评员		考评组长	日期	
试题正文	发动机气门的研磨					
需要说明的问题和要求	（1）要求单人操作，考评员监护。 （2）在设定考试工位上完成操作。 （3）操作结束后，待考评员同意后方可离开考场					

序号	项目名称	质量要求	满分	扣分标准	扣分原因	得分
1	准备工作					
1.1	相关安全措施的准备	着装应符合安全要求：穿工作服、戴线手套、注意安全防护	5	未按要求穿工作服扣3分； 未按要求戴手套扣2分		
1.2	工器具、设备及辅助设备完备	检查工器具及辅助设备是否齐全洁净，符合作业要求	5	少一件工器具扣1分，扣完为止		
2	操作步骤					
2.1	清洁	将气门座、气门导管等清洗干净	10	未清洁扣10分； 清洁不到位，每件扣1分，扣完为止		
2.2	研磨	在气门的工作面上涂抹一层很薄的研磨砂。气门杆涂润滑油，将气门插入导管内。用皮碗吸住气门顶，在相配的座上反复旋转；用手捻转皮碗杆进行研磨，直到表面出现规整的环带。 将研磨砂洗掉，用润滑油二次研磨	40	操作顺序、方法不正确，每处扣5分，扣完为止		
2.3	质量检查	渗油法：将与气门座配套使用的气门放入气门导管孔内，并使气门紧贴气门座的密封锥面，然后在气门上倒上足够的煤油或汽油，经3～5min后，如没有出现漏油现象，则可认为研磨质量合格，反之漏油则不合格	20	操作顺序、方法不正确，每处扣5分，扣完为止		
3	工作结束					
3.1	整理工器具	工具整理，摆放整齐	5	未整理工器具扣5分		
3.2	工作现场清理	清理现场	5	未清理现场扣5分		
4	填写记录					
4.1	填写维保记录单	内容全面，记录规范	10	填写不全面，每处扣2分，扣完为止		
合计			100			

Jc0005342004　发动机气门摇臂与摇臂轴的检修。（100 分）

考核知识点：发动机检修

难易度：中

技能等级评价专业技能考核操作工作任务书

一、任务名称

发动机气门摇臂与摇臂轴的检修。

二、适用工种

机具维护工高级工。

三、具体任务

康明斯 B 系列发动机气门摇臂与摇臂轴的检修。

四、工作规范及要求

（1）掌握发动机的工作性能。

（2）工器具的正确使用及做好安全措施。

五、考核时间及要求

（1）本模块操作时间为 20 分钟，时间到停止考评。

（2）考评过程中如果由于测试人员操作不规范，有可能引发不安全因素的，停止考评，该项考核项目不得分，但不影响其他项目。

技能等级评价专业技能考核操作评分标准

工种	机具维护工				评价等级	高级工
项目模块	专业知识—机具检查检修			编号	Jc0005342004	
单位		准考证号			姓名	
考试时限	20 分钟	题型	单项操作		题分	100 分
成绩		考评员		考评组长	日期	
试题正文	发动机气门摇臂与摇臂轴的检修					
需要说明的问题和要求	（1）要求单人操作，考评员监护。 （2）在设定考试工位上完成操作。 （3）操作结束后，待考评员同意后方可离开考场					

序号	项目名称	质量要求	满分	扣分标准	扣分原因	得分
1	准备工作					
1.1	相关安全措施的准备	着装应符合安全要求：穿工作服.戴线手套、注意安全防护	5	未按要求穿工作服扣 3 分； 未按要求戴手套扣 2 分		
1.2	工器具、设备及辅助设备完备	检查工器具及辅助设备是否齐全洁净，符合作业要求	5	少一件工器具扣 1 分，扣完为止		
2	操作步骤					
2.1	清洁	清洁所有的零件，并擦拭干净	10	未清洁扣 10 分； 清洁不到位，每件扣 0.5 分，扣完为止		
2.2	检修	（1）检查气门摇臂与气门杆端接触处有无磨损、台阶及刮损。若有，进行维修。 （2）检查摇臂衬套与轴的间隙，根据摇臂轴的直径磨损程度更换摇臂衬套或摇臂轴。	60	操作顺序、方法不正确，每处扣 5 分，扣完为止		

续表

序号	项目名称	质量要求	满分	扣分标准	扣分原因	得分
2.2	检修	（3）将摇臂轴放在V形铁上，用磁力表座，百分表测量摇臂轴中央部位的径向圆跳动，检查摇臂轴径向圆跳动；若超差，进行校正。 （4）检查摇臂轴弹簧。若不符合规定，更换。 （5）检查摇臂润滑油孔堵塞情况，并清洁。 （6）检查摇臂调整螺栓安全可靠				
3	工作结束					
3.1	整理工器具	工具整理，摆放整齐	5	未整理工器具扣5分		
3.2	工作现场清理	清理现场	5	未清理现场扣5分		
4	填写记录					
4.1	填写检查记录单	内容全面，记录规范	10	填写不全面，每处扣2分，扣完为止		
合计			100			

Jc0005341005 发动机转子分配泵的拆装。（100分）

考核知识点：发动机维护保养

难易度：易

技能等级评价专业技能考核操作工作任务书

一、任务名称

发动机转子分配泵的拆装。

二、适用工种

机具维护工高级工。

三、具体任务

发动机转子分配泵的拆卸、组装。

四、工作规范及要求

（1）掌握发动机的工作性能。

（2）工器具的正确使用及做好安全措施。

五、考核时间及要求

（1）本模块操作时间为20分钟，时间到停止考评。

（2）考评过程中如果由于测试人员操作不规范，有可能引发不安全因素的，停止考评，该项考核项目不得分，但不影响其他项目。

技能等级评价专业技能考核操作评分标准

<table>
<tr><td>工种</td><td colspan="5">机具维护工</td><td>评价等级</td><td>高级工</td></tr>
<tr><td>项目模块</td><td colspan="4">专业知识—机具维护保养</td><td>编号</td><td colspan="2">Jc0005341005</td></tr>
<tr><td>单位</td><td colspan="2"></td><td>准考证号</td><td colspan="2"></td><td>姓名</td><td></td></tr>
<tr><td>考试时限</td><td colspan="2">20分钟</td><td>题型</td><td colspan="2">单项操作</td><td>题分</td><td>100分</td></tr>
<tr><td>成绩</td><td></td><td>考评员</td><td></td><td>考评组长</td><td></td><td>日期</td><td></td></tr>
<tr><td>试题正文</td><td colspan="7">发动机转子分配泵的拆装</td></tr>
</table>

续表

需要说明的问题和要求	（1）要求单人操作，考评员监护。 （2）在设定考试工位上完成操作。 （3）操作结束后，待考评员同意后方可离开考场					
序号	项目名称	质量要求	满分	扣分标准	扣分原因	得分
1	准备工作					
1.1	相关安全措施的准备	着装应符合安全要求：穿工作服、戴线手套、注意安全防护	10	未按要求穿工作服扣5分； 未按要求戴手套扣5分		
1.2	工器具、设备及辅助设备完备	检查工器具及辅助设备是否齐全洁净，符合作业要求	5	少一件工器具扣1分，扣完为止		
2	操作步骤					
2.1	清洁	对发动机外表进行清洁	10	未清洁扣10分； 清洁不到位扣5分		
2.2	拆卸	（1）拆下燃油进、回油管。 （2）拆除断油电磁阀线束。 （3）拆下燃油高压油管。 （4）拆下发动机油门拉杆（拉线）。 （5）拆下盖孔。 （6）拆下托架。 （7）拆除转子泵固定螺栓。 （8）拆下转子泵正时齿轮固定螺母及齿轮。 （9）拆下转子泵总成	20	操作顺序、方法不正确，每处扣3分，扣完为止		
2.3	零部件清洁	对各零部件进行清洁	10	未清洁扣10分； 清洁不到位，每件扣0.5分，扣完为止		
2.4	组装	按与拆卸相反的顺序进行组装	20	操作顺序、方法不正确，每处扣3分； 丢失或漏装零部件，每只扣1分； 扣完为止		
3	工作结束					
3.1	整理工器具	工具整理，摆放整齐	5	未整理工器具扣5分		
3.2	工作现场清理	清理现场	10	未清理现场扣5分		
4	填写记录					
4.1	填写维保记录单	内容全面，记录规范	10	填写不全面，每处扣2分，扣完为止		
合计			100			

Jc0005342006　发动机燃烧器的分解和组装。（100分）

考核知识点：发动机维护保养

难易度：中

技能等级评价专业技能考核操作工作任务书

一、任务名称

发动机燃烧器的分解和组装。

二、适用工种

机具维护工高级工。

三、具体任务

康明斯B系列发动机燃烧器的分解和组装。

四、工作规范及要求

（1）掌握发动机的工作性能。

（2）工器具的正确使用及做好安全措施。

五、考核时间及要求

（1）本模块操作时间为 20 分钟，时间到停止考评。

（2）考评过程中如果由于测试人员操作不规范，有可能引发不安全因素的，停止考评，该项考核项目不得分，但不影响其他项目。

技能等级评价专业技能考核操作评分标准

工种	机具维护工				评价等级	高级工
项目模块	专业知识—机具维护保养			编号	Jc0005342006	
单位		准考证号			姓名	
考试时限	20 分钟	题型	单项操作		题分	100 分
成绩		考评员		考评组长	日期	
试题正文	发动机燃烧器的分解和组装					
需要说明的问题和要求	（1）要求单人操作，考评员监护。 （2）在设定考试工位上完成操作。 （3）操作结束后，待考评员同意后方可离开考场					

序号	项目名称	质量要求	满分	扣分标准	扣分原因	得分
1	准备工作					
1.1	相关安全措施的准备	着装应符合安全要求：穿工作服、戴线手套、注意安全防护	5	未按要求穿工作服扣 3 分； 未按要求戴手套扣 2 分		
1.2	工器具、设备及辅助设备完备	检查工器具及辅助设备是否齐全洁净，符合作业要求	5	少一件工器具扣 1 分，扣完为止		
2	操作步骤					
2.1	清洁	清洁燃烧器	10	未清洁扣 10 分； 清洁不到位扣 5 分		
2.2	分解	（1）将燃烧器夹在垫有铜皮的虎钳上，使喷嘴朝下，拆下固定螺母和调压螺钉，取出调压弹簧、弹簧座和推杆，收存密封垫。 （2）将喷油嘴朝上夹在虎钳上，拆下喷油嘴	20	操作顺序、方法不正确，每处扣 10 分，扣完为止		
2.3	零部件清洁	对各零部件进行清洁	10	未清洁扣 10 分； 清洁不到位，每件扣 0.5 分，扣完为止		
2.4	组装	按与分解相反的顺序进行组装	30	操作顺序、方法不正确，每处扣 10 分； 丢失或漏装零部件，每只扣 2 分； 扣完为止		
3	工作结束					
3.1	整理工器具	工具整理，摆放整齐	5	未整理工器具扣 5 分		
3.2	工作现场清理	清理现场	5	未清理现场扣 5 分		
4	填写记录					
4.1	填写维保记录单	内容全面，记录规范	10	填写不全面，每处扣 2 分，扣完为止		
合计			100			

Jc0005342007　防扭钢丝绳的检查和评定。（100 分）

考核知识点：防扭钢丝绳检查

难易度：中

技能等级评价专业技能考核操作工作任务书

一、任务名称

防扭钢丝绳的检查和评定。

二、适用工种

机具维护工高级工。

三、具体任务

ϕ15 防扭钢丝绳的检查和评定。

四、工作规范及要求

掌握防扭钢丝绳的工作性能。

五、考核时间及要求

（1）本模块操作时间为 10 分钟，时间到停止考评。

（2）考评过程中如果由于测试人员操作不规范，有可能引发不安全因素的，停止考评，该项考核项目不得分，但不影响其他项目。

技能等级评价专业技能考核操作评分标准

工种	机具维护工					评价等级	高级工
项目模块	专业知识—机具检查检修				编号	Jc0005342007	
单位			准考证号			姓名	
考试时限	10 分钟		题型	单项操作		题分	100 分
成绩		考评员		考评组长		日期	
试题正文	防扭钢丝绳的检查和评定						
需要说明的问题和要求	（1）要求单人操作，考评员监护。 （2）在设定考试工位上完成操作。 （3）操作结束后，待考评员同意后方可离开考场。 （4）备注：以 12×25 防扭钢丝绳为考试物料						

序号	项目名称	质量要求	满分	扣分标准	扣分原因	得分
1	准备工作					
1.1	相关安全措施的准备	着装应符合安全要求：穿工作服、戴线手套、注意安全防护	10	未按要求穿工作服扣 5 分； 未按要求戴线手套扣 5 分		
2	操作步骤					
2.1	标牌或标识的检查	标牌或标识（包含名称、型号、荷载、厂家、出厂日期等）明显	10	检查不到位，每处扣 2 分，扣完为止		
2.2	断丝检查	1 个捻距内断丝数超过钢丝总数 10%的应按标准报废或截除	10	检查不到位扣 10 分		
2.3	磨损量检查	（1）压扁严重，断面缩小，实测相对公称直径减小 3%时，未发现断丝也应予以报废。 （2）钢丝磨损或腐蚀达到钢丝绳实际直径比其公称直径减少 7%或更多的，整根钢丝绳应报废	20	检查不到位，每处扣 10 分，扣完为止		
2.4	变形检查	（1）绳芯损坏或绳股挤出/断裂应报废或截除。 （2）笼状畸形、严重扭结或弯折应报废或截除	20	检查不到位，每处扣 10 分，扣完为止		

续表

序号	项目名称	质量要求	满分	扣分标准	扣分原因	得分
2.5	其他检查	（1）钢丝绳受过火烧或电灼，化学介质的腐蚀外表出现颜色变化时应报废或截除。 （2）钢丝绳弹性显著降低，不易弯曲，单丝易折断时应予以报废或截除	10	检查不到位，每处扣5分，扣完为止		
3	工作结束					
3.1	工作现场清理	清理现场	10	未清理现场扣10分		
4	填写记录					
4.1	填写检查记录单	内容全面，记录规范	10	填写不全面，每处扣2分，扣完为止		
合计			100			

Jc0005342008　发动机燃烧器喷油嘴的检修。（100分）

考核知识点：发动机检修

难易度：中

技能等级评价专业技能考核操作工作任务书

一、任务名称

发动机燃烧器喷油嘴的检修。

二、适用工种

机具维护工高级工。

三、具体任务

康明斯B系列发动机燃烧器喷油嘴的检修。

四、工作规范及要求

（1）掌握发动机的工作性能。

（2）工器具的正确使用及做好安全措施。

五、考核时间及要求

（1）本模块操作时间为20分钟，时间到停止考评。

（2）考评过程中如果由于测试人员操作不规范，有可能引发不安全因素的，停止考评，该项考核项目不得分，但不影响其他项目。

技能等级评价专业技能考核操作评分标准

工种	机具维护工					评价等级	高级工
项目模块	专业知识—机具检查检修				编号	Jc0005342008	
单位			准考证号			姓名	
考试时限	20分钟		题型	单项操作		题分	
成绩		考评员		考评组长		日期	
试题正文	发动机燃烧器喷油嘴的检修						
需要说明的问题和要求	（1）要求单人操作，考评员监护。 （2）在设定考试工位上完成操作。 （3）操作结束后，待考评员同意后方可离开考场						

续表

序号	项目名称	质量要求	满分	扣分标准	扣分原因	得分
1	准备工作					
1.1	相关安全措施的准备	着装应符合安全要求：穿工作服、戴线手套、注意安全防护	5	未按要求穿工作服扣3分； 未按要求戴手套扣2分		
1.2	工器具、设备及辅助设备完备	检查工器具及辅助设备是否齐全洁净，符合作业要求	5	少一件工器具扣1分，扣完为止		
2	操作步骤					
2.1	清洁	清洁燃烧器喷油嘴	10	未清洁扣10分； 清洁不到位扣5分		
2.2	检修	（1）检查针阀磨损情况，是否有烧灼现象。 （2）检查针阀座和针阀有无变形和损坏。 （3）检查两者是否配合良好。 （4）出现轻微损伤时可以进行研磨，研磨后放在干净的柴油中清洗	60	操作顺序、方法不正确，每处扣15分，扣完为止		
3	工作结束					
3.1	整理工器具	工具整理，摆放整齐	5	未整理工器具扣5分		
3.1	工作现场清理	清理现场	5	未清理现场扣5分		
4	填写记录					
4.1	填写维保记录单	内容全面，记录规范	10	填写不全面，每处扣2分，扣完为止		
合计			100			

Jc0005341009　发动机燃烧器的装配。（100分）

考核知识点：发动机维护保养

难易度：易

技能等级评价专业技能考核操作工作任务书

一、任务名称

发动机燃烧器的装配。

二、适用工种

机具维护工高级工。

三、具体任务

康明斯B系列发动机燃烧器的装配。

四、工作规范及要求

（1）掌握发动机的工作性能。

（2）工器具的正确使用及做好安全措施。

五、考核时间及要求

（1）本模块操作时间为20分钟，时间到停止考评。

（2）考评过程中如果由于测试人员操作不规范，有可能引发不安全因素的，停止考评，该项考核项目不得分，但不影响其他项目。

技能等级评价专业技能考核操作评分标准

工种	机具维护工					评价等级	高级工
项目模块	专业知识—机具维护保养				编号	Jc0005341009	
单位			准考证号			姓名	
考试时限	20 分钟	题型		单项操作		题分	100 分
成绩		考评员		考评组长		日期	
试题正文	发动机燃烧器的装配						
需要说明的问题和要求	（1）要求单人操作，考评员监护。 （2）在设定考试工位上完成操作。 （3）操作结束后，待考评员同意后方可离开考场						

序号	项目名称	质量要求	满分	扣分标准	扣分原因	得分
1	准备工作					
1.1	相关安全措施的准备	着装应符合安全要求：穿工作服、戴线手套、注意安全防护	5	未按要求穿工作服扣 3 分； 未按要求戴手套扣 2 分		
1.2	工器具、设备及辅助设备完备	检查工器具及辅助设备是否齐全洁净，符合作业要求	5	少一件工器具扣 1 分，扣完为止		
2	操作步骤					
2.1	清洁	清洗干净所有零件	10	未清洁扣 10 分； 清洁不到位，每件扣 0.5 分，扣完为止		
2.2	装配	（1）将燃烧器体夹在垫有铜皮的虎钳上，安装喷油嘴于燃烧器体上，拧上紧固螺栓，以规定的力矩拧紧紧固螺套。 （2）取下燃烧器，沿轴线方向上下翻转，可听到喷油嘴撞击声。 （3）再把燃烧器反过来夹在虎钳上，将推杆、弹簧等装入燃烧器体内，拧上调压螺钉	60	操作顺序、方法不正确，每处扣 10 分； 丢失或漏装零部件，每只扣 3 分； 扣完为止		
3	工作结束					
3.1	整理工器具	工具整理，摆放整齐	5	未整理工器具扣 5 分		
3.2	工作现场清理	清理现场	5	未清理现场扣 5 分		
4	填写记录					
4.1	填写维保记录单	内容全面，记录规范	10	填写不全面，每处扣 2 分，扣完为止		
合计			100			

Jc0005342010 普通钢丝绳的检查及评定。（100 分）

考核知识点：钢丝绳检查

难易度：中

技能等级评价专业技能考核操作工作任务书

一、任务名称

普通钢丝绳的检查及评定。

二、适用工种

机具维护工高级工。

三、具体任务

$\phi 16$ 普通钢丝绳的检查及评定。

四、工作规范及要求

掌握钢丝绳的工作性能。

五、考核时间及要求

（1）本模块操作时间为10分钟，时间到停止考评。

（2）考评过程中如果由于测试人员操作不规范，有可能引发不安全因素的，停止考评，该项考核项目不得分，但不影响其他项目。

技能等级评价专业技能考核操作评分标准

<table>
<tr><td>工种</td><td colspan="5">机具维护工</td><td>评价等级</td><td colspan="2">高级工</td></tr>
<tr><td>项目模块</td><td colspan="4">专业知识—机具检查检修</td><td>编号</td><td colspan="3">Jc0005342010</td></tr>
<tr><td>单位</td><td colspan="2"></td><td>准考证号</td><td colspan="2"></td><td>姓名</td><td colspan="2"></td></tr>
<tr><td>考试时限</td><td colspan="2">10分钟</td><td>题型</td><td colspan="2">单项操作</td><td>题分</td><td colspan="2">100分</td></tr>
<tr><td>成绩</td><td></td><td>考评员</td><td></td><td>考评组长</td><td></td><td>日期</td><td colspan="2"></td></tr>
<tr><td>试题正文</td><td colspan="8">普通钢丝绳的检查及评定</td></tr>
<tr><td>需要说明的问题和要求</td><td colspan="8">（1）要求单人操作，考评员监护。
（2）在设定考试工位上完成操作。
（3）操作结束后，待考评员同意后方可离开考场。
（4）备注：现场以6×37交右捻普通钢丝绳为考试物料</td></tr>
</table>

序号	项目名称	质量要求	满分	扣分标准	扣分原因	得分
1	准备工作					
1.1	相关安全措施的准备	着装应符合安全要求：穿工作服、戴线手套、注意安全防护	10	未按要求穿工作服扣5分； 未按要求戴线手套扣5分		
2	操作步骤					
2.1	标牌或标识的检查	标牌或标识（包含名称、型号、荷载、厂家、出厂日期等）明显。	10	检查不到位，每处扣2分，扣完为止		
2.2	断丝检查	大于6倍钢丝绳公称直径断丝数超过10丝、大于30倍钢丝绳公称直径断丝数超过19丝的应按标准报废或截除	10	检查不到位扣10分		
2.3	磨损检查	（1）压扁严重，断面缩小，实测相对公称直径减小10%时，未发现断丝也应予以报废。 （2）钢丝磨损或腐蚀达到钢丝绳实际直径比其公称直径减少7%或更多的，整根钢丝绳应报废	20	检查不到位，每处扣10分，扣完为止		
2.4	变形检查	（1）绳芯损坏或绳股挤出/断裂应报废或截除。 （2）笼状畸形、严重扭结或弯折应报废或截除	20	检查不到位，每处扣10分，扣完为止		
2.5	其他检查	（1）钢丝绳受过火烧或电灼，化学介质的腐蚀外表出现颜色变化时应报废或截除。 （2）钢丝绳弹性显著降低，不易弯曲，单丝易折断时应予以报废或截除	10	检查不到位，每处扣5分，扣完为止		
3	工作结束					
3.1	工作现场清理	清理现场	10	未清理现场扣10分		
4	填写记录					
4.1	填写检查记录单	内容全面，记录规范	10	填写不全面，每处扣2分，扣完为止		
合计			100			

Jc0005342011　发动机燃烧器的密封性检查。（100分）

考核知识点：发动机检查

难易度：中

技能等级评价专业技能考核操作工作任务书

一、任务名称

发动机燃烧器的密封性检查。

二、适用工种

机具维护工高级工。

三、具体任务

康明斯B系列发动机燃烧器的密封性检查。

四、工作规范及要求

（1）掌握发动机的工作性能。

（2）工器具的正确使用及做好安全措施。

五、考核时间及要求

（1）本模块操作时间为20分钟，时间到停止考评。

（2）考评过程中如果由于测试人员操作不规范，有可能引发不安全因素的，停止考评，该项考核项目不得分，但不影响其他项目。

技能等级评价专业技能考核操作评分标准

工种	机具维护工				评价等级	高级工
项目模块	专业知识—机具检查检修			编号	Jc0005342011	
单位		准考证号			姓名	
考试时限	20分钟	题型	单项操作		题分	100分
成绩		考评员		考评组长	日期	
试题正文	发动机燃烧器的密封性检查					
需要说明的问题和要求	（1）要求单人操作，考评员监护。 （2）在设定考试工位上完成操作。 （3）操作结束后，待考评员同意后方可离开考场					

序号	项目名称	质量要求	满分	扣分标准	扣分原因	得分
1	准备工作					
1.1	相关安全措施的准备	着装应符合安全要求：穿工作服、戴线手套、注意安全防护	5	未按要求穿工作服扣3分； 未按要求戴手套扣2分		
1.2	工器具、设备及辅助设备完备	检查工器具及辅助设备是否齐全洁净，符合作业要求	5	少一件工器具扣1分，扣完为止		
2	操作步骤					
2.1	检查	（1）检查针阀与针阀圆柱工作面的密封性，先将燃烧器安装在试验器的高压出油管上。 （2）连续压动手柄，并用螺丝刀拧动燃烧器的调压螺钉将喷油压力调整到22.5MPa。 （3）测量压力从19.6MPa下降到17.6MPa所需时间在6～15s内	70	操作方法不正确、检查不到位，每处扣25分，扣完为止		
3	工作结束					
3.1	整理工器具	工具整理，摆放整齐	5	未整理工器具扣5分		
3.2	工作现场清理	清理现场	5	未清理现场扣5分		
4	填写记录					
4.1	填写检查记录单	内容全面，记录规范	10	填写不全面，每处扣2分，扣完为止		
合计			100			

Jc0005341012　发动机齿轮式润滑油泵的拆解。（100 分）

考核知识点：发动机维护保养

难易度：易

技能等级评价专业技能考核操作工作任务书

一、任务名称

发动机齿轮式润滑油泵的拆解。

二、适用工种

机具维护工高级工。

三、具体任务

玉柴 6102 发动机齿轮式润滑油泵的拆解。

四、工作规范及要求

（1）掌握发动机的工作性能。

（2）工器具的正确使用及做好安全措施。

五、考核时间及要求

（1）本模块操作时间为 20 分钟，时间到停止考评。

（2）考评过程中如果由于测试人员操作不规范，有可能引发不安全因素的，停止考评，该项考核项目不得分，但不影响其他项目。

技能等级评价专业技能考核操作评分标准

工种	机具维护工					评价等级	高级工
项目模块	专业知识—机具维护保养				编号	Jc0005341012	
单位			准考证号			姓名	
考试时限	20 分钟		题型	单项操作		题分	100 分
成绩		考评员		考评组长		日期	
试题正文	发动机齿轮式润滑油泵的拆解						
需要说明的问题和要求	（1）要求单人操作，考评员监护。 （2）在设定考试工位上完成操作。 （3）操作结束后，待考评员同意后方可离开考场						

序号	项目名称	质量要求	满分	扣分标准	扣分原因	得分
1	准备工作					
1.1	相关安全措施的准备	着装应符合安全要求：穿工作服、戴线手套、注意安全防护	5	未按要求穿工作服扣 3 分； 未按要求戴手套扣 2 分		
1.2	工器具、设备及辅助设备完备	检查工器具及辅助设备是否齐全洁净，符合作业要求	5	少一件工器具扣 1 分，扣完为止		
2	操作步骤					
2.1	清洁	对齿轮式润滑油泵外表进行清洁	10	未清洁扣 10 分； 清洁不到位扣 5 分		
2.2	拆卸	（1）拆下油管。 （2）拆下润滑油集滤器。 （3）拆下润滑油泵固定螺钉，取下泵盖。 （4）取出带衬套的从动齿轮。 （5）拆下主动齿轮。 （6）拆下从动轴。	60	操作顺序、方法不正确，每处扣 7 分，扣完为止		

续表

序号	项目名称	质量要求	满分	扣分标准	扣分原因	得分
2.2	拆卸	（7）用锤子和冲子打出驱动小齿轮销子。 （8）拆下驱动小齿轮。 （9）拆下传动轴	60	操作顺序、方法不正确，每处扣 7 分，扣完为止		
3	工作结束					
3.1	整理工器具	工具整理，摆放整齐	5	未整理工器具扣 5 分		
3.2	工作现场清理	清理现场	5	未清理现场扣 10 分		
4	填写记录					
4.1	填写维保记录单	内容全面，记录规范	10	填写不全面，每处扣 2 分，扣完为止		
合计			100			

Jc0005342013 发动机水温过高故障排除。（100 分）

考核知识点：发动机故障分析

难易度：中

技能等级评价专业技能考核操作工作任务书

一、任务名称

发动机水温过高故障排除。

二、适用工种

机具维护工高级工。

三、具体任务

牵张机康明斯 B 系列发动机水温过高故障排除。

四、工作规范及要求

（1）掌握牵引机的机械性能和操作要求。

（2）故障的正确分析及处理。

（3）工器具的正确使用及做好安全防护。

五、考核时间及要求

（1）本模块操作时间为 40 分钟，时间到停止考评。

（2）考评过程中如果由于测试人员操作不规范，有可能引发不安全因素的，停止考评，该项考核项目不得分，但不影响其他项目。

技能等级评价专业技能考核操作评分标准

<table>
<tr><td>工种</td><td colspan="5">机具维护工</td><td>评价等级</td><td>高级工</td></tr>
<tr><td>项目模块</td><td colspan="4">专业知识—机具故障排除</td><td>编号</td><td colspan="2">Jc0005342013</td></tr>
<tr><td>单位</td><td colspan="3"></td><td>准考证号</td><td></td><td>姓名</td><td></td></tr>
<tr><td>考试时限</td><td colspan="2">40 分钟</td><td>题型</td><td colspan="2">单项操作</td><td>题分</td><td>100 分</td></tr>
<tr><td>成绩</td><td></td><td>考评员</td><td></td><td>考评组长</td><td></td><td>日期</td><td></td></tr>
<tr><td>试题正文</td><td colspan="7">发动机水温过高故障排除</td></tr>
<tr><td>需要说明的问题和要求</td><td colspan="7">（1）要求单人操作，考评员监护。
（2）在设定考试工位上完成操作。
（3）操作结束后，待考评员同意后方可离开考场。
（4）设置故障点为：节温器失灵</td></tr>
</table>

续表

序号	项目名称	质量要求	满分	扣分标准	扣分原因	得分
1	准备工作					
1.1	相关安全措施的准备	着装应符合安全要求，穿工作服、戴线手套、注意安全防护	5	未按要求穿工作服扣3分； 未按要求戴手套扣2分		
1.2	工器具及辅助设备备品备件完备	检查工器具、设备及辅助设备是否齐全洁净，符合作业要求	5	少一件工器具扣1分，扣完为止		
2	操作步骤					
2.1	故障原因分析	（1）环境温度过高。 （2）喷油时间过迟。 （3）水泵内或水管内有空气形成气塞。 （4）散热水箱内缺水。 （5）散热水箱散热片和铜管表面积垢太多。 （6）传动皮带松弛，水泵和风扇转速降低。 （7）冷却系统中水垢严重或水道堵塞。 （8）水泵损坏。 （9）节温器失灵。 （10）长时间超负载运行	20	每少分析或分析不正确一处扣2分，扣完为止		
2.2	设备检查	（1）判断外部环境温度，停机冷却。 （2）检查并调整喷油正时。 （3）检查冷却系统，若有空气，进行排除。 （4）检查液位，并补充至规定液位。 （5）检查水箱散热器外部堵塞情况，并清洁。 （6）检查皮带，若松弛、损坏，进行调整或更换。 （7）检查冷却系统，若堵塞，进行清洗。 （8）检查水泵，若有损坏，进行更换。 （9）检查节温器，如有损坏，进行更换。 （10）检查运行情况，若长时间超负荷运行，立即停机	20	检查不到位，每处扣2分，扣完为止		
2.3	确定故障	节温器损坏	10	故障确认不正确扣10分		
2.4	故障排除	更换节温器，加注冷却液	10	未加注冷却液扣2分； 丢失或漏装零部件，每只扣1分； 扣完为止		
2.5	故障排除后检查	重新启动发动机，发动机运行正常，故障排除	10	发动机运行不正常扣10分		
3	工作结束					
3.1	整理工器具	工具整理，摆放整齐	5	未整理工器具扣5分		
3.2	工作现场清理	清理现场	5	未清理现场扣5分		
4	填写记录					
4.1	填写维保记录单	内容全面，记录规范	10	填写不全面，每少一项扣2分，扣完为止		
合计			100			

Jc0005342014　发动机润滑油压力过低故障排除。（100分）

考核知识点： 发动机故障分析

难易度： 中

技能等级评价专业技能考核操作工作任务书

一、任务名称

发动机润滑油压力过低故障排除。

二、适用工种

机具维护工高级工。

三、具体任务

牵张机康明斯B系列发动机润滑油压力过低故障排除。

四、工作规范及要求

（1）掌握牵张机的机械性能及操作要求。

（2）故障的正确分析及处理。

（3）工器具的正确使用及做好安全防护。

五、考核时间及要求

（1）本模块操作时间为40分钟，时间到停止考评。

（2）考评过程中如果由于测试人员操作不规范，有可能引发不安全因素的，停止考评，该项考核项目不得分，但不影响其他项目。

技能等级评价专业技能考核操作评分标准

工种	机具维护工					评价等级	高级工
项目模块	专业知识—机具故障排除				编号	Jc0005342014	
单位			准考证号			姓名	
考试时限	40分钟		题型	单项操作		题分	100分
成绩		考评员		考评组长		日期	
试题正文	发动机润滑油压力过低故障排除						
需要说明的问题和要求	（1）要求单人操作，考评员监护。 （2）在设定考试工位上完成操作。 （3）操作结束后，待考评员同意后方可离开考场。 （4）设置故障点为，润滑油压力传感器有故障						

序号	项目名称	质量要求	满分	扣分标准	扣分原因	得分
1	准备工作					
1.1	相关安全措施的准备	着装应符合安全要求：穿工作服、戴线手套、注意安全防护	5	未按要求穿工作服扣3分； 未按要求戴手套扣2分		
1.2	工器具、设备及辅助设备备品备件完备	检查工器具、设备及辅助设备是否齐全洁净，符合作业要求	5	少一件工器具扣1分，扣完为止		
2	操作步骤					
2.1	故障原因分析	（1）润滑油选择不当或变质。 （2）润滑油壳中油面太低。 （3）润滑油泵磨损或装配不符合要求。 （4）润滑油集滤器堵塞。 （5）润滑油调压阀调节失效，造成润滑油压力过低。 （6）润滑油压力表损坏，或压力表的线路和传感器有故障。 （7）发动机各摩擦副配合间隙过大	20	每少分析或分析不正确一处扣3分，扣完为止		

续表

序号	项目名称	质量要求	满分	扣分标准	扣分原因	得分
2.2	设备检查	（1）检查润滑油，按规定要求加注或更换。 （2）检查油液，并注入润滑油至规定油平面。 （3）检查润滑油泵，按规定要求装配。 （4）检查润滑油滤芯，若有堵塞进行清洗。 （5）检查调压阀，若失效，检修或更换。 （6）检查压力表、传感器和线束，若损坏，进行更换。 （7）分解检查各摩擦副间隙，如间隙超标，应大修发动机	20	检查不到位，每处扣3分，扣完为止		
2.3	确定故障	确认润滑油压力传感器有故障	10	确认不正确扣10分		
2.4	故障排除	更换润滑油压力传感器	10	丢失或漏装零部件，每只扣1分，扣完为止		
2.5	故障排除后检查	重新启动发动机，发动机运行正常，故障排除	10	发动机运行不正常扣10分		
3	工作结束					
3.1	整理工器具	工具整理，摆放整齐	5	未整理工器具扣5分		
3.2	工作现场清理	清理现场	5	未清理现场扣5分		
4	填写记录					
4.1	填写维保记录单	内容全面，记录规范	10	填写不全面，每少一项扣2分，扣完为止		
合计			100			

Jc0005342015　牵引机液压支腿自动缩回故障排除。（100分）

考核知识点：牵引机液压系统故障分析

难易度：中

技能等级评价专业技能考核操作工作任务书

一、任务名称

牵引机液压支腿自动缩回故障排除。

二、适用工种

机具维护工高级工。

三、具体任务

ARS500型牵引机液压支腿自动缩回故障排除。

四、工作规范及要求

（1）掌握牵引机的机械性能和操作要求。

（2）故障的正确分析及处理。

（3）工器具的正确使用及做好安全防护。

五、考核时间及要求

（1）本模块操作时间为40分钟，时间到停止考评。

（2）考评过程中如果由于测试人员操作不规范，有可能引发不安全因素的，停止考评，该项考核项目不得分，但不影响其他项目。

技能等级评价专业技能考核操作评分标准

工种	机具维护工				评价等级	高级工
项目模块	专业知识—机具故障排除			编号	Jc0005342015	
单位		准考证号			姓名	
考试时限	40 分钟	题型	单项操作		题分	100 分
成绩	考评员		考评组长		日期	
试题正文	牵引机液压支腿自动缩回故障排除					
需要说明的问题和要求	（1）要求单人操作，考评员监护。 （2）在设定考试工位上完成操作。 （3）操作结束后，待考评员同意后方可离开考场。 （4）设置故障点为：活塞油封损伤					

序号	项目名称	质量要求	满分	扣分标准	扣分原因	得分
1	准备工作					
1.1	相关安全措施的准备	着装应符合安全要求：穿工作服、戴线手套、注意安全防护	5	未按要求穿工作服扣 3 分； 未按要求戴手套扣 2 分		
1.2	工器具、设备及辅助设备备品备件完备	检查工器具、设备及辅助设备是否齐全洁净，符合作业要求	5	少一件工器具扣 1 分，扣完为止		
2	操作步骤					
2.1	故障原因分析	（1）液压缸内有气体。 （2）液压缸内壁拉伤。 （3）液压锁单向阀密封失效。 （4）活塞油封失效	20	每少分析或分析不正确一处扣 5 分，扣完为止		
2.2	设备检查	（1）检查支腿，让支腿全部伸出，全部缩回，反复动作几次，进行排气。 （2）检查液压缸内壁，若拉伤，进行更换。 （3）检查液压锁单向阀密封，若损坏或失效，进行更换。 （4）检查活塞油封，若损伤，进行更换	20	检查不到位，每处扣 5 分，扣完为止		
2.3	确定故障	确认活塞油封失效	10	确认不正确扣 10 分		
2.4	故障排除	更换活塞油封，故障排除	10	操作顺序、方法不正确扣 10 分		
2.5	故障排除后检查	重新启动牵引机，牵引机支腿运行正常，故障排除	10	牵引机支腿运行不正常扣 10 分		
3	工作结束					
3.1	整理工器具	工具整理，摆放整齐	5	未整理工器具扣 5 分		
3.2	工作现场清理	清理现场	5	未清理现场扣 5 分		
4	填写记录					
4.1	填写维保记录单	内容全面，记录规范	10	填写不全面，每少一项扣 2 分，扣完为止		
合计			100			

Jc0005342016　交流电焊机的定期检查。（100 分）

考核知识点：交流电焊机检查

难易度：中

技能等级评价专业技能考核操作工作任务书

一、任务名称

交流电焊机的定期检查。

二、适用工种

机具维护工高级工。

三、具体任务

BX1-330 型交流电焊机的定期检查。

四、工作规范及要求

掌握电焊机的机械性能和操作要求。

五、考核时间及要求

（1）本模块操作时间为 10 分钟，时间到停止考评。

（2）考评过程中如果由于测试人员操作不规范，有可能引发不安全因素的，停止考评，该项考核项目不得分，但不影响其他项目。

技能等级评价专业技能考核操作评分标准

工种	机具维护工					评价等级	高级工
项目模块	专业知识—机具检查检修				编号	Jc0005342016	
单位			准考证号			姓名	
考试时限	10 分钟		题型	单项操作		题分	100 分
成绩		考评员		考评组长		日期	
试题正文	交流电焊机的定期检查						
需要说明的问题和要求	（1）要求单人操作，考评员监护。 （2）在设定考试工位上完成操作。 （3）操作结束后，待考评员同意后方可离开考场						

序号	项目名称	质量要求	满分	扣分标准	扣分原因	得分
1	准备工作					
1.1	相关安全措施的准备	着装应符合安全要求：穿工作服、戴线手套，注意安全防护	5	未按要求穿工作服扣 3 分； 未按要求戴手套扣 2 分		
1.2	工器具完备及辅助设备完备	检查工器具及辅助设备是否齐全洁净，符合作业要求	5	少一件工器具扣 1 分，扣完为止		
2	检查项目					
2.1	标牌或标识的检查	标牌或标识（包含名称、型号、厂家、出厂日期等）明显	20	检查不到位，每处扣 5 分，扣完为止		
2.2	完好性的检查	电焊机局部无锈蚀、无油污、无严重破损，无变形、无缺件，各金属部件紧固良好	20	检查不到位，每处扣 4 分，扣完为止		
2.3	线圈接线和接地的检查	在断开电源的情况下对电焊机内部的一、二次绕组及接线进行检查，绕组无异常，接线各连接点紧固，无虚接、断开现象，接地安全可靠	20	检查不到位，每处扣 5 分，扣完为止		
2.4	检查电流调节器	电流调节器灵活可靠	10	检查不到位扣 10 分		
3	工作结束					
3.1	整理工器具	工具整理，摆放整齐	5	未整理工器具扣 5 分		
3.2	工作现场清理	清理现场	5	未清理现场扣 5 分		
4	填写记录					
4.1	填写检查记录单	内容全面，记录规范	10	填写不全面，每处扣 2 分，扣完为止		
合计			100			

Jc0005342017　更换交流电焊机一次侧绕组。（100 分）

考核知识点：交流电焊机维护保养

难易度：中

技能等级评价专业技能考核操作工作任务书

一、任务名称

更换交流电焊机一次侧绕组。

二、适用工种

机具维护工高级工。

三、具体任务

更换 BX1-330 型交流电焊机一次侧绕组。

四、工作规范及要求

（1）掌握电焊机的机械性能和操作要求。

（2）工器具的正确使用及做好安全防护。

五、考核时间及要求

（1）本模块操作时间为 45 分钟，时间到停止考评。

（2）考评过程中如果由于测试人员操作不规范，有可能引发不安全因素的，停止考评，该项考核项目不得分，但不影响其他项目。

技能等级评价专业技能考核操作评分标准

工种	机具维护工					评价等级	高级工
项目模块	专业知识—机具维护保养				编号	Jc0005342017	
单位			准考证号			姓名	
考试时限	45 分钟		题型	单项操作		题分	100 分
成绩		考评员		考评组长		日期	
试题正文	更换交流电焊机一次侧绕组						
需要说明的问题和要求	（1）要求单人操作，考评员监护。 （2）在设定考试工位上完成操作。 （3）操作结束后，待考评员同意后方可离开考场						

序号	项目名称	质量要求	满分	扣分标准	扣分原因	得分
1	准备工作					
1.1	相关安全措施的准备	着装应符合安全要求：穿工作服、戴绝缘手套、断开焊机电源、注意安全防护	5	未按要求穿工作服扣 2 分； 未按要求戴手套扣 1 分； 未断开电源扣 2 分		
1.2	工器具、设备及辅助设备备品备件完备	检查工器具及辅助设备是否齐全洁净，符合作业要求	5	少一件工器具扣 1 分，扣完为止		
2	操作步骤					
2.1	外表清洁	对焊机外表进行清洁	10	未清洁扣 10 分； 清洁不到位扣 5 分		
2.2	拆卸	（1）卸下焊机外壳。 （2）打开焊机一次侧接线。 （3）取出可动铁芯。 （4）从主铁芯柱上将一次侧绕组绕出	20	操作顺序、方法不正确，每处扣 5 分，扣完为止		

续表

序号	项目名称	质量要求	满分	扣分标准	扣分原因	得分
2.3	更换一次侧绕组	将新的绕组重新绕制在主铁芯柱上，匝数与原绕组匝数一致	20	绕制不正确扣 10 分； 匝数不一致扣 10 分		
2.4	焊机组装	按与拆卸相反顺序对焊机进行组装	20	操作顺序、方法不正确，每处扣 5 分； 丢失或漏装零部件，每只扣 1 分； 扣完为止		
3	工作结束					
3.1	整理工器具	工具整理，摆放整齐	5	未整理工器具扣 5 分		
3.2	工作现场清理	清理现场	5	未清理现场扣 5 分		
4	填写记录					
4.1	填写维保记录单	内容全面，记录规范	10	填写不全面，每少一项扣 2 分，扣完为止		
合计			100			

Jc0005342018　交流电焊机铁芯过热故障排除。（100 分）

考核知识点：交流电焊机故障分析

难易度：中

技能等级评价专业技能考核操作工作任务书

一、任务名称

交流电焊机铁芯过热故障排除。

二、适用工种

机具维护工高级工。

三、具体任务

BX-500 型交流电焊机铁芯过热故障排除。

四、工作规范及要求

（1）掌握电焊机的机械性能和操作要求。

（2）故障的正确分析及处理。

（3）工器具的正确使用及做好安全防护。

五、考核时间及要求

（1）本模块操作时间为 60 分钟，时间到停止考评。

（2）考评过程中如果由于测试人员操作不规范，有可能引发不安全因素的，停止考评，该项考核项目不得分，但不影响其他项目。

技能等级评价专业技能考核操作评分标准

<table>
<tr><td>工种</td><td colspan="8">机具维护工</td><td>评价等级</td><td>高级工</td></tr>
<tr><td>项目模块</td><td colspan="7">专业知识—机具故障排除</td><td>编号</td><td colspan="2">Jc0005342018</td></tr>
<tr><td>单位</td><td colspan="3"></td><td colspan="2">准考证号</td><td colspan="3"></td><td>姓名</td><td></td></tr>
<tr><td>考试时限</td><td colspan="2">60 分钟</td><td colspan="2">题型</td><td colspan="4">单项操作</td><td>题分</td><td>100 分</td></tr>
<tr><td>成绩</td><td></td><td>考评员</td><td colspan="2"></td><td colspan="2">考评组长</td><td colspan="2"></td><td>日期</td><td></td></tr>
<tr><td>试题正文</td><td colspan="10">交流电焊机铁芯过热故障排除</td></tr>
<tr><td>需要说明的问题和要求</td><td colspan="10">（1）要求单人操作，考评员监护。
（2）在设定考试工位上完成操作。
（3）操作结束后，待考评员同意后方可离开考场。
（4）设置故障点：铁芯硅钢片短路，铁损增加</td></tr>
</table>

续表

序号	项目名称	质量要求	满分	扣分标准	扣分原因	得分
1	准备工作					
1.1	相关安全措施的准备	着装应符合安全要求：穿工作服，戴绝缘手套、断开焊机电源、注意安全防护	5	未按要求穿工作服扣2分； 未按要求戴手套扣1分； 未断开电源扣2分		
1.2	工器具、设备及辅助设备备品备件完备	检查工器具及辅助设备是否齐全洁净，符合作业要求	5	少一件工器具扣1分，扣完为止		
2	操作步骤					
2.1	故障原因分析	（1）电焊机散热孔堵塞。 （2）铁芯硅钢片短路，铁损增加。 （3）铁芯夹紧螺杆及夹件的绝缘损坏。 （4）大电流，长时间超负荷运行	20	每少分析或分析不正确一处扣5分，扣完为止		
2.2	设备检查	（1）检查电焊机散热孔，若有堵塞，进行清洁。 （2）检查铁芯硅钢片，如有损坏，进行更换。 （3）检查铁芯夹紧螺杆及夹件的绝缘，若绝缘损坏，进行检修。 （4）若电流大且工作时间长，应减少焊接时间	20	检查不到位，每处扣5分，扣完为止		
2.3	确定故障	铁芯硅钢片短路，铁损增加	10	确认不正确扣10分		
2.4	故障排除	更换铁芯硅钢片	10	操作顺序、方法不正确扣10分		
2.5	故障排除后检查	试运转焊机，运转正常，故障排除	10	检查不到位，每处扣2分，扣完为止		
3	工作结束					
3.1	整理工器具	工具整理，摆放整齐	5	未整理工器具扣5分		
3.2	工作现场清理	清理现场	5	未清理现场扣5分		
4	填写记录					
4.1	填写维保记录单	内容全面，记录规范	10	填写不全面，每少一项扣2分，扣完为止		
合计			100			

Jc0005342019　绞磨无法启动故障排除。（100分）

考核知识点：绞磨故障分析

难易度：中

技能等级评价专业技能考核操作工作任务书

一、任务名称

绞磨无法启动故障排除。

二、适用工种

机具维护工高级工。

三、具体任务

ZJ-QXS-50/6.2C 型绞磨无法启动故障排除。

四、工作规范及要求

（1）掌握绞磨的机械性能和操作要求。

（2）故障的正确分析及处理。

（3）工器具的正确使用及做好安全防护。

五、考核时间及要求

（1）本模块操作时间为30分钟，时间到停止考评。

（2）考评过程中如果由于测试人员操作不规范，有可能引发不安全因素的，停止考评，该项考核项目不得分，但不影响其他项目。

技能等级评价专业技能考核操作评分标准

工种	机具维护工				评价等级	高级工
项目模块	专业知识—机具故障排除			编号	Jc0005342019	
单位		准考证号			姓名	
考试时限	30分钟	题型	单项操作		题分	100分
成绩		考评员		考评组长	日期	
试题正文	绞磨无法启动故障排除					
需要说明的问题和要求	（1）要求单人操作，考评员监护。 （2）在设定考试工位上完成操作。 （3）操作结束后，待考评员同意后方可离开考场。 （4）设置故障点为：火花塞损坏					

序号	项目名称	质量要求	满分	扣分标准	扣分原因	得分
1	准备工作					
1.1	相关安全措施的准备	着装应符合安全要求：穿工作服、戴线手套、注意安全防护	5	未按要求穿工作服扣3分； 未按要求戴手套扣2分		
1.2	工器具及辅助设备备品备件完备	检查工器具及辅助设备是否齐全洁净，符合作业要求	5	少一件工器具扣1分，扣完为止		
2	操作步骤					
2.1	故障原因分析	（1）燃油不足。 （2）点火线圈故障。 （3）熄火开关损坏。 （4）化油器故障。 （5）油路故障。 （6）火花塞损坏	20	每少分析或分析不正确一处扣4分，扣完为止		
2.2	设备检查	（1）检查燃油，若燃油不足，进行补充。 （2）检查点火线圈，若有故障，调整或更换。 （3）检查熄火开关，若损坏，进行更换。 （4）检查化油器，若有故障，检修或更换。 （5）检查油路，若阻塞，进行排除。 （6）检查火花塞，若有损坏，进行更换	20	检查不到位，每处扣4分，扣完为止		
2.3	确定故障	火花塞损坏	10	确认不正确扣10分		
2.4	故障排除	更换火花塞	10	操作顺序、方法不正确扣10分； 丢失或漏装零部件，每只扣1分； 扣完为止		
2.5	故障排除后检查	设备运转正常，故障排除	10	设备运转不正常扣10分		
3	工作结束					

续表

序号	项目名称	质量要求	满分	扣分标准	扣分原因	得分
3.1	整理工器具	工具整理，摆放整齐	5	未整理工器具扣5分		
3.2	工作现场清理	清理现场	5	未清理现场扣5分		
4	填写记录					
4.1	填写维保记录单	内容全面，记录规范	10	填写不全面，每少一项扣2分，扣完为止		
合计			100			

Jc0005342020 更换汽油机绞磨化油器。(100分)

考核知识点：汽油机绞磨维护保养

难易度：中

技能等级评价专业技能考核操作工作任务书

一、任务名称

更换汽油机绞磨化油器。

二、适用工种

机具维护工高级工。

三、具体任务

更换ZJ-QXS-50/6.2C汽油机绞磨化油器。

四、工作规范及要求

（1）掌握绞磨的机械性能和操作要求。

（2）工器具的正确使用及做好安全防护。

五、考核时间及要求

（1）本模块操作时间为30分钟，时间到停止考评。

（2）考评过程中如果由于测试人员操作不规范，有可能引发不安全因素的，停止考评，该项考核项目不得分，但不影响其他项目。

技能等级评价专业技能考核操作评分标准

工种	机具维护工				评价等级	高级工
项目模块	专业知识—机具维护保养			编号	Jc0005342020	
单位		准考证号			姓名	
考试时限	30分钟	题型	单项操作		题分	100分
成绩	考评员		考评组长		日期	
试题正文	更换汽油机绞磨化油器					
需要说明的问题和要求	（1）要求单人操作，考评员监护。 （2）在设定考试工位上完成操作。 （3）操作结束后，待考评员同意后方可离开考场					

序号	项目名称	质量要求	满分	扣分标准	扣分原因	得分
1	准备工作					
1.1	相关安全措施的准备	着装应符合安全要求：穿工作服，戴线手套、注意安全防护	5	未按要求穿工作服扣3分； 未按要求戴手套扣2分		

续表

序号	项目名称	质量要求	满分	扣分标准	扣分原因	得分
1.2	工器具、设备及辅助设备备品备件完备	检查工器具及辅助设备是否齐全洁净，符合作业要求	5	少一件工器具扣1分，扣完为止		
2	操作步骤					
2.1	外表清洁	对所维修绞磨进行外表清洁	5	未清洁扣5分； 清洁不到位扣2分		
2.2	化油器拆卸	（1）卸下空滤总成。 （2）卸下化油器油门拉线。 （3）卸下化油器	30	操作顺序、方法不正确，每处扣10分，扣完为止		
2.3	零部件清洁	清洁已拆卸的各零部件	5	未清洁扣5分； 清洁不到位，每件扣1分，扣完为止		
2.4	组装	（1）安装化油器。 （2）安装化油器油门拉线。 （3）安装空滤总成	20	操作顺序、方法不正确，每处扣10分； 丢失或漏装零部件，每只扣2分； 扣完为止		
2.5	试运转检查	绞磨启动后怠速运转3～5min，加大油门观察绞磨是否运转正常	10	运转不正常扣10分		
3	工作结束					
3.1	整理工器具	工具整理，摆放整齐	5	未整理工器具扣5分		
3.2	工作现场清理	清理现场	5	未清理现场扣5分		
4	填写记录					
4.1	填写维保记录单	内容全面，记录规范	10	填写不全面，每少一项扣2分，扣完为止		
合计			100			

Jc0005342021　更换汽油机绞磨离合器。（100分）

考核知识点：汽油机绞磨维护保养

难易度：中

技能等级评价专业技能考核操作工作任务书

一、任务名称

更换汽油机绞磨离合器。

二、适用工种

机具维护工高级工。

三、具体任务

更换ZJ-QXS-50/6.2C汽油机绞磨离合器。

四、工作规范及要求

（1）掌握汽油机绞磨的机械性能和操作要求。

（2）工器具的正确使用及做好安全防护。

五、考核时间及要求

（1）本模块操作时间为60分钟，时间到停止考评。

（2）考评过程中如果由于测试人员操作不规范，有可能引发不安全因素的，停止考评，该项考核项目不得分，但不影响其他项目。

技能等级评价专业技能考核操作评分标准

工种	机具维护工				评价等级	高级工
项目模块	专业知识—机具维护保养			编号	Jc0005342021	
单位		准考证号			姓名	
考试时限	60分钟	题型	单项操作		题分	100分
成绩	考评员		考评组长		日期	
试题正文	更换汽油机绞磨离合器					
需要说明的问题和要求	（1）要求单人操作，考评员监护。 （2）在设定考试工位上完成操作。 （3）操作结束后，待考评员同意后方可离开考场					

序号	项目名称	质量要求	满分	扣分标准	扣分原因	得分
1	准备工作					
1.1	相关安全措施的准备	着装应符合安全要求：穿工作服、戴线手套、注意安全防护	5	未按要求穿工作服扣3分； 未按要求戴手套扣2分		
1.2	工器具、设备及辅助设备备品备件完备	检查工器具及辅助设备是否齐全洁净，符合作业要求	5	少一件工器具扣1分，扣完为止		
2	操作步骤					
2.1	外表清洁	对所维修绞磨进行外表清洁	5	未清洁扣5分； 清洁不到位扣2分		
2.2	离合器拆卸	（1）卸下绞磨保护架。 （2）卸下发动机固定螺栓。 （3）卸下皮带。 （4）卸下离合器总成	20	操作顺序、方法不正确，每处扣5分，扣完为止		
2.3	零部件清洁	清洁各零件	5	未清洁扣5分； 清洁不到位，每件扣0.5分，扣完为止		
2.4	组装	更换、调整离合器，并按照与拆卸相反步骤进行组装	30	操作顺序、方法不正确，每处扣5分； 丢失或漏装零部件，每只扣2分； 扣完为止		
2.5	运转检查	对绞磨进行空载、负载试验，符合试验要求	10	试验不满足要求扣10分		
3	工作结束					
3.1	整理工器具	工具整理，摆放整齐	5	未整理工器具扣5分		
3.2	工作现场清理	清理现场	5	未清理现场扣5分		
4	填写记录					
4.1	填写维保记录单	内容全面，记录规范	10	填写不全面，每少一项扣2分，扣完为止		
合计			100			

Jc0005342022 发动机动力不足的故障排除。（100分）

考核知识点：发动机故障分析

难易度：中

技能等级评价专业技能考核操作工作任务书

一、任务名称

发动机动力不足的故障排除。

二、适用工种

机具维护工高级工。

三、具体任务

SA-QY-80 型牵引机负载增大时发动机动力不足的故障排除。

四、工作规范及要求

（1）掌握牵引机的机械性能和操作要求。

（2）故障的正确分析及处理。

（3）工器具的正确使用及做好安全防护。

五、考核时间及要求

（1）本模块操作时间为 40 分钟，时间到停止考评。

（2）考评过程中如果由于测试人员操作不规范，有可能引发不安全因素的，停止考评，该项考核项目不得分，但不影响其他项目。

技能等级评价专业技能考核操作评分标准

工种	机具维护工				评价等级	高级工
项目模块	专业知识—机具故障排除			编号	Jc0005342022	
单位		准考证号			姓名	
考试时限	40 分钟	题型	单项操作		题分	100 分
成绩		考评员		考评组长		日期	
试题正文	发动机动力不足的故障排除					
需要说明的问题和要求	（1）要求单人操作，考评员监护。 （2）在设定考试工位上完成操作。 （3）操作结束后，待考评员同意后方可离开考场。 （4）设置故障点为：空气滤芯堵塞					

序号	项目名称	质量要求	满分	扣分标准	扣分原因	得分
1	准备工作					
1.1	相关安全措施的准备	着装应符合安全要求：穿工作服、戴线手套、注意安全防护	5	未按要求穿工作服扣 3 分； 未按要求戴手套扣 2 分		
1.2	工器具、设备及辅助设备备品备件完备	检查工器具、设备及辅助设备是否齐全洁净，符合作业要求	5	少一件工器具扣 1 分，扣完为止		
2	操作步骤					
2.1	故障原因分析	（1）吸油管路密封故障。 （2）柴油机柴油滤芯堵塞。 （3）空气滤芯堵塞	20	每少分析或分析不正确一处扣 7 分，扣完为止		
2.2	设备检查	（1）检查吸油管路密封。 （2）检查柴油机柴油滤芯是否堵塞。 （3）检查空气滤芯是否堵塞	20	检查不到位，每处扣 7 分，扣完为止		
2.3	确定故障	确认空气滤芯堵塞	10	确认不正确扣 10 分，扣完为止		
2.4	故障排除	保养空气滤清器或更换空气滤清器	10	操作顺序、方法不正确，每处扣 1 分； 丢失或漏装零部件，每只扣 1 分； 扣完为止		
2.5	故障排除后检查	重新启动发动机，发动机运行正常，故障排除	10	发动机运行不正常扣 10 分		
3	工作结束					
3.1	整理工器具	工具整理，摆放整齐	5	未整理工器具扣 5 分		
3.2	工作现场清理	清理现场	5	未清理现场扣 5 分		
4	填写记录					
4.1	填写维保记录单	内容全面，记录规范	10	填写不全面，每少一项扣 2 分，扣完为止		
合计			100			

Jc0005342023 牵引机拖杆焊接补强。（100 分）

考核知识点：牵引机维护保养

难易度：中

技能等级评价专业技能考核操作工作任务书

一、任务名称

牵引机拖杆焊接补强。

二、适用工种

机具维护工高级工。

三、具体任务

ARS701 型牵引机拖杆焊接补强。

四、工作规范及要求

（1）掌握焊接方法和焊接工艺要求。

（2）工器具的正确使用及做好安全防护。

五、考核时间及要求

（1）本模块操作时间为 30 分钟，时间到停止考评。

（2）考评过程中如果由于测试人员操作不规范，有可能引发不安全因素的，停止考评，该项考核项目不得分，但不影响其他项目。

技能等级评价专业技能考核操作评分标准

工种	机具维护工					评价等级	高级工
项目模块	专业知识—机具维护保养				编号	Jc0005342023	
单位		准考证号				姓名	
考试时限	30 分钟		题型	单项操作		题分	100 分
成绩		考评员		考评组长		日期	
试题正文	牵引机拖杆焊接补强						
需要说明的问题和要求	（1）要求单人操作，考评员监护。 （2）在设定考试工位上完成操作。 （3）操作结束后，待考评员同意后方可离开考场						

序号	项目名称	质量要求	满分	扣分标准	扣分原因	得分
1	准备工作					
1.1	相关安全措施的准备	着装应符合安全要求：穿工作服、绝缘鞋，戴焊工手套、防护眼镜、电焊面罩、注意安全防护	5	未按要求穿工作服扣 3 分； 未按要求戴手套扣 2 分		
1.2	工器具及辅助设备备品备件完备	检查工器具及辅助设备是否齐全洁净，符合作业要求	5	少一件工器具扣 1 分，扣完为止		
2	操作步骤					
2.1	外表处理	对需焊接补强部位表面油漆层和锈进行处理，并进行坡口处理	10	未处理扣 10 分； 处理不到位扣 5 分		
2.2	焊接	进行焊接补强	20	焊接不规范，每处扣 5 分，扣完为止		
2.3	清理焊渣	对焊渣进行处理	15	处理不到位，每处扣 1 分，扣完为止		
2.4	防锈处理	对焊接处进行防锈处理	10	未处理扣 10 分		
2.5	试验	对焊接强度进行试验，满足要求	15	试验不满足要求扣 15 分		

续表

序号	项目名称	质量要求	满分	扣分标准	扣分原因	得分
3	工作结束					
3.1	整理工器具	工具整理，摆放整齐	5	未整理工器具扣5分		
3.2	工作现场清理	清理现场	5	未清理现场扣5分		
4	填写记录					
4.1	填写维保记录单	内容全面，记录规范	10	填写不全面，每少一项扣2分，扣完为止		
合计			100			

Jc0005341024　机动绞磨定期检查。（100分）

考核知识点：机动绞磨检查

难易度：易

技能等级评价专业技能考核操作工作任务书

一、任务名称

机动绞磨定期检查。

二、适用工种

机具维护工高级工。

三、具体任务

ZJ-QXS-50/6.2C 双滚筒机动绞磨定期检查。

四、工作规范及要求

（1）掌握机动绞磨的机械性能及操作要求。

（2）工器具的正确使用及做好安全防护。

五、考核时间及要求

（1）本模块操作时间为10分钟，时间到停止考评。

（2）考评过程中如果由于测试人员操作不规范，有可能引发不安全因素的，停止考评，该项考核项目不得分，但不影响其他项目。

技能等级评价专业技能考核操作评分标准

工种	机具维护工					评价等级	高级工
项目模块	专业知识—机具检查检修				编号	Jc0005341024	
单位			准考证号			姓名	
考试时限	10分钟	题型	单项操作			题分	100分
成绩		考评员		考评组长		日期	
试题正文	机动绞磨定期检查						
需要说明的问题和要求	（1）要求单人操作，考评员监护。 （2）在设定考试工位上完成操作。 （3）操作结束后，待考评员同意后方可离开考场						

序号	项目名称	质量要求	满分	扣分标准	扣分原因	得分
1	准备工作					
1.1	相关安全措施的准备	着装应符合安全要求：穿工作服、戴线手套、注意安全防护	5	未按要求穿工作服扣3分； 未按要求戴手套扣2分		

续表

序号	项目名称	质量要求	满分	扣分标准	扣分原因	得分
1.2	工器具、设备及辅助设备完备	检查工器具及辅助设备是否齐全洁净，符合作业要求	5	少一件工器具扣1分，扣完为止		
2	检查项目					
2.1	标牌或标识的检查	标牌或标识（包含名称、型号、厂家、出厂日期等）明显	20	检查不到位，每处扣5分，扣完为止		
2.2	完好性的检查	机动绞磨机体清洁、完整，无变形、断裂、裂纹及锈蚀严重现象，各部位螺栓和螺母紧固良好，各操作手柄灵活，换向准确	20	检查不到位，每处扣5分，扣完为止		
2.3	内部检查	检查润滑油是否足够、清洁，汽油和润滑油是否有渗漏	10	检查不到位扣10分		
		检查离合器的连锁刹车摩擦片、自动刹车摩擦片磨损情况	10	检查不到位扣10分		
		检查变速箱内的润滑油是否缺少、变质	10	检查不到位扣10分		
3	工作结束					
3.1	整理工器具	工具整理，摆放整齐	5	未整理工器具扣5分		
3.2	工作现场清理	清理现场	5	未清理现场扣5分		
4	填写记录					
4.1	填写检查记录单	内容全面，记录规范	10	填写不全面，每处扣2分，扣完为止		
合计			100			

Jc0005341025　电焊机电源侧熔断器熔断故障排除。(100分)

考核知识点：交流电焊机故障分析

难易度：易

技能等级评价专业技能考核操作工作任务书

一、任务名称

电焊机电源侧熔断器熔断故障排除。

二、适用工种

机具维护工高级工。

三、具体任务

BX-500型交流电焊机电源侧熔断器熔断故障排除。

四、工作规范及要求

（1）掌握交流电焊机的机械性能、电气性能及操作要求。

（2）故障的正确分析及处理。

（3）工器具的正确使用及做好安全防护。

五、考核时间及要求

（1）本模块操作时间为30分钟，时间到停止考评。

（2）考评过程中如果由于测试人员操作不规范，有可能引发不安全因素的，停止考评，该项考核项目不得分，但不影响其他项目。

技能等级评价专业技能考核操作评分标准

<table>
<tr><td>工种</td><td colspan="5">机具维护工</td><td>评价等级</td><td>高级工</td></tr>
<tr><td>项目模块</td><td colspan="5">专业知识—机具故障排除</td><td>编号</td><td>Jc0005341025</td></tr>
<tr><td>单位</td><td colspan="3"></td><td>准考证号</td><td></td><td>姓名</td><td></td></tr>
<tr><td>考试时限</td><td colspan="2">30 分钟</td><td>题型</td><td colspan="2">单项操作</td><td>题分</td><td>100 分</td></tr>
<tr><td>成绩</td><td></td><td>考评员</td><td></td><td>考评组长</td><td></td><td>日期</td><td></td></tr>
<tr><td>试题正文</td><td colspan="7">电焊机电源侧熔断器熔断故障排除</td></tr>
<tr><td>需要说明的问题和要求</td><td colspan="7">（1）要求单人操作，考评员监护。
（2）在设定考试工位上完成操作。
（3）操作结束后，待考评员同意后方可离开考场。
（4）设置故障点为：绕组接地</td></tr>
</table>

序号	项目名称	质量要求	满分	扣分标准	扣分原因	得分
1	准备工作					
1.1	相关安全措施的准备	着装应符合安全要求：穿工作服、戴绝缘手套、注意安全防护	5	未按要求穿工作服扣 3 分； 未按要求戴手套扣 2 分		
1.2	工器具、设备及辅助设备备品备件完备	检查工器具及辅助设备是否齐全洁净，符合作业要求	5	少一件工器具扣 1 分，扣完为止		
2	操作步骤					
2.1	故障原因分析	（1）熔丝不匹配。 （2）电源有短路或接地。 （3）一次端子板有短路现象。 （4）一次绕组对地短路。 （5）一、二次绕组之间短路	20	每少分析或分析不正确一处扣 4 分，扣完为止		
2.2	设备检查	（1）检查熔丝，应符合规定。 （2）检查电源，若有短路或接地情况，进行检修。 （3）检查端子板，若有短路，进行检修。 （4）检查一次绕组和二次绕组间，若有短路，进行检修。 （5）检查一次绕组线圈，若对地短路，进行检修或更换	20	检查不到位，每处扣 4 分，扣完为止		
2.3	确定故障	一次绕组对地短路	10	确认不正确扣 10 分		
2.4	故障排除	对接地点进行维修或更换一次绕组	10	操作顺序、方法不正确，每处扣 1 分； 丢失或漏装零部件，每只扣 1 分； 扣完为止		
2.5	故障排除后检查	电焊机运行正常，故障排除	10	电焊机运行不正常扣 10 分		
3	工作结束					
3.1	整理工器具	工具整理，摆放整齐	5	未整理工器具扣 5 分		
3.2	工作现场清理	清理现场	5	未清理现场扣 5 分		
4	填写记录					
4.1	填写维保记录单	内容全面，记录规范	10	填写不全面，每少一项扣 2 分，扣完为止		
合计			100			

Jc0005341026　钢筋对焊机监视器仪表指示为零故障排除。（100 分）

考核知识点：钢筋电焊机故障分析

难易度：易

技能等级评价专业技能考核操作工作任务书

一、任务名称

钢筋对焊机监视器仪表指示为零故障排除。

二、适用工种

机具维护工高级工。

三、具体任务

钢筋对焊机监视器仪表指示为零故障的排除步骤。

四、工作规范及要求

（1）掌握钢筋对焊机机械性能、电气性能及操作要求。

（2）故障的正确分析及处理。

（3）工器具的正确使用及做好安全防护。

五、考核时间及要求

（1）本模块操作时间为30分钟，时间到停止考评。

（2）考评过程中如果由于测试人员操作不规范，有可能引发不安全因素的，停止考评，该项考核项目不得分，但不影响其他项目。

技能等级评价专业技能考核操作评分标准

工种	机具维护工				评价等级	高级工
项目模块	专业知识—机具故障排除			编号	Jc0005341026	
单位		准考证号			姓名	
考试时限	30分钟	题型	单项操作		题分	100分
成绩		考评员		考评组长		日期
试题正文	钢筋对焊机监视器仪表指示为零故障排除					
需要说明的问题和要求	（1）要求单人操作，考评员监护。 （2）在设定考试工位上完成操作。 （3）操作结束后，待考评员同意后方可离开考场。 （4）设置故障点为：钢筋焊接处导电不良					

序号	项目名称	质量要求	满分	扣分标准	扣分原因	得分
1	准备工作					
1.1	相关安全措施的准备	着装应符合安全要求，穿工作服，戴绝缘手套、注意安全防护	5	未按要求穿工作服扣3分； 未按要求戴手套扣2分		
1.2	工器具、设备及辅助设备备品备件完备	检查工器具及辅助设备是否齐全洁净，符合作业要求	5	少一件工器具扣1分，扣完为止		
2	操作步骤					
2.1	故障原因分析	（1）对焊机没有输出电流。 （2）控制电缆、插头座接触不良。 （3）控制开关故障。 （4）交流接触器和继电器故障。 （5）钢筋焊接处导电不良	20	每少分析或分析不正确一处扣4分，扣完为止		
2.2	设备检查	（1）检查电源、熔断器，进行检修。 （2）检查控制电缆、插头座，若有故障，进行重接或更换。 （3）检查控制开关，若有故障，进行更换。 （4）检查交流接触器和继电器，若有故障，进行检修。 （5）检查钢筋焊接部位，若导电性差并清理表面	20	检查不到位，每处扣4分，扣完为止		

续表

序号	项目名称	质量要求	满分	扣分标准	扣分原因	得分
2.3	确定故障	钢筋焊接处导电不良	10	确认不正确扣 10 分		
2.4	故障排除	清理焊接部位锈蚀及污物	10	操作顺序、方法不正确，每处扣 1 分；丢失或漏装零部件，每只扣 1 分；扣完为止		
2.5	故障排除后检查	电焊机通电后，运行正常，故障排除	10	电焊机运行不正常扣 10 分		
3	工作结束					
3.1	整理工器具	工具整理，摆放整齐	5	未整理工器具扣 5 分		
3.2	工作现场清理	清理现场	5	未清理现场扣 5 分		
4	填写记录					
4.1	填写维保记录单	内容全面，记录规范	10	填写不全面，每少一项扣 2 分，扣完为止		
合计			100			

Jc0005342027　钢筋弯曲机的检修。（100 分）

考核知识点：钢筋弯曲机检修

难易度：中

技能等级评价专业技能考核操作工作任务书

一、任务名称

钢筋弯曲机的检修。

二、适用工种

机具维护工高级工。

三、具体任务

完成钢筋弯曲机的检修。

四、工作规范及要求

（1）掌握钢筋弯曲机的机械性能、电气性能及操作要求。

（2）相关工器具的准备。

（3）工器具的正确使用及做好安全措施。

五、考核时间及要求

（1）本模块操作时间为 60 分钟，时间到停止考评。

（2）考评过程中如果由于测试人员操作不规范，有可能引发不安全因素的，停止考评，该项考核项目不得分，但不影响其他项目。

技能等级评价专业技能考核操作评分标准

<table>
<tr><td>工种</td><td colspan="8">机具维护工</td><td>评价等级</td><td>高级工</td></tr>
<tr><td>项目模块</td><td colspan="7">专业知识—机具检查检修</td><td>编号</td><td colspan="2">Jc0005342027</td></tr>
<tr><td>单位</td><td colspan="3"></td><td colspan="2">准考证号</td><td colspan="3"></td><td>姓名</td><td></td></tr>
<tr><td>考试时限</td><td colspan="2">60 分钟</td><td colspan="2">题型</td><td colspan="4">单项操作</td><td>题分</td><td>100 分</td></tr>
<tr><td>成绩</td><td></td><td>考评员</td><td colspan="2"></td><td colspan="2">考评组长</td><td colspan="2"></td><td>日期</td><td></td></tr>
<tr><td>试题正文</td><td colspan="10">钢筋弯曲机的检修</td></tr>
<tr><td>需要说明的问题和要求</td><td colspan="10">（1）要求单人操作，考评员监护。
（2）在设定考试工位上完成操作。
（3）操作结束后，待考评员同意后方可离开考场</td></tr>
</table>

续表

序号	项目名称	质量要求	满分	扣分标准	扣分原因	得分
1	准备工作					
1.1	相关安全措施的准备	着装应符合安全要求：穿工作服、戴线手套、注意安全防护	5	未按要求穿工作服扣 3 分； 未按要求戴手套扣 2 分		
1.2	工器具、设备及辅助设备备品备件完备	检查工器具及辅助设备是否齐全洁净，符合作业要求	5	少一个工器具扣 1 分，扣完为止		
2	操作步骤					
2.1	外部检查	清除机体上的污垢，检查防护装置是否齐全牢靠	5	未清洁扣 2 分； 检查不到位，每处扣 1 分； 扣完为止		
2.2	润滑	按规定加注油料	5	未润滑扣 5 分； 润滑不到位，每处扣 1 分，扣完为止		
2.3	检查线头	检查线头，应连接牢固，装上规定的熔丝，开关要接触可靠、接地应良好	5	检查不到位，每处扣 1.5 分，扣完为止		
2.4	检查挡板卡头和工作盘	挡板卡头和工作盘，应装置牢固	10	检查不到位，每处扣 5 分，扣完为止		
2.5	运转检查	用手转动 2～3 转，灵活无阻后再接通电源试运转 1～3min，运转时应均匀平稳，无过大的噪声	10	检查不到位扣 10 分，扣完为止		
2.6	检查电动机及轴承	在运转中检查轴承及电动机温度，滚动轴承、滑动轴承及电动机的温度不能超过 60℃	10	检查不到位扣 10 分		
2.7	测量电动机绝缘电阻值	测量电动机绝缘电阻值应不低于 0.5MΩ，否则应予以干燥	10	未测量扣 10 分； 测量数据超差扣 5 分		
2.8	检查蜗轮箱	清洗蜗轮箱内部，检查蜗轮、蜗杆表面磨损情况，侧向间隙不应大于 1.5mm，并更换新润滑油	10	检查不到位扣 10 分		
2.9	检查三角皮带	不应破裂或有断层，否则应更换	5	检查不到位扣 5 分		
3	工作结束					
3.1	整理工器具	工具整理，摆放整齐	5	未整理工器具扣 5 分		
3.2	工作现场清理	清理现场	5	未清理现场扣 5 分		
4	填写记录					
4.1	填写维保记录单	内容全面，记录规范	10	填写不全面，每处扣 2 分，扣完为止		
合计			100			

Jc0005342028　新安装配电箱的检查。（100 分）

考核知识点：配电箱检查

难易度：中

技能等级评价专业技能考核操作工作任务书

一、任务名称

新安装配电箱的检查。

二、适用工种

机具维护工高级工。

三、具体任务

完成新安装配电箱的检查。

四、工作规范及要求

掌握配电箱安装和操作要求。

五、考核时间及要求

（1）本模块操作时间为15分钟，时间到停止考评。

（2）考评过程中如果由于测试人员操作不规范，有可能引发不安全因素的，停止考评，该项考核项目不得分，但不影响其他项目。

技能等级评价专业技能考核操作评分标准

工种	机具维护工					评价等级	高级工
项目模块	专业知识—机具检查检修				编号	Jc0005342028	
单位			准考证号			姓名	
考试时限	15分钟		题型	单项操作		题分	100分
成绩		考评员		考评组长		日期	
试题正文	新安装配电箱的检查						
需要说明的问题和要求	（1）要求单人操作，工器具检查完备，考评员监护。 （2）在设定考试工位上完成操作。 （3）操作结束后，待考评员同意后方可离开考场						

序号	项目名称	质量要求	满分	扣分标准	扣分原因	得分
1	准备工作					
1.1	相关安全措施的准备	着装应符合安全要求：穿工作服、戴绝缘手套、注意安全防护	5	未按要求穿工作服扣3分； 未按要求戴手套扣2分		
1.2	工器具完备及辅助设备完备	检查工器具及辅助设备是否齐全洁净，符合作业要求	5	少一件工器具扣1分，扣完为止		
2	检查项目					
2.1	安装位置	安装位置正确，端正平整、牢固可靠。配电箱、开关箱应装设在干燥、通风及常温场所，不得装设在有严重损伤作用的瓦斯、烟气、潮气及其他有害介质中，亦不得装设在易受外来固体物撞击、强烈振动、液体浸溅、金属颗粒侵进及热源烘烤场所	5	检查不到位，每处扣1分，扣完为止		
2.2	安装质量	各种面合、平直、牢固，面板贴墙面、板面	5	检查不到位，每处扣1分，扣完为止		
2.3	电线连接	（1）配电箱、开关箱内的连接线必须采用铜芯绝缘电线。 （2）电线绝缘的颜色标志应按要求配置并排列整齐。 （3）电线分支接头不得采用螺栓压接，应采用焊接并做绝缘包扎，不得有外露带电部分	15	检查不到位，每处扣5分，扣完为止		
2.4	开关	各种开关开启灵活、控制灵敏	5	检查不到位，每处扣1分，扣完为止		
2.5	插座	各种插座（用小灯泡插入测试）通电良好	5	检查不到位，每处扣1分，扣完为止		
2.6	漏电保护	空气开关、漏电开关开启灵活、控制灵敏	10	检查不到位，每处扣2分，扣完为止		
2.7	接地要求	配电箱、开关箱的金属箱体、金属电器安装板以及电器正常不带电的金属底座外壳等必须通过PE线端子板与PE线做电气连接，金属箱门与金属箱必须通过采用编织软铜线或接地双色线做电气连接	15	检查不到位扣15分		

续表

序号	项目名称	质量要求	满分	扣分标准	扣分原因	得分
2.8	绝缘设置	配电箱、开关箱的进、出线口应配置固定线卡、进出线应加绝缘护套并成束卡在箱体上，不得与箱体直接接触。移动式配电箱、开关箱的进、出线应采用橡皮护套绝缘电缆，不得有接头	10	检查不到位，每处扣 2.5 分，扣完为止		
3	工作结束					
3.1	整理工器具	工具整理，摆放整齐	5	未整理工器具扣 5 分		
3.2	工作现场清理	清理现场	5	未清理现场扣 5 分		
4	填写记录					
4.1	填写检查记录单	内容全面，记录规范	10	填写不全面，每处扣 2 分，扣完为止		
合计			100			

Jc0005342029 钢筋弯曲机送料轮不工作故障排除。（100 分）

考核知识点：钢筋弯曲机故障分析

难易度：中

技能等级评价专业技能考核操作工作任务书

一、任务名称

钢筋弯曲机送料轮不工作故障排除。

二、适用工种

机具维护工高级工。

三、具体任务

钢筋弯曲机送料轮不工作故障的排除步骤。

四、工作规范及要求

（1）掌握钢筋弯曲机的机械性能、电气性能及操作要求。

（2）故障的正确分析及处理。

（3）工器具的正确使用及做好安全防护。

五、考核时间及要求

（1）本模块操作时间为 30 分钟，时间到停止考评。

（2）考评过程中如果由于测试人员操作不规范，有可能引发不安全因素的，停止考评，该项考核项目不得分，但不影响其他项目。

技能等级评价专业技能考核操作评分标准

工种	机具维护工				评价等级	高级工
项目模块	专业知识—机具故障排除			编号	Jc0005342029	
单位		准考证号			姓名	
考试时限	30 分钟	题型	单项操作		题分	100 分
成绩		考评员		考评组长		日期	
试题正文	钢筋弯曲机送料轮不工作故障排除					
需要说明的问题和要求	（1）要求单人操作，考评员监护。 （2）在设定考试工位上完成操作。 （3）操作结束后，待考评员同意后方可离开考场。 （4）设置故障点：轴承损坏					

续表

序号	项目名称	质量要求	满分	扣分标准	扣分原因	得分
1	准备工作					
1.1	相关安全措施的准备	着装应符合安全要求：穿工作服、戴线手套、注意安全防护	5	未按要求穿工作服扣 3 分； 未按要求戴手套扣 2 分		
1.2	工器具、设备及辅助设备备品备件完备	检查工器具及辅助设备是否齐全洁净，符合作业要求	5	少一件工器具扣 1 分，扣完为止		
2	操作步骤					
2.1	故障原因分析	（1）蜗轮蜗杆损坏。 （2）料轮槽脱落、损坏。 （3）送料轮的轴承磨损严重或裂损	20	每少分析或分析不正确一处扣 7 分，扣完为止		
2.2	设备检查	（1）检查蜗轮蜗杆。若有损坏，进行更换。 （2）检查料轮槽。若有脱落或损坏，进行重装或更换。 （3）检查轴承。若有损坏，进行更换	20	检查不到位，每处扣 7 分，扣完为止		
2.3	确定故障	轴承损坏	10	确认不正确扣 10 分		
2.4	故障排除	更换轴承	10	操作顺序、方法不正确，每处扣 1 分； 丢失或漏装零部件，每只扣 1 分； 扣完为止		
2.5	故障排除试运转	钢筋弯曲机通电后，运行正常，故障排除	10	钢筋弯曲机运行不正常扣 10 分		
3	工作结束					
3.1	整理工器具	工具整理，摆放整齐	5	未整理工器具扣 5 分		
3.2	工作现场清理	清理现场	5	未清理现场扣 5 分		
4	填写记录					
4.1	填写维保记录单	内容全面，记录规范	10	填写不全面，每少一项扣 2 分，扣完为止		
合计			100			

Jc0005341030　滤油机的拆卸与装复。（100 分）

考核知识点：滤油机维护保养

难易度：易

技能等级评价专业技能考核操作工作任务书

一、任务名称

滤油机的拆卸与装复。

二、适用工种

机具维护工高级工。

三、具体任务

ZLY-100 型滤油机的拆卸与装复。

四、工作规范及要求

（1）掌握滤油机的构造。

（2）掌握滤油机的机械性能及操作要求。

（3）工器具的正确使用及做好安全防护。

五、考核时间及要求

（1）本模块操作时间为 60 分钟，时间到停止考评。

（2）考评过程中如果由于测试人员操作不规范，有可能引发不安全因素的，停止考评，该项考核项目不得分，但不影响其他项目。

技能等级评价专业技能考核操作评分标准

工种	机具维护工				评价等级	高级工
项目模块	专业知识—机具维护保养			编号	Jc0005341030	
单位		准考证号			姓名	
考试时限	60 分钟	题型	单项操作		题分	100 分
成绩		考评员		考评组长	日期	
试题正文	滤油机的拆卸与装复					
需要说明的问题和要求	（1）要求单人操作，考评员监护。 （2）在设定考试工位上完成操作。 （3）操作结束后，待考评员同意后方可离开考场。					

序号	项目名称	质量要求	满分	扣分标准	扣分原因	得分
1	准备工作					
1.1	相关安全措施的准备	着装应符合安全要求：穿工作服、戴线手套、注意安全防护	5	未按要求穿工作服扣 3 分； 未按要求戴手套扣 2 分		
1.2	工器具完备及辅助设备完备	检查工器具及辅助设备是否齐全洁净，符合作业要求	5	少一件工器具扣 1 分，扣完为止		
2	操作步骤					
2.1	拆卸	（1）拆卸进出口管路：关闭进出口管路阀门，拆卸与滤油机进出口相连的软管（油管和水管）。 （2）拆卸初滤器：松开初滤器盖上的螺栓，取下初滤器盖，取出过滤网，拆下电加热盖。 （3）拆卸冷凝缸：松开真空缸与冷凝缸的连接法兰，松开冷凝缸顶盖螺栓，取出顶盖，取下顶盖与缸体间的铜网布。 （4）拆卸扩散网：拆开扩散网固定架，取出扩散网、喷油管、自动调节阀和浮漂。 （5）拆卸圆视孔与长视孔：松开圆视孔与长视孔螺栓，取下视孔玻璃，拆下充气阀门。 （6）拆卸排油泵：松开真空缸与排油泵的连接法兰、排油泵与电机的联轴器及排油泵、电机的地脚螺栓，取下排油泵与电机。 （7）拆卸冷水管道：拆下各部件间的冷水管道，拆下冷凝水箱，松开冷凝缸顶盖螺栓，取下顶盖，拆下冷却管	20	操作顺序、方法不正确，每处扣 3 分，扣完为止		
2.2	清洁	清洁所有部件	10	未清洁扣 10 分； 清洁不到位扣 5 分		
2.3	检查	检查所有部件是否完好	10	检查不到位，每处扣 2 分，扣完为止		
2.4	组装	按步骤将 ZLY-100 型滤油机拆卸后，按照与拆卸相反的顺序将滤油机重新组装	20	操作顺序、方法不正确，每处扣 3 分； 丢失或漏装零部件，每只扣 1 分； 扣完为止		
2.5	试运转	重新启动滤油机设备，各机构运转正常，无漏油情况	10	漏油机运行不正常扣 10 分		

续表

序号	项目名称	质量要求	满分	扣分标准	扣分原因	得分
3	工作结束					
3.1	整理工器具	工具整理，摆放整齐	5	未整理工器具扣 5 分		
3.2	工作现场清理	清理现场	5	未清理现场扣 5 分		
4	填写记录					
4.1	填写维保记录单	内容全面，记录规范	10	填写不全面，每处扣 2 分，扣完为止		
合计			100			

Jc0005341031　机动绞磨发动机无法启动故障排除。（100 分）

考核知识点：机动绞磨故障分析

难易度：易

技能等级评价专业技能考核操作工作任务书

一、任务名称

机动绞磨发动机启动故障排除。

二、适用工种

机具维护工高级工。

三、具体任务

机动绞磨发动机启动故障的排除步骤。

四、工作规范及要求

（1）掌握机动绞磨的机械性能及操作要求。

（2）工器具的正确使用及做好安全措施。

五、考核时间及要求

（1）本模块操作时间为 20 分钟，时间到停止考评。

（2）考评过程中如果由于测试人员操作不规范，有可能引发不安全因素的，停止考评，该项考核项目不得分，但不影响其他项目。

技能等级评价专业技能考核操作评分标准

工种	机具维护工				评价等级	高级工
项目模块	专业知识—机具故障排除			编号	Jc0005341031	
单位		准考证号			姓名	
考试时限	20 分钟	题型	单项操作		题分	100 分
成绩		考评员		考评组长		日期	
试题正文	机动绞磨发动机无法启动故障排除					
需要说明的问题和要求	（1）要求单人操作，考评员监护。 （2）在设定考试工位上完成操作。 （3）操作结束后，待考评员同意后方可离开考场					

序号	项目名称	质量要求	满分	扣分标准	扣分原因	得分
1	准备工作					
1.1	相关安全措施的准备	着装应符合安全要求：穿工作服、戴线手套、注意安全防护	5	未按要求穿工作服扣 3 分； 未按要求戴线手套扣 2 分		

续表

序号	项目名称	质量要求	满分	扣分标准	扣分原因	得分
1.2	工器具、设备及辅助设备备品备件完备	检查工器具、设备及辅助设备是否齐全洁净，符合作业要求	5	少一件工器具扣1分，扣完为止		
2	操作步骤					
2.1	原因分析	（1）油箱无燃料或燃料已变质。 （2）燃油开关或启动开关未启动。 （3）阻风门开关未关闭。 （4）火花塞故障。 （5）油管卡住。 （6）化油器故障（混合气浓或稀）。 （7）点火线圈故障。 （8）燃油滤清器堵塞	20	每少分析或分析不正确一处扣2.5分，扣完为止		
2.2	设备检查	（1）检查油箱。若无汽油，往油箱内添加汽油。若汽油变质或加入已变质汽油，需要排除燃油箱和化油器中的汽油，重新添加新的汽油。 （2）燃油开关和启动开关未打开，将燃油开关扳至“开”的位置。 （3）检查阻风门，阻风门打开，关闭阻风门。 （4）检查火花塞。火花塞有破损、脏或不正确间隙，清洁、调整火花塞间隙或更换火花塞。火花塞受潮或被燃油浸湿，晒干后重新安装，将节气门扳至最快位置。 （5）疏通油管。 （6）检查化油器，按需更换。 （7）检查点火线圈，按需更换。 （8）检查燃油滤清器，按需更换	20	检查不到位，每处扣2.5分，扣完为止		
2.3	确认故障	燃油滤清器堵塞	10	确认不正确扣10分		
2.4	故障处理	更换燃油滤清器	10	操作顺序、方法不正确，每处扣1分； 丢失或漏装零部件，每只扣1分； 扣完为止		
2.5	故障排除后检查	启动绞磨，运转正常，故障排除	10	绞磨运行不正常扣10分		
3	工作结束					
3.1	整理工器具	工具整理，摆放整齐	5	未整理工器具扣5分		
3.2	工作现场清理	清理现场	5	未清理现场扣5分		
4	填写记录					
4.1	填写维保记录单	内容全面，记录规范	10	填写不全面，每处扣2分，扣完为止		
合计			100			

Jc0005342032　汽油液压机动力不足。（100分）

考核知识点：汽油液压机故障分析

难易度：中

技能等级评价专业技能考核操作工作任务书

一、任务名称

汽油液压机动力不足。

二、适用工种

机具维护工高级工。

三、具体任务

SY-BQ-80-A 汽油液压机动力不足。

四、工作规范及要求

（1）掌握汽油液压机机械性能及操作要求。

（2）故障的正确分析及处理。

（3）工器具的正确使用及做好安全防护。

五、考核时间及要求

（1）本模块操作时间为 30 分钟，时间到停止考评。

（2）考评过程中如果由于测试人员操作不规范，有可能引发不安全因素的，停止考评，该项考核项目不得分，但不影响其他项目。

技能等级评价专业技能考核操作评分标准

工种	机具维护工					评价等级	高级工
项目模块	专业知识—机具故障排除				编号	Jc0005342032	
单位			准考证号			姓名	
考试时限	30 分钟		题型	单项操作		题分	100 分
成绩		考评员		考评组长		日期	
试题正文	汽油液压机动力不足						
需要说明的问题和要求	（1）要求单人操作，考评员监护。 （2）在设定考试工位上完成操作。 （3）操作结束后，待考评员同意后方可离开考场。 （4）设置故障点：供油不畅						

序号	项目名称	质量要求	满分	扣分标准	扣分原因	得分
1	准备工作					
1.1	相关安全措施的准备	着装应符合安全要求：穿工作服、戴线手套、注意安全防护	5	未按要求穿工作服扣 3 分； 未按要求戴手套扣 2 分		
1.2	工器具、设备及辅助设备备品备件完备	检查工器具及辅助设备是否齐全洁净，符合作业要求	5	少一件工器具扣 1 分，扣完为止		
2	操作步骤					
2.1	故障原因分析	（1）空气滤芯堵塞。 （2）燃油质量差。 （3）供油不畅。 （4）化油器故障。 （5）点火装置工作不良。 （6）节气门开度过小	20	每少分析或分析不正确一处扣 4 分，扣完为止		
2.2	设备检查	（1）检查空气滤芯，若有堵塞，进行清洁。 （2）检查燃油，进行更换。 （3）检查供油油路，若有堵塞，进行清洁。 （4）检查化油器，若有故障，检修或更换。 （5）检查点火装置，若有损坏，进行更换。 （6）检查调整节气门	20	检查不到位，每处扣 4 分，扣完为止		

续表

序号	项目名称	质量要求	满分	扣分标准	扣分原因	得分
2.3	确定故障	供油不畅	10	确认不正确扣 10 分		
2.4	故障排除	清洁供油油路	10	操作顺序、方法不正确，每处扣 2 分；丢失或漏装零部件，每只扣 1 分；扣完为止		
2.5	故障排除后检查	汽油液压机运转正常，故障排除	10	液压机运行不正常扣 10 分		
3	工作结束					
3.1	整理工器具	工具整理，摆放整齐	5	未整理工器具扣 5 分		
3.2	工作现场清理	清理现场	5	未清理现场扣 5 分		
4	填写记录					
4.1	填写维保记录单	内容全面，记录规范	10	填写不全面，每少一项扣 2 分，扣完为止		
合计			100			

Jc0005342033　液压机压力过低故障排除。（100 分）

考核知识点：液压机故障分析

难易度：中

技能等级评价专业技能考核操作工作任务书

一、任务名称

液压机压力过低故障排除。

二、适用工种

机具维护工高级工。

三、具体任务

SY-BQ-80-A 液压机压力过低故障排除。

四、工作规范及要求

（1）掌握液压机机械性能及操作要求。

（2）故障的正确分析及处理。

（3）工器具的正确使用及做好安全防护。

五、考核时间及要求

（1）本模块操作时间为 30 分钟，时间到停止考评。

（2）考评过程中如果由于测试人员操作不规范，有可能引发不安全因素的，停止考评，该项考核项目不得分，但不影响其他项目。

技能等级评价专业技能考核操作评分标准

工种	机具维护工					评价等级	高级工
项目模块	专业知识—机具故障排除				编号	Jc0005342033	
单位			准考证号			姓名	
考试时限	30 分钟		题型	单项操作		题分	100 分
成绩		考评员		考评组长		日期	
试题正文	液压机压力过低故障排除						

续表

需要说明的问题和要求	（1）要求单人操作，考评员监护。 （2）在设定考试工位上完成操作。 （3）操作结束后，待考评员同意后方可离开考场。 （4）设置故障点：高压安全阀损坏

序号	项目名称	质量要求	满分	扣分标准	扣分原因	得分
1	准备工作					
1.1	相关安全措施的准备	着装应符合安全要求：穿工作服、戴线手套、注意安全防护	5	未按要求穿工作服扣 3 分； 未按要求戴手套扣 2 分		
1.2	工器具及辅助设备备品备件完备	检查工器具及辅助设备是否齐全洁净，符合作业要求	5	少一件工器具扣 1 分，扣完为止		
2	操作步骤					
2.1	故障原因分析	（1）高压安全阀密封不良。 （2）高压安全阀损坏。 （3）高低压自动切换阀损坏。 （4）液压油泵磨损内泄。 （5）液压泵进油滤清器堵塞。 （6）换向阀磨损，内泄过大。 （7）液压油温度过高。 （8）液压油变质或不足。 （9）主机转速低	20	每少分析或分析不正确一处扣 2.5 分，扣完为止		
2.2	设备检查	（1）检查安全阀，若密封不良，进行检修。 （2）检查安全阀，若有损坏，进行修复或更换。 （3）检查高低压自动切换阀，若有损坏，进行修复或更换。 （4）检查液压油泵，若有磨损内泄，进行修复或更换。 （5）检查液压泵进油滤清器，若有堵塞，进行清洁。 （6）检查换向阀，若有损坏，进行修复或更换。 （7）检查液压油温度，若温度过高，停机冷却。 （8）检查液压油，若有变质，进行更换；若不足，进行添加。 （9）检查主机转速，若转速低，进行检修	20	检查不到位，每处扣 2.5 分，扣完为止		
2.3	确定故障	高压安全阀损坏	10	确认不正确扣 10 分		
2.4	故障排除	修复或更换高压安全阀	10	操作方法不正确，每处扣 2 分； 丢失或漏装零部件，每只扣 1 分； 扣完为止		
2.5	故障排除后检查	重新启动液压机，液压机运转正常，故障排除	10	液压机运行不正常扣 10 分		
3	工作结束					
3.1	整理工器具	工具整理，摆放整齐	5	未整理工器具扣 5 分		
3.2	工作现场清理	清理现场	5	未清理现场扣 5 分		
4	填写记录					
4.1	填写维保记录单	内容全面，记录规范	10	填写不全面，每少一项扣 2 分，扣完为止		
	合计		100			

Jc0005342034 绞磨制动失效故障排除。(100分)

考核知识点：绞磨故障分析

难易度：中

技能等级评价专业技能考核操作工作任务书

一、任务名称

绞磨制动失效故障排除。

二、适用工种

机具维护工高级工。

三、具体任务

ZJ-QXm-30/12绞磨制动失效故障排除。

四、工作规范及要求

(1)掌握机动绞磨的机械性能及操作要求。

(2)故障的正确分析及处理。

(3)工器具的正确使用及做好安全防护。

五、考核时间及要求

(1)本模块操作时间为30分钟，时间到停止考评。

(2)考评过程中如果由于测试人员操作不规范，有可能引发不安全因素的，停止考评，该项考核项目不得分，但不影响其他项目。

技能等级评价专业技能考核操作评分标准

工种	机具维护工					评价等级	高级工
项目模块	专业知识—机具故障排除				编号	Jc0005342034	
单位			准考证号			姓名	
考试时限	30分钟		题型	单项操作		题分	100分
成绩		考评员		考评组长		日期	
试题正文	绞磨制动失效故障排除						
需要说明的问题和要求	(1)要求单人操作，考评员监护。 (2)在设定考试工位上完成操作。 (3)操作结束后，待考评员同意后方可离开考场。 (4)设置故障点：摩擦片磨损严重						

序号	项目名称	质量要求	满分	扣分标准	扣分原因	得分
1	准备工作					
1.1	相关安全措施的准备	着装应符合安全要求：穿工作服、戴线手套、注意安全防护	5	未按要求穿工作服扣3分； 未按要求戴手套扣2分		
1.2	工器具及辅助设备备品备件完备	检查工器具及辅助设备是否齐全洁净，符合作业要求	5	少一件工器具扣1分，扣完为止		
2	操作步骤					
2.1	故障原因分析	(1)刹车自锁紧螺母卡死。 (2)摩擦片磨损严重或破裂	20	每少分析或分析不正确一处扣10分，扣完为止		
2.2	设备检查	(1)检查刹车自锁紧螺母并进行调整。 (2)检查自动刹车摩擦片的磨损量，若磨损严重或破裂，进行更换	20	检查不到位，每处扣10分，扣完为止		
2.3	确定故障	摩擦片磨损严重	10	确认不正确扣10分		

续表

序号	项目名称	质量要求	满分	扣分标准	扣分原因	得分
2.4	故障排除	更换摩擦片	10	操作顺序、方法不正确，每处扣1分；丢失或漏装零部件，每只扣1分；扣完为止		
2.5	故障排除后检查	绞磨运转正常，故障排除	10	检查不到位，每处扣2分，扣完为止		
3	工作结束					
3.1	整理工器具	工具整理，摆放整齐	5	未整理工器具扣5分		
3.2	工作现场清理	清理现场	5	未清理现场扣5分		
4	填写记录					
4.1	填写维保记录单	内容全面，记录规范	10	填写不全面，每少一项扣2分，扣完为止		
合计			100			

Jc0005341035　发电机发动机的定期保养。（100分）

考核知识点：发电机发动机维护保养

难易度：易

技能等级评价专业技能考核操作工作任务书

一、任务名称

发电机发动机的定期保养。

二、适用工种

机具维护工高级工。

三、具体任务

完成发电机发动机的定期保养。

四、工作规范及要求

（1）了解发电机构造及性能。

（2）掌握发电机定期保养的要求及方法。

（3）工器具的正确使用及做好安全防护。

五、考核时间及要求

（1）本模块操作时间为60分钟，时间到停止考评。

（2）考评过程中如果由于测试人员操作不规范，有可能引发不安全因素的，停止考评，该项考核项目不得分，但不影响其他项目。

技能等级评价专业技能考核操作评分标准

工种	机具维护工					评价等级	高级工
项目模块	专业知识—机具维护保养				编号	Jc0005341035	
单位			准考证号			姓名	
考试时限	60分钟		题型	单项操作		题分	100分
成绩		考评员		考评组长		日期	
试题正文	发电机发动机的定期保养						
需要说明的问题和要求	（1）要求单人操作，考评员监护。 （2）在设定考试工位上完成操作。 （3）操作结束后，待考评员同意后方可离开考场						

续表

序号	项目名称	质量要求	满分	扣分标准	扣分原因	得分
1	准备工作					
1.1	相关安全措施的准备	着装应符合安全要求：穿工作服、戴线手套、注意安全防护	5	未按要求穿工作服扣3分； 未按要求戴手套扣2分		
1.2	工器具及辅助设备备品备件完备	检查工器具及辅助设备是否齐全洁净，符合作业要求	5	少一件工器具扣1分，扣完为止		
2	操作步骤					
2.1	清洁	清洁整机	10	未清洁扣10分； 清洁不到位，每处扣2分，扣完为止		
2.2	更换润滑油和机滤	（1）通过放油口将润滑油放出（使用专用容器）。 （2）使用机滤专用扳手，逆时针旋转将机滤卸下。 （3）清洁机滤接口，在新机滤密封圈上涂抹适量新润滑油。 （4）将新机滤轻轻拧入至无法转动后，再用机滤专用扳手拧紧（1/2圈左右）。 （5）检查放油阀和机滤接口处有无渗漏油现象。 （6）添加新润滑油。 （7）拔出润滑油标尺，检查润滑油油位，应在上限与下限之间，以靠近上限为佳，但不能超限。若润滑油过量，应通过放油口将多余润滑油放出	10	操作顺序、方法不正确，每处扣1.5分，扣完为止		
2.3	空气滤芯的更换和保养	（1）将空气滤芯盖取下，轻轻地卸下外侧海绵，用温水浸泡洗净（不得拧洗）。 （2）取出主滤芯，用毛刷清扫附着的尘土杂质。 （3）保养完毕后装回原位	10	操作顺序、方法不正确，每处扣3.5分，扣完为止		
2.4	火花塞的清洗和更换	（1）用手拔出高压橡皮帽，用火花塞套筒扳手将火花塞卸下。 （2）检查火花塞是否褪色并清除积碳，其标准颜色为褐色。 （3）检查火花塞间隙，正常为0.7～0.8mm。 （4）保养完毕后装回原位	10	操作顺序、方法不正确，每处扣2.5分，扣完为止		
2.5	清洗燃油阀	（1）将燃油阀门杆转至OFF位置。 （2）使用溶剂进行清洁。 （3）擦拭干净。 （4）检查密封圈垫圈，如有损坏，应立即更换。 （5）将燃油阀门杆转至ON位置	10	操作顺序、方法不正确，每处扣2分，扣完为止		
2.6	清洗燃油箱滤网	（1）取下燃油箱盖和过滤器。 （2）用溶剂清洁过滤器，如有损坏应立即更换。 （3）擦干过滤器，将其插入燃油箱	10	操作顺序、方法不正确，每处扣3.5分，扣完为止		
2.7	更换燃油滤芯	（1）使用滤芯专用扳手将滤芯卸下。 （2）清洁滤芯接口，在新滤芯密封圈上涂抹适量燃油。 （3）将新滤芯轻轻拧入至无法转动后，再用滤芯专用扳手拧紧。 （4）同时检查油管是否有断裂现象	10	操作顺序、方法不正确，每处扣2.5分，扣完为止		
3	工作结束					
3.1	整理工器具	工具整理，摆放整齐	5	未整理工器具扣5分		
3.2	工作现场清理	清理现场	5	未清理现场扣5分		
4	填写记录					
4.1	填写维保记录单	内容全面，记录规范	10	填写不全面，每少一项扣2分，扣完为止		
合计			100			

Jc0005341036　手扳葫芦的定期检查。(100 分)

考核知识点：手扳葫芦检查

难易度：易

技能等级评价专业技能考核操作工作任务书

一、任务名称

手扳葫芦的定期检查。

二、适用工种

机具维护工高级工。

三、具体任务

HSH 型 3t 手扳葫芦的定期检查。

四、工作规范及要求

掌握手扳葫芦的机械性能及使用要求。

五、考核时间及要求

（1）本模块操作时间为 10 分钟，时间到停止考评。

（2）考评过程中如果由于测试人员操作不规范，有可能引发不安全因素的，停止考评，该项考核项目不得分，但不影响其他项目。

技能等级评价专业技能考核操作评分标准

工种	机具维护工					评价等级	高级工
项目模块	专业知识—机具检查检修				编号	Jc0005341036	
单位			准考证号			姓名	
考试时限	10 分钟	题型	单项操作			题分	100 分
成绩		考评员		考评组长		日期	
试题正文	手扳葫芦的定期检查						
需要说明的问题和要求	（1）要求单人操作，考评员监护。 （2）在设定考试工位上完成操作。 （3）操作结束后，待考评员同意后方可离开现场						

序号	项目名称	质量要求	满分	扣分标准	扣分原因	得分
1	准备工作					
1.1	相关安全措施的准备	着装应符合安全要求：穿工作服、戴线手套，注意安全防护	5	未按要求穿工作服扣 3 分； 未按要求戴手套扣 2 分		
1.2	工器具及辅助设备备品备件完备	检查工器具及辅助设备是否齐全洁净，符合作业要求	5	少一件工器具扣 1 分，扣完为止		
2	检查项目					
2.1	标牌或标识的检查	标牌或标识（包含名称、型号、荷载、厂家、出厂日期等）明显	10	检查不到位，每处扣 2 分，扣完为止		
2.2	完好性检查	手扳葫芦的各部位应完好、齐全，不应有影响使用安全的伤痕、毛刺、变形、磨损和裂纹等缺陷	10	检查不到位扣 10 分		
2.3	涂装，锈蚀的检查	外漏表面应进行防锈处理，涂层应均匀，色泽应一致，不应有锈蚀现象	10	检查不到位扣 10 分		
2.4	吊钩、链条的检查	吊钩转动灵活，无变形、开裂、磨损；链条磨损不超 10%，不得有变形、开裂、开焊现象	10	检查不到位，每处扣 5 分，扣完为止		

续表

序号	项目名称	质量要求	满分	扣分标准	扣分原因	得分
2.5	无载运转检查	无载动作时手轮、起重链轮、上下吊钩、换向棘爪和棘轮、游轮等部件运转应灵活，不应有卡阻或时松时紧的现象。脱开离合装置，用手拽动链条应轻便灵活	20	检查不到位，每处扣3分，扣完为止		
2.6	安全装置的检查	吊钩安全装置完好有效	10	检查不到位，每处扣5分，扣完为止		
3	工作结束					
3.1	工作现场清理	清理现场	10	未清理现场扣10分		
4	填写记录					
4.1	填写检查记录单	内容全面，记录规范	10	填写不全面，每处扣2分，扣完为止		
合计			100			

Jc0005341037 手扳葫芦分解检修。(100分)

考核知识点：手扳葫芦检修

难易度：易

技能等级评价专业技能考核操作工作任务书

一、任务名称

手扳葫芦分解检修。

二、适用工种

机具维护工高级工。

三、具体任务

HSH型6t手扳葫芦分解检修。

四、工作规范及要求

(1) 掌握手扳葫芦机械性能及操作要求。

(2) 工器具的正确使用及做好安全措施。

五、考核时间及要求

(1) 本模块操作时间为60分钟，时间到停止考评。

(2) 考评过程中如果由于测试人员操作不规范，有可能引发不安全因素的，停止考评，该项考核项目不得分，但不影响其他项目。

技能等级评价专业技能考核操作评分标准

<table>
<tr><td>工种</td><td colspan="5">机具维护工</td><td>评价等级</td><td>高级工</td></tr>
<tr><td>项目模块</td><td colspan="4">专业知识—机具检查检修</td><td>编号</td><td colspan="2">Jc0005341037</td></tr>
<tr><td>单位</td><td colspan="3"></td><td>准考证号</td><td></td><td>姓名</td><td></td></tr>
<tr><td>考试时限</td><td colspan="2">60分钟</td><td>题型</td><td colspan="2">单项操作</td><td>题分</td><td>100分</td></tr>
<tr><td>成绩</td><td></td><td>考评员</td><td></td><td>考评组长</td><td></td><td>日期</td><td></td></tr>
</table>

续表

试题正文	手扳葫芦分解检修					
需要说明的问题和要求	（1）要求单人操作，考评员监护。 （2）在设定考试工位上完成操作。 （3）安全操作结束后，待考评员同意后方可离开现场					
序号	项目名称	质量要求	满分	扣分标准	扣分原因	得分
1	准备工作					
1.1	相关安全措施的准备	着装应符合安全要求：穿工作服、戴线手套、注意安全防护	5	未按要求穿工作服扣 3 分； 未按要求戴手套扣 2 分		
1.2	工器具完备	检查备品备件及工具是否齐全洁净，符合作业要求	5	少一件工器具扣 1 分，扣完为止		
2	操作步骤					
2.1	外表清洁	对所保养设备进行外表清洁	5	未清洁扣 5 分； 清洁不到位扣 2 分		
2.2	手扳葫芦拆卸	（1）拆下手轮。 （2）拆下扳手外板组件。 （3）拆下换向棘轮。 （4）拆下扳手内板组件。 （5）拆下制动组件。 （6）拆下左墙板组件。 （7）拆下轴承内圈及滚珠。 （8）拆下起重链条。 （9）拆下下吊钩组件。 （10）拆下上吊钩组件。 （11）拆下右墙板组件。 （12）拆下花键、长轴齿轮。 （13）拆下片齿轮组件	20	操作顺序、方法不正确，每处扣 2 分，扣完为止		
2.3	零部件清洁	应将零件用钢丝刷清洗（无污染）等方式方法进行清洁，使零部件保持洁净	5	未清洁扣 5 分； 清洁不到位，每件扣 0.5 分，扣完为止		
2.4	零部件检查确认良好	检查换向棘爪、制动棘爪、齿轮、刹车片、轴承、棘轮、吊钩、壳体等部件确良好	10	检查不到位，每处扣 1.5 分，扣完为止		
2.5	手扳葫芦组装	（1）轴承内、齿轮、转动部位注入润滑脂，组装与拆卸顺序相反，葫芦在装配过程中，不得摔砸，以防部件变形。 （2）齿轮安装时，应使两齿轮的“0”标记安装在同一直线上。 （3）槽形螺母安装时，应先顺时针方向转动手轮，使棘轮、摩擦片压紧在制动器座上，再装上槽形螺母。槽形螺母与手轮端面间应留有 0.5～1mm 间隙。 （4）制动器的摩擦表面必须保持干净	20	操作顺序、方法不正确，每处扣 2 分； 丢失或漏装零部件，每只扣 1 分； 扣完为止		
2.6	无载运转检查	无载动作时各机构（手轮、起重链轮、上下吊钩、换向棘爪和棘轮、游轮）运转应灵活，不应有卡阻或时松时紧的现象。脱开离合装置，用手拽动链条应轻便灵活	10	检查不到位，每处扣 2 分，扣完为止		
3	工作结束					
3.1	整理工器具	工具整理，摆放整齐	5	未整理工器具扣 5 分		
3.2	工作现场清理	清理现场	5	未清理现场扣 5 分		
4	填写记录					
4.1	填写维保记录单	内容全面，记录规范	10	填写不全面，每少一项扣 2 分，扣完为止		
合计			100			

Jc0005341038 手扳葫芦“跑链”故障排除。(100 分)

考核知识点：手扳葫芦故障分析

难易度：易

技能等级评价专业技能考核操作工作任务书

一、任务名称

手扳葫芦“跑链”故障排除。

二、适用工种

机具维护工高级工。

三、具体任务

HSH 型 9t 手扳葫芦“跑链”故障排除。

四、工作规范及要求

(1) 掌握手扳葫芦机械性能及操作要求。

(2) 故障的正确分析及处理。

(3) 工器具的正确使用及做好安全防护。

五、考核时间及要求

(1) 本模块操作时间为 40 分钟，时间到停止考评。

(2) 考评过程中如果由于测试人员操作不规范，有可能引发不安全因素的，停止考评，该项考核项目不得分，但不影响其他项目。

技能等级评价专业技能考核操作评分标准

工种	机具维护工					评价等级	高级工
项目模块	专业知识—机具故障排除				编号	Jc0005341038	
单位			准考证号			姓名	
考试时限	40 分钟	题型	单项操作			题分	100 分
成绩		考评员		考评组长		日期	
试题正文	手扳葫芦“跑链”故障排除						
需要说明的问题和要求	(1) 要求单人操作，考评员监护。 (2) 在设定考试工位上完成操作。 (3) 操作结束后，待考评员同意后方可离开考场。 (4) 设置故障点为：手扳葫芦摩擦片损坏						

序号	项目名称	质量要求	满分	扣分标准	扣分原因	得分
1	准备工作					
1.1	相关安全措施的准备	着装应符合安全要求：穿工作服、戴线手套、注意安全防护	5	未按要求穿工作服扣 3 分； 未按要求戴手套扣 2 分		
1.2	工器具及辅助设备备品备件完备	检查备品备件及工具是否齐全洁净，符合作业要求	5	少一件工器具扣 1 分，扣完为止		
2	操作步骤					
2.1	故障原因分析	(1) 制动棘爪卡阻。 (2) 摩擦片间有异物或有油。 (3) 摩擦片磨损或破裂。 (4) 自动锁紧螺母发卡	20	每少分析或分析不正确一处扣 5 分，扣完为止		
2.2	设备检查	(1) 检查制动棘爪，若有卡阻，进行检修。 (2) 检查摩擦片，若有异物或有油，进行检修。 (3) 摩擦片若有磨损或破裂，进行更换。 (4) 检修自动锁紧螺母，应转动灵活	20	检查不到位，每处扣 5 分，扣完为止		

续表

序号	项目名称	质量要求	满分	扣分标准	扣分原因	得分
2.3	确定故障	确认刹车片损坏	10	确认不正确扣 10 分		
2.4	故障排除	更换刹车片	10	丢失或漏装零部件，每只扣 2 分，扣完为止		
2.5	故障排除后检查	无载动作时各机构（手轮、起重链轮、上下吊钩、换向棘爪和棘轮、游轮）运转应灵活，不应有卡阻或时松时紧的现象。脱开离合装置，用手拽动链条应轻便灵活	10	检查不到位，每处扣 2 分，扣完为止		
3	工作结束					
3.1	整理工器具	工具整理，摆放整齐	5	未整理工器具扣 5 分		
3.2	工作现场清理	清理现场	5	未清理现场扣 5 分		
4	填写记录					
4.1	填写维保记录单	内容全面，记录规范	10	填写不全面，每少一项扣 2 分，扣完为止		
合计			100			

Jc0005342039　发动机预热器故障排除。（100 分）

考核知识点：发动机故障分析

难易度：中

技能等级评价专业技能考核操作工作任务书

一、任务名称

发动机预热器故障排除。

二、适用工种

机具维护工高级工。

三、具体任务

QT280KN 型牵引机发动机预热器故障排除。

四、工作规范及要求

（1）掌握牵引机的机械性能和操作要求。

（2）故障的正确分析及处理。

（3）工器具的正确使用及做好安全防护。

五、考核时间及要求

（1）本模块操作时间为 40 分钟，时间到停止考评。

（2）考评过程中如果由于测试人员操作不规范，有可能引发不安全因素的，停止考评，该项考核项目不得分，但不影响其他项目。

技能等级评价专业技能考核操作评分标准

工种	机具维护工					评价等级	高级工
项目模块	专业知识—机具故障排除				编号	Jc0005342039	
单位			准考证号			姓名	
考试时限	40 分钟		题型	单项操作		题分	100 分
成绩		考评员		考评组长		日期	

续表

试题正文	发动机预热器故障排除
需要说明的问题和要求	（1）要求单人操作，考评员监护。 （2）在设定考试工位上完成操作。 （3）操作结束后，待考评员同意后方可离开考场。 （4）设置故障点为：点火器故障

序号	项目名称	质量要求	满分	扣分标准	扣分原因	得分
1	准备工作					
1.1	相关安全措施的准备	着装应符合安全要求：穿工作服、戴线手套、注意安全防护	5	未按要求穿工作服扣 3 分； 未按要求戴手套扣 2 分		
1.2	工器具、设备及辅助设备备品备件完备	检查工器具、设备及辅助设备是否齐全洁净，符合作业要求	5	少一件工器具扣 1 分，扣完为止		
2	操作步骤					
2.1	故障原因分析	（1）油管堵塞或主油箱内缺油。 （2）油管漏气。 （3）电磁阀打不开。 （4）助燃风口堵塞。 （5）蓄电池端电压太低。 （6）点火器故障	20	每少分析或分析不正确一处扣 3.5 分，扣完为止		
2.2	设备检查	（1）检查油路，若有堵塞应清除；检查主油箱，若缺油，应补油。 （2）检查油管，若漏气，进行检修。 （3）检查电磁阀，若有故障，进行检修或更换。 （4）检查助燃风口，若堵塞，进行清洁。 （5）检查蓄电池电压，若电压低，及时充电或更换。 （6）检查点火器，若有故障，进行更换	20	检查不到位，每处扣 3.5 分，扣完为止		
2.3	确定故障	确定点火器故障	10	确认不正确扣 10 分		
2.4	故障排除	更换点火器	10	操作顺序、方法不正确，每处扣 1 分； 丢失或漏装零部件，每只扣 1 分； 扣完为止		
2.5	故障排除后检查	重新启动发动机，牵引机加热器点火正常，故障排除	10	发动机运行不正常扣 10 分		
3	工作结束					
3.1	整理工器具	工具整理，摆放整齐	5	未整理工器具扣 5 分		
3.2	工作现场清理	清理现场	5	未清理现场扣 5 分		
4	填写记录					
4.1	填写维保记录单	内容全面，记录规范	10	填写不全面，每少一项扣 2 分，扣完为止		
合计			100			

Jc0005342040　牵引机点火开关在启动位置，启动机不工作故障排除。（100 分）

考核知识点：牵引机故障分析

难易度：中

技能等级评价专业技能考核操作工作任务书

一、任务名称

牵引机点火开关在启动位置，启动机不工作故障排除。

二、适用工种

机具维护工高级工。

三、具体任务

QT280KN 牵引机点火开关在启动位置，启动机不工作故障排除。

四、工作规范及要求

（1）掌握牵引机的机械性能及操作要求。

（2）故障的正确分析及处理。

（3）工器具的正确使用及做好安全防护。

五、考核时间及要求

（1）本模块操作时间为 40 分钟，时间到停止考评。

（2）考评过程中如果由于测试人员操作不规范，有可能引发不安全因素的，停止考评，该项考核项目不得分，但不影响其他项目。

技能等级评价专业技能考核操作评分标准

工种	机具维护工					评价等级	高级工
项目模块	专业知识—机具故障排除				编号	Jc0005342040	
单位			准考证号			姓名	
考试时限	40 分钟		题型	单项操作		题分	100 分
成绩		考评员		考评组长		日期	
试题正文	牵引机点火开关在启动位置，启动机不工作故障排除						
需要说明的问题和要求	（1）要求单人操作，考评员监护。 （2）在设定考试工位上完成操作。 （3）操作结束后，待考评员同意后方可离开考场。 （4）设置故障点为：熔断器熔断						

序号	项目名称	质量要求	满分	扣分标准	扣分原因	得分
1	准备工作					
1.1	相关安全措施的准备	着装应符合安全要求：穿工作服、戴线手套、注意安全防护	5	未按要求穿工作服扣 3 分； 未按要求戴手套扣 2 分		
1.2	工器具、设备及辅助设备备品备件完备	检查工器具、设备及辅助设备是否齐全洁净，符合作业要求	5	少一件工器具扣 1 分，扣完为止		
2	操作步骤					
2.1	故障原因分析	（1）电瓶电压不足。 （2）启动继电器损坏。 （3）关联熔断器或相关线路断路。 （4）点火开关损坏。 （5）启动机故障	20	每少分析或分析不正确一处扣 4 分，扣完为止		
2.2	设备检查	（1）检查蓄电池，如电压不足，补充电或更换电瓶。 （2）检查启动继电器，如损坏，进行更换。 （3）检查关联熔断器或相关线路，若有故障，进行检修或更换。 （4）检查点火开关，若损坏，进行更换。 （5）检查启动机，若有损坏，进行检修或更换	20	检查不到位，每处扣 4 分，扣完为止		

续表

序号	项目名称	质量要求	满分	扣分标准	扣分原因	得分
2.3	确定故障	关联熔断器熔断	10	确认不正确扣10分		
2.4	故障排除	更换熔断器	10	操作顺序、方法不正确，每处扣1分； 丢失或漏装零部件，每只扣1分； 扣完为止		
2.5	故障排除后检查	重新启动发动机，正常，故障排除	10	发动机运行不正常扣10分		
3	工作结束					
3.1	整理工器具	工具整理，摆放整齐	5	未整理工器具扣5分		
3.2	工作现场清理	清理现场	5	未清理现场扣5分		
4	填写记录					
4.1	填写维保记录单	内容全面，记录规范	10	填写不全面，每少一项扣2分，扣完为止		
合计			100			

Jc0005342041　牵张机液压油温度在未达到设定温度时，散热风扇工作故障排除。(100分)

考核知识点：牵引机故障分析

难易度：中

技能等级评价专业技能考核操作工作任务书

一、任务名称

牵张机液压油温度在未达到设定温度时，散热风扇工作故障排除。

二、适用工种

机具维护工高级工。

三、具体任务

牵张机液压油温度在未达到设定温度时，散热风扇工作故障的排除步骤。

四、工作规范及要求

（1）掌握牵引机的机械性能和操作要求。

（2）故障的正确分析及处理。

（3）工器具的正确使用及做好安全防护。

五、考核时间及要求

（1）本模块操作时间为40分钟，时间到停止考评。

（2）考评过程中如果由于测试人员操作不规范，有可能引发不安全因素的，停止考评，该项考核项目不得分，但不影响其他项目。

技能等级评价专业技能考核操作评分标准

工种	机具维护工					评价等级	高级工
项目模块	专业知识—机具故障排除				编号	Jc0005342041	
单位			准考证号			姓名	
考试时限	40分钟		题型	单项操作		题分	100分
成绩		考评员		考评组长		日期	
试题正文	牵张机液压油温度在未达到设定温度时，散热风扇工作故障排除						
需要说明的问题和要求	（1）要求单人操作，考评员监护。 （2）在设定考试工位上完成操作。 （3）操作结束后，待考评员同意后方可离开考场。 （4）设置故障点为：油温传感器损坏						

续表

序号	项目名称	质量要求	满分	扣分标准	扣分原因	得分
1	准备工作					
1.1	相关安全措施的准备	着装应符合安全要求：穿工作服、戴线手套、注意安全防护	5	未按要求穿工作服扣 3 分； 未按要求戴手套扣 2 分		
1.2	工器具、设备及辅助设备备品备件完备	检查工器具、设备及辅助设备是否齐全洁净，符合作业要求	5	少一件工器具扣 1 分，扣完为止		
2	操作步骤					
2.1	故障原因分析	（1）风扇电磁阀及开关相关线路断路。 （2）风扇继电器一直吸合，触点不能断开。 （3）油温传感线束故障。 （4）风扇换向阀损坏。 （5）油温传感器故障	20	每少分析或分析不正确一处扣 4 分，扣完为止		
2.2	设备检查	（1）检查相关线束，若有故障，进行检修。 （2）检查风扇继电器，若有故障，进行更换。 （3）检查油温传感线束，若有故障，进行检修。 （4）检查风扇换向阀，若有故障，检修或更换。 （5）检查油温传感器，若有故障，进行更换	20	检查不到位，每处扣 4 分，扣完为止		
2.3	确定故障	油温传感器损坏	10	确认不正确扣 10 分		
2.4	故障排除	更换油温传感器	10	操作顺序、方法不正确，每处扣 1 分； 丢失或漏装零部件，每只扣 1 分； 扣完为止		
2.5	故障排除后检查	重新启动发动机，运行正常，故障排除	10	发动机运行不正常扣 10 分		
3	工作结束					
3.1	整理工器具	工具整理，摆放整齐	5	未整理工器具扣 5 分		
3.2	工作现场清理	清理现场	5	未清理现场扣 5 分		
4	填写记录					
4.1	填写维保记录单	内容全面，记录规范	10	填写不全面，每少一项扣 2 分，扣完为止		
合计			100			

Jc0005342042　牵引机工作时，牵引轮无动作故障排除。（100 分）

考核知识点：牵引机故障分析

难易度：中

技能等级评价专业技能考核操作工作任务书

一、任务名称

牵引机工作时，牵引轮无动作故障排除。

二、适用工种

机具维护工高级工。

三、具体任务

ARS500 牵引机工作时，牵引轮无动作故障排除。

四、工作规范及要求

（1）掌握牵引机的机械性能和操作要求。

（2）故障的正确分析及处理。

（3）工器具的正确使用及做好安全防护。

五、考核时间及要求

（1）本模块操作时间为40分钟，时间到停止考评。

（2）考评过程中如果由于测试人员操作不规范，有可能引发不安全因素的，停止考评，该项考核项目不得分，但不影响其他项目。

技能等级评价专业技能考核操作评分标准

工种	机具维护工					评价等级	高级工
项目模块	专业知识—机具故障排除					编号	Jc0005342042
单位				准考证号		姓名	
考试时限	40分钟		题型		单项操作	题分	100分
成绩		考评员		考评组长		日期	
试题正文	牵引机工作时，牵引轮无动作故障排除						
需要说明的问题和要求	（1）要求单人操作，考评员监护。 （2）在设定考试工位上完成操作。 （3）操作结束后，待考评员同意后方可离开考场。 （4）设置故障点为：控制器损坏						

序号	项目名称	质量要求	满分	扣分标准	扣分原因	得分
1	准备工作					
1.1	相关安全措施的准备	着装应符合安全要求：穿工作服、戴线手套、注意安全防护	5	未按要求穿工作服扣3分； 未按要求戴手套扣2分		
1.2	工器具、设备及辅助设备备品备件完备	检查工器具、设备及辅助设备是否齐全洁净，符合作业要求	5	少一件工器具扣1分，扣完为止		
2	操作步骤					
2.1	故障原因分析	（1）抱紧器在工作位置。 （2）抱紧器行程开关损坏。 （3）刹车阀相关线路断路。 （4）刹车电磁阀线圈损坏。 （5）牵引手柄损坏。 （6）控制器损坏。 （7）液压系统故障	20	每少分析或分析不正确一处扣3分，扣完为止		
2.2	设备检查	（1）检查抱紧器的位置，若在工作位置，让液压油缸缩回。 （2）检查抱紧器行程开关，若损坏，进行更换。 （3）检修相关线束。 （4）检查电磁阀线圈，若损坏，进行更换。 （5）检查牵引手柄，若损坏，进行更换。 （6）检查控制器，若损坏，进行更换。 （7）检修液压系统	20	检查不到位，每处扣3分，扣完为止		
2.3	确定故障	控制器损坏	10	确认不正确扣10分		
2.4	故障排除	更换控制器	10	操作顺序、方法不正确，每处扣1分； 丢失或漏装零部件，每只扣1分； 扣完为止		
2.5	故障排除后检查	重新启动发动机，牵引轮工作正常，故障排除	10	牵引机运行不正常扣10分		
3	工作结束					
3.1	整理工器具	工具整理，摆放整齐	5	未整理工器具扣5分		

续表

序号	项目名称	质量要求	满分	扣分标准	扣分原因	得分
3.2	工作现场清理	清理现场	5	未清理现场扣 5 分		
4	填写记录					
4.1	填写维保记录单	内容全面，记录规范	10	填写不全面，每少一项扣 2 分，扣完为止		
合计			100			

Jc0005342043　牵引机发动机正常使用时自动熄火故障排除。（100 分）

考核知识点： 牵引机故障分析

难易度： 中

技能等级评价专业技能考核操作工作任务书

一、任务名称

牵引机发动机正常使用时自动熄火故障排除。

二、适用工种

机具维护工高级工。

三、具体任务

ARS500 型牵引机发动机正常使用时自动熄火故障排除。

四、工作规范及要求

（1）掌握牵引机的机械性能及操作要求。

（2）故障的正确分析及处理。

（3）工器具的正确使用及做好安全防护。

五、考核时间及要求

（1）本模块操作时间为 40 分钟，时间到停止考评。

（2）考评过程中如果由于测试人员操作不规范，有可能引发不安全因素的，停止考评，该项考核项目不得分，但不影响其他项目。

技能等级评价专业技能考核操作评分标准

工种	机具维护工				评价等级	高级工
项目模块	专业知识—机具故障排除			编号	Jc0005342043	
单位		准考证号			姓名	
考试时限	40 分钟	题型	单项操作		题分	100 分
成绩		考评员		考评组长	日期	
试题正文	牵引机发动机正常使用时自动熄火故障排除					
需要说明的问题和要求	（1）要求单人操作，考评员监护。 （2）在设定考试工位上完成操作。 （3）操作结束后，待考评员同意后方可离开考场。 （4）设置故障点为：确认发动机燃油进气					

序号	项目名称	质量要求	满分	扣分标准	扣分原因	得分
1	准备工作					
1.1	相关安全措施的准备	着装应符合安全要求：穿工作服、戴线手套、注意安全防护	5	未按要求穿工作服扣 3 分； 未按要求戴手套扣 2 分		

续表

序号	项目名称	质量要求	满分	扣分标准	扣分原因	得分
1.2	工器具、设备及辅助设备备品备件完备	检查工器具、设备及辅助设备是否齐全洁净，符合作业要求	5	少一件工器具扣1分，扣完为止		
2	操作步骤					
2.1	故障原因分析	（1）燃油系统缺油。 （2）熄火电磁阀及相关连接线接触不良或安装位置不合适。 （3）发动机燃油系统故障。 （4）发动机高温。 （5）发动机机械故障	20	每少分析或分析不正确一处扣4分，扣完为止		
2.2	设备检查	（1）检查燃油，若不足，进行补充。 （2）检查熄火电磁阀及相关连接线，若有故障，进行检修或更换。 （3）检查发动机燃油系统，若有故障，进行检修。 （4）检查发动机，若温度过高，停机冷却并检修。 （5）检查发动机，若有机械故障，进行检修	20	检查不到位，每处扣4分，扣完为止		
2.3	确定故障	确认发动机燃油进气	10	确认不正确扣10分		
2.4	故障排除	发动机燃油系统排气	10	操作顺序、方法不正确，每处扣1分；丢失或漏装零部件，每只扣1分；扣完为止		
2.5	故障排除后检查	重新启动发动机，运转正常，故障排除	10	发动机运行不正常扣10分		
3	工作结束					
3.1	整理工器具	工具整理，摆放整齐	5	未整理工器具扣5分		
3.2	工作现场清理	清理现场	5	未清理现场扣5分		
4	填写记录					
4.1	填写维保记录单	内容全面，记录规范	10	填写不全面，每少一项扣2分，扣完为止		
合计			100			

Jc0005342044　牵引机尾车布线器不工作故障排除。（100分）

考核知识点：牵引机故障分析

难易度：中

技能等级评价专业技能考核操作工作任务书

一、任务名称

牵引机尾车布线器不工作故障排除。

二、适用工种

机具维护工高级工。

三、具体任务

ARS500型牵引机尾车布线器不工作故障排除。

四、工作规范及要求

（1）掌握牵引机的机械性能及操作要求。

（2）故障的正确分析及处理。

（3）工器具的正确使用及做好安全防护。

五、考核时间及要求

（1）本模块操作时间为40分钟，时间到停止考评。

（2）考评过程中如果由于测试人员操作不规范，有可能引发不安全因素的，停止考评，该项考核项目不得分，但不影响其他项目。

技能等级评价专业技能考核操作评分标准

工种	机具维护工					评价等级	高级工
项目模块	专业知识—机具故障排除				编号	Jc0005342044	
单位			准考证号			姓名	
考试时限	40分钟		题型	单项操作		题分	100分
成绩		考评员		考评组长		日期	
试题正文	牵引机尾车布线器不工作故障排除						
需要说明的问题和要求	（1）要求单人操作，考评员监护。 （2）在设定考试工位上完成操作。 （3）操作结束后，待考评员同意后方可离开考场。 （4）设置故障点为：调压阀损坏						

序号	项目名称	质量要求	满分	扣分标准	扣分原因	得分
1	准备工作					
1.1	相关安全措施的准备	着装应符合安全要求：穿工作服、戴线手套、注意安全防护	5	未按要求穿工作服扣3分； 未按要求戴手套扣2分		
1.2	工器具、设备及辅助设备备品备件完备	检查工器具、设备及辅助设备是否齐全洁净，符合作业要求	5	少一件工器具扣1分，扣完为止		
2	操作步骤					
2.1	故障原因分析	（1）尾压系统压力不足。 （2）控制系统故障。 （3）丝杆传动系统故障。 （4）液压马达故障	20	每少分析或分析不正确一处扣5分，扣完为止		
2.2	设备检查	（1）检查调压阀、辅助油泵及其油路。若有故障，进行检修或更换。 （2）检查控制系统，若有故障，进行检修或更换。 （3）检查传动系统，若有故障（丝杆弯曲、衬套损坏、拨叉损坏、传动链条损坏等），进行检修或更换。 （4）检查液压马达，若有故障，进行检修或更换	20	检查不到位，每处扣5分，扣完为止		
2.3	确定故障	调压阀损坏	10	确认不正确扣10分		
2.4	故障排除	更换调压阀	10	操作顺序、方法不正确，每处扣1分； 丢失或漏装零部件，每只扣1分； 扣完为止		
2.5	故障排除后检查	重新启动发动机，尾车排线正常，故障排除	10	尾车排线不正常扣10分		
3	工作结束					
3.1	整理工器具	工具整理，摆放整齐	5	未整理工器具扣5分		
3.2	工作现场清理	清理现场	5	未清理现场扣5分		
4	填写记录					
4.1	填写维保记录单	内容全面，记录规范	10	填写不全面，每少一项扣2分，扣完为止		
合计			100			

Jc0005343045　牵引机尾车压力低故障排除。（100 分）

考核知识点：牵引机故障分析

难易度：难

技能等级评价专业技能考核操作工作任务书

一、任务名称

牵引机尾车压力低故障排除。

二、适用工种

机具维护工高级工。

三、具体任务

ARS500 型牵引机尾车压力低故障排除。

四、工作规范及要求

（1）掌握牵引机的机械性能及操作要求。

（2）故障的正确分析及处理。

（3）工器具的正确使用及做好安全防护。

五、考核时间及要求

（1）本模块操作时间为 40 分钟，时间到停止考评。

（2）考评过程中如果由于测试人员操作不规范，有可能引发不安全因素的，停止考评，该项考核项目不得分，但不影响其他项目。

技能等级评价专业技能考核操作评分标准

工种	机具维护工					评价等级	高级工
项目模块	专业知识—机具故障排除				编号	Jc0005343045	
单位			准考证号			姓名	
考试时限	40 分钟		题型	单项操作		题分	100 分
成绩		考评员		考评组长		日期	
试题正文	牵引机尾车压力低故障排除						
需要说明的问题和要求	（1）要求单人操作，考评员监护。 （2）在设定考试工位上完成操作。 （3）操作结束后，待考评员同意后方可离开考场。 （4）设置故障点为：液压油缸损坏						

序号	项目名称	质量要求	满分	扣分标准	扣分原因	得分
1	准备工作					
1.1	相关安全措施的准备	着装应符合安全要求：穿工作服、戴线手套、注意安全防护	5	未按要求穿工作服扣 3 分； 未按要求戴手套扣 2 分		
1.2	工器具、设备及辅助设备备品备件完备	检查工器具、设备及辅助设备是否齐全洁净，符合作业要求	5	少一件工器具扣 1 分，扣完为止		
2	操作步骤					
2.1	故障原因分析	（1）液压油油温过高。 （2）调压阀故障。 （3）液压油泵故障。 （4）液压油缸损坏	20	每少分析或分析不正确一处扣 5 分，扣完为止		
2.2	设备检查	（1）检查液压油温，若超标，停机冷却。 （2）检查调压阀，若有故障，进行更换。 （3）检查液压泵，若有故障，检修或更换。	20	检查不到位，每处扣 5 分，扣完为止		

续表

序号	项目名称	质量要求	满分	扣分标准	扣分原因	得分
2.2	设备检查	（4）检查液压油缸，若有故障，进行检修或更换	20	检查不到位，每处扣5分，扣完为止		
2.3	确定故障	液压油缸损坏	10	确认不正确扣10分		
2.4	故障排除	更换液压油缸	10	操作顺序、方法不正确，每处扣1分； 丢失或漏装零部件，每只扣1分； 扣完为止		
2.5	故障排除后检查	重新启动发动机，尾车油缸工作正常，故障排除	10	尾车油缸工作不正常扣10分		
3	工作结束					
3.1	整理工器具	工具整理，摆放整齐	5	未整理工器具扣5分		
3.2	工作现场清理	清理现场	5	未清理现场扣5分		
4	填写记录					
4.1	填写维保记录单	内容全面，记录规范	10	填写不全面，每少一项扣2分，扣完为止		
合计			100			

Jc0005342046　牵引机尾车不工作故障排除。（100分）

考核知识点：牵引机故障分析

难易度：中

技能等级评价专业技能考核操作工作任务书

一、任务名称

牵引机尾车不工作故障排除。

二、适用工种

机具维护工高级工。

三、具体任务

ARS500型牵引机尾车不工作故障排除。

四、工作规范及要求

（1）掌握牵引机的机械性能和操作要求。

（2）故障的正确分析及处理。

（3）工器具的正确使用及做好安全防护。

五、考核时间及要求

（1）本模块操作时间为40分钟，时间到停止考评。

（2）考评过程中如果由于测试人员操作不规范，有可能引发不安全因素的，停止考评，该项考核项目不得分，但不影响其他项目。

技能等级评价专业技能考核操作评分标准

工种	机具维护工					评价等级	高级工
项目模块	专业知识—机具故障排除				编号	Jc0005342046	
单位			准考证号			姓名	
考试时限	40分钟		题型	单项操作		题分	100分
成绩		考评员		考评组长		日期	

续表

试题正文	牵引机尾车不工作故障排除
需要说明的问题和要求	（1）要求单人操作，考评员监护。 （2）在设定考试工位上完成操作。 （3）操作结束后，待考评员同意后方可离开考场。 （4）设置故障点为：链条传动装置损坏

序号	项目名称	质量要求	满分	扣分标准	扣分原因	得分
1	准备工作					
1.1	相关安全措施的准备	着装应符合安全要求：穿工作服、戴线手套、注意安全防护	5	未按要求穿工作服扣 3 分； 未按要求戴手套扣 2 分		
1.2	工器具、设备及辅助设备备品备件完备	检查工器具、设备及辅助设备是否齐全洁净，符合作业要求	5	少一件工器具扣 1 分，扣完为止		
2	操作步骤					
2.1	故障原因分析	（1）调压阀故障。 （2）控制系统故障。 （3）尾车制动器故障。 （4）尾车液压马达、链条传动部分损坏	20	每少分析或分析不正确一处扣 5 分，扣完为止		
2.2	设备检查	（1）检查调压阀，若有故障，进行更换。 （2）检查控制系统，若有故障，检修。 （3）检查尾车制动器及其控制油路，若有故障，进行检修或更换。 （4）检查尾车液压马达、链条传动装置等，若有故障，进行检修或更换	20	检查不到位，每处扣 5 分，扣完为止		
2.3	确定故障	链条传动装置损坏	10	确认不正确扣 10 分		
2.4	故障排除	更换链条	10	操作顺序、方法不正确，每处扣 1 分； 丢失或漏装零部件，每只扣 1 分； 扣完为止		
2.5	故障排除后检查	重新启动发动机，尾车转动正常，故障排除	10	尾车转动不正常扣 10 分		
3	工作结束					
3.1	整理工器具	工具整理，摆放整齐	5	未整理工器具扣 5 分		
3.2	工作现场清理	清理现场	5	未清理现场扣 5 分		
4	填写记录					
4.1	填写维保记录单	内容全面，记录规范	10	填写不全面，每少一项扣 2 分，扣完为止		
合计			100			

Jc0005343047　牵引机发动机带载后冒黑烟故障排除。（100 分）

考核知识点：牵引机故障分析

难易度：难

技能等级评价专业技能考核操作工作任务书

一、任务名称

牵引机发动机带载后冒黑烟故障排除。

二、适用工种

机具维护工高级工。

三、具体任务

SA-QY-80 型牵引机发动机带载后冒黑烟故障排除。

四、工作规范及要求

（1）掌握牵引机的机械性能和操作要求。

（2）故障的正确分析及处理。

（3）工器具的正确使用及做好安全防护。

五、考核时间及要求

（1）本模块操作时间为 60 分钟，时间到停止考评。

（2）考评过程中如果由于测试人员操作不规范，有可能引发不安全因素的，停止考评，该项考核项目不得分，但不影响其他项目。

技能等级评价专业技能考核操作评分标准

工种	机具维护工					评价等级	高级工
项目模块	专业知识—机具故障排除				编号	Jc0005343047	
单位			准考证号			姓名	
考试时限	60 分钟		题型	单项操作		题分	100 分
成绩		考评员		考评组长		日期	
试题正文	牵引机发动机带载后冒黑烟故障排除						
需要说明的问题和要求	（1）要求单人操作，考评员监护。 （2）在设定考试工位上完成操作。 （3）操作结束后，待考评员同意后方可离开考场。 （4）设置故障点为：喷油正时不正确						

序号	项目名称	质量要求	满分	扣分标准	扣分原因	得分
1	准备工作					
1.1	相关安全措施的准备	着装应符合安全要求：穿工作服、戴线手套、注意安全防护	5	未按要求穿工作服扣 3 分； 未按要求戴手套扣 2 分		
1.2	工器具、设备及辅助设备备品备件完备	检查工器具、设备及辅助设备是否齐全洁净，符合作业要求	5	少一件工器具扣 1 分，扣完为止		
2	操作步骤					
2.1	故障原因分析	（1）进气不通畅。 （2）排气不畅。 （3）在气候炎热或海拔高的地区、空气稀薄。 （4）涡轮增压器工作不良。 （5）涡轮增压器排气口至进气歧管有漏气。 （6）燃油质量低劣。 （7）发动机功率过低。 （8）发动机转速过低。 （9）发动机温度过高。 （10）发动机负载过大。 （11）燃烧器流量过大。 （12）燃烧器滴油。 （13）气门漏气或调整不正确。 （14）喷油正时不正确	20	每少分析或分析不正确一处扣 1.5 分，扣完为止		

续表

序号	项目名称	质量要求	满分	扣分标准	扣分原因	得分
2.2	设备检查	（1）检查进气道，若有损坏或阻塞，进行修复或更换。 （2）检查并校正排气背压。 （3）若外部环境温度高、空气稀薄，应减小负载。 （4）检查增压器，若有故障，进行检修或更换。 （5）检查涡轮增压器排气口至进气歧管，若有故障，进行检修。 （6）检查燃油，若质量差，进行更换。 （7）检查发动机，若功率过高，降低发动机负荷。 （8）检查发动机，若转速过低，提高发动机转速。 （9）检查发动机，若发动机温度过高，应停机冷却。 （10）若发动机负载过大，降低负载。 （11）检查燃烧器，若燃烧器流量大，更换损坏的部件。 （12）检查燃烧器，若滴油，进行检修。 （13）检查气门，调整气门间隙。 （14）校正喷油正时	20	检查不到位，每处扣 1.5 分，扣完为止		
2.3	确定故障	确认喷油正时不正确	10	确认不正确扣 10 分		
2.4	故障排除	校正喷油正时	10	操作顺序、方法不正确，每处扣 1 分；丢失或漏装零部件，每只扣 1 分；扣完为止		
2.5	故障排除后检查	重新启动发动机正常，故障排除	10	发动机运行不正常扣 10 分		
3	工作结束					
3.1	整理工器具	工具整理，摆放整齐	5	未整理工器具扣 5 分		
3.2	工作现场清理	清理现场	5	未清理现场扣 5 分		
4	填写记录					
4.1	填写维保记录单	内容全面，记录规范	10	填写不全面，每少一项扣 2 分，扣完为止		
合计			100			

Jc0005342048　行车大车运行机构检修。（100 分）

考核知识点：行车检修

难易度：中

技能等级评价专业技能考核操作工作任务书

一、任务名称

行车大车运行机构检修。

二、适用工种

机具维护工高级工。

三、具体任务

10t 行车大车运行机构检修。

四、工作规范及要求

（1）掌握行车的机械性能及操作要求。

（2）正确使用工器具及做好安全措施。

五、考核时间及要求

（1）本模块操作时间为30分钟，时间到停止考评。

（2）考评过程中如果由于测试人员操作不规范，有可能引发不安全因素的，停止考评，该项考核项目不得分，但不影响其他项目。

技能等级评价专业技能考核操作评分标准

工种	机具维护工				评价等级	高级工
项目模块	专业知识—机具检查检修			编号	Jc0005342048	
单位		准考证号			姓名	
考试时限	30分钟	题型	单项操作		题分	100分
成绩		考评员		考评组长	日期	
试题正文	行车大车运行机构检修					
需要说明的问题和要求	（1）要求单人操作，考评员监护。 （2）在设定考试工位上完成操作。 （3）操作结束后，待考评员同意后方可离开考场					

序号	项目名称	质量要求	满分	扣分标准	扣分原因	得分
1	准备工作					
1.1	相关安全措施的准备	着装应符合安全要求：穿工作服、工戴线手套、注意安全防护	5	未按要求穿工作服扣3分； 未按要求戴线手套扣2分		
1.2	工器具、设备及辅助设备备品备件完备	检查工器具及辅助设备是否齐全洁净，符合作业要求	5	少一件工器具扣1分，扣完为止		
2	操作步骤					
2.1	检查车轮偏差	车轮偏差：大车轮与轨道的水平、垂直偏差，应符合规定	10	检查不到位，每处扣2.5分； 测量数据不正确，每处扣2.5分； 扣完为止		
2.2	同一平衡梁上的车轮检查	同一平衡梁上的两个车轮的对称平面应在同一垂直平面内，允许偏差不应大于1mm	10	检查不到位，每处扣2.5分； 测量数据不正确，每处扣2.5分； 扣完为止		
2.3	轨道外观检查	轨道不应有裂纹，轨顶、轨道头侧面等磨损量不应超过3mm；起重机轨道纵向倾斜度不应大于5/1000；同一断面内的两根轨道相对标高偏差不大于10mm	10	检查不到位，每处扣2.5分； 测量数据不正确，每处扣2.5分； 扣完为止		
2.4	夹轨器检修	钳口磨损量超过原厚40%的应更换，电动夹轨器要经常注意调节安全尺，使其指针在规定的位置	10	检查不到位扣5分； 测量数据不正确扣5分		
2.5	检查起重机跨度偏差	由车轮测量出的起重机跨度偏差：当跨度 $L \leqslant 30$m，跨距偏差不应大于5mm；当 $L > 30$m，跨距偏差不应大于8mm	15	检查不到位扣5分； 测量数据不正确扣10分		
2.6	检查车轮对角线偏差	由车轮量出的对角线偏差：当跨度 $L \leqslant$ 30m，偏差不应大于5mm；当 $L < 30$m，其偏差不应大于10mm	15	检查不到位扣5分； 测量数据不正确扣10分		
3	工作结束					
3.1	整理工器具	工具整理，摆放整齐	5	未整理工器具扣5分		
3.2	工作现场清理	清理现场	5	未清理现场扣5分		

续表

序号	项目名称	质量要求	满分	扣分标准	扣分原因	得分
4	填写记录					
4.1	填写维保记录单	内容全面，记录规范	10	填写不全面，每处扣2分，扣完为止		
	合计		100			

Jc0005343049 发动机冒白烟故障排除。（100分）

考核知识点：牵引机故障分析

难易度：难

技能等级评价专业技能考核操作工作任务书

一、任务名称

发动机冒白烟故障排除。

二、适用工种

机具维护工高级工。

三、具体任务

SA-QY-80型牵引机康明斯发动机冒白烟故障排除。

四、工作规范及要求

（1）掌握发动机的机械性能。

（2）故障的正确分析及处理。

（3）工器具的正确使用及做好安全防护。

五、考核时间及要求

（1）本模块操作时间为60分钟，时间到停止考评。

（2）考评过程中如果由于测试人员操作不规范，有可能引发不安全因素的，停止考评，该项考核项目不得分，但不影响其他项目。

技能等级评价专业技能考核操作评分标准

工种	机具维护工					评价等级	高级工
项目模块	专业知识—机具故障排除				编号	Jc0005343049	
单位			准考证号			姓名	
考试时限	60分钟	题型		单项操作		题分	100分
成绩		考评员		考评组长		日期	
试题正文	发动机冒白烟故障排除						
需要说明的问题和要求	（1）要求单人操作，考评员监护。 （2）在设定考试工位上完成操作。 （3）操作结束后，待考评员同意后方可离开考场。 （4）设置故障点为：燃油含水超标						

序号	项目名称	质量要求	满分	扣分标准	扣分原因	得分
1	准备工作					
1.1	相关安全措施的准备	着装应符合安全要求：穿工作服、戴线手套、注意安全防护	5	未按要求穿工作服扣3分； 未按要求戴手套扣2分		

续表

序号	项目名称	质量要求	满分	扣分标准	扣分原因	得分
1.2	工器具、设备及辅助设备备品备件完备	检查工器具、设备及辅助设备是否齐全洁净，符合作业要求	5	少一件工器具扣1分，扣完为止		
2	操作步骤					
2.1	故障原因分析	（1）环境温度低。 （2）环境湿度过大。 （3）燃油含水超标。 （4）发动机进气道与燃烧室有裂纹	20	每少分析或分析不正确一处扣5分，扣完为止		
2.2	设备检查	（1）判断环境温度，预热发动机。 （2）判断环境湿度，正常使用或加前置干燥器。 （3）检查燃油，若含水超标，进行排水。 （4）检修发动机	20	检查不到位，每处扣5分，扣完为止		
2.3	确定故障	燃油含水超标	10	确认不正确扣10分		
2.4	故障排除	进行排水	10	操作顺序、方法不正确，每处扣1分； 丢失或漏装零部件，每只扣1分； 扣完为止		
2.5	故障排除后检查	重新启动发动机正常，故障排除	10	发动机运行不正常扣10分		
3	工作结束					
3.1	整理工器具	工具整理，摆放整齐	5	未整理工器具扣5分		
3.2	工作现场清理	清理现场	5	未清理现场扣5分		
4	填写记录					
4.1	填写维保记录单	内容全面，记录规范	10	填写不全面，每少一项扣2分，扣完为止		
合计			100			

Jc0005342050　起重机吊钩检修。（100分）

考核知识点：起重机检修

难易度：中

技能等级评价专业技能考核操作工作任务书

一、任务名称

起重机吊钩检修。

二、适用工种

机具维护工高级工。

三、具体任务

16t起重机吊钩检修。

四、工作规范及要求

（1）掌握起重机的机械性能及操作要求。

（2）工器具的正确使用及做好安全措施。

五、考核时间及要求

（1）本模块操作时间为10分钟，时间到停止考评。

（2）考评过程中如果由于测试人员操作不规范，有可能引发不安全因素的，停止考评，该项考核项目不得分，但不影响其他项目。

技能等级评价专业技能考核操作评分标准

工种	机具维护工				评价等级	高级工
项目模块	专业知识—机具检查检修				编号	Jc0005342050
单位			准考证号		姓名	
考试时限	10 分钟	题型		单项操作	题分	100 分
成绩		考评员		考评组长	日期	
试题正文	起重机吊钩检修					
需要说明的问题和要求	（1）要求单人操作，考评员监护。 （2）在设定考试工位上完成操作。 （3）操作结束后，待考评员同意后方可离开考场					

序号	项目名称	质量要求	满分	扣分标准	扣分原因	得分
1	准备工作					
1.1	相关安全措施的准备	着装应符合安全要求：穿工作服、戴线手套、注意安全防护	5	未按要求穿工作服扣 3 分； 未按要求戴线手套扣 2 分		
1.2	工器具、设备及辅助设备备品备件完备	检查工器具及辅助设备是否齐全洁净，符合作业要求	5	少一件工器具扣 1 分，扣完为止		
2	操作步骤					
2.1	拆卸检查	（1）拆卸检查吊钩、轴、横梁、锁板（螺纹）、轴承完好并进行清洗润滑。 （2）吊钩开口符合标准。 （3）吊钩断面连接轴径锁板（螺纹）部位无裂纹、变形，如有应更换	20	操作顺序、方法不正确，每处扣 3 分； 检查不到位，每处扣 2 分； 扣完为止		
2.2	检查危险断面磨损状况	（1）危险断面磨损超过原高度的 10%的应作更换。 （2）检查安全装置完好有效	20	检查不到位，每处扣 10 分，扣完为止		
2.3	吊钩的试验	吊钩应做试验检查，以 1.25 倍的额定负荷悬吊 10min，钩口弹性张开量不应超过钩口尺寸的 0.25%，卸载后不应有永久变形和裂纹	20	试验步骤、方法不正确，每处扣 5 分，扣完为止		
2.4	板钩检修	板钩铆接牢固后，板与板的间隙，不应大于 0.3mm	10	检查不到位扣 10 分		
3	工作结束					
3.1	整理工器具	工具整理，摆放整齐	5	未整理工器具扣 5 分		
3.2	工作现场清理	清理现场	5	未清理现场扣 5 分		
4	填写记录					
4.1	填写维保记录单	内容全面，记录规范	10	填写不全面，每处扣 2 分，扣完为止		
合计			100			

Jc0005342051　康明斯发动机怠速熄火故障排除。（100 分）

考核知识点：发动机故障分析

难易度：中

技能等级评价专业技能考核操作工作任务书

一、任务名称

康明斯发动机怠速熄火故障排除。

二、适用工种

机具维护工高级工。

三、具体任务

SA-QY-80 型牵引机康明斯发动机怠速熄火故障排除。

四、工作规范及要求

（1）掌握发动机的机械性能。

（2）故障的正确分析及处理。

（3）工器具的正确使用及做好安全防护。

五、考核时间及要求

（1）本模块操作时间为 60 分钟，时间到停止考评。

（2）考评过程中如果由于测试人员操作不规范，有可能引发不安全因素的，停止考评，该项考核项目不得分，但不影响其他项目。

技能等级评价专业技能考核操作评分标准

工种	机具维护工				评价等级	高级工
项目模块	专业知识—机具故障排除			编号	Jc0005342051	
单位		准考证号			姓名	
考试时限	60 分钟	题型	单项操作		题分	100 分
成绩		考评员		考评组长		日期	
试题正文	发动机怠速熄火故障排除					
需要说明的问题和要求	（1）要求单人操作，考评员监护。 （2）在设定考试工位上完成操作。 （3）操作结束后，待考评员同意后方可离开考场。 （4）设置故障点为：输油泵故障					

序号	项目名称	质量要求	满分	扣分标准	扣分原因	得分
1	准备工作					
1.1	相关安全措施的准备	着装应符合安全要求：穿工作服、戴线手套、注意安全防护	5	未按要求穿工作服扣 3 分； 未按要求戴手套扣 2 分		
1.2	工器具、设备及辅助设备备品备件完备	检查工器具、设备及辅助设备是否齐全洁净，符合作业要求	5	少一件工器具扣 1 分，扣完为止		
2	操作步骤					
2.1	故障原因分析	（1）燃油质量低。 （2）怠速转速太低。 （3）输油软管漏气。 （4）燃油滤清器及输油管不畅通。 （5）输油泵故障。 （6）高压油泵故障。 （7）燃烧器故障。 （8）燃烧器正时调节不当。 （9）发动机气缸压力过低。 （10）发动机进气阻力过大	20	每少分析或分析不正确一处扣 2 分，扣完为止		

续表

序号	项目名称	质量要求	满分	扣分标准	扣分原因	得分
2.2	设备检查	（1）检查燃油，若有必要，更换燃油。 （2）检查发动机转速，调整至规定转速。 （3）检查低压油路，若有漏气，进行排除。 （4）检查燃油滤清器及输油管，应畅通。 （5）检查输油泵，若有故障，进行检修或更换。 （6）检查高压油泵，若有故障，进行检修或更换。 （7）检查燃烧器，若有故障，进行更换。 （8）检查并调整喷油正时。 （9）测量发动机气缸压力，低于标准值，进行排除。 （10）检查空气滤清器，若有故障，进行检修或更换	20	检查不到位，每处扣 2 分，扣完为止		
2.3	确定故障	输油泵故障	10	确认不正确扣 10 分		
2.4	故障排除	进行检修或更换	10	操作顺序、方法不正确，每处扣 1 分； 丢失或漏装零部件，每只扣 1 分； 扣完为止		
2.5	故障排除后检查	重新启动发动机正常，故障排除	10	发动机运行不正常扣 10 分		
3	工作结束					
3.1	整理工器具	工具整理，摆放整齐	5	未整理工器具扣 5 分		
3.2	工作现场清理	清理现场	5	未清理现场扣 5 分		
4	填写记录					
4.1	填写维保记录单	内容全面，记录规范	10	填写不全面，每少一项扣 2 分，扣完为止		
合计			100			

Jc0005342052　发动机加速迟滞故障排除。（100 分）

考核知识点：发动机故障分析

难易度：中

技能等级评价专业技能考核操作工作任务书

一、任务名称

发动机加速迟滞故障排除。

二、适用工种

机具维护工高级工。

三、具体任务

康明斯 B 系列发动机加速迟滞故障排除。

四、工作规范及要求

（1）掌握发动机的机械性能。

（2）故障的正确分析及处理。

（3）工器具的正确使用及做好安全防护。

五、考核时间及要求

（1）本模块操作时间为60分钟，时间到停止考评。

（2）考评过程中如果由于测试人员操作不规范，有可能引发不安全因素的，停止考评，该项考核项目不得分，但不影响其他项目。

技能等级评价专业技能考核操作评分标准

<table>
<tr><td>工种</td><td colspan="5">机具维护工</td><td>评价等级</td><td>高级工</td></tr>
<tr><td>项目模块</td><td colspan="4">专业知识—机具故障排除</td><td>编号</td><td colspan="2">Jc0005342052</td></tr>
<tr><td>单位</td><td colspan="3"></td><td>准考证号</td><td></td><td>姓名</td><td></td></tr>
<tr><td>考试时限</td><td colspan="2">60分钟</td><td>题型</td><td colspan="2">单项操作</td><td>题分</td><td>100分</td></tr>
<tr><td>成绩</td><td></td><td>考评员</td><td></td><td>考评组长</td><td></td><td>日期</td><td></td></tr>
<tr><td>试题正文</td><td colspan="7">发动机加速迟滞故障排除</td></tr>
<tr><td>需要说明的问题和要求</td><td colspan="7">（1）要求单人操作，考评员监护。
（2）在设定考试工位上完成操作。
（3）操作结束后，待考评员同意后方可离开考场。
（4）设置故障点为：喷油正时过迟</td></tr>
</table>

序号	项目名称	质量要求	满分	扣分标准	扣分原因	得分
1	准备工作					
1.1	相关安全措施的准备	着装应符合安全要求：穿工作服、戴线手套、注意安全防护	5	未按要求穿工作服扣3分； 未按要求戴手套扣2分		
1.2	工器具、设备及辅助设备备品备件完备	检查工器具、设备及辅助设备是否齐全洁净，符合作业要求	5	少一件工器具扣1分，扣完为止		
2	操作步骤					
2.1	故障原因分析	（1）燃油输油管道漏气。 （2）燃油管道或燃油滤芯不畅。 （3）燃油质量差或结蜡。 （4）喷油正时过迟。 （5）燃油泵加速调节阀失灵。 （6）发动机气缸压力过低。 （7）发动机排气阻力过大。 （8）发动机负荷过大。 （9）发动机温度过高或过低	20	每少分析或分析不正确一处扣2.5分，扣完为止		
2.2	设备检查	（1）检查燃油输油管，若有漏气，进行检修。 （2）检查疏通燃油管道或燃油滤芯。 （3）检查燃油质量，若质量差进行更换；若结蜡，应对燃油加热。 （4）检查调整喷油正时。 （5）检修燃油泵加速调节阀。 （6）测量气缸压力，低于标准值，进行检修。 （7）检查排气管、排气制动阀、消声器，若有故障，进行排除。 （8）若发动机负荷过大，降低负荷。 （9）检查发动机温度，进行降温或预热	20	检查不到位，每处扣2.5分，扣完为止		
2.3	确定故障	喷油正时过迟	10	确认不正确扣10分		
2.4	故障排除	检查调整喷油正时	10	操作顺序、方法不正确，每处扣1分； 丢失或漏装零部件，每只扣1分； 扣完为止		
2.5	故障排除后检查	重新启动发动机，工作正常，故障排除	10	发动机运行不正常扣10分		

续表

序号	项目名称	质量要求	满分	扣分标准	扣分原因	得分
3	工作结束					
3.1	整理工器具	工具整理，摆放整齐	5	未整理工器具扣 5 分		
3.2	工作现场清理	清理现场	5	未清理现场扣 5 分		
4	填写记录					
4.1	填写维保记录单	内容全面，记录规范	10	填写不全面，每少一项扣 2 分，扣完为止		
合计			100			

Jc0005343053 发动机减速时不灵敏故障排除。(100 分)

考核知识点：发动机故障分析

难易度：难

技能等级评价专业技能考核操作工作任务书

一、任务名称

发动机减速时不灵敏故障排除。

二、适用工种

机具维护工高级工。

三、具体任务

康明斯 B 系列发动机减速时不灵敏故障排除。

四、工作规范及要求

(1) 掌握发动机的机械性能。

(2) 故障的正确分析及处理。

(3) 工器具的正确使用及做好安全防护。

五、考核时间及要求

(1) 本模块操作时间为 60 分钟，时间到停止考评。

(2) 考评过程中如果由于测试人员操作不规范，有可能引发不安全因素的，停止考评，该项考核项目不得分，但不影响其他项目。

技能等级评价专业技能考核操作评分标准

工种	机具维护工					评价等级	高级工
项目模块	专业知识—机具故障排除				编号	Jc0005343053	
单位		准考证号				姓名	
考试时限	60 分钟	题型	单项操作			题分	100 分
成绩		考评员		考评组长		日期	
试题正文	发动机减速时不灵敏故障排除						
需要说明的问题和要求	(1) 要求单人操作，考评员监护。 (2) 在设定考试工位上完成操作。 (3) 操作结束后，待考评员同意后方可离开考场。 (4) 设置故障点为：气门调整不当						

序号	项目名称	质量要求	满分	扣分标准	扣分原因	得分
1	准备工作					

续表

序号	项目名称	质量要求	满分	扣分标准	扣分原因	得分
1.1	相关安全措施的准备	着装应符合安全要求：穿工作服、戴线手套、注意安全防护	5	未按要求穿工作服扣 3 分； 未按要求戴手套扣 2 分		
1.2	工器具、设备及辅助设备备品备件完备	检查工器具、设备及辅助设备是否齐全洁净，符合作业要求	5	少一件工器具扣 1 分，扣完为止		
2	操作步骤					
2.1	故障原因分析	（1）燃油泄油阀堵塞。 （2）燃油输油管道漏气。 （3）输油管路或油箱通气管堵塞。 （4）燃烧器 O 形环损坏。 （5）燃烧器止回阀过度泄漏。 （6）节气门转动杆磨损或需要调整。 （7）怠速弹簧装配不正确。 （8）燃油泵校准不正确。 （9）密封垫漏气。 （10）节气门传动杆调整不当。 （11）气门调整不当	20	每少分析或分析不正确一处扣 2 分，扣完为止		
2.2	设备检查	（1）检查电磁铁线路，如果没有问题，打开泄油阀阀门，检查有无障碍物。修理阀门。 （2）检查燃油滤清器和连接件。向供油系统加压来检查是否漏气更多。 （3）检查所有软管、管道、密封垫、通气管和滤油器有无堵塞。排除堵塞或更换零部件。 （4）卸下燃烧器，更换 O 形环。 （5）更换或清洗有故障的燃烧器。 （6）检查磨损情况。如有必要应更换并调整传动杆。 （7）查阅零件手册，找出弹簧的正确装配号。 （8）按燃油泵技术规格进行正确校准。 （9）进行压力检查。卸下缸盖，更换密封垫。 （10）重新校准燃油泵。 （11）根据压缩强度检查气门。按技术规格调整气门	20	检查不到位，每处扣 2 分，扣完为止		
2.3	确定故障	气门调整不当	10	确认不正确扣 10 分		
2.4	故障排除	重新调整气门	10	操作顺序、方法不正确，每处扣 1 分； 丢失或漏装零部件，每只扣 1 分； 扣完为止		
2.5	故障排除后检查	重新启动发动机，运转正常，故障排除	10	发动机运行不正常扣 10 分		
3	工作结束					
3.1	整理工器具	工具整理，摆放整齐	5	未整理工器具扣 5 分		
3.2	工作现场清理	清理现场	5	未清理现场扣 5 分		
4	填写记录					
4.1	填写维保记录单	内容全面，记录规范	10	填写不全面，每少一项扣 2 分，扣完为止		
	合计		100			

Jc0005343054　发动机怠速时转速不稳定故障排除。（100 分）

考核知识点：发动机故障分析

难易度：难

技能等级评价专业技能考核操作工作任务书

一、任务名称

发动机怠速时转速不稳定故障排除。

二、适用工种

机具维护工高级工。

三、具体任务

康明斯 B 系列发动机怠速时转速不稳定故障排除。

四、工作规范及要求

（1）掌握发动机的机械性能。

（2）故障的正确分析及处理。

（3）工器具的正确使用及做好安全防护。

五、考核时间及要求

（1）本模块操作时间为 40 分钟，时间到停止考评。

（2）考评过程中如果由于测试人员操作不规范，有可能引发不安全因素的，停止考评，该项考核项目不得分，但不影响其他项目。

技能等级评价专业技能考核操作评分标准

工种	机具维护工					评价等级	高级工
项目模块	专业知识—机具故障排除				编号	Jc0005343054	
单位			准考证号			姓名	
考试时限	40 分钟		题型	单项操作		题分	100 分
成绩		考评员		考评组长		日期	
试题正文	发动机怠速时转速不稳定故障排除						
需要说明的问题和要求	（1）要求单人操作，考评员监护。 （2）在设定考试工位上完成操作。 （3）操作结束后，待考评员同意后方可离开考场 （4）设置故障点为：发动机怠速过低						

序号	项目名称	质量要求	满分	扣分标准	扣分原因	得分
1	准备工作					
1.1	相关安全措施的准备	着装应符合安全要求：穿工作服、戴线手套、注意安全防护	5	未按要求穿工作服扣 3 分； 未按要求戴手套扣 2 分		
1.2	工器具、设备及辅助设备备品备件完备	检查工器具、设备及辅助设备是否齐全洁净，符合作业要求	5	少一件工器具扣 1 分，扣完为止		
2	操作步骤					
2.1	故障原因分析	（1）环境温度低。 （2）燃油质量差或者结蜡。 （3）燃油输油管道漏气。 （4）怠速弹簧装配不当。 （5）发动机进、排气不畅。 （6）喷油正时调整不当。 （7）发动机怠速过低	20	每少分析或分析不正确一处扣 3 分，扣完为止		

续表

序号	项目名称	质量要求	满分	扣分标准	扣分原因	得分
2.2	设备检查	（1）若环境温度低，预热发动机。 （2）检查油质，若油质差，更换油；若结蜡，预热燃油。 （3）检查燃油输油管，若有漏气，进行排除。 （4）检查并调整怠速弹簧。 （5）检查发动机进、排气系统，若有故障，进行排除。 （6）调整喷油正时。 （7）调整发动机怠速	20	检查不到位，每处扣 3 分，扣完为止		
2.3	确定故障	发动机怠速过低	10	确认不正确扣 10 分		
2.4	故障排除	重新调整怠速	10	操作顺序、方法不正确，每处扣 1 分； 丢失或漏装零部件，每只扣 1 分； 扣完为止		
2.5	故障排除后检查	重新启动发动机，工作正常，故障排除	10	发动机运行不正常扣 10 分		
3	工作结束					
3.1	整理工器具	工具整理，摆放整齐	5	未整理工器具扣 5 分		
3.2	工作现场清理	清理现场	5	未清理现场扣 5 分		
4	填写记录					
4.1	填写维保记录单	内容全面，记录规范	10	填写不全面，每少一项扣 2 分，扣完为止		
合计			100			

Jc0005342055　发动机润滑油油耗过高故障排除。（100 分）

考核知识点：发动机故障分析

难易度：中

技能等级评价专业技能考核操作工作任务书

一、任务名称

发动机润滑油油耗过高故障排除。

二、适用工种

机具维护工高级工。

三、具体任务

康明斯 B 系列发动机润滑油油耗过高故障排除。

四、工作规范及要求

（1）掌握发动机的机械性能。

（2）故障的正确分析及处理。

（3）工器具的正确使用及做好安全防护。

五、考核时间及要求

（1）本模块操作时间为 60 分钟，时间到停止考评。

（2）考评过程中如果由于测试人员操作不规范，有可能引发不安全因素的，停止考评，该项考核项目不得分，但不影响其他项目。

技能等级评价专业技能考核操作评分标准

工种	机具维护工					评价等级	高级工
项目模块	专业知识—机具故障排除				编号	Jc0005342055	
单位		准考证号				姓名	
考试时限	60 分钟	题型		单项操作		题分	100 分
成绩		考评员		考评组长		日期	
试题正文	发动机润滑油油耗过高故障排除						
需要说明的问题和要求	（1）要求单人操作，考评员监护。 （2）在设定考试工位上完成操作。 （3）操作结束后，待考评员同意后方可离开考场。 （4）设置故障点为：活塞磨损严重						

序号	项目名称	质量要求	满分	扣分标准	扣分原因	得分
1	准备工作					
1.1	相关安全措施的准备	着装应符合安全要求：穿工作服、戴线手套、注意安全防护	5	未按要求穿工作服扣 3 分； 未按要求戴手套扣 2 分		
1.2	工器具、设备及辅助设备备品备件完备	检查工器具、设备及辅助设备是否齐全洁净，符合作业要求	5	少一件工器具扣 1 分，扣完为止		
2	操作步骤					
2.1	故障原因分析	（1）发动机漏油。 （2）发动机进气阻力过大。 （3）润滑油级别与气候条件不符。 （4）涡轮增压器轴封破损。 （5）活塞环破裂或磨损。 （6）气门及气门导杆磨损或气门油封损坏。 （7）缸套和活塞磨损或擦伤	20	每少分析或分析不正确一处扣 3 分，扣完为止		
2.2	设备检查	（1）检查排除发动机泄、漏油故障。 （2）检查空气滤芯器，若堵塞，进行清洁。 （3）选用合适的润滑油。 （4）检查涡轮增压器轴封，若损坏则更换。 （5）检查活塞环，若损坏则更换。 （6）检查气门、气门导杆及气门油封，若磨损、损坏，则检修或更换。 （7）检查缸套及活塞，若磨损则维修	20	检查不到位，每处扣 3 分，扣完为止		
2.3	确定故障	活塞磨损严重	10	确认不正确扣 10 分		
2.4	故障排除	更换缸套和活塞	10	操作顺序、方法不正确，每处扣 1 分； 丢失或漏装零部件，每只扣 1 分； 扣完为止		
2.5	故障排除后检查	重新启动发动机，正常，故障排除	10	发动机运行不正常扣 10 分		
3	工作结束					
3.1	整理工器具	工具整理，摆放整齐	5	未整理工器具扣 5 分		
3.2	工作现场清理	清理现场	5	未清理现场扣 5 分		
4	填写记录					
4.1	填写维保记录单	内容全面，记录规范	10	填写不全面，每少一项扣 2 分，扣完为止		
合计			100			

Jc0005341056　发动机连杆轴承的拆装。(100 分)

考核知识点： 发动机维护保养

难易度： 易

技能等级评价专业技能考核操作工作任务书

一、任务名称

发动机连杆轴承的拆装。

二、适用工种

机具维护工高级工。

三、具体任务

牵张机康明斯 B 系列发动机连杆轴承的拆装。

四、工作规范及要求

（1）掌握牵引机的机械性能和操作要求。

（2）故障的正确分析及处理。

（3）工器具的正确使用及做好安全防护。

五、考核时间及要求

（1）本模块操作时间为 60 分钟，时间到停止考评。

（2）考评过程中如果由于测试人员操作不规范，有可能引发不安全因素的，停止考评，该项考核项目不得分，但不影响其他项目。

技能等级评价专业技能考核操作评分标准

工种	机具维护工					评价等级	高级工
项目模块	专业知识—机具维护保养				编号	Jc0005341056	
单位			准考证号			姓名	
考试时限	60 分钟		题型	单项操作		题分	100 分
成绩		考评员		考评组长		日期	
试题正文	发动机连杆轴承的拆装						
需要说明的问题和要求	（1）要求单人操作，考评员监护。 （2）在设定考试工位上完成操作。 （3）操作结束后，待考评员同意后方可离开考场						

序号	项目名称	质量要求	满分	扣分标准	扣分原因	得分
1	准备工作					
1.1	相关安全措施的准备	着装应符合安全要求：穿工作服、戴线手套、注意安全防护	5	未按要求穿工作服扣 3 分； 未按要求戴手套扣 2 分		
1.2	工器具、设备及辅助设备备品备件完备	检查工器具、设备及辅助设备是否齐全洁净，符合作业要求	5	少一件工器具扣 1 分，扣完为止		
2	操作步骤					
2.1	拆卸	（1）拆下油底壳放油螺栓，放掉润滑油。 （2）拆下油底壳和油底壳密封垫。 （3）拆下缸体加强板。 （4）转动发动机，使连杆轴承依次处于下止点位置。 （5）拆下连杆螺栓和连杆盖，将连杆推入缸体，使其脱离曲轴。 （6）取下连杆轴承。 （7）在连杆轴承上做标记	30	操作顺序、方法不正确，每处扣 5 分，扣完为止		

续表

序号	项目名称	质量要求	满分	扣分标准	扣分原因	得分
2.2	清洁	用肥皂水或溶剂清洗连杆轴承，并用压缩空气吹干	10	未清洁扣 10 分； 清洁不到位扣 5 分		
2.3	安装	（1）将上轴瓦装入连杆中，并使定位舌对正。 （2）将下轴瓦装入连杆盖中。 （3）润滑轴承表面。 （4）安装连杆盖到相应的连杆上，并拧紧连杆螺栓。拧紧连杆螺栓分两步进行，先拧到力矩 60N·m 再转动 60°，连杆螺栓拧紧后，旋转曲轴 360°，确保曲轴旋转自由。 （5）安装油底壳。 （6）向发动机加入 15W-40 清洁内燃润滑油	30	操作顺序、方法不正确，每处扣 5 分； 丢失或漏装零部件，每只扣 2 分； 扣完为止		
3	工作结束					
3.1	整理工器具	工具整理，摆放整齐	5	未整理工器具扣 5 分		
3.2	工作现场清理	清理现场	5	未清理现场扣 5 分		
4	填写记录					
4.1	填写维保记录单	内容全面，记录规范	10	填写不全面，每处扣 2 分，扣完为止		
合计			100			

Jc0005342057　发动机主轴承的检修。（100 分）

考核知识点：发动机检修

难易度：中

技能等级评价专业技能考核操作工作任务书

一、任务名称

发动机主轴承的检修。

二、适用工种

机具维护工高级工。

三、具体任务

牵张机康明斯 B 系列发动机主轴承的检修。

四、工作规范及要求

（1）掌握牵引机的机械性能和操作要求。

（2）故障的正确分析及处理。

（3）工器具的正确使用及做好安全防护。

五、考核时间及要求

（1）本模块操作时间为 60 分钟，时间到停止考评。

（2）考评过程中如果由于测试人员操作不规范，有可能引发不安全因素的，停止考评，该项考核项目不得分，但不影响其他项目。

技能等级评价专业技能考核操作评分标准

工种	机具维护工				评价等级	高级工
项目模块	专业知识—机具检查检修			编号	Jc0005342057	
单位		准考证号			姓名	

续表

考试时限	60 分钟		题型	单项操作		题分	100 分
成绩		考评员		考评组长		日期	
试题正文	发动机主轴承的检修						
需要说明的问题和要求	（1）要求单人操作，考评员监护。 （2）在设定考试工位上完成操作。 （3）操作结束后，待考评员同意后方可离开考场。 （4）备注：此项操作前的拆解工作已完成						

序号	项目名称	质量要求	满分	扣分标准	扣分原因	得分
1	准备工作					
1.1	相关安全措施的准备	着装应符合安全要求：穿工作服、戴线手套、注意安全防护	5	未按要求穿工作服扣 3 分； 未按要求戴手套扣 2 分		
1.2	工器具、设备及辅助设备备品备件完备	检查工器具、设备及辅助设备是否齐全洁净，符合作业要求	5	少一件工器具扣 1 分，扣完为止		
2	操作步骤					
2.1	清洁	清洁曲轴箱、曲轴和零部件等	10	未清洁扣 10 分； 清洁不到位扣 2 分		
2.2	测量	测量各主轴承座孔圆度、圆柱度；测量曲轴主轴径磨损量；测量曲轴直线度	10	测量步骤、方法不正确，每处扣 2 分； 测量数据超差，每处扣 1 分； 扣完为止		
2.3	检查	（1）检查所有主轴承盖和主轴承、曲轴轴颈有无损伤和过热，按需更换。 （2）检查主轴承啮合面和定位块。 （3）检查调整曲轴主轴承配合间隙。 （4）检查曲轴径向间隙，符合标准。 （5）检查主轴承与轴承座结合度	30	检查不到位，每处扣 5 分； 测量数据超差，每处扣 2 分； 扣完为止		
2.4	安装	（1）主轴承和止推环涂抹润滑油。 （2）安装曲轴。 （3）安装轴承盖。 （4）分多次均匀拧紧主轴承盖螺栓。 （5）拧紧主轴承螺栓过程中，应同时转动曲轴，旋转自如	20	操作顺序、方法不正确，每处扣 3 分； 丢失或漏装零部件，每只扣 2 分； 扣完为止		
3	工作结束					
3.1	整理工器具	工具整理，摆放整齐	5	未整理工器具扣 5 分		
3.2	工作现场清理	清理现场	5	未清理现场扣 5 分		
4	填写记录					
4.1	填写维保记录单	内容全面，记录规范	10	填写不全面，每处扣 2 分，扣完为止		
合计			100			

Jc0005342058　发动机凸轮轴的检查测量。（100 分）

考核知识点：发动机检测

难易度：中

技能等级评价专业技能考核操作工作任务书

一、任务名称

发动机凸轮轴的检查测量。

二、适用工种

机具维护工高级工。

三、具体任务

牵张机康明斯 B 系列发动机凸轮轴的检查测量。

四、工作规范及要求

（1）掌握牵引机的机械性能和操作要求。

（2）故障的正确分析及处理。

（3）工器具的正确使用及做好安全防护。

五、考核时间及要求

（1）本模块操作时间为 60 分钟，时间到停止考评。

（2）考评过程中如果由于测试人员操作不规范，有可能引发不安全因素的，停止考评，该项考核项目不得分，但不影响其他项目。

技能等级评价专业技能考核操作评分标准

工种	机具维护工					评价等级	高级工
项目模块	专业知识—机具试验检测				编号	Jc0005342058	
单位			准考证号			姓名	
考试时限	60 分钟		题型	单项操作		题分	100 分
成绩		考评员		考评组长		日期	
试题正文	发动机凸轮轴的检查测量						
需要说明的问题和要求	（1）要求单人操作，考评员监护。 （2）在设定考试工位上完成操作。 （3）操作结束后，待考评员同意后方可离开考场						

序号	项目名称	质量要求	满分	扣分标准	扣分原因	得分
1	准备工作					
1.1	相关安全措施的准备	着装应符合安全要求：穿工作服、戴线手套、注意安全防护	5	未按要求穿工作服扣 3 分； 未按要求戴手套扣 2 分		
1.2	工器具、设备及辅助设备备品备件完备	检查工器具、设备及辅助设备是否齐全洁净，符合作业要求	5	少一件工器具扣 1 分，扣完为止		
2	操作步骤					
2.1	检查测量	（1）检查凸轮和凸轮轴颈有无裂纹、点蚀和划痕。 （2）测量凸轮高度尺寸，符合标准规定。 （3）测量凸轮轴颈尺寸，符合标准规定。 （4）测量凸轮轴孔内径，符合标准规定。 （5）检查凸轮轴直线度，符合标准规定。 （6）点蚀继续使用标准，不得超过直径 2mm。 （7）不允许有相互连通的点蚀，如果有应看成一个点蚀。 （8）所有点蚀加起来直径不得超过 6mm。 （9）凸轮顶端±20° 范围内，边缘损伤不得超过直径 2mm。 （10）在凸轮顶端±20° 范围以外，边缘损伤不得超过直径 6mm。 （11）测量凸轮轴止推板的厚度，规定最小厚度值 9.34mm，最大厚度值 9.60mm。 （12）安装凸轮轴和止推板。 （13）检查凸轮轴的轴向间隙，符合标准规定	70	检查不到位，每处扣 6 分； 测量尺寸超差，每处扣 6 分； 扣完为止		

续表

序号	项目名称	质量要求	满分	扣分标准	扣分原因	得分
3	工作结束					
3.1	整理工器具	工具整理，摆放整齐	5	未整理工器具扣 5 分		
3.2	工作现场清理	清理现场	5	未清理现场扣 5 分		
4	填写记录					
4.1	填写维保记录单	内容全面，记录规范	10	填写不全面，每处扣 2 分，扣完为止		
合计			100			

Jc0005342059　发动机曲轴的检修。(100 分)

考核知识点：发动机检修

难易度：中

技能等级评价专业技能考核操作工作任务书

一、任务名称

发动机曲轴的检修。

二、适用工种

机具维护工高级工。

三、具体任务

牵张机康明斯 B 系列发动机曲轴的检修。

四、工作规范及要求

（1）掌握牵引机的机械性能和操作要求。

（2）故障的正确分析及处理。

（3）工器具的正确使用及做好安全防护。

五、考核时间及要求

（1）本模块操作时间为 30 分钟，时间到停止考评。

（2）考评过程中如果由于测试人员操作不规范，有可能引发不安全因素的，停止考评，该项考核项目不得分，但不影响其他项目。

技能等级评价专业技能考核操作评分标准

工种	机具维护工				评价等级	高级工
项目模块	专业知识—机具检查检修			编号	Jc0005342059	
单位		准考证号			姓名	
考试时限	30 分钟	题型	单项操作		题分	100 分
成绩	考评员		考评组长		日期	
试题正文	发动机曲轴的检修					
需要说明的问题和要求	（1）要求单人操作，考评员监护。 （2）在设定考试工位上完成操作。 （3）操作结束后，待考评员同意后方可离开考场					

序号	项目名称	质量要求	满分	扣分标准	扣分原因	得分
1	准备工作					
1.1	相关安全措施的准备	着装应符合安全要求：穿工作服、戴线手套、注意安全防护	5	未按要求穿工作服扣 2 分； 未按要求戴手套扣 2 分		

续表

序号	项目名称	质量要求	满分	扣分标准	扣分原因	得分
1.2	工器具、设备及辅助设备备品备件完备	检查工器具、设备及辅助设备是否齐全洁净，符合作业要求	5	少一件工器具扣 1 分，扣完为止		
2	操作步骤					
2.1	检查	（1）检查曲轴两端的螺纹损伤情况。 （2）检查曲轴前后油封安装位置磨损情况。 （3）检查曲轴正时齿轮安装部位磨损和键槽损坏情况。 （4）检查主轴颈和连杆轴颈是否有损坏或过度磨损。 （5）检查曲轴有无裂纹	20	检查不到位，每处扣 4 分，扣完为止		
2.2	测量	（1）测量连杆轴颈的外径尺寸、圆度和圆柱度，符合标准规定。 （2）测量主轴颈外径尺寸、圆度和圆柱度，符合标准规定。 （3）测量曲轴径向间隙，符合标准规定。 （4）测量曲轴直线度，符合标准规定	50	测量工具使用方法不正确，每处扣 10 分；测量结果误差超过标准，每处扣 10 分；扣完为止		
3	工作结束					
3.1	整理工器具	工具整理，摆放整齐	5	未整理工器具扣 5 分		
3.2	工作现场清理	清理现场	5	未清理现场扣 5 分		
4	填写记录					
4.1	填写维保记录单	内容全面，记录规范	10	填写不全面，每处扣 2 分，扣完为止		
合计			100			

Jc0005342060 发动机燃油油轨拆装及检修。（100 分）

考核知识点：发动机检修

难易度：中

技能等级评价专业技能考核操作工作任务书

一、任务名称

发动机燃油油轨拆装及检修。

二、适用工种

机具维护工高级工。

三、具体任务

牵张机康明斯 B 系列发动机燃油油轨拆装及检修。

四、工作规范及要求

（1）掌握牵引机的机械性能和操作要求。

（2）故障的正确分析及处理。

（3）工器具的正确使用及做好安全防护。

五、考核时间及要求

（1）本模块操作时间为 30 分钟，时间到停止考评。

（2）考评过程中如果由于测试人员操作不规范，有可能引发不安全因素的，停止考评，该项考核项目不得分，但不影响其他项目。

技能等级评价专业技能考核操作评分标准

工种	机具维护工					评价等级	高级工
项目模块	专业知识—机具检查检修				编号	Jc0005342060	
单位			准考证号			姓名	
考试时限	30 分钟		题型	单项操作		题分	100 分
成绩		考评员		考评组长		日期	
试题正文	发动机燃油油轨拆装及检修						
需要说明的问题和要求	（1）要求单人操作，考评员监护。 （2）在设定考试工位上完成操作。 （3）操作结束后，待考评员同意后方可离开考场						

序号	项目名称	质量要求	满分	扣分标准	扣分原因	得分
1	准备工作					
1.1	相关安全措施的准备	着装应符合安全要求：穿工作服、戴线手套、注意安全防护	5	未按要求穿工作服扣 3 分； 未按要求戴手套扣 2 分		
1.2	工器具、设备及辅助设备备品备件完备	检查工器具、设备及辅助设备是否齐全洁净，符合作业要求	5	少一件工器具扣 1 分，扣完为止		
2	操作步骤					
2.1	初始检查	检查燃油油轨是否泄漏，螺栓是否松动，有无损坏	10	检查不到位，每处扣 2 分，扣完为止		
2.2	拆卸	（1）拆下燃油压力传感器连接件。 （2）拆下燃油压力阀回油管。 （3）拆下燃油泵与燃油油轨之间的高压燃油供油管。 （4）拆下燃油油轨与高压燃油连接件之间的高压供油管。 （5）拆下螺栓和燃油油轨	20	操作顺序、方法不正确，每处扣 4 分，扣完为止		
2.3	检查	检查燃油管接头、供油管接头、燃油压力传感器和压力调节阀有无损坏	10	检查不到位，每处扣 2.5 分，扣完为止		
2.4	安装	（1）拧紧燃油油轨螺栓，拧紧力矩 24N • m。 （2）拧紧油轨与高压燃油连接件之间的高压供油管，拧紧力矩 22N • m。 （3）拧紧燃油泵与油轨之间的高压供油管，拧紧力矩 22N • m。 （4）连接燃油压力传感器连接件。 （5）连接燃油压力调节阀回油管	20	操作顺序、方法不正确，每处扣 3 分； 丢失或漏装零部件，每只扣 1 分； 扣完为止		
2.5	试运转	运转发动机，检查有无泄漏	10	发动机运行不正常扣 10 分		
3	工作结束					
3.1	整理工器具	工具整理，摆放整齐	5	未整理工器具扣 5 分		
3.2	工作现场清理	清理现场	5	未清理现场扣 5 分		
4	填写记录					
4.1	填写维保记录单	内容全面，记录规范	10	填写不全面，每处扣 2 分，扣完为止		
合计			100			

Jc0005342061　发动机润滑油泵的拆装检修。（100 分）

考核知识点： 发动机检修

难易度： 中

技能等级评价专业技能考核操作工作任务书

一、任务名称

发动机润滑油泵的拆装检修。

二、适用工种

机具维护工高级工。

三、具体任务

牵张机康明斯 B 系列发动机润滑油泵的拆装检修。

四、工作规范及要求

（1）掌握牵引机的机械性能和操作要求。

（2）故障的正确分析及处理。

（3）工器具的正确使用及做好安全防护。

五、考核时间及要求

（1）本模块操作时间为 60 分钟，时间到停止考评。

（2）考评过程中如果由于测试人员操作不规范，有可能引发不安全因素的，停止考评，该项考核项目不得分，但不影响其他项目。

技能等级评价专业技能考核操作评分标准

<table>
<tr><td>工种</td><td colspan="6">机具维护工</td><td>评价等级</td><td>高级工</td></tr>
<tr><td>项目模块</td><td colspan="5">专业知识—机具检查检修</td><td>编号</td><td colspan="2">Jc0005342061</td></tr>
<tr><td>单位</td><td colspan="3"></td><td>准考证号</td><td colspan="2"></td><td>姓名</td><td></td></tr>
<tr><td>考试时限</td><td colspan="2">60 分钟</td><td>题型</td><td colspan="3">单项操作</td><td>题分</td><td>100 分</td></tr>
<tr><td>成绩</td><td></td><td>考评员</td><td></td><td>考评组长</td><td colspan="2"></td><td>日期</td><td></td></tr>
<tr><td>试题正文</td><td colspan="8">发动机润滑油泵拆装检修</td></tr>
<tr><td>需要说明的问题和要求</td><td colspan="8">（1）要求单人操作，考评员监护。
（2）在设定考试工位上完成操作。
（3）操作结束后，待考评员同意后方可离开考场</td></tr>
</table>

序号	项目名称	质量要求	满分	扣分标准	扣分原因	得分
1	准备工作					
1.1	相关安全措施的准备	着装应符合安全要求：穿工作服、戴线手套、注意安全防护	5	未按要求穿工作服扣 3 分； 未按要求戴手套扣 2 分		
1.2	工器具、设备及辅助设备备品备件完备	检查工器具、设备及辅助设备是否齐全洁净，符合作业要求	5	少一件工器具扣 1 分，扣完为止		
2	操作步骤					
2.1	拆卸	（1）拆下发动机水箱、风扇、传动带、皮带减振器和齿轮室盖。 （2）拆下 4 颗润滑油泵固定螺栓，取下润滑油泵。 （3）拆下后端盖，在转子行星轮上做“TOP”标记。 （4）拆下转子行星轮	15	操作顺序、方法不正确，每处扣 4 分，扣完为止		
2.2	清洗	清洗润滑油泵各部件	5	未清洁扣 5 分； 清洁不到位扣 2 分		

续表

序号	项目名称	质量要求	满分	扣分标准	扣分原因	得分
2.3	检查	（1）检查润滑油泵驱动齿轮有无裂纹、磨损和损伤。 （2）检查行星轮是否过度磨损。 （3）检查润滑油泵壳体和转子是否有损坏和过度磨损	15	检查不到位，每处扣5分，扣完为止		
2.4	测量	（1）测量齿顶间隙，符合标准规定。 （2）测量转子/行星轮与通道盘之间的间隙，符合标准规定。 （3）测量行星轮与泵体孔之间的间隙符合标准规定。 （4）测量驱动齿轮间隙，符合标准规定	15	测量工具使用方法不正确，每处扣3分； 测量结果误差超过标准，每处扣3分；扣完为止		
2.5	安装	（1）安装后盖板。 （2）安装润滑油泵，注：安装新润滑油泵时，应保证齿隙符合规定，对于齿隙A值，齿隙最小值为0.30mm；对于齿隙B值，齿隙最小值为0.15mm、最大值为0.25mm。 （3）安装前盖、皮带减振器、传动带、风扇和水箱	15	操作顺序、方法不正确，每处扣3分； 丢失或漏装零部件，每只扣2分； 扣完为止		
2.6	试运转	运转发动机，检查有无泄漏，仪表显示润滑油压力是否正常	5	发动机运行不正常扣5分； 检查不到位，每处扣1分，扣完为止		
3	工作结束					
3.1	整理工器具	工具整理，摆放整齐	5	未整理工器具扣5分		
3.2	工作现场清理	清理现场	5	未清理现场扣5分		
4	填写记录					
4.1	填写维保记录单	内容全面，记录规范	10	填写不全面，每处扣2分，扣完为止		
合计			100			

Jc0005342062　发动机润滑油压力阀检修。（100分）

考核知识点：发动机检修

难易度：中

技能等级评价专业技能考核操作工作任务书

一、任务名称

发动机润滑油压力阀检修。

二、适用工种

机具维护工高级工。

三、具体任务

牵张机康明斯B系列发动机润滑油压力阀检修。

四、工作规范及要求

（1）掌握牵引机的机械性能和操作要求。

（2）故障的正确分析及处理。

（3）工器具的正确使用及做好安全防护。

五、考核时间及要求

（1）本模块操作时间为30分钟，时间到停止考评。

（2）考评过程中如果由于测试人员操作不规范，有可能引发不安全因素的，停止考评，该项考核项目不得分，但不影响其他项目。

技能等级评价专业技能考核操作评分标准

工种	机具维护工					评价等级	高级工
项目模块	专业知识—机具检查检修				编号	Jc0005342062	
单位			准考证号			姓名	
考试时限	30 分钟		题型	单项操作		题分	100 分
成绩		考评员		考评组长		日期	
试题正文	发动机润滑油压力阀检修						
需要说明的问题和要求	（1）要求单人操作，考评员监护。 （2）在设定考试工位上完成操作。 （3）操作结束后，待考评员同意后方可离开考场						

序号	项目名称	质量要求	满分	扣分标准	扣分原因	得分
1	准备工作					
1.1	相关安全措施的准备	着装应符合安全要求：穿工作服、戴线手套、注意安全防护	5	未按要求穿工作服扣 3 分； 未按要求戴手套扣 2 分		
1.2	工器具、设备及辅助设备备品备件完备	检查工器具、设备及辅助设备是否齐全洁净，符合作业要求	5	少一件工器具扣 1 分，扣完为止		
2	操作步骤					
2.1	清洁	清洁润滑油压力阀螺塞周围部位，防止碎屑落入柱塞孔	5	未清洁扣 5 分； 清洁不到位扣 2 分		
2.2	拆卸	拆卸润滑油压力阀螺母、螺塞、弹簧和柱塞	15	操作顺序、方法不正确，每处扣 5 分，扣完为止		
2.3	清洗	清洗润滑油压力阀各零部件	5	未清洁扣 5 分； 清洁不到位，每件扣 0.5 分，扣完为止		
2.4	检查	（1）检查柱塞和柱塞孔有无损伤。 （2）检查柱塞应能在柱塞孔中移动自如	10	操作顺序、方法不正确，每处扣 5 分，扣完为止		
2.5	测量	测量润滑油压力阀弹簧在下列高度时的压力，规定高度 41.25mm 时，最小压力为 127N，高度在 44.50mm 时，最小压力为 109N。润滑油压力阀弹簧的压力为 10N 时，压力阀关闭；当压力为 142N 时，压力阀开启	15	测量工具使用方法不正确，每处扣 3 分； 测量结果误差超过标准，每处扣 3 分； 扣完为止		
2.6	安装	在润滑油压力阀螺塞上安装新 O 形圈，并用润滑油润滑密封圈，安装柱塞、弹簧和调节器螺塞	15	操作顺序、方法不正确，每处扣 5 分； 丢失或漏装零部件，每只扣 2 分； 扣完为止		
2.7	试运转	运转发动机，检查有无泄漏，仪表显示润滑油压力是否正常	5	发动机运行不正常扣 5 分； 检查不到位，每处扣 1 分，扣完为止		
3	工作结束					
3.1	整理工器具	工具整理，摆放整齐	5	未整理工器具扣 5 分		
3.2	工作现场清理	清理现场	5	未清理现场扣 5 分		
4	填写记录					
4.1	填写维保记录单	内容全面，记录规范	10	填写不全面，每处扣 2 分，扣完为止		
合计			100			

Jc0005342063 发动机涡轮增压器的拆装检修。（100 分）

考核知识点：发动机检修

难易度：中

技能等级评价专业技能考核操作工作任务书

一、任务名称

发动机涡轮增压器的拆装检修。

二、适用工种

机具维护工高级工。

三、具体任务

牵张机康明斯 B 系列发动机涡轮增压器的拆装检修。

四、工作规范及要求

（1）掌握牵引机的机械性能和操作要求。

（2）故障的正确分析及处理。

（3）工器具的正确使用及做好安全防护。

五、考核时间及要求

（1）本模块操作时间为 40 分钟，时间到停止考评。

（2）考评过程中如果由于测试人员操作不规范，有可能引发不安全因素的，停止考评，该项考核项目不得分，但不影响其他项目。

技能等级评价专业技能考核操作评分标准

工种	机具维护工					评价等级	高级工
项目模块	专业知识—机具检查检修				编号	Jc0005342063	
单位		准考证号				姓名	
考试时限	40 分钟		题型	单项操作		题分	100 分
成绩		考评员		考评组长		日期	
试题正文	发动机涡轮增压器的拆装检修						
需要说明的问题和要求	（1）要求单人操作，考评员监护。 （2）在设定考试工位上完成操作。 （3）操作结束后，待考评员同意后方可离开考场						

序号	项目名称	质量要求	满分	扣分标准	扣分原因	得分
1	准备工作					
1.1	相关安全措施的准备	着装应符合安全要求：穿工作服戴线手套、注意安全防护	5	未按要求穿工作服扣 3 分； 未按要求戴手套扣 2 分		
1.2	工器具、设备及辅助设备备品备件完备	检查工器具、设备及辅助设备是否齐全洁净，符合作业要求	5	少一件工器具扣 1 分，扣完为止		
2	操作步骤					
2.1	拆卸	（1）从涡轮增压器上拆下进气管和排气管。 （2）从涡轮增压器上拆下润滑油供油管、回油管，并废弃上面的垫圈，不再使用。 （3）从回油管中放出油液。 （4）从涡轮增压器排气口拆下卡箍、弯管和 O 形圈，拆下涡轮增压器和密封垫。 （5）盖住涡轮增压器管口，以免落入碎屑	20	操作顺序、方法不正确，每处扣 4 分，扣完为止		

续表

序号	项目名称	质量要求	满分	扣分标准	扣分原因	得分
2.2	清洁	清理增压器和排气歧管密封表面	5	未清洁扣 5 分； 清洁不到位扣 2 分		
2.3	检查	（1）检查增压器、排气歧管等处有无裂纹或损坏。 （2）检查涡轮增压器转子轴径向间隙和轴向间隙，符合标准规定。 （3）检查进、排气涡轮叶片与涡壳有无剐蹭或间隙过大	20	检查不到位，每处扣 4 分，扣完为止		
2.4	安装	（1）在增压器螺栓上涂耐高温黏结剂，安装涡轮增压器并使用新密封垫，紧固 4 颗螺母，拧紧力矩。 （2）安装排气弯管、卡箍和新密封垫。 （3）安装增压器回油管。 （4）向涡轮增压器润滑油供油管接头注入润滑油，润滑轴承，使用新铜垫并拧紧供油管螺栓，拧紧力矩。 （5）安装增压器进、排气管，并拧紧卡箍	20	操作顺序、方法不正确，每处扣 4 分； 丢失或漏装零部件，每只扣 1 分； 扣完为止		
2.5	试运转	运转发动机，检查有无泄漏	5	检查不到位扣 5 分		
3	工作结束					
3.1	整理工器具	工具整理，摆放整齐	5	未整理工器具扣 5 分		
3.2	工作现场清理	清理现场	5	未清理现场扣 5 分		
4	填写记录					
4.1	填写维保记录单	内容全面，记录规范	10	填写不全面，每处扣 2 分，扣完为止		
合计			100			

Jc0005342064 塔式起重机液压顶升系统的检修。（100 分）

考核知识点：塔式起重机液压系统检修

难易度：中

技能等级评价专业技能考核操作工作任务书

一、任务名称

塔式起重机液压顶升系统的检修。

二、适用工种

机具维护工高级工。

三、具体任务

完成塔式起重机液压顶升系统的检修。

四、工作规范及要求

（1）掌握起重机的机械性能及操作要求。

（2）工器具的正确使用及做好安全措施。

五、考核时间及要求

（1）本模块操作时间为 30 分钟，时间到停止考评。

（2）考评过程中如果由于测试人员操作不规范，有可能引发不安全因素的，停止考评，该项考核项目不得分，但不影响其他项目。

技能等级评价专业技能考核操作评分标准

工种	机具维护工				评价等级	高级工
项目模块	专业知识—机具检查检修			编号	Jc0005342064	
单位		准考证号			姓名	
考试时限	30 分钟	题型	单项操作		题分	100 分
成绩		考评员		考评组长	日期	
试题正文	塔式起重机液压顶升系统的检修					
需要说明的问题和要求	（1）要求单人操作，考评员监护。 （2）在设定考试工位上完成操作。 （3）操作结束后，待考评员同意后方可离开考场					

序号	项目名称	质量要求	满分	扣分标准	扣分原因	得分
1	准备工作					
1.1	相关安全措施的准备	着装应符合安全要求：穿工作服、戴线手套、注意安全防护	5	未按要求穿工作服扣 3 分； 未按要求戴线手套扣 2 分		
1.2	工器具、设备及辅助设备备品备件完备	检查工器具及辅助设备是否齐全洁净，符合作业要求	5	少一件工器具扣 1 分，扣完为止		
2	操作步骤					
2.1	检查	检查液压油，按规定补充至标准值；液压油有无变质	15	检查不到位扣 10 分； 未补充至标准值扣 5 分		
2.2	调整溢流阀压力	溢流阀的压力调整适当后，不得随意更动，每次进行顶升前应检查油压是否正常	15	操作顺序、方法不正确扣 10 分； 未检查液压油扣 5 分		
2.3	检查管接头	检查各处管接头是否紧固严密，无漏油现象	15	检查不到位，每处扣 3 分，扣完为止		
2.4	检查滤油器	滤油器要检查有无堵塞，检查安全阀在使用后调整值是否变动	15	检查不到位扣 15 分		
2.5	检查油泵、油缸和控制阀	检查油泵、油缸和控制阀，工作正常	10	检查不到位，每处扣 2 分，扣完为止		
3	工作结束					
3.1	整理工器具	工具整理，摆放整齐	5	未整理工器具扣 5 分		
3.2	工作现场清理	清理现场	5	未清理现场扣 5 分		
4	填写记录					
4.1	填写检查记录单	内容全面，记录规范	10	填写不全面，每处扣 2 分，扣完为止		
合计			100			

Jc0005341065 机动绞磨发动机无法启动故障排除。（100 分）

考核知识点：机动绞磨故障分析

难易度：易

技能等级评价专业技能考核操作工作任务书

一、任务名称

机动绞磨发动机无法启动故障排除。

二、适用工种

机具维护工高级工。

三、具体任务

手扶机动绞磨发动机无法启动故障排除。

四、工作规范及要求

（1）掌握机动绞磨的机械性能及操作要求。

（2）工器具的正确使用及做好安全措施。

五、考核时间及要求

（1）本模块操作时间为40分钟，时间到停止考评。

（2）考评过程中如果由于测试人员操作不规范，有可能引发不安全因素的，停止考评，该项考核项目不得分，但不影响其他项目。

技能等级评价专业技能考核操作评分标准

工种	机具维护工					评价等级	高级工
项目模块	专业知识—机具故障排除				编号	Jc0005341065	
单位			准考证号			姓名	
考试时限	40分钟		题型	单项操作		题分	100分
成绩		考评员		考评组长		日期	
试题正文	机动绞磨发动机无法启动故障排除						
需要说明的问题和要求	（1）要求单人操作，考评员监护。 （2）在设定考试工位上完成操作。 （3）操作结束后，待考评员同意后方可离开考场。 （4）故障点：进、排气门漏气						

序号	项目名称	质量要求	满分	扣分标准	扣分原因	得分
1	准备工作					
1.1	相关安全措施的准备	着装应符合安全要求：穿工作服、戴线手套、注意安全防护	5	未按要求穿工作服扣3分； 未按要求戴线手套扣2分		
1.2	工器具、设备及辅助设备备品备件完备	检查工器具、设备及辅助设备是否齐全洁净，符合作业要求	5	少一件工器具扣1分，扣完为止		
2	操作步骤					
2.1	原因分析	（1）柴油滤芯堵塞。 （2）输油管路中进空气。 （3）供油正时不正确。 （4）进排气门间隙需调整。 （5）环境温度太低。 （6）喷油压力过低或不喷油。 （7）压力过低	20	每少分析或分析不正确一处扣3分，扣完为止		
2.2	设备检查	（1）检查柴油滤芯，若有堵塞，应用清洁柴油洗清或更换滤芯；如果柴油中有水分时，进行排除。 （2）检查输油管，并排除空气。 （3）检查并调整供油正时。 （4）检查进排气门间隙。按规定进行调整。 （5）若环境温度低，进行预热。 （6）检查喷油压力，并进行调整。 （7）检查气缸压力。压力过低（进排气门、活塞、活塞环及气缸套的磨损，破损）应及时检修发动机	20	检查不到位，每处扣3分，扣完为止		
2.3	确认故障	进、排气门漏气	10	确认不正确扣10分		
2.4	故障处理	拆装研磨气门	10	操作顺序、方法不正确，每处扣1分； 丢失或漏装零部件，每只扣1分； 扣完为止		

续表

序号	项目名称	质量要求	满分	扣分标准	扣分原因	得分
2.5	故障排除后检查	重新启动绞磨发动机，运转正常，故障排除	10	发动机运行不正常扣10分		
3	工作结束					
3.1	整理工器具	工具整理，摆放整齐	5	未整理工器具扣5分		
3.2	工作现场清理	清理现场	5	未清理现场扣5分		
4	填写记录					
4.1	填写维保记录单	内容全面，记录规范	10	填写不全面，每处扣2分，扣完为止		
合计			100			

Jc0005343066　发动机气门间隙的检查调整。(100分)

考核知识点：发动机检修

难易度：难

技能等级评价专业技能考核操作工作任务书

一、任务名称

发动机气门间隙的检查调整。

二、适用工种

机具维护工高级工。

三、具体任务

康明斯B系列发动机（6缸机）气门间隙的检查调整。

四、工作规范及要求

（1）掌握牵引机的机械性能和操作要求。

（2）故障的正确分析及处理。

（3）工器具的正确使用及做好安全防护。

五、考核时间及要求

（1）本模块操作时间为40分钟，时间到停止考评。

（2）考评过程中如果由于测试人员操作不规范，有可能引发不安全因素的，停止考评，该项考核项目不得分，但不影响其他项目。

技能等级评价专业技能考核操作评分标准

工种	机具维护工					评价等级	高级工
项目模块	专业知识—机具检查检修				编号	Jc0005343066	
单位			准考证号			姓名	
考试时限	40分钟		题型	单项操作		题分	100分
成绩		考评员		考评组长		日期	
试题正文	发动机气门间隙的检查调整						
需要说明的问题和要求	（1）要求单人操作，考评员监护。 （2）在设定考试工位上完成操作。 （3）操作结束后，待考评员同意后方可离开考场						

续表

序号	项目名称	质量要求	满分	扣分标准	扣分原因	得分
1	准备工作					
1.1	相关安全措施的准备	着装应符合安全要求：穿工作服、戴线手套、注意安全防护	5	未按要求穿工作服扣3分； 未按要求戴手套扣2分		
1.2	工器具、设备及辅助设备备品备件完备	检查工器具、设备及辅助设备是否齐全洁净，符合作业要求	5	少一件工器具扣1分，扣完为止		
2	操作步骤					
2.1	拆卸	在冷却液温度不超过60℃时，拆下摇臂室盖和密封垫	10	操作顺序、方法不正确，每处扣5分，扣完为止		
2.2	测量	（1）使用盘车工具转动曲轴，使曲柄大头前端的定位信号轮正对12点位置。如果两个1号摇臂松动，进行下列步骤。如果两个1号摇臂不松动，再转动曲轴360℃。 （2）当发动机处在此位置，可以测量6缸机的1I、1E、2I、3E、4I和5E气门的间隙，符合标准规定	25	测量工具使用方法不正确扣10分； 测量结果误差超过标准每处扣3分； 扣完为止		
2.3	调整	（1）用塞尺测量进、排气间隙，如果间隙超出技术范围，应松开锁紧螺母，调整到规定范围。气门间隙技术规范见表Jc0005343066。 （2）用盘车工具转动曲轴360℃，测量6缸机的2E、3I、4E、5I、6I、6E气门间隙。如果间隙超出技术规范，应重新调整	25	操作顺序、方法不正确，每处扣4分，扣完为止		
2.4	安装	安装密封垫和摇臂室盖	10	操作顺序、方法不正确，每处扣2分； 丢失或漏装零部件，每只扣1分； 扣完为止		
3	工作结束					
3.1	整理工器具	工具整理，摆放整齐	5	未整理工器具扣5分		
3.2	工作现场清理	清理现场	5	未清理现场扣5分		
4	填写记录					
4.1	填写维保记录单	内容全面，记录规范	10	填写不全面，每处扣2分，扣完为止		
	合计		100			

表 Jc0005343066　　气门间隙技术规范　　单位：mm

名称	技术规范	名称	技术规范
进气	0.254	排气	0.508

Jc0005343067　发动机气门摇臂的拆装检修。（100分）

考核知识点：发动机检修

难易度：难

技能等级评价专业技能考核操作工作任务书

一、任务名称

发动机气门摇臂的拆装检修。

二、适用工种

机具维护工高级工。

三、具体任务

牵张机康明斯 B 系列发动机气门摇臂的拆装检修。

四、工作规范及要求

（1）掌握牵引机的机械性能和操作要求。

（2）故障的正确分析及处理。

（3）工器具的正确使用及做好安全防护。

五、考核时间及要求

（1）本模块操作时间为 30 分钟，时间到停止考评。

（2）考评过程中如果由于测试人员操作不规范，有可能引发不安全因素的，停止考评，该项考核项目不得分，但不影响其他项目。

技能等级评价专业技能考核操作评分标准

<table>
<tr><td>工种</td><td colspan="5">机具维护工</td><td>评价等级</td><td>高级工</td></tr>
<tr><td>项目模块</td><td colspan="4">专业知识—机具检查检修</td><td>编号</td><td colspan="2">Jc0005343067</td></tr>
<tr><td>单位</td><td colspan="3"></td><td>准考证号</td><td></td><td>姓名</td><td></td></tr>
<tr><td>考试时限</td><td colspan="2">30 分钟</td><td>题型</td><td colspan="2">单项操作</td><td>题分</td><td>100 分</td></tr>
<tr><td>成绩</td><td></td><td>考评员</td><td></td><td>考评组长</td><td></td><td>日期</td><td></td></tr>
<tr><td>试题正文</td><td colspan="7">发动机气门摇臂的拆装检修</td></tr>
<tr><td>需要说明的问题和要求</td><td colspan="7">（1）要求单人操作，考评员监护。
（2）在设定考试工位上完成操作。
（3）操作结束后，待考评员同意后方可离开考场</td></tr>
</table>

序号	项目名称	质量要求	满分	扣分标准	扣分原因	得分
1	准备工作					
1.1	相关安全措施的准备	着装应符合安全要求：穿工作服、戴线手套、注意安全防护	5	未按要求穿工作服扣 3 分； 未按要求戴手套扣 2 分		
1.2	工器具、设备及辅助设备备品备件完备	检查工器具、设备及辅助设备是否齐全洁净，符合作业要求	5	少一件工器具扣 1 分，扣完为止		
2	操作步骤					
2.1	拆卸	（1）拆下摇臂室盖和密封垫，松开调节螺钉、锁紧螺母。 （2）从摇臂支座上拆下螺栓，拆卸支座和摇臂总成。 （3）标记气门推杆的安装位置	15	操作顺序、方法不正确，每处扣 5 分，扣完为止		
2.2	分解	（1）拆下摇臂。 （2）拆下摇臂轴及弹簧。 （3）拆下摇臂支座	15	分解方法、步骤不正确，每处扣 5 分； 丢失零部件，每只扣 5 分； 扣完为止		
2.3	清洁	清洁所有零部件	10	未清洁扣 10 分； 清洁不到位，每件扣 0.5 分，扣完为止		
2.4	检查	（1）检查摇臂轴孔有无裂纹和损伤。 （2）测量摇臂轴孔内径。摇臂轴孔内径最大允许值为 22.03mm。 （3）测量摇臂轴的直径。摇臂轴直径最小允许值为 21.96mm。 （4）检查测量摇臂与气门接触面有无磨损。 （5）检查调节螺钉是否完好	20	检查不到位，每处扣 4 分，扣完为止		
2.5	安装	（1）组装摇臂总成。 （2）将摇臂总成安装至发动机上，并调节气门间隙，安装气门盖垫及气门室盖	10	操作顺序、方法不正确，每处扣 2 分； 丢失或漏装零部件，每只扣 2 分； 扣完为止		

续表

序号	项目名称	质量要求	满分	扣分标准	扣分原因	得分
3	工作结束					
3.1	整理工器具	工具整理，摆放整齐	5	未整理工器具扣 5 分		
3.2	工作现场清理	清理现场	5	未清理现场扣 5 分		
4	填写记录					
4.1	填写维保记录单	内容全面，记录规范	10	填写不全面，每处扣 2 分，扣完为止		
合计			100			

Jc0005342068　液压缸工作压力过低故障排除。(100 分)

考核知识点：牵张机故障分析

难易度：中

技能等级评价专业技能考核操作工作任务书

一、任务名称

液压缸工作压力过低故障排除。

二、适用工种

机具维护工高级工。

三、具体任务

牵张机液压缸工作压力过低故障排除。

四、工作规范及要求

（1）掌握牵张机液压系统的性能。

（2）故障的正确分析及处理。

（3）工器具的正确使用及做好安全防护。

五、考核时间及要求

（1）本模块操作时间为 30 分钟，时间到停止考评。

（2）考评过程中如果由于测试人员操作不规范，有可能引发不安全因素的，停止考评，该项考核项目不得分，但不影响其他项目。

技能等级评价专业技能考核操作评分标准

工种	机具维护工					评价等级	高级工
项目模块	专业知识—机具故障排除				编号	Jc0005342068	
单位			准考证号			姓名	
考试时限	30 分钟		题型	单项操作		题分	100 分
成绩		考评员		考评组长		日期	
试题正文	液压缸工作压力过低故障排除						
需要说明的问题和要求	（1）要求单人操作，考评员监护。 （2）在设定考试工位上完成操作。 （3）操作结束后，待考评员同意后方可离开考场。 （4）设置故障点为：活塞和液压间隙过大，内泄漏严重						

续表

序号	项目名称	质量要求	满分	扣分标准	扣分原因	得分
1	准备工作					
1.1	相关安全措施的准备	着装应符合安全要求：穿工作服、戴线手套、注意安全防护	5	未按要求穿工作服扣3分； 未按要求戴手套扣2分		
1.2	工器具、设备及辅助设备备品备件完备	检查工器具及辅助设备是否齐全洁净，符合作业要求	5	少一件工器具扣1分，扣完为止		
2	操作步骤					
2.1	故障原因分析	（1）活塞密封圈损坏或活塞环与液压缸间隙过大，液压缸内壁损伤，内泄漏严重。 （2）液压系统压力低。 （3）换向阀故障	20	每少分析或分析不正确一处扣7分，扣完为止		
2.2	设备检查	（1）检查活塞密封圈，若损坏，进行更换检查活塞环与液压缸间隙，若超标，进行更换检查液压缸内壁，若有损伤，进行更换。 （2）检查液压系统压力，若压力过低，应查明原因，进行排除。 （3）检查换向阀，若换向不到位，进行检修	20	检查不到位，每处扣7分，扣完为止		
2.3	确定故障	活塞和液压间隙过大，内泄漏严重	10	确认不正确扣10分		
2.4	故障排除	更换活塞及密封圈	10	操作顺序、方法不正确，每处扣2分； 丢失或漏装零部件，每只扣1分； 扣完为止		
2.5	故障排除后检查	重新启动牵张机，牵张机液压缸运行正常，故障排除	10	牵引机液压缸运行不正常扣10分		
3	工作结束					
3.1	整理工器具	工具整理，摆放整齐	5	未整理工器具扣5分		
3.2	工作现场清理	清理现场	5	未清理现场扣5分		
4	填写记录					
4.1	填写维保记录单	内容全面，记录规范	10	填写不全面，每少一项扣2分，扣完为止		
合计			100			

Jc0005342069　液压缸爬行和局部速度不均匀故障排除。（100分）

考核知识点：牵张机故障分析

难易度：中

技能等级评价专业技能考核操作工作任务书

一、任务名称

液压缸爬行和局部速度不均匀故障排除。

二、适用工种

机具维护工高级工。

三、具体任务

牵张机液压缸爬行和局部速度不均匀故障排除。

四、工作规范及要求

（1）掌握牵张机液压系统的知识。

（2）故障的正确分析及处理。

（3）工器具的正确使用及做好安全防护。

五、考核时间及要求

（1）本模块操作时间为 40 分钟，时间到停止考评。

（2）考评过程中如果由于测试人员操作不规范，有可能引发不安全因素的，停止考评，该项考核项目不得分，但不影响其他项目。

技能等级评价专业技能考核操作评分标准

工种	机具维护工					评价等级	高级工
项目模块	专业知识—机具故障排除				编号	Jc0005342069	
单位		准考证号				姓名	
考试时限	40 分钟		题型	单项操作		题分	100 分
成绩		考评员		考评组长		日期	
试题正文	液压缸爬行和局部速度不均匀故障排除						
需要说明的问题和要求	（1）要求单人操作，考评员监护。 （2）在设定考试工位上完成操作。 （3）操作结束后，待考评员同意后方可离开考场。 （4）设置故障点为：活塞杆弯曲						

序号	项目名称	质量要求	满分	扣分标准	扣分原因	得分
1	准备工作					
1.1	相关安全措施的准备	着装应符合安全要求：穿工作服、戴线手套、注意安全防护	5	未按要求穿工作服扣 3 分； 未按要求戴手套扣 2 分		
1.2	工器具、设备及辅助设备备品备件完备	检查工器具及辅助设备是否齐全洁净，符合作业要求	5	少一件工器具扣 1 分，扣完为止		
2	操作步骤					
2.1	故障原因分析	（1）液压系统中有空气。 （2）缸盖活塞杆密封装置过紧或过松。 （3）液压缸安装位置不正确，液压缸活动时有卡滞现象。 （4）液压缸变形、液压缸内壁损伤、活塞杆弯曲	20	每少分析或分析不正确一处扣 5 分，扣完为止		
2.2	设备检查	（1）检查液压系统，排除油泵进油端空气。 （2）检查缸盖活塞杆密封装置，若不合适更换符合规定的密封圈。 （3）检查液压缸安装位置，若不合适调整液压缸安装位置。 （4）检查液压缸和活塞杆，若有变形或损伤，进行检修或更换	20	检查不到位，每处扣 5 分，扣完为止		
2.3	确定故障	活塞杆弯曲	10	确认不正确扣 10 分		
2.4	故障排除	校正活塞杆	10	操作顺序、方法不正确，每处扣 1 分； 丢失或漏装零部件，每只扣 1 分； 扣完为止		
2.5	故障排除后检查	重新启动牵张机，牵张机液压缸运行正常	10	牵张机液压缸运行不正常扣 10 分		
3	工作结束					
3.1	整理工器具	工具整理，摆放整齐	5	未整理工器具扣 5 分		
3.2	工作现场清理	清理现场	5	未清理现场扣 5 分		
4	填写记录					
4.1	填写维保记录单	内容全面，记录规范	10	填写不全面，每少一项扣 2 分，扣完为止		
合计			100			

Jc0005343070　柱塞泵配流盘的检查测量。(100 分)

考核知识点：牵张机柱塞泵检测

难易度：难

技能等级评价专业技能考核操作工作任务书

一、任务名称

柱塞泵配流盘的检查测量。

二、适用工种

机具维护工高级工。

三、具体任务

牵张机柱塞泵配流盘的检查测量。

四、工作规范及要求

(1) 掌握牵张机液压系统的性能。

(2) 故障的正确分析及处理。

(3) 工器具的正确使用及做好安全防护。

五、考核时间及要求

(1) 本模块操作时间为 30 分钟，时间到停止考评。

(2) 考评过程中如果由于测试人员操作不规范，有可能引发不安全因素的，停止考评，该项考核项目不得分，但不影响其他项目。

技能等级评价专业技能考核操作评分标准

工种	机具维护工				评价等级	高级工
项目模块	专业知识—机具试验检测			编号	Jc0005343070	
单位		准考证号			姓名	
考试时限	30 分钟	题型	单项操作		题分	100 分
成绩		考评员		考评组长		日期	
试题正文	柱塞泵配流盘的检查测量					
需要说明的问题和要求	(1) 要求单人操作，考评员监护。 (2) 在设定考试工位上完成操作。 (3) 操作结束后，待考评员同意后方可离开现场。 (4) 备注：配流盘已分解					

序号	项目名称	质量要求	满分	扣分标准	扣分原因	得分
1	准备工作					
1.1	相关安全措施的准备	着装应符合安全要求：穿工作服、戴线手套、注意安全防护	5	未按要求穿工作服扣 3 分； 未按要求戴手套扣 2 分		
1.2	工器具、设备及辅助设备备品备件完备	检查工器具及辅助设备是否齐全洁净，符合作业要求	5	少一件工器具扣 1 分，扣完为止		
2	操作步骤					
2.1	目测	检查内环和外环的磨损情况，可分为光滑明亮、细致划痕、小地图形缺口、硬拉伤、划痕重、缺口等情况	30	检查不到位，每处扣 15 分，扣完为止		

续表

序号	项目名称	质量要求	满分	扣分标准	扣分原因	得分
2.2	平面度和平行度的测量	（1）第一步，使用刀口尺先查看盘的平面度，属于粗检。刀口尺用于检查平面的变形程度，例如，检查配流盘、衬板、止推盘以及缸体配油面的平面。检查时，使用刀口压住平面，对着亮处观察刀口与盘面的间隙。如果盘面是不平整的，无需进行下一步检验。 （2）第二步，使用千分尺测量周向多点。测量平面度：测量盘的内侧和外侧至少 8 点，尽量均匀测量，用最大值减去最小值；测量平行度：在盘的外侧至少测量 4 点，对称测量，用测得的最大值减去最小值，得到平行度。 （3）第三步，使用千分表在平台上校验平面度和平行度。将盘平放在平台上，将表架吸附在平台上，将千分表固定在摇臂的端头，并将顶尖抵在盘面的一个设定点上，将表针调至 0 位，慢慢移动盘，同时观察表针的变化，读出千分表示值的最大值和最小值之差，此差就是平面度	40	测量方法、步骤不正确，每处扣 10 分； 测量数据超差，每处扣 5 分； 扣完为止		
3	工作结束					
3.1	整理工器具	工具整理，摆放整齐	5	未整理工器具扣 5 分		
3.2	工作现场清理	清理现场	5	未清理现场扣 5 分		
4	填写记录					
4.1	填写检查记录单	内容全面，记录规范	10	填写不全面，每处扣 2 分，扣完为止		
合计			100			

Jc0005343071 柱塞泵泵轴（传动轴）的检测。（100 分）

考核知识点：牵张机柱塞泵检测

难易度：难

技能等级评价专业技能考核操作工作任务书

一、任务名称

柱塞泵泵轴（传动轴）的检测。

二、适用工种

机具维护工高级工。

三、具体任务

牵张机柱塞泵泵轴（传动轴）的检测。

四、工作规范及要求

（1）掌握牵张机液压系统的性能。

（2）故障的正确分析及处理。

（3）工器具的正确使用及做好安全防护。

五、考核时间及要求

（1）本模块操作时间为 30 分钟，时间到停止考评。

（2）考评过程中如果由于测试人员操作不规范，有可能引发不安全因素的，停止考评，该项考核项目不得分，但不影响其他项目。

技能等级评价专业技能考核操作评分标准

工种	机具维护工					评价等级	高级工
项目模块	专业知识—机具试验检测				编号	Jc0005343071	
单位			准考证号			姓名	
考试时限	30 分钟		题型	单项操作		题分	100 分
成绩		考评员		考评组长		日期	
试题正文	柱塞泵泵轴（传动轴）的检测						
需要说明的问题和要求	（1）要求单人操作，考评员监护。 （2）在设定考试工位上完成操作。 （3）操作结束后，待考评员同意后方可离开现场。 （4）备注：柱塞泵转动轴已分解						

序号	项目名称	质量要求	满分	扣分标准	扣分原因	得分
1	准备工作					
1.1	相关安全措施的准备	着装应符合安全要求：穿工作服、戴线手套、注意安全防护	5	未按要求穿工作服扣 3 分； 未按要求戴手套扣 2 分		
1.2	工器具及辅助设备备品备件完备	柱塞泵 1 台，常用机修工具及测量工具	5	少一件工器具扣 1 分，扣完为止		
2	操作步骤					
2.1	目测	（1）检查主轴的键槽连接，包括主轴轴伸键连接、缸体花键和补油泵花键连接。 （2）检查主轴密封处的磨损情况，是否出现沟槽，确定是否需要修复或者更换	30	检查不到位，每处扣 8 分，扣完为止		
2.2	测量	（1）测量主轴与缸体连接间隙。 （2）测量主轴直线度。 （3）用千分尺测量主轴轴承面的直径 2 处，主轴密封处的外径	40	不会测量扣 40 分； 测量步骤、方法不正确，每处扣 10 分； 测量数据不准确，每处扣 2 分； 扣完为止		
3	工作结束					
3.1	整理工器具	工具整理，摆放整齐	5	未整理工器具扣 5 分		
3.2	工作现场清理	清理现场	5	未清理现场扣 5 分		
4	填写记录					
4.1	填写检查记录单	内容全面，记录规范	10	填写不全面，每处扣 2 分，扣完为止		
合计			100			

Jc0005343072　柱塞泵柱塞的检测。（100 分）

考核知识点： 牵张机柱塞泵检测

难易度： 难

技能等级评价专业技能考核操作工作任务书

一、任务名称

柱塞泵柱塞的检测。

二、适用工种

机具维护工高级工。

三、具体任务

牵张机柱塞泵柱塞的检测。

四、工作规范及要求

（1）掌握牵张机液压系统的知识。

（2）故障的正确分析及处理。

（3）工器具的正确使用及做好安全防护。

五、考核时间及要求

（1）本模块操作时间为 30 分钟，时间到停止考评。

（2）考评过程中如果由于测试人员操作不规范，有可能引发不安全因素的，停止考评，该项考核项目不得分，但不影响其他项目。

技能等级评价专业技能考核操作评分标准

工种	机具维护工					评价等级	高级工
项目模块	专业知识—机具试验检测				编号	Jc0005343072	
单位			准考证号			姓名	
考试时限	30 分钟		题型	单项操作		题分	100 分
成绩		考评员		考评组长		日期	
试题正文	柱塞泵柱塞的检测						
需要说明的问题和要求	（1）要求单人操作，考评员监护。 （2）在设定考试工位上完成操作。 （3）操作结束后，待考评员同意后方可离开现场						

序号	项目名称	质量要求	满分	扣分标准	扣分原因	得分
1	准备工作					
1.1	相关安全措施的准备	着装应符合安全要求：穿工作服、戴线手套、注意安全防护	5	未按要求穿工作服扣 3 分； 未按要求戴手套扣 2 分		
1.2	工器具、设备及辅助设备备品备件完备	检查工器具及辅助设备是否齐全洁净，符合作业要求	5	少一件工器具扣 1 分，扣完为止		
2	操作步骤					
2.1	检查	（1） 柱塞的滑靴端面、滑靴背面磨损情况。 （2） 滑靴与柱塞连接面的连接情况。 （3） 柱塞圆形表面的磨损情况。 （4） 柱塞和滑靴中间油道是否畅通	30	检查不到位，每处扣 8 分，扣完为止		
2.2	测量	（1） 测量柱塞的圆度、圆柱度符合标准。 （2） 测量柱塞与滑靴的配合间隙。 （3） 测量滑靴的厚度符合规定	40	方法、步骤不正确，每处扣 10 分； 测量数据不正确，每处扣 5 分； 扣完为止		
3	工作结束					
3.1	整理工器具	工具整理，摆放整齐	5	未整理工器具扣 5 分		
3.2	工作现场清理	将检查原件归位	5	未清理现场扣 5 分		
4	填写记录					
4.1	填写检查记录单	内容全面，记录规范	10	填写不全面，每处扣 2 分，扣完为止		
合计			100			

Jc0005343073　柴油发电机组缺缸故障排除。（100分）

考核知识点：柴油发电机组故障分析

难易度：难

技能等级评价专业技能考核操作工作任务书

一、任务名称

柴油发电机组缺缸故障排除。

二、适用工种

机具维护工高级工。

三、具体任务

完成柴油发电机组缺缸故障排除。

四、工作规范及要求

（1）了解往柴油发电机组的构造及性能。

（2）故障的正确分析及处理。

（3）工器具的正确使用及做好安全防护。

五、考核时间及要求

（1）本模块操作时间为60分钟，时间到停止考评。

（2）考评过程中如果由于测试人员操作不规范，有可能引发不安全因素的，停止考评，该项考核项目不得分，但不影响其他项目。

技能等级评价专业技能考核操作评分标准

工种	机具维护工					评价等级	高级工
项目模块	专业知识—机具故障排除				编号	Jc0005343073	
单位		准考证号				姓名	
考试时限	60分钟		题型	单项操作		题分	100分
成绩		考评员		考评组长		日期	
试题正文	柴油发电机组缺缸故障排除						
需要说明的问题和要求	（1）要求单人操作，考评员监护。 （2）在设定考试工位上完成操作。 （3）操作结束后，待考评员同意后方可离开考场。 （4）设置故障点为：某缸燃烧器不工作						

序号	项目名称	质量要求	满分	扣分标准	扣分原因	得分
1	准备工作					
1.1	相关安全措施的准备	着装应符合安全要求：穿工作服、戴线手套、注意安全防护	5	未按要求穿工作服扣3分； 未按要求戴手套扣2分		
1.2	工器具及辅助设备备品备件完备	检查工器具及辅助设备是否齐全洁净，符合作业要求	5	少一件工器具扣1分，扣完为止		
2	操作步骤					
2.1	故障原因分析	（1）个别气缸工作不良。 （2）个别燃烧器故障。 （3）喷油泵个别出油阀故障	20	每少分析或分析不正确一处扣7分，扣完为止		
2.2	设备检查	检查发动机，确定具体不工作气缸，并分析原因（如燃烧器不工作、气缸压力低、燃烧器故障）	20	检查不到位，每处扣7分，扣完为止		
2.3	确定故障	燃烧器不工作	10	故障确认不正确扣10分		

续表

序号	项目名称	质量要求	满分	扣分标准	扣分原因	得分
2.4	故障排除	更换燃烧器	10	操作顺序、方法不正确，每处扣 1 分； 丢失或漏装零部件，每只扣 1 分； 扣完为止		
2.5	故障排除后检查	重新启动柴油发电机，设备运转正常，故障排除	10	柴油发电机运行不正常扣 10 分		
3	工作结束					
3.1	整理工器具	工具整理，摆放整齐	5	未整理工器具扣 5 分		
3.2	工作现场清理	清理现场	5	未清理现场扣 5 分		
4	填写记录					
4.1	填写维保记录单	内容全面，记录规范	10	填写不全面，每少一项扣 2 分，扣完为止		
合计			100			

Jc0005343074　柴油发电机组冷却器溢水故障排除。（100 分）

考核知识点：柴油发电机组故障分析

难易度：难

技能等级评价专业技能考核操作工作任务书

一、任务名称

柴油发电机组汽缸溢水故障排除。

二、适用工种

机具维护工高级工。

三、具体任务

完成柴油发电机组汽缸溢水故障排除。

四、工作规范及要求

（1）了解柴油发电机组的构造及性能。

（2）故障的正确分析及处理。

（3）工器具的正确使用及做好安全防护。

五、考核时间及要求

（1）本模块操作时间为 60 分钟，时间到停止考评。

（2）考评过程中如果由于测试人员操作不规范，有可能引发不安全因素的，停止考评，该项考核项目不得分，但不影响其他项目。

技能等级评价专业技能考核操作评分标准

<table>
<tr><td>工种</td><td colspan="5">机具维护工</td><td>评价等级</td><td>高级工</td></tr>
<tr><td>项目模块</td><td colspan="4">专业知识—机具故障排除</td><td>编号</td><td colspan="2">Jc0005343074</td></tr>
<tr><td>单位</td><td colspan="2"></td><td>准考证号</td><td colspan="2"></td><td>姓名</td><td></td></tr>
<tr><td>考试时限</td><td>60 分钟</td><td>题型</td><td colspan="3">单项操作</td><td>题分</td><td>100 分</td></tr>
<tr><td>成绩</td><td>考评员</td><td></td><td>考评组长</td><td colspan="2"></td><td>日期</td><td></td></tr>
<tr><td>试题正文</td><td colspan="7">柴油发电机组汽缸溢水故障排除</td></tr>
<tr><td>需要说明的问题和要求</td><td colspan="7">（1）要求单人操作，考评员监护。
（2）在设定考试工位上完成操作。
（3）操作结束后，待考评员同意后方可离开考场。
（4）设置故障点为：水泵故障</td></tr>
</table>

续表

序号	项目名称	质量要求	满分	扣分标准	扣分原因	得分
1	准备工作					
1.1	相关安全措施的准备	着装应符合安全要求：穿工作服、戴线手套、注意安全防护	5	未按要求穿工作服扣 3 分； 未按要求戴手套扣 2 分		
1.2	工器具及辅助设备备品备件完备	检查工器具及辅助设备是否齐全洁净，符合作业要求	5	少一件工器具扣 1 分，扣完为止		
2	操作步骤					
2.1	故障原因分析	（1）长时间超负荷作业。 （2）散热器盖密封不良。 （3）冷却液不足。 （4）风扇皮带过松或风扇变形。 （5）散热器表面附着杂物。 （6）冷却液循环不畅。 （7）节温器或水泵损坏。 （8）环境温度过高	20	每少分析或分析不正确一处扣 3 分，扣完为止		
2.2	设备检查	（1）检查是否长时间超负荷作业，若超负荷，减低负荷。 （2）检查散热器盖密封情况，并进行检修。 （3）检查散热器及膨胀水箱内冷却液存量。液位低时应及时补充。 （4）检查柴油机风扇皮带是否松弛及风扇形状是否异常。如果风扇皮带过松进行调整，风扇变形进行更换。 （5）检查散热器表面，若有杂物，进行清洁。 （6）检查节温器、水泵是否工作正常。如有损坏，进行更换。 （7）环境温度如过高应停机冷却。 （8）检查是否长时间超负荷作业	20	检查不到位，每处扣 3 分，扣完为止		
2.3	确定故障	水泵故障	10	故障确认不正确扣 10 分，扣完为止		
2.4	故障排除	更换水泵	10	操作顺序、方法不正确，每处扣 1 分； 丢失或漏装零部件，每只扣 1 分； 扣完为止		
2.5	故障排除后检查	重新启动发电机组，设备运转正常，故障排除	10	发电机组运行不正常扣 10 分		
3	工作结束					
3.1	整理工器具	工具整理，摆放整齐	5	未整理工器具扣 5 分		
3.2	工作现场清理	清理现场	5	未清理现场扣 5 分		
4	填写记录					
4.1	填写维保记录单	内容全面，记录规范	10	填写不全面，每少一项扣 2 分，扣完为止		
合计			100			

Jc0005341075　导线卡线器的检查。（100 分）

考核知识点：导线卡线器检查

难易度：易

技能等级评价专业技能考核操作工作任务书

一、任务名称

导线卡线器的检查。

二、适用工种

机具维护工高级工。

三、具体任务

400 型导线卡线器的检查。

四、工作规范及要求

掌握导线卡线器使用要求。

五、考核时间及要求

（1）本模块操作时间为 5 分钟，时间到停止考评。

（2）考评过程中如果由于测试人员操作不规范，有可能引发不安全因素的，停止考评，该项考核项目不得分，但不影响其他项目。

技能等级评价专业技能考核操作评分标准

工种	机具维护工					评价等级	高级工
项目模块	专业知识—机具检查检修				编号		Jc0005341075
单位			准考证号			姓名	
考试时限	5 分钟		题型	单项操作		题分	100 分
成绩		考评员		考评组长		日期	
试题正文	导线卡线器的检查						
需要说明的问题和要求	（1）要求单人操作，考评员监护。 （2）在设定考试工位上完成操作。 （3）操作结束后，待考评员同意后方可离开考场						

序号	项目名称	质量要求	满分	扣分标准	扣分原因	得分
1	准备工作					
1.1	相关安全措施的准备	着装应符合安全要求：穿工作服、戴线手套、注意安全防护	5	未按要求穿工作服扣 3 分； 未按要求戴手套扣 2 分		
1.2	工器具及辅助设备完备	检查工器具及辅助设备是否齐全洁净，符合作业要求	5	少一件工器具扣 1 分，扣完为止		
2	检查项目					
2.1	标牌或标识的检查	标牌或标识（包含名称、型号、荷载、厂家、出厂日期等）明显	20	检查不到位，每处扣 4 分，扣完为止		
2.2	外观检查	（1）检查卡线器无腐蚀、损伤、裂纹、磨损等。 （2）卡线器所有销钉及连接件完好、锁销完好及开合灵活。 （3）卡线器卡口内无磨损或划伤等现象。 （4）夹嘴长度符合要求	50	检查不到位，每处扣 10 分，扣完为止		
3	工作结束					
3.1	整理工具	工具整理、摆放整齐	5	未整理工器具扣 5 分		
3.2	工作现场清理	清理现场	5	未清理现场扣 5 分		
4	填写记录					
4.1	填写检查记录单	内容全面，记录规范	10	填写不全面，每少一项扣 2 分，扣完为止		
合计			100			

Jc0005341076　双钩紧线器的检查。（100 分）

考核知识点：双钩紧线器检查

难易度：易

技能等级评价专业技能考核操作工作任务书

一、任务名称

双钩紧线器的检查。

二、适用工种

机具维护工高级工。

三、具体任务

5t 双钩紧线器的检查。

四、工作规范及要求

掌握双钩紧线器使用要求。

五、考核时间及要求

（1）本模块操作时间为 5 分钟，时间到停止考评。

（2）考评过程中如果由于测试人员操作不规范，有可能引发不安全因素的，停止考评，该项考核项目不得分，但不影响其他项目。

技能等级评价专业技能考核操作评分标准

工种	机具维护工				评价等级	高级工
项目模块	专业知识—机具检查检修			编号	Jc0005341076	
单位		准考证号			姓名	
考试时限	5 分钟	题型	单项操作		题分	100 分
成绩		考评员		考评组长	日期	
试题正文	双钩紧线器的检查					
需要说明的问题和要求	（1）要求单人操作，考评员监护。 （2）在设定考试工位上完成操作。 （3）操作结束后，待考评员同意后方可离开考场					

序号	项目名称	质量要求	满分	扣分标准	扣分原因	得分
1	准备工作					
1.1	相关安全措施的准备	着装应符合安全要求：穿工作服、戴线手套、注意安全防护	5	未按要求穿工作服扣 3 分； 未按要求戴手套扣 2 分		
1.2	工器具及辅助设备完备	检查工器具及辅助设备是否齐全洁净，符合作业要求	5	少一件工器具扣 1 分，扣完为止		
2	检查项目					
2.1	标牌或标识的检查	标牌或标识（包含名称、型号、荷载、厂家、出厂日期等）明显	20	检查不到位，每处扣 4 分，扣完为止		
2.2	外观检查	（1）双钩紧线器有无裂纹、影响使用的变形、严重腐蚀、磨损以及出现卡涩现象。 （2）双钩紧线器的安全锁片有无损坏或不能自动锁定。 （3）双钩紧线器的钩扣磨损是否超过规定值。 （4）双钩紧线器的安全销有无损坏或脱落	30	检查不到位，每处扣 5 分，扣完为止		

续表

序号	项目名称	质量要求	满分	扣分标准	扣分原因	得分
2.3	无载转动的检查	双钩紧线器在无荷载状态下，用手旋转两端钩头等各转动部位时，应转动灵活，无卡阻现象	20	检查不到位，每处扣5分，扣完为止		
3	工作结束					
3.1	整理工具	工具整理、摆放整齐	5	未整理工器具扣5分		
3.2	工作现场清理	清理现场	5	未清理现场扣5分		
4	填写记录					
4.1	填写检查记录单	内容全面，记录规范	10	填写不全面，每少一项扣2分，扣完为止		
合计			100			

Jc0005341077 提线器的检查。(100分)

考核知识点：提线器检查

难易度：易

技能等级评价专业技能考核操作工作任务书

一、任务名称

提线器的检查。

二、适用工种

机具维护工高级工。

三、具体任务

三线提线器的检查。

四、工作规范及要求

掌握提线器使用要求。

五、考核时间及要求

（1）本模块操作时间为5分钟，时间到停止考评。

（2）考评过程中如果由于测试人员操作不规范，有可能引发不安全因素的，停止考评，该项考核项目不得分，但不影响其他项目。

技能等级评价专业技能考核操作评分标准

工种	机具维护工					评价等级	高级工
项目模块	专业知识—机具检查检修				编号	Jc0005341077	
单位		准考证号				姓名	
考试时限	5分钟	题型	单项操作			题分	100分
成绩		考评员		考评组长		日期	
试题正文	提线器的检查						
需要说明的问题和要求	（1）要求单人操作，考评员监护。 （2）在设定考试工位上完成操作。 （3）操作结束后，待考评员同意后方可离开考场						

序号	项目名称	质量要求	满分	扣分标准	扣分原因	得分
1	准备工作					

续表

序号	项目名称	质量要求	满分	扣分标准	扣分原因	得分
1.1	相关安全措施的准备	着装应符合安全要求：穿工作服、戴线手套、注意安全防护	5	未按要求穿工作服扣3分； 未按要求戴手套扣2分		
1.2	工器具及辅助设备完备	检查工器具及辅助设备是否齐全洁净，符合作业要求	5	少一件工器具扣1分，扣完为止		
2	检查项目					
2.1	标牌或标识的检查	标牌或标识（包含名称、型号、荷载、厂家、出厂日期等）明显	20	检查不到位，每处扣4分，扣完为止		
2.2	外观检查	（1）提线工具所有金属部件有无出现锈蚀、裂纹、变形等现象。 （2）提线工具与导线接触面的结构要求，符合GB/T 15632—2008《带电作业用提线工具通用技术条件》规定。 （3）提线工具的所有连接钢丝绳接头处的包胶有无破损。 （4）提线工具的所有钢丝绳有无破损、扭结、锈蚀、磨损等现象	40	检查不到位，每处扣5分，扣完为止		
2.3	无载转动的检查	提线工具的吊钩、吊点滑车等旋转、活动部位是否灵活，有无卡滞现象	10	检查不到位，每处扣2分，扣完为止		
3	工作结束					
3.1	整理工具	工具整理、摆放整齐	5	未整理工器具扣5分		
3.2	工作现场清理	清理现场	5	未清理现场扣5分		
4	填写记录					
4.1	填写检查记录单	内容全面，记录规范	10	填写不全面，每少一项扣2分，扣完为止		
合计			100			

Jc0005341078　放线滑车的检查。（100分）

考核知识点：放线滑车检查

难易度：易

技能等级评价专业技能考核操作工作任务书

一、任务名称

放线滑车的检查。

二、适用工种

机具维护工高级工。

三、具体任务

SHD-3N-560/35型放线滑车的检查。

四、工作规范及要求

掌握放线滑车机械性能及使用要求。

五、考核时间及要求

（1）本模块操作时间为20分钟，时间到停止考评。

（2）考评过程中如果由于测试人员操作不规范，有可能引发不安全因素的，停止考评，该项考核项目不得分，但不影响其他项目。

技能等级评价专业技能考核操作评分标准

工种	机具维护工					评价等级	高级工
项目模块	专业知识一机具检查检修				编号	Jc0005341078	
单位			准考证号			姓名	
考试时限	20 分钟	题型		单项操作		题分	100 分
成绩		考评员		考评组长		日期	
试题正文	放线滑车的检查						
需要说明的问题和要求	（1）要求单人操作，考评员监护。 （2）在设定考试工位上完成操作。 （3）操作结束后，待考评员同意后方可离开考场						

序号	项目名称	质量要求	满分	扣分标准	扣分原因	得分
1	准备工作					
1.1	相关安全措施的准备	着装应符合安全要求：穿工作服、戴线手套、注意安全防护	5	未按要求穿工作服扣 3 分； 未按要求戴手套扣 2 分		
1.2	工器具及辅助设备完备	检查工器具及辅助设备是否齐全洁净，符合作业要求	5	少一件工器具扣 1 分，扣完为止		
2	检查项目					
2.1	标牌或标识的检查	标牌或标识（包含名称、型号、荷载、厂家、出厂日期等）明显	10	检查不到位，每处扣 4 分，扣完为止		
2.2	外观检查	（1）滑车外表整洁、完好。 （2）滑车直立地面无倾斜、扭曲、架体不同步现象。 （3）所有金属件无锈蚀、开裂、裂纹等。 （4）滑车轮片完好，无开裂、碎片、破损、腐蚀、老化现象。 （5）防护板（防跳槽）安装完好。 （6）滑车销钉完好可靠。 （7）滑车轮片间的间隙不大于 4mm，轮片与架体间隙不大于 6mm。 （8）滑车轮片的左右晃动量不大于滑车轮片厚度的 0.3%～0.5%	50	检查不到位，每处扣 5 分，扣完为止		
2.3	无载转动的检查	各滑轮转动灵活，无阻塞、卡顿现象	10	检查不到位，每处扣 2 分，扣完为止		
3	工作结束					
3.1	整理工器具	工具整理，摆放整齐	5	未整理工器具扣 5 分		
3.2	工作现场清理	清理现场	5	未清理现场扣 5 分		
4	填写记录					
4.1	填写检查记录单	内容全面，记录规范	10	填写不全面，每少一项扣 2 分，扣完为止		
合计			100			

Jc0005341079　飞车的检查。（100 分）

考核知识点： 飞车检查

难易度： 易

技能等级评价专业技能考核操作工作任务书

一、任务名称

飞车的检查。

二、适用工种

机具维护工高级工。

三、具体任务

双线飞车的检查。

四、工作规范及要求

掌握飞车机械性能及使用要求。

五、考核时间及要求

（1）本模块操作时间为10分钟，时间到停止考评。

（2）考评过程中如果由于测试人员操作不规范，有可能引发不安全因素的，停止考评，该项考核项目不得分，但不影响其他项目。

技能等级评价专业技能考核操作评分标准

工种	机具维护工				评价等级	高级工
项目模块	专业知识—机具检查检修			编号	Jc0005341079	
单位			准考证号		姓名	
考试时限	10分钟	题型	单项操作		题分	100分
成绩		考评员		考评组长	日期	
试题正文	飞车的检查					
需要说明的问题和要求	（1）要求单人操作，考评员监护。 （2）在设定考试工位上完成操作。 （3）操作结束后，待考评员同意后方可离开考场					

序号	项目名称	质量要求	满分	扣分标准	扣分原因	得分
1	准备工作					
1.1	相关安全措施的准备	着装应符合安全要求：穿工作服、戴线手套、注意安全防护	5	未按要求穿工作服扣3分； 未按要求戴手套扣2分		
1.2	工器具及辅助设备完备	检查工器具及辅助设备是否齐全洁净，符合作业要求	5	少一件工器具扣1分，扣完为止		
2	检查项目					
2.1	标牌或标识的检查	标牌或标识（包含名称、型号、荷载、厂家、出厂日期等）明显	10	检查不到位，每处扣2分，扣完为止		
2.2	外观检查	（1）飞车外表整洁、完好无缺件。 （2）飞车直立地面无倾斜、扭曲、架体变形现象。 （3）所有金属件无锈蚀、开裂、裂纹、变形等。 （4）所有焊接点无开裂、变形、锈蚀等	40	检查不到位，每处扣4分，扣完为止		
2.3	无载转动的检查	（1）飞车所有转动部位转动灵活，无滞涩、卡顿等现象。 （2）所有人员乘坐位置及踩踏位置安全可靠，动作灵活。 （3）链条及齿轮机构动作灵活，保养合格	10	检查不到位，每处扣2分，扣完为止		
2.4	刹车装置的检查	所有刹车装置安全可靠	10	检查不到位，每处扣5分，扣完为止		
3	工作结束					
3.1	整理工器具	工具整理，摆放整齐	5	未整理工器具扣5分		
3.2	工作现场清理	清理现场	5	未清理现场扣5分		

续表

序号	项目名称	质量要求	满分	扣分标准	扣分原因	得分
4	填写记录					
4.1	填写检查记录单	内容全面，记录规范	10	填写不全面，每少一项扣 2 分，扣完为止		
	合计		100			

Jc0005341080　抱杆钢结构的维护保养。（100 分）

考核知识点：抱杆维护保养

难易度：易

技能等级评价专业技能考核操作工作任务书

一、任务名称

抱杆钢结构的维护保养。

二、适用工种

机具维护工高级工。

三、具体任务

落地式摇臂抱杆钢结构的维护保养。

四、工作规范及要求

（1）掌握落地式摇臂抱杆使用要求。

（2）工器具的正确使用及做好安全措施。

五、考核时间及要求

（1）本模块操作时间为 20 分钟，时间到停止考评。

（2）考评过程中如果由于测试人员操作不规范，有可能引发不安全因素的，停止考评，该项考核项目不得分，但不影响其他项目。

技能等级评价专业技能考核操作评分标准

<table>
<tr><td>工种</td><td colspan="5">机具维护工</td><td>评价等级</td><td>高级工</td></tr>
<tr><td>项目模块</td><td colspan="4">专业知识—机具维护保养</td><td>编号</td><td colspan="2">Jc0005341080</td></tr>
<tr><td>单位</td><td colspan="2"></td><td>准考证号</td><td colspan="2"></td><td>姓名</td><td></td></tr>
<tr><td>考试时限</td><td>20 分钟</td><td>题型</td><td colspan="3">单项操作</td><td>题分</td><td>100 分</td></tr>
<tr><td>成绩</td><td></td><td>考评员</td><td></td><td>考评组长</td><td></td><td>日期</td><td></td></tr>
<tr><td>试题正文</td><td colspan="7">抱杆钢结构的维护保养</td></tr>
<tr><td>需要说明的问题和要求</td><td colspan="7">（1）要求单人操作，考评员监护。
（2）在设定考试工位上完成操作。
（3）操作结束后，待考评员同意后方可离开考场</td></tr>
</table>

序号	项目名称	质量要求	满分	扣分标准	扣分原因	得分
1	准备工作					
1.1	相关安全措施的准备	着装应符合安全要求：穿工作服、戴线手套、注意安全防护	5	未按要求穿工作服扣 3 分； 未按要求戴手套扣 2 分		
1.2	工器具及辅助设备完备	检查工器具及辅助设备是否齐全洁净，符合作业要求	5	少一件工器具扣 1 分，扣完为止		
2	操作步骤					

续表

序号	项目名称	质量要求	满分	扣分标准	扣分原因	得分
2.1	维护保养	（1）标识不清，重新打标示	10	维护保养不到位扣 10 分		
		（2）清理抱杆上的污垢、泥土、杂物	10	维护保养不到位扣 10 分		
		（3）清理抱杆各处的锈蚀点，并做防腐处理	10	维护保养不到位扣 10 分		
		（4）校正抱杆辅材的轻微变形点、并做防腐处理	20	维护保养不到位扣 20 分		
		（5）检查滑车轮片完好，无开裂、破损、腐蚀、老化等现象，如有进行维修或更换	20	维护保养不到位扣 20 分		
3	工作结束					
3.1	整理工具	工具整理、摆放整齐	5	未整理工器具扣 5 分		
3.2	工作现场清理	清理现场	5	未清理现场扣 5 分		
4	填写记录					
4.1	填写维保记录单	内容全面，记录规范	10	填写不全面，每少一项扣 2 分，扣完为止		
合计			100			

Jc0005341081　飞车的维护保养。(100 分)

考核知识点： 飞车维护保养

难易度： 易

技能等级评价专业技能考核操作工作任务书

一、任务名称

飞车的维护保养。

二、适用工种

机具维护工高级工。

三、具体任务

双线飞车的维护保养。

四、工作规范及要求

（1）掌握双线飞车机械性能及使用要求。

（2）工器具的正确使用及做好安全措施。

五、考核时间及要求

（1）本模块操作时间为 30 分钟，时间到停止考评。

（2）考评过程中如果由于测试人员操作不规范，有可能引发不安全因素的，停止考评，该项考核项目不得分，但不影响其他项目。

技能等级评价专业技能考核操作评分标准

工种	机具维护工			评价等级	高级工		
项目模块	专业知识—机具维护保养			编号	Jc0005341081		
单位		准考证号		姓名			
考试时限	30 分钟	题型		单项操作		题分	100 分
成绩		考评员		考评组长		日期	

续表

试题正文	飞车的维修保养					
需要说明的问题和要求	（1）要求单人操作，考评员监护。 （2）在设定考试工位上完成操作。 （3）操作结束后，待考评员同意后方可离开考场					
序号	项目名称	质量要求	满分	扣分标准	扣分原因	得分
1	准备工作					
1.1	相关安全措施的准备	着装应符合安全要求：穿工作服、戴线手套、注意安全防护	5	未按要求穿工作服扣 3 分； 未按要求戴手套扣 2 分		
1.2	工器具及辅助设备完备	检查工器具及辅助设备是否齐全洁净，符合作业要求	5	少一件工器具扣 1 分，扣完为止		
2	操作步骤					
2.1	维护保养	标示标牌不清晰、重新打印标示	5	维护保养不到位扣 5 分		
		清洁污垢、锈蚀部分做防护处理	5	维护保养不到位扣 5 分		
		检查所有钢管及连接处，判断是否需要维修	10	维护保养不到位扣 10 分		
		检查整体变形情况，判断是否需要维修	10	维护保养不到位扣 10 分		
		检查导线刹车、不合格则更换	10	维护保养不到位扣 10 分		
		检查导线轮、不合格则更换	10	维护保养不到位扣 10 分		
		检查所有接口，如有轻微开裂及时补焊	10	维护保养不到位扣 10 分		
		检查链条、坐垫、脚踏、传动棘轮、飞轮等完好	10	维护保养不到位扣 10 分		
3	工作结束					
3.1	整理工器具	工具整理，摆放整齐	5	未整理工器具扣 2 分		
3.2	工作现场清理	清理现场	5	未清理现场扣 5 分		
4	填写记录					
4.1	填写维保记录单	内容全面，记录规范	10	填写不全面，每少一项扣 2 分，扣完为止		
合计			100			

Jc0005342082 发动机汽缸压力的测量。（100 分）

考核知识点：发动机检测

难易度：中

技能等级评价专业技能考核操作工作任务书

一、任务名称

发动机汽缸压力的测量。

二、适用工种

机具维护工高级工。

三、具体任务

牵引机康明斯 B 系列发动机汽缸压力的测量。

四、工作规范及要求

（1）掌握发动机的工作性能。

（2）工器具的正确使用及做好安全措施。

五、考核时间及要求

（1）本模块操作时间为30分钟，时间到停止考评。

（2）考评过程中如果由于测试人员操作不规范，有可能引发不安全因素的，停止考评，该项考核项目不得分，但不影响其他项目。

技能等级评价专业技能考核操作评分标准

<table>
<tr><td>工种</td><td colspan="5">机具维护工</td><td>评价等级</td><td>高级工</td></tr>
<tr><td>项目模块</td><td colspan="4">专业知识—机具试验检测</td><td>编号</td><td colspan="2">Jc0005342082</td></tr>
<tr><td>单位</td><td colspan="2"></td><td>准考证号</td><td colspan="2"></td><td>姓名</td><td></td></tr>
<tr><td>考试时限</td><td colspan="2">30分钟</td><td>题型</td><td colspan="2">单项操作</td><td>题分</td><td>100分</td></tr>
<tr><td>成绩</td><td></td><td>考评员</td><td></td><td>考评组长</td><td></td><td>日期</td><td></td></tr>
<tr><td>试题正文</td><td colspan="7">发动机汽缸压力的测量</td></tr>
<tr><td>需要说明的问题和要求</td><td colspan="7">（1）要求双人配合操作，考评员监护。
（2）在设定考试工位上完成操作。
（3）操作结束后，待考评员同意后方可离开考场</td></tr>
</table>

序号	项目名称	质量要求	满分	扣分标准	扣分原因	得分
1	准备工作					
1.1	相关安全措施的准备	着装应符合安全要求：穿工作服、戴线手套、注意安全防护	5	未按要求穿工作服扣3分； 未按要求戴手套扣2分		
1.2	工器具、设备及辅助设备备品备件完备	检查工器具、设备及辅助设备是否齐全洁净，符合作业要求	5	少一件工器具扣1分，扣完为止		
2	操作步骤					
2.1	升温	启动发动机使温度升至50～90℃，熄火	10	操作顺序、方法不正确扣10分		
2.2	拆卸	然后拆出全部燃烧器或火花塞及空气滤清器	15	每少拆卸一处扣5分，扣完为止		
2.3	测量	（1）检验气缸压力表。 （2）节气门完全打开。 （3）逐缸测量气缸压力。 （4）每个缸测量2次或3次，取平均值	30	操作顺序、方法不正确，每处扣5分； 测量数据超差，每处扣5分； 扣完为止		
2.4	分析判断	当气缸压力低于标准值时，分析判断是气门漏气还是活塞环漏气，上报判断结果	15	判断不正确扣15分		
3	工作结束					
3.1	整理工器具	工具整理，摆放整齐	5	未整理工器具扣5分		
3.2	工作现场清理	清理现场	5	未清理现场扣5分		
4	填写记录					
4.1	填写维保记录单	内容全面，记录规范	10	填写不全面，每处扣2分，扣完为止		
合计			100			

Jc0005343083　发动机输油泵的检测。（100分）

考核知识点：发动机检测

难易度：难

技能等级评价专业技能考核操作工作任务书

一、任务名称

发动机输油泵的检测。

二、适用工种

机具维护工高级工。

三、具体任务

牵张机康明斯B系列发动机输油泵的检测。

四、工作规范及要求

（1）掌握发动机的工作性能。

（2）工器具的正确使用及做好安全措施。

五、考核时间及要求

（1）本模块操作时间为40分钟，时间到停止考评。

（2）考评过程中如果由于测试人员操作不规范，有可能引发不安全因素的，停止考评，该项考核项目不得分，但不影响其他项目。

技能等级评价专业技能考核操作评分标准

<table>
<tr><td>工种</td><td colspan="6">机具维护工</td><td>评价等级</td><td>高级工</td></tr>
<tr><td>项目模块</td><td colspan="5">专业知识—机具试验检测</td><td>编号</td><td colspan="2">Jc0005343083</td></tr>
<tr><td>单位</td><td colspan="2"></td><td>准考证号</td><td colspan="3"></td><td>姓名</td><td></td></tr>
<tr><td>考试时限</td><td colspan="2">40分钟</td><td>题型</td><td colspan="3">单项操作</td><td>题分</td><td>100分</td></tr>
<tr><td>成绩</td><td></td><td>考评员</td><td></td><td>考评组长</td><td colspan="2"></td><td>日期</td><td></td></tr>
<tr><td>试题正文</td><td colspan="8">发动机输油泵的检测</td></tr>
<tr><td>需要说明的问题和要求</td><td colspan="8">（1）要求单人操作，考评员监护。
（2）在设定考试工位上完成操作。
（3）操作结束后，待考评员同意后方可离开考场</td></tr>
</table>

序号	项目名称	质量要求	满分	扣分标准	扣分原因	得分
1	准备工作					
1.1	相关安全措施的准备	着装应符合安全要求：穿工作服、戴线手套、注意安全防护	5	未按要求穿工作服扣3分； 未按要求戴手套扣2分		
1.2	工器具、设备及辅助设备备品备件完备	检查工器具、设备及辅助设备是否齐全洁净，符合作业要求	5	少一件工器具扣1分，扣完为止		
2	操作步骤					
2.1	输油量检测	在输油泵出口连接一根油管，油管应高出输油泵0.3m，另一端接入500mL的量杯内，在规定转速下，测量15s内量杯内的燃油量	20	操作顺序、方法不正确扣10分； 检测数据超差扣10分		
2.2	输油压力检测	将燃油压力表安装在输油泵与喷油泵之间的燃油管路上，测量在规定转速下的最大输油压力	20	操作顺序、方法不正确扣10分； 检测数据超差扣10分		
2.3	密封性检测	拆下输油泵，旋紧手油泵手柄，堵住出油口，浸入清洁柴油中，将147～196kPa压缩空气从进油口通入观察漏气量	15	操作顺序、方法不正确扣10分； 检测数据超差扣5分		
2.4	吸油能力检测	用内径8mm、长2m的油管从1m下油箱实验吸油能力，输油泵在30个行程内吸进并出油为合格	15	操作顺序、方法不正确扣15分		

续表

序号	项目名称	质量要求	满分	扣分标准	扣分原因	得分
3	工作结束					
3.1	整理工器具	工具整理，摆放整齐	5	未整理工器具扣 5 分		
3.2	工作现场清理	清理现场	5	未清理现场扣 5 分		
4	填写记录					
4.1	填写维保记录单	内容全面，记录规范	10	填写不全面，每处扣 2 分，扣完为止		
合计			100			

Jc0005343084　发动机气门异响故障排除。(100 分)

考核知识点： 发动机故障分析

难易度： 难

技能等级评价专业技能考核操作工作任务书

一、任务名称

发动机气门异响故障排除。

二、适用工种

机具维护工高级工。

三、具体任务

牵张机康明斯 B 系列发动机气门异响故障排除。

四、工作规范及要求

（1）掌握发动机的工作性能。

（2）工器具的正确使用及做好安全措施。

五、考核时间及要求

（1）本模块操作时间为 40 分钟，时间到停止考评。

（2）考评过程中如果由于测试人员操作不规范，有可能引发不安全因素的，停止考评，该项考核项目不得分，但不影响其他项目。

技能等级评价专业技能考核操作评分标准

工种	机具维护工				评价等级	高级工
项目模块	专业知识—机具故障排除			编号	Jc0005343084	
单位		准考证号			姓名	
考试时限	40 分钟	题型	单项操作		题分	100 分
成绩		考评员		考评组长	日期	
试题正文	发动机气门异响故障排除					
需要说明的问题和要求	（1）要求双人配合操作，考评员监护。 （2）在设定考试工位上完成操作。 （3）操作结束后，待考评员同意后方可离开考场					

序号	项目名称	质量要求	满分	扣分标准	扣分原因	得分
1	准备工作					
1.1	相关安全措施的准备	着装应符合安全要求：穿工作服、戴线手套、注意安全防护	5	未按要求穿工作服扣 3 分； 未按要求戴手套扣 2 分		

续表

序号	项目名称	质量要求	满分	扣分标准	扣分原因	得分
1.2	工器具、设备及辅助设备备品备件完备	检查工器具、设备及辅助设备是否齐全洁净，符合作业要求	5	少一件工器具扣 1 分，扣完为止		
2	操作检测项目					
2.1	故障原因分析	（1）气门间隙调整过大。 （2）气门传动组件磨损。 （3）气门润滑不良	20	每少分析或分析不正确一处扣 7 分，扣完为止		
2.3	设备检查	（1）检查气门间隙，若过大，进行调整。 （2）检查气门摇臂组件，若磨损或间隙过大，进行更换。 （3）气门挺杆磨损，进行更换。 （4）气门推杆变形，进行校正。 （5）气门传动部件润滑不良，检修润滑系统	20	检查不到位，每处扣 4 分，扣完为止		
2.3	确定故障	气门间隙过大	10	确认不正确扣 10 分		
2.4	故障排除	调整气门间隙	10	操作顺序、方法不正确扣 10 分		
2.5	故障排除后检查	重新启动发动机，运行正常，故障排除	10	发动机运行不正常扣 10 分		
3	工作结束					
3.1	整理工器具	工具整理，摆放整齐	5	未整理工器具扣 5 分		
3.2	工作现场清理	清理现场	5	未清理现场扣 5 分		
4	填写记录					
4.1	填写维保记录单	内容全面，记录规范	10	填写不全面，每处扣 2 分，扣完为止		
合计			100			

Jc0005342085　启动机的检修。(100 分)

考核知识点：发动机检修

难易度：中

技能等级评价专业技能考核操作工作任务书

一、任务名称

启动机的检修。

二、适用工种

机具维护工高级工。

三、具体任务

牵张机康明斯 B 系列发动机启动机的检修。

四、工作规范及要求

（1）掌握启动机的工作性能及维修要点。

（2）工器具的正确使用及做好安全措施。

五、考核时间及要求

（1）本模块操作时间为 30 分钟，时间到停止考评。

（2）考评过程中如果由于测试人员操作不规范，有可能引发不安全因素的，停止考评，该项考核项目不得分，但不影响其他项目。

技能等级评价专业技能考核操作评分标准

工种	机具维护工				评价等级	高级工
项目模块	专业知识—机具检查检修			编号	Jc0005342085	
单位		准考证号			姓名	
考试时限	30 分钟	题型	单项操作		题分	100 分
成绩		考评员		考评组长		日期
试题正文	发动机启动机的检修					
需要说明的问题和要求	（1）要求单人操作，考评员监护。 （2）在设定考试工位上完成操作。 （3）操作结束后，待考评员同意后方可离开考场					

序号	项目名称	质量要求	满分	扣分标准	扣分原因	得分
1	准备工作					
1.1	相关安全措施的准备	着装应符合安全要求：穿工作服、戴线手套、注意安全防护	5	未按要求穿工作服扣 3 分； 未按要求戴手套扣 2 分		
1.2	工器具、设备及辅助设备备品备件完备	检查工器具、设备及辅助设备是否齐全洁净，符合作业要求	5	少一件工器具扣 1 分，扣完为止		
2	操作检测项目					
2.1	拆解	（1）拆卸电磁开关 C 端子固定螺母。 （2）拆卸电磁开关固定螺母，取下电磁开关。 （3）拆下后端盖上电刷的两颗固定螺母。 （4）拆卸启动机的两颗长螺栓，并取下长螺栓。 （5）取下后端盖。 （6）取下磁极、电刷架、电枢。 （7）取下单向离合器、拨叉、行星齿轮	10	操作顺序、方法不正确，每处扣 2 分，扣完为止		
2.2	清洁	将启动机的零部件按拆卸顺序依次摆好，并用抹布蘸少量煤油擦拭干净	10	未清洁扣 10 分； 清洁不到位，每件扣 0.5 分，扣完为止		
2.3	检查	（1）检查启动机电刷与电刷弹簧。 1）电刷外观的检查。 2）启动机电刷磨损的检查。 3）电刷架的检查。 4）电刷弹簧的检查。 （2）检查启动机的定子绕组。 1）磁场绕组搭铁的检查。 2）磁场绕组断路的检查。 3）磁场绕组短路的检查。 4）换向器的检查。 （3）检查启动机电枢轴。 1）直线度。 2）启动齿轮与电枢轴的配合间隙。 3）电枢轴与轴套的配合间隙。 （4）检查启动机驱动齿轮及离合机构。 （5）检查启动机电磁开关和继电器：检查吸拉线圈和保持线圈。 （6）检查启动机触点、接触盘	20	检查不到位，每处扣 1.5 分，扣完为止		
2.4	组装	按拆卸相反顺序进行装复	20	操作顺序、方法不正确，每处扣 3 分，扣完为止		
2.5	试运转	接通电源，对启动机进行试运转，各机构运转正常	10	启动机运行不正常扣 10 分		
3	工作结束					
3.1	整理工器具	工具整理，摆放整齐	5	未整理工器具扣 5 分		

续表

序号	项目名称	质量要求	满分	扣分标准	扣分原因	得分
3.2	工作现场清理	清理现场	5	未清理现场扣 5 分		
4	填写记录					
4.1	填写维保记录单	内容全面，记录规范	10	填写不全面，每处扣 2 分，扣完为止		
	合计		100			

Jc0005343086　发动机的发电机测试。(100 分)

考核知识点：发动机检测

难易度：难

技能等级评价专业技能考核操作工作任务书

一、任务名称

发动机的发电机测试。

二、适用工种

机具维护工高级工。

三、具体任务

牵张机康明斯 B 系列发动机的发电机测试。

四、工作规范及要求

（1）掌握牵引机的机械性能和操作要求。

（2）故障的正确分析及处理。

（3）工器具的正确使用及做好安全防护。

五、考核时间及要求

（1）本模块操作时间为 10 分钟，时间到停止考评。

（2）考评过程中如果由于测试人员操作不规范，有可能引发不安全因素的，停止考评，该项考核项目不得分，但不影响其他项目。

技能等级评价专业技能考核操作评分标准

工种	机具维护工				评价等级	高级工
项目模块	专业知识—机具试验检测			编号	Jc0005343086	
单位		准考证号			姓名	
考试时限	10 分钟	题型	单项操作		题分	100 分
成绩	考评员		考评组长		日期	
试题正文	发动机的发电机测试					
需要说明的问题和要求	（1）要求单人操作，考评员监护。 （2）在设定考试工位上完成操作。 （3）操作结束后，待考评员同意后方可离开考场					

序号	项目名称	质量要求	满分	扣分标准	扣分原因	得分
1	准备工作					
1.1	相关安全措施的准备	着装应符合安全要求：穿工作服、戴线手套、注意安全防护	5	未按要求穿工作服扣 3 分； 未按要求戴手套扣 2 分		

续表

序号	项目名称	质量要求	满分	扣分标准	扣分原因	得分
1.2	工器具、设备及辅助设备备品备件完备	检查工器具、设备及辅助设备是否齐全洁净，符合作业要求	5	少一件工器具扣1分，扣完为止		
2	操作步骤					
2.1	电压测量	（1）将万用表与下列端子依次连接："BAT"端子（蓄电池正极端子）、①号接地端子、②号接地端子，当点火开关转至"ON"位置时，电压应为12V（发电机运转时）。若电压为0，表明电路中存在开路，应进行维修。 （2）将蓄电池/发电机测试仪与蓄电池相连，将感应式电流计夹在蓄电池电缆上，或使用夹钳式电流探针和万用表进行测量。 （3）高怠速运转发动机，测量发电机到蓄电池的输出电压	35	测量方法或步骤不正确，每处扣12分，扣完为止		
2.2	电流测量	（1）高怠速运转发动机，调节负载测试设备，向发电机提供最大额定电流负载，测量发电机输出电流，发电机的最大额定输出电流已标记在发电机壳体铭牌上。 （2）如果负载测试设备上的电流表指示的电流与感应式电流计指示的电流不同，确定损坏的仪器并进行更换，如果发电机输出电流不在额定输出的10%之内，应维修或更换发电机。 （3）关闭发动机，拆下测试设备，连接好蓄电池电缆线，最后连接蓄电池负极（-）电缆	35	测量方法或步骤不正确，每处扣12分，扣完为止		
3	工作结束					
3.1	整理工器具	工具整理，摆放整齐	5	未整理工器具扣5分		
3.2	工作现场清理	清理现场	5	未清理现场扣5分		
4	填写记录					
4.1	填写维保记录单	内容全面，记录规范	10	填写不全面，每处扣2分，扣完为止		
合计			100			

第四部分 技 师

第七章 机具维护工技师技能笔答

Jb0003211001 简述发电机故障的预防措施。(5分)

考核知识点：发电机故障预防

难易度：易

标准答案：

（1）杜绝超负荷使用。

（2）维护好润滑系统。

（3）新机和大修后磨合。

（4）保持冷却水温正常。

（5）正确选用燃油。

Jb0003211002 简述液压泵主轴检查的“三键三面一度”。(5分)

考核知识点：液压泵主轴检查

难易度：易

标准答案：

（1）三键：

1）主轴花键。

2）缸体花键。

3）副轴花键。

（2）三面：

1）主轴密封表面。

2）主轴轴承表面。

3）后轴承表面。

（3）一度：主轴的跳动公差。

Jb0003212003 双平臂抱杆液压顶升系统的维护与保养有哪些内容？(5分)

考核知识点：顶升系统维护与保养

难易度：中

标准答案：

（1）使用液压油严格按说明书中的规定进行加油和更换油，并清洗油箱内部。

（2）溢流阀的压力调整后，不得随意更动，每次进行顶升之前，应用油压表检查其压力是否正常。

（3）应经常检查各部位管接头是否紧固严密，不准有漏油现象。

（4）滤油器要经常检查有无堵塞，检查安全阀使用后调整值是否变动。

（5）油泵、油缸和控制阀如发现渗漏应及时检修。

Jb0003211004 简述带电绝缘绳索检验方法。(5分)

考核知识点：带电绝缘绳索检验

难易度：易

标准答案：

（1）取样及试样处理。

（2）外观检查。

（3）破断力及延长率试验。

（4）耐压试验。

Jb0003212005 简述提线器的检验要求。（5分）

考核知识点：提线器检验

难易度：中

标准答案：

（1）提线器应有明确的标志，包括符号、制造厂及商标、型号及出厂编号、额定荷载及出厂日期、绝缘部件应标明电压等级。

（2）提线器所有金属部件不得出现锈蚀、裂纹、变形等现象。

（3）提线器与导线接触面的保护层符合标准规定。

（4）提线器的所有钢丝绳无破损、扭结、锈蚀、磨损等现象。

（5）提线器的所有旋转、活动部位转动灵活、活动轻松。

Jb0003212006 简述卡线器检验的依据。（5分）

考核知识点：卡线器检验

难易度：中

标准答案：

（1）DL 5009.2—2013《电力建设安全工作规程 第2部分：电力线路》。

（2）Q/GDW 11957.2—2020《国家电网有限公司电力建设安全工作规程 第2部分：线路》。

（3）DL/T 875—2016《架空输电线路施工机具基本技术要求》。

（4）GB/T 12167—2006《带电作业用铝合金紧线卡线器》。

Jb0003212007 简述卡线器检验的要求。（5分）

考核知识点：卡线器检验

难易度：中

标准答案：

（1）卡线器上标识明确、清晰。

（2）外观检查卡线器损伤、裂纹、变形等。

（3）卡线器所有销钉及连接件完好、齐全可靠、锁销完好及开合灵活。

（4）卡线器卡口内无磨损或划伤等现象。

（5）受力试验后卡线器无变形、开裂、打滑及伤线等现象。

Jb0003212008 简述卸扣的试验依据。（5分）

考核知识点：卸扣试验

难易度：中

标准答案：

（1）DL 5009.2—2013《电力建设安全工作规程 第2部分：电力线路》。

（2）Q/GDW 11957.2—2020《国家电网有限公司电力建设安全工作规程　第 2 部分：线路》。
（3）DL/T 875—2016《架空输电线路施工机具基本技术要求》。
（4）GB/T 25854—2010《一般起重用 D 形和弓形锻造卸扣》。

Jb0003212009　简述卸扣的试验要求。（5 分）
考核知识点：卸扣试验
难易度：中
标准答案：
（1）满足实验数据要求（2 倍标称载荷，持荷时间 10min）。
（2）扣体不得出现腐蚀、裂纹、变形、断裂。
（3）轴销不得出现变形、裂纹，卸力后螺纹进出轻松、转动灵活。
（4）扣体受力时长度增量不得超过原尺寸的 0.25%或 0.5mm。

Jb0003212010　简述旋转连接器的试验依据。（5 分）
考核知识点：旋转连接器试验
难易度：中
标准答案：
（1）DL 5009.2—2013《电力建设安全工作规程　第 2 部分：电力线路》。
（2）Q/GDW 11957.2—2020《国家电网有限公司电力建设安全工作规程　第 2 部分：线路》。
（3）DL/T 875—2016《架空输电线路施工机具基本技术要求》。

Jb0003212011　简述旋转连接器的试验要求。（5 分）
考核知识点：旋转连接器试验
难易度：中
标准答案：
（1）满足实验数据要求（1.25 倍标称载荷，持荷时间 10min）。
（2）旋转连接器不得出现裂纹、变形、断裂。
（3）旋转连接器转动灵活、螺丝进出轻松。
（4）旋转连接器有裂纹、弯曲、连接件拆卸不灵活时严禁使用。

Jb0003212012　试述牵引板的试验要求。（5 分）
考核知识点：牵引板试验
难易度：中
标准答案：
（1）满足试验数据要求（1.25 倍试验载荷，持荷时间 10min）。
（2）各连接部位扭动灵活，无变形、裂纹、断裂等异常，各焊接处无任何异常。
（3）牵引板整体无变形、开裂等。

Jb0003212013　简述抱杆检验的依据。（5 分）
考核知识点：抱杆检验
难易度：中
标准答案：

（1）DL 5009.2—2013《电力建设安全工作规程　第 2 部分：电力线路》。
（2）Q/GDW 11957.2—2020《国家电网有限公司电力建设安全工作规程　第 2 部分：线路》。
（3）DL/T 875—2016《架空输电线路施工机具基本技术要求》。
（4）DL/T 319—2018《架空输电线路施工抱杆通用技术条件及试验方法》。

Jb0003212014　简述抱杆检验的要求。（5 分）
考核知识点：抱杆检验
难易度：中
标准答案：
（1）满足试验数据要求（1.25 倍试验载荷，持续时间 10min）。
（2）抱杆上标识明确、清晰。
（3）抱杆无弯曲变形、焊口无开焊开裂、无严重腐蚀。
（4）弯曲度不得超过杆长的 1/600。

Jb0003212015　简述发动机的诊断参数。（5 分）
考核知识点：发动机参数
难易度：中
标准答案：
（1）发动机功率。
（2）燃料消耗量。
（3）润滑油消耗量。
（4）汽缸压力。
（5）曲轴箱窜气量。
（6）汽缸漏气率。
（7）润滑油压力。
（8）调速灵敏度。
（9）发动机温度。
（10）发动机振动。

Jb0003212016　简述防扭钢丝绳检验项目。（5 分）
考核知识点：防扭钢丝绳检验
难易度：中
标准答案：
（1）外观检查。
（2）方径测量。
（3）节距测量。
（4）单位质量测量。
（5）股径测量。
（6）破断力实验。

Jb0003212017　简述钢丝绳报废标准（以 6×37 钢丝绳为例）。（5 分）
考核知识点：钢丝绳报废标准

难易度：中

标准答案：

（1）断丝：大于 6 倍钢丝绳公称直径断丝数超过 10 丝、大于 30 倍钢丝绳公称直径断丝数超过 19 丝的予以报废。

（2）绳芯损坏或绳股挤出、断裂。

（3）笼状畸形、严重扭结或金钩弯折。

（4）压扁严重，断面缩小，实测相对公称直径减小 10%时，未发现断丝也应予以报废。

（5）受过火烧或电灼，化学介质的腐蚀外表出现颜色变化时。

（6）钢丝绳的弹性显著降低，不易弯曲，单丝易折断时。

（7）钢丝绳的钢丝磨损或腐蚀达到钢丝绳实际直径比其公称直径减少 7%或更多者。

Jb0003212018　简述起重滑车的报废标准。（5 分）

考核知识点：起重滑车报废标准

难易度：中

标准答案：

（1）裂纹。

（2）轮槽径向磨损量达钢丝绳名义直径的 25%。

（3）轮槽壁厚磨损量达基本尺寸的 10%。

（4）轮槽不均匀磨损量达 3mm。

（5）其他损害钢丝绳的缺陷。

Jb0003213019　简述临时货运索道（含索道牵引机）外观检查的要求。（5 分）

考核知识点：临时货运索道外观检验

难易度：难

标准答案

（1）标牌或标识（包含荷载、厂家、型号、档位、出厂日期、注意事项等）明显。

（2）1000kg 级及以上专用货运索道，应采用专用双卷筒索道牵引机。

（3）金属支架不应有严重的外观缺陷。

（4）2000kg 及以上索道不应采用木支架。

（5）连接稳固、底座不应有下沉、滑移现象。

（6）压头平滑、捻距均匀、松紧一致。编结连接的牵引索的编接接头长度大于钢丝绳直径的 100 倍。

（7）牵引索在绞盘上的环绕圈数不应小于 5 圈。

（8）货箱、运行小车标明额定载荷或额定容积。

Jb0003212020　简述钢丝绳的检查标准。（5 分）

考核知识点：钢丝绳检查检验标准

难易度：中

标准答案：

（1）DL 5009.2—2013《电力建设安全工作规程　第 2 部分：电力线路》。

（2）Q/GDW 11957.2—2020《国家电网有限公司电力建设安全工作规程　第 2 部分：线路》。

（3）DL/T 875—2016《架空输电线路施工机具基本技术要求》。

（4）GB/T 20118—2006《一般用途钢丝绳》。

（5）GB/T 8358—2014《钢丝绳实际破断拉力测定方法》。

Jb0003212021 简述手扳葫芦定期试验标准。（5分）

考核知识点： 手扳葫芦定期试验标准

难易度： 中

标准答案：

（1）在无载状态下，扳动手柄和拨动换向爪，使吊钩上升和下降各一次，各机构应运转灵活，不得有卡阻或时松时紧的现象。脱开离合装置，用手拽动链条应轻便灵活。

（2）一般的定期试验在专用试验机上检测，按照 1.1 倍的容许工作荷重进行 10min 的静力试验，不应有裂纹、显著局部延伸现象。

（3）新安装或大修后的试验在专用试验机上检测，按照 1.25 倍的容许工作荷重进行 10min 的静力试验，以 1.1 倍容许工作荷重作动力试验（但链条的起升速度不应大于 0.45m/min），不应有裂纹、显著局部延伸现象。

Jb0003213022 简述地锚的试验要求。（5分）

考核知识点： 地锚试验要求

难易度： 难

标准答案：

（1）满足实验数据要求（1.25 倍试验载荷，持续载荷时间 10min）。

（2）地锚受力面应平整，不得变形、断裂。

（3）吊耳部分不得变形、断裂、脱焊。

Jb0003213023 简述放线滑车的试验依据。（5分）

考核知识点： 放线滑车试验依据

难易度： 难

标准答案：

（1）DL 5009.2—2013《电力建设安全工作规程 第 2 部分：电力线路》。

（2）Q/GDW 11957.2—2020《国家电网有限公司电力建设安全工作规程 第 2 部分：线路》。

（3）DL/T 875—2016《架空输电线路施工机具基本技术要求》。

（4）DL/T 371—2010《架空输电线路放线滑车》。

Jb0003213024 简述放线滑车的试验要求。（5分）

考核知识点： 放线滑车试验要求

难易度： 难

标准答案：

（1）满足实验数据要求（1.25 倍标称载荷，持荷时间 10min）。

（2）滑轮不应有塑性变形，挂胶滑轮无脱胶现象。

（3）滑轮轮槽表面不应有明显压痕或损坏。

（4）各零件无可视裂纹、变形。

（5）固定连接或紧固件无松动。

（6）各滑轮转动灵活。

（7）结构件无变形。

Jb0003213025　试述型式试验的条件。（5 分）

考核知识点：型式试验

难易度：难

标准答案：

（1）新产品定型或老产品转厂生产。

（2）停产 2 年以上的老产品恢复生产。

（3）正式生产后，产品的结构、材料、工艺等有重大改造，可能影响产品性能时。

（4）正式生产后，定期或累计一定产量后，应按周期进行一次试验。

（5）国家质量监督机构提出型式试验要求时。

Jb0003233026　某泵输出油压为 10MPa，转速为 1450r/min，排量为 200mL/r，泵的容积效率为 $\eta_{V_p}=0.95$，总效率为 $\eta_p=0.9$。求泵的输出液压功率及驱动该泵的电机所需功率（不计泵的入口油压）。（5 分）

考核知识点：液压计算

难易度：难

标准答案：

泵的输出液压功率为

$$P_{op}=\frac{p_p q_p}{60}=\frac{p_p q_{tp}\eta_{V_p}}{60}=\frac{p_p V_p n_p \eta_{V_p}}{60}=\frac{10\times 200\times 10^{-3}\times 1450\times 0.95}{60}=45.9\text{（kW）}$$

电机所需功率为

$$P_{ip}=\frac{P_{op}}{\eta_p}=\frac{45.9}{0.9}=51\text{（kW）}$$

答：泵的输出液压功率为 45.9kW，电机所需功率为 51kW。

Jb0003233027　已知某液压泵的转速 n 为 950r/min，排量为 $V_p=168$mL/r，在额定压力 29.5MPa 和同样转速下，测得的实际流量为 150L/min，额定工况下的总效率为 0.87，求：

（1）液压泵的理论流量 q_t。

（2）液压泵的容积效率 η_v。

（3）液压泵的机械效率 η_m。

（4）在额定工况下，驱动液压泵的电动机功率 P_i。

（5）驱动泵的转矩 T。（5 分）

考核知识点：液压计算

难易度：难

标准答案：

（1）$q_t=V_p\cdot n=950\times 168\times 10^{-3}=159.6$（L/min）

（2）$\eta_v=q/q_t=150/159.6=0.94$

（3）$\eta_m=\eta/\eta_v=0.87/0.94=0.925$

（4）$P_i=pq/\eta=\dfrac{29.5\times 10^6\times 150\times 10^{-3}/60}{0.87}=84.77\times 10^3$（W）$=84.77$（kW）

（5）$T=9550P_i/n=9550\times 84.77/950=852$（N·m）

答：液压泵的理论流量为 159.6L/min；液压泵的容积效率为 0.94；液压泵的机械效率为 0.926；额定工况下，驱动液压泵的电动机功率为 84.77kW；驱动泵的转矩为 852N·m。

Jb0003233028 如图 Jb0003233028 所示两个结构和尺寸均相同的液压缸相互串联，无杆腔面积 $A_1=100cm^2$，有杆腔面积 $A_2=80cm^2$，液压缸 1 输入压力 $p_1=0.9MPa$，输入流量 $q_1=12L/min$，不计力损失和泄漏，试计算两缸负载相同时（$F_1=F_2$），负载和运动速度各为多少？（5 分）

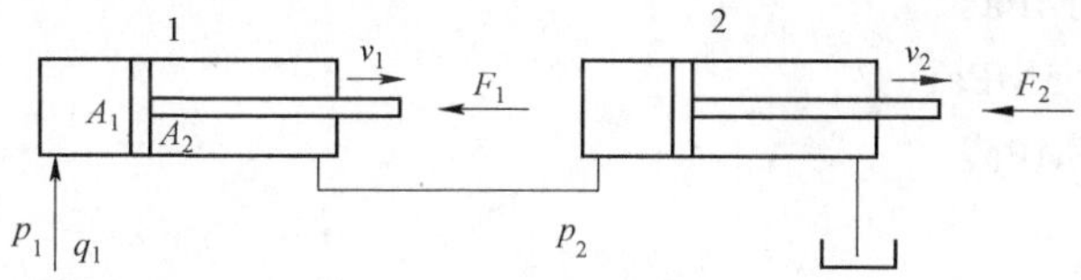

图 Jb0003233028

考核知识点：液压计算

难易度：难

标准答案：

以题意和图示得知

$$p_1 \cdot A_1=F_1+p_2 \cdot A_2$$
$$p_2 \cdot A_1=F_2$$

因 $F_1=F_2$ 所以有

$$p_1 \cdot A_1=p_2 \cdot A_2+p_2 \cdot A_1$$

故

$$p_2=\frac{p_1 \cdot A_1}{A_1+A_2}=\frac{0.9\times100\times10^{-4}}{(100+80)\times10^{-4}}=0.5\text{（MPa）}$$

$$F_1=F_2=p_2 \cdot A_1=0.5\times100\times10^{-4}\times10^6=5000\text{（N）}$$
$$V_1=q_1/A_1=(12\times10^{-3})/(100\times10^{-4})=1.2\text{（m/min）}$$
$$q_2=V_1 \cdot A_2$$
$$V_2=q_2/A_1=V_1 \cdot A_2/A_1=1.2\times80/100=0.96\text{（m/min）}$$

答：负载为 5000N，缸 1 的运动速度 1.2m/min，缸 2 的运动速度 0.96m/min。

（全部正确得 5 分，错一步扣 1.5 分）

Jb0003233029 如图 Jb0003233029 所示回路，溢流阀的调整压力为 5MPa，减压阀的调整压力为 1.5MPa，活塞运动时负载压力为 1MPa，其他损失不计，试分析：

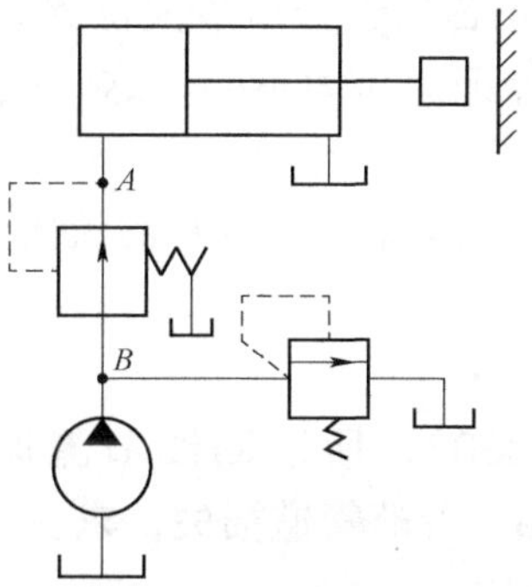

图 Jb0003233029

（1）活塞在运动期间 A、B 点的压力值。

（2）活塞碰到死挡铁后 A、B 点的压力值。

（3）活塞空载运动时 A、B 两点压力各为多少？（5 分）

考核知识点：液压计算

难易度：难

标准答案：

（1）$p_A=1$MPa，$p_B=1$MPa。

（2）$p_A=1.5$MPa，$p_B=5$MPa。

（3）$p_A=0$MPa，$p_B=0$MPa。

Jb0003233030　夹紧回路如图 Jb0003233030 所示，若溢流阀的调整压力 $p_1=3$MPa、减压阀的调整压力 $p_2=2$MPa，试分析活塞空载运动时 A、B 两点的压力各为多少？减压阀的阀芯处于什么状态？工件夹紧活塞停止运动后，A、B 两点的压力又各为多少？此时，减压阀芯又处于什么状态？（5 分）

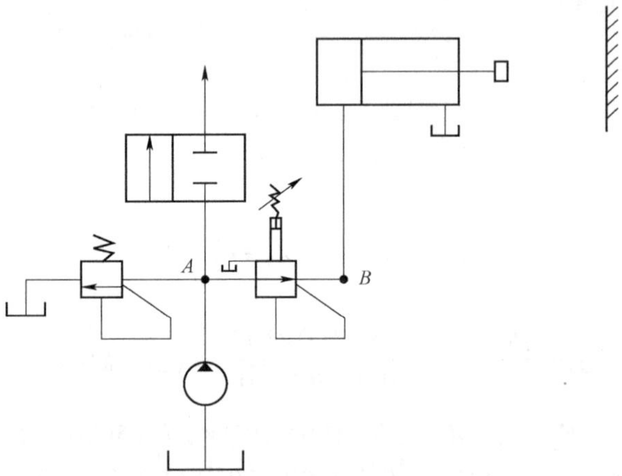

图 Jb0003233030

考核知识点：液压系统分析

难易度：难

标准答案：

当回路中二位二通换向阀处于图示状态时，在活塞运动期间，由于活塞为空载运动，并忽略活塞运动时的摩擦力、惯性力和管路损失等，则 B 点的压力为零，A 点的压力也为零（不考虑油液流过减压阀的压力损失）。

这时减压阀中的先导阀关闭，主阀芯处于开口最大位置。当活塞停止运动后 B 点压力升高，一直升到减压阀的调整压力 2MPa，并保证此压力不变，这时减压阀中的先导阀打开，主阀芯的开口很小。

而液压泵输出的油液（由于活塞停止运动）全部从溢流阀溢流回油箱，A 点的压力为溢流阀的调定压力 3MPa。

Jb0003233031　如图 Jb0003233031 所示回油节流调速回路，若油缸面积 $A_1=50\text{cm}^2$，$A_2=25\text{cm}^2$，溢流阀调定压力 $p=3$MPa，忽略管道损失，求：

（1）当负载 $F=0$ 时，p_2 与 p 的比值。

（2）回路最大承载能力。（5 分）

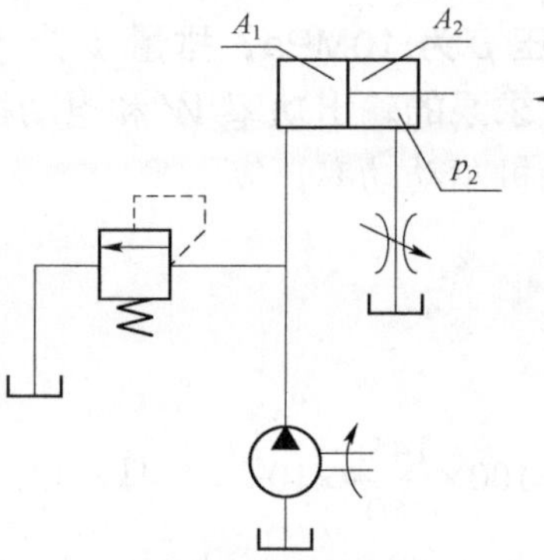

图 Jb0003233031

考核知识点：液压系统分析计算

难易度：难

标准答案：

（1）由于活塞受力平衡

$$pA_1 = p_2 \times A_2 + F$$

因为

$$F = 0$$

所以

$$\frac{p_2}{p} = \frac{A_1}{A_2} = \frac{50}{25} = 2$$

（2）回路的最大承载能力

$$F = p \times A_1 = 3\times10^6 \times 50\times10^{-4} = 15\text{（kN）}$$

答：当负载 F=0 时，p_2 与 p 的比值为 2，回路最大承载能力为 15kN。

Jb0003233032 设计一单杆液压缸，以无杆腔进油驱动工作负载，已知外负载 F 为 2×10^4N，活塞和活塞杆处摩擦阻力 F_μ 为 12×10^2N，液压缸的工作压力为 5MPa，试计算液压缸内径 D。若活塞最大工作进给速度为 0.04m/s，系统的泄漏损失为 10%，应选取多大流量的泵？若泵的效率为 0.85，电动机的驱动功率应为多大？（5 分）

考核知识点：流量和电机驱动功率计算

难易度：难

标准答案：

解：

$$A = \frac{F}{D} = \frac{2\times10^4 + 12\times10^2}{5\times10^6} \times 10^4 = 42.4\text{（cm}^2\text{）}$$

$$D = \sqrt{\frac{4A}{3.14}} = \sqrt{\frac{4\times42.4}{3.14}} = 7.35\text{（cm）}$$

$$q = vA = 0.04\times10\times42.4\times10^{-2}\times110\%\times60 = 11.2\text{（L/min）}$$

$$W = \frac{pq}{\eta} = \frac{5\times10^6\times11.2\times10^{-3}}{0.85\times60} = 1.1\text{（kW）}$$

答：液压缸内径 D 为 7.35cm，选取 11.2L/min 流量的泵，电动机的驱动功率为 1.1kW。

Jb0003233033　某油泵的输出油压 p 为 10MPa，排量 V 为 100mm^3/r，转速 n 为 1450r/min，容积效率 η_v 为 0.95，总效率 η 为 0.9。求泵的输出功率 W_1 和电动机的驱动功率 W_2。（5 分）

考核知识点：泵的输出功率和电动机驱动功率计算

难易度：难

标准答案：

解：

$$q = Vn = 100 \times \frac{1450}{60} \times 10^{-3} = 2.417 \text{（L/s）}$$

$$W_1 = pq\eta_v = 10 \times 10^6 \times 2.417 \times 10^{-3} \times 0.95 = 22.96 \text{（kW）}$$

$$W_2 = \frac{W_1}{\eta} = \frac{22.96}{0.9} = 25.5 \text{（kW）}$$

答：输出功率 W_1 为 22.96kW，电动机的驱动功率 W_2 为 25.5kW。

Jb0003231034　某现场施工时，需用撬杠把重物移动。已知撬杠长度为 2m，重物与支点距离为 0.2m。问人对撬杠施加多大的力时，200kg 的重物才能被撬起来？（撬杠质量及宽度不计）（5 分）

考核知识点：力矩平衡原理

难易度：易

标准答案：

已知 L_1=2m，L_2=0.2m

$$G = mg = 200 \times 9.8 = 1960 \text{（N）}$$

$$L_3 = L_1 - L_2 = 2 - 0.2 = 1.8 \text{（m）}$$

根据力矩平衡原理，知 $GL_2 = FL_3$

所以

$$F = \frac{GL_2}{L_3} = \frac{1960 \times 0.2}{1.8} = 217.78 \text{（N）}$$

答：施加 217.78N 的力，能撬动 200kg 的重物。

Jb0002212035　简述电气安全检查的一般内容。（5 分）

考核知识点：电气安全检查内容

难易度：中

标准答案：

（1）检查电气设备的绝缘是否老化，是否受潮或破损，绝缘电阻是否合格。

（2）电气设备裸露部分是否有防护，屏护装置是否符合安全要求。

（3）安全距离是否足够。

（4）保护接地或保护接零是否正确和可靠。

（5）保护装置是否符合安全要求。

（6）携带式照明灯和局部照明灯是否采用了安全电压或其他安全措施。

（7）安全用具和防火器材是否齐全。

（8）电气设备选型是否正确，安装是否合格。

（9）电气连接部分是否完好。

（10）电气设备和电气线路温度是否太高。

（11）熔断器熔体的选用及其他过电流保护的整定是否正确。

（12）各项维修制度和管理制度是否健全。

（13）电工是否经过专业培训。

（14）对变压器等重要设备的电气设备应建立巡视检查制度，坚持巡视检查，并做好必要的记录。

（15）对于使用中的电气设备应定期测定其绝缘电阻。

（16）对于各种接地装置，应定期测定其接地电阻。

（17）对于安全用具、避雷器、变压器及其他一些保护电器，也应定期检查、测定并进行耐压试验。

Jb0002212036　简述施工机具预防性（定期）实验的必要性。（5 分）

考核知识点：施工机具安全检查

难易度：中

标准答案：

（1）施工机具在现场使用时条件恶劣，随作业工况的改变，使用方法改变频繁。

（2）施工机具同类数量大，进货批次多，制造厂家多，制造质量、使用性能均有差异。

（3）作业人员使用施工机具的随意性较大。

（4）施工机具经多次使用，零部件疲劳及磨损后，安全性能下降，影响使用安全。

（5）为保证施工机具的使用安全，必须定期对施工机具进行预防性试验。

Jb0002213037　简述起重机安全防护装置检查内容。（5 分）

考核知识点：起重机安全防护装置检查

难易度：难

标准答案：

（1）检查起重力矩限制器。

（2）检查极限力矩限制装置。

（3）检查起升高度限位器。

（4）检查卷扬过放限位器。

（5）检查紧急开关、联锁保护、零位保护。

（6）检查幅度指示器。

（7）检查水平仪。

（8）检查臂架防后倾装置。

（9）检查风级风速报警器。

（10）检查支腿回缩锁定装置。

（11）检查防护装置。

Jb0004222038　绘图：电路控制系统的串联矫正与反馈校正连接方式。（5 分）

考核知识点：电路控制系统矫正绘图

难易度：中

标准答案：

电路控制系统的矫正分为串联矫正和反馈矫正，如图 Jb0004222038 所示。

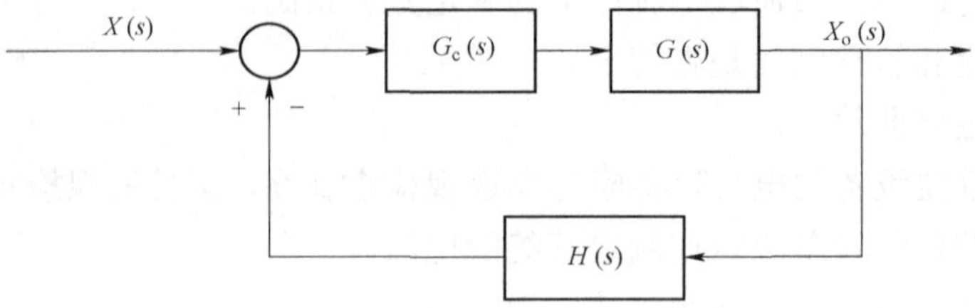

串联矫正

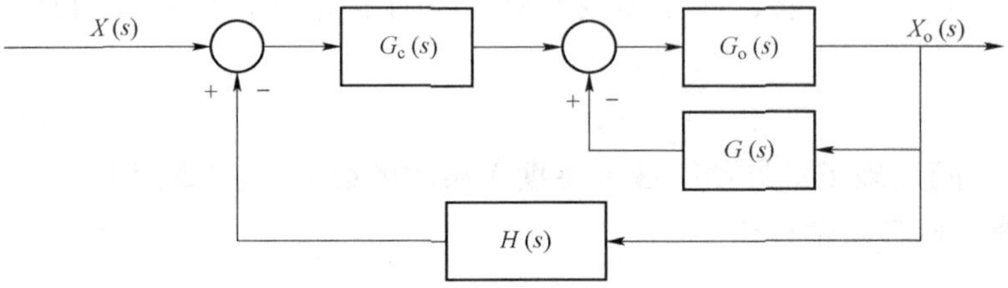

反馈矫正

图 Jb0004222038

Jb0004212039　简述卸扣的试验方法。(5分)

考核知识点：卸扣试验

难易度：中

标准答案：

（1）将需要试验的卸扣一头连接在拉力机的固定端。

（2）另一头连接到拉力机的液压油缸端。

（3）通过拉力机液压油缸的伸缩，产生纵向的拉力，完成卸扣的受力试验。

Jb0004212040　简述旋转连接器的试验方法。(5分)

考核知识点：旋转连接器试验

难易度：中

标准答案：

（1）旋转连接器两头各连接一根试验用钢丝绳。

（2）一根钢丝绳连接到卧式拉力机的固定端。

（3）另一根钢丝绳连接到卧式拉力机的伸缩油缸端。

（4）通过拉力机液压油缸的伸缩，产生纵向的拉力，完成旋转连接器的受力试验。

Jb0004212041　简述牵引板的试验方法。(5分)

考核知识点：牵引板试验

难易度：中

标准答案：

（1）取2块同一型号、规格的牵引板。

（2）用满足荷载要求的钢丝绳将2块牵引板的导线连接侧一一对应连接。

（3）将一块牵引板的头部连接至拉力机的固定端。

（4）将另一块牵引板的头部连接至拉力机的液压收缩端。

（5）通过拉力机的液压伸缩，产生横向的拉力，完成牵引板的受力试验。

Jb0004213042 简述地锚的试验方法。(5分)

考核知识点：地锚试验方法

难易度：难

标准答案：

(1) 将地锚试验辅具通过轴销与拉力试验机机架连接（或与试验场地地面固定物连接）。

(2) 将地锚放置在辅具上，拉耳侧向下。

(3) 将试验专用钢丝绳一侧通过卸扣与地锚进行连接，另一侧通过导向滑轮与拉力机油缸连接。

(4) 通过油缸的伸缩动作，承受纵向的拉力，完成地锚试验。

Jb0004213043 简述放线滑车的试验方法。(5分)

考核知识点：放线滑车试验方法

难易度：难

标准答案：

(1) 抽取两台需要试验的滑车。

(2) 使用满足荷载要求的钢丝绳将两台滑车的轮片一一对应连接，如使用多条钢丝绳则要求钢丝绳需要等长，如使用一条钢丝绳则将钢丝绳按照穿滑轮组的方法将两台滑车连接。

(3) 一台滑车连接卧式拉力机的固定端，另一台滑车连接拉力机的液压伸缩端。

(4) 通过拉力机液压油缸的伸缩，产生纵向的拉力，完成滑车的受力试验。

Jb0005212044 简述液压系统中产生"液压卡紧"的原因。(5分)

考核知识点：液压系统"液压卡紧"原因

难易度：中

标准答案：

(1) 异物卡紧。

(2) 阀体与阀芯磨损。

(3) 阀体运动副几何形状误差大。

(4) 阀体或阀芯变形。

Jb0005212045 简述电液伺服控制的优点。(5分)

考核知识点：电液伺服控制优点

难易度：中

标准答案：

(1) 高可靠性。

(2) 抑制压力脉动。

(3) 减小压力冲击。

(4) 实现自动化控制。

(5) 实现远程控制。

Jb0005212046 简述液压系统中发生"液压卡紧"的危害。(5分)

考核知识点：液压系统"液压卡紧"危害

难易度：中

标准答案：

（1）轻微的液压卡紧会使阀芯移动时摩擦阻力增大。
（2）严重的液压卡紧会使液压系统动作滞后，使液压设备发生故障。
（3）减低液压系统安全性。
（4）会加速滑阀的磨损，降低元件的使用寿命。

Jb0005212047　简述防止“液压卡紧”的方法。（5分）

考核知识点：防止“液压卡紧”方法

难易度：中

标准答案：

（1）选用与系统匹配的液压阀。
（2）提高液压油的清洁度，防止颗粒污染物进入系统而使滑阀移动副产生卡紧或卡死。
（3）保证阀芯和阀孔的配合精度。
（4）保证阀体安装精度。
（5）保证液压油工作中的温度，以免阀芯受热膨胀而卡死。

Jb0005212048　简述液压冲击的危害。（5分）

考核知识点：液压冲击危害

难易度：中

标准答案：

（1）油液的压力达到正常压力的3～4倍，液压元件、计量仪表和管路等损坏，系统无法正常工作。
（2）液压系统动作不平稳，易产生安全隐患。
（3）引起强烈的振动和冲击噪声，并使油温上升较快，影响液压系统的稳定性和可靠性。

Jb0005212049　如何避免发生液压冲击？（5分）

考核知识点：避免液压冲击方法

难易度：中

标准答案：

（1）在保证正常工作的前提下，尽量减慢换向速度，操作不宜过快、过猛。
（2）对于液动换向阀和电液动换向阀，主阀阀芯两端排油通道的节流螺钉调节一定要合适，以减慢换向阀移动速度，延长切换时间而避免液压冲击。
（3）避免液压泵进油口漏气产生气穴现象。
（4）提高液压元件的加工精度。
（5）防止产生“液压卡紧”现象。

Jb0005212050　简述液压系统的气穴现象。（5分）

考核知识点：液压系统气穴现象

难易度：中

标准答案：

在液压系统中，由于流动液体某处的压力低于空气分离压时，原先溶解在液体中的空气就会游离出来，使液体产生大量的气泡，这就是液压中的气穴现象。

Jb0005212051 简述液压系统中产生气穴的原因。(5 分)

考核知识点：液压系统气穴原因

难易度：中

标准答案：

(1) 液压泵进油端有漏气现象。

(2) 液压油泵轴封失效。

(3) 液压油稳定性差。

(4) 液压油箱容积过小。

(5) 油泵进油管路不畅通。

(6) 液压油泵和液压油箱安装位置不正确。

Jb0005212052 简述液压系统中产生气穴现象的危害。(5 分)

考核知识点：液压系统气穴危害

难易度：中

标准答案：

(1) 引起局部压力和温度增高，产生剧烈振动，发出强烈噪声。

(2) 在气泡凝结附近的元件表面，在高温下反复受到液压冲击，加上油液中分离出来的酸性气体的腐蚀，会导致表面材料剥落，形成小麻点、蜂窝状，损坏金属材料。

Jb0005212053 简述防止发生气穴现象的方法。(5 分)

考核知识点：防止液压系统气穴方法

难易度：中

标准答案：

(1) 加大液压油箱储油量，加大油箱进回油口间距。

(2) 保证进油口密封良好，防止空气吸入。

(3) 保证液压油泵轴封密封良好，防止空气吸入。

(4) 保证油泵与油箱安装合理。

(5) 注意油温，防止油液气化。

(6) 保持吸入管路畅通。

Jb0005212054 简述节流阀的调节作用失灵可能的故障原因。(5 分)

考核知识点：节流阀调节失灵故障原因

难易度：中

标准答案：

(1) 节流阀阀芯被污物卡住。

(2) 节流口被污物堵塞。

(3) 阀芯与阀体孔径不匹配。

(4) 长时间停机未使用，油中水分使阀芯锈死。

(5) 阀芯复位弹簧断裂。

Jb0005212055 简述发动机润滑油压力过低的主要原因。(5 分)

考核知识点：润滑油压力过低原因

难易度：中

标准答案：

（1）机油泵磨损。

（2）机油黏度太低。

（3）机油过少。

（4）各摩擦副配合过大。

（5）机油限压阀卡止。

（6）机油集滤器堵塞。

Jb0005212056　简述发动机机油压力过高的主要原因。（5分）

考核知识点：机油压力过高原因

难易度：中

标准答案：

（1）机油黏度过大。

（2）主油道堵塞。

（3）安全阀或限压阀卡死。

Jb0005212057　简述发动机高温原因。（5分）

考核知识点：发动机高温原因

难易度：中

标准答案：

（1）冷却液过少。

（2）有渗漏处。

（3）散热器水管堵塞。

（4）冷却系内有水垢。

（5）风扇传动带打滑或风扇离合器打滑造成风扇转速慢。

（6）节温器失灵。

（7）气缸衬垫渗漏。

（8）水泵故障。

（9）喷油或点火时间过迟。

（10）负荷过大。

（11）环境温度过高。

Jb0005212058　简述电磁阀的阀芯换向后，通过阀的流量不足的原因。（5分）

考核知识点：阀芯换向后阀流量不足故障原因

难易度：中

标准答案：

（1）电磁阀中推杆过短。

（2）阀芯与阀体几何精度差，间隙过小。

（3）弹簧推力不足，使阀芯行程不到位。

Jb0005212059 简述如何减少液压油的污染。(5分)

考核知识点：液压油污染

难易度：中

标准答案：

(1) 防止、减少外来污染。

(2) 保证液压油箱呼吸器过滤精度。

(3) 控制液压油的工作温度。

(4) 液压系统设计尽量采用闭式回路。

(5) 防水、排水、密封良好。

(6) 防止空气进入。

Jb0005212060 简述牵张机工作中放电警示灯不熄灭，判断为不充电的故障原因。(5分)

考核知识点：牵张机放电警示灯故障原因

难易度：中

标准答案：

(1) 发电机故障。

(2) 调节器故障。

(3) 电流表接线错误。

(4) 发动机转速过低。

(5) 线路的接线断开或短路。

Jb0005212061 简述发动机故障的判断方法。(5分)

考核知识点：发动机故障原因

难易度：中

标准答案：

(1) 听诊法。

(2) 断油法（断火法）。

(3) 比较法。

(4) 试探法。

Jb0005212062 论述柴油发动机由于维护保养不当易引起的故障。(5分)

考核知识点：柴油发动机维护保养不当故障原因

难易度：中

标准答案：

(1) 不按规定检查蓄电池液面、电量和电解液比重，使启动动力不足，造成启动困难等故障。

(2) 不及时添加机油和定期更换机油及滤芯，造成机油量不足或污染变质而丧失润滑性能，造成机油流通阻力增加，甚至堵塞，使润滑条件恶化，引起零件严重磨损。

(3) 不按时更换燃油滤清器和清洗油箱，造成燃油系统堵塞，供油不足，使发动机功率下降，有时启动困难，甚至工作时突然熄火，造成事故。

(4) 不按期清除空气滤清器灰尘，过滤效果降低，进气量小，使发动机工作无力，排气冒黑烟，引起气缸等严重磨损。

(5) 使用低于标准牌号的机油和不同牌号机油混用，降低了润滑性能，引起机件加剧磨损。

（6）维修中，由于技术水平差，装配和调整不当，而引起的故障。

（7）更换的零件不合格，没有严格检验就装机使用。有时零件有内在质量缺陷，检查时很难发现，而在使用过程中暴露出来，造成故障。

Jb0005212063　简述液压柱塞泵的止推盘磨损的几种情况。（5分）

考核知识点：止推盘磨损

难易度：中

标准答案：

（1）在滑靴出现问题后，滑靴产生摆动，就会与止推盘之间失去润滑，滑靴就会磨损止推盘，在短时间的局部高温后，损坏止推盘的淬火层，止推盘的表面就会出现裂纹。

（2）当液压油出现问题后，作为油膜保护的摩擦副，滑靴和止推盘之间的油膜将会被破坏，固体的杂质将会进入油膜，导致止推盘的磨损。

（3）在滑靴和止推盘严重磨损时，滑靴与止推盘之间的摩擦力增加，同时，由于止推盘与摇摆之间没有定位销，止推盘会随着滑靴旋转，磨损止推盘的背面，因而导致止推盘跳动。

Jb0005213064　发动机异响和振动具有哪些特征？（5分）

考核知识点：发动机异响和振动特征

难易度：难

标准答案：

（1）响声部位特征。

（2）响声频率特征。

（3）变化规律特征。

（4）转速和负荷特征。

（5）温度特征。

Jb0006213065　编制一份将高级工培训为技师的培训方案。（5分）

要求：培训时间3年，在取得高级职业资格的基础上累计不少于400标准学时。

考核知识点：培训方案

难易度：难

标准答案：

（1）培训目的。通过培训达到《职业技能鉴定规范》对技师的职业知识和技能的要求。

（2）培训目标及内容见表Jb0006213065。

表 Jb0006213065

培训项目	培训目标	培训内容	培训方式	参考学时
基础知识	掌握常用的表达方法和零件图的识读	机械制图	自学	不少于60学时
	掌握重心的概念。掌握组合体重心位置的确定的公式法	电力工程力学		
	掌握伏安法测量电阻的方法。掌握直流电桥、绝缘电阻表的使用方法	电工基础		
专业知识	掌握异步电动机的基本工作原理。了解异步电动机主要部件的作用	电机学	现场讲课	不少于60学时
相关知识	熟悉Word、Excel工作界面窗口功能。掌握文档的编辑和表格功能的应用	计算机基础	现场讲课	不少于60学时

续表

培训项目	培训目标	培训内容	培训方式	参考学时
基本技能	了解绳索的选择和安全使用。掌握桩锚、滑轮的应用计算。掌握抱杆承载力验算及使用过程中的安全技术。掌握绞磨的强度验算和安全使用	起重搬运	现场讲课	不少于60学时
	掌握矫正、钻孔及攻、套螺栓的基本技能	钳工基础		
	了解电击、电伤、电磁场、雷击、静电对人体的伤害特点。掌握外伤救治的止血技术、创伤包扎、骨折固定、搬运方法及技巧	电力安全生产及防护		
专业技能一：施工机具修理	掌握绞磨、液压机、发电机、卷扬机、电焊机、空气压缩机、切割机、电缆输送机、冲击夯、振动器及道路抹平机等施工机械的维护保养。掌握常用施工机械的故障种类及排除方法	施工机械修理	现场讲课	不少于60学时
	掌握手扳葫芦、抱杆、网套连接器、旋转（抗弯）连接器、卸扣、卡线器、走板、地锚、钻桩、起重滑车及放线滑车等常规受力工器具负载试验方法和检验相关要求	常规受力工器具修理		
	掌握绳索类工器具负载试验方法和检验相关要求	绳索类工器具修理		
专业技能二：牵张设备修理	了解牵引机工作原理及组成。掌握牵引机操作、例行维护保养和故障种类及排除方法	牵引机修理	现场讲课	不少于80学时
	了解张力机工作原理及组成。掌握张力机操作、例行维护保养和故障种类及排除方法	张力机修理		
	了解导线架、刹车盘、线盘轴、主牵架等牵张机辅助设备的工作原理。掌握牵张机辅助设备的故障种类及排除方法	牵张设备辅助设备修理		
专业技能三：建筑机械及加工设备修理	了解压路机、推土机、挖掘机、自卸汽车、物料提升机、混凝土搅拌机、翻斗车等建筑机械的工作原理。掌握建筑机械的故障种类及排除方法	建筑机械修理	现场讲课	不少于50学时
	掌握钢筋对焊机、液压冲孔机、钢筋弯曲机、钢筋切断机、钢筋调直机等加工设备的日常维护保养。掌握加工设备的故障种类及排除方法	加工设备修理		
专业技能四：变电施工仪器修理	掌握电气试验设备的维护保养。掌握电气试验设备的故障种类及排除方法	电气试验设备修理	现场讲课	不少于60学时
	掌握 SF_6 回收回充装置、变压器油精密过滤机、储油罐、烘箱、精密过滤机、真空机组、真空滤油机、干燥空气发生器日常维护保养。掌握油气处理设备的故障种类及排除方法	油气处理设备修理		
专业技能五：无人机修理	掌握无人机的日常维护保养，故障种类及排除方法	无人机修理	现场讲课	不少于60学时
相关技能	了解班组管理的相关概念和知识。掌握班组制度建设和管理的基本技能。熟悉班组民主管理的相关知识技能	班组管理	自学	不少于40学时
综合素养	了解安全生产奖惩有关规定	法律法规	自学	不少于60学时
	熟悉国家电网公司的企业愿景、企业使命、企业宗旨、社会主义核心价值观和企业精神。熟悉国家电网员工行为规范的要求	企业文化		
	掌握协调知识及团队合作的意义	沟通协调与团队建设		

（3）培训方式。以自学和脱产相结合的方式，进行基础知识讲课和技能培训。

（4）培训时间。××××年×月×日～××××年×月×日。

（5）培训场所。×××××。

（6）培训设备。×××××。

第八章　机具维护工技师技能操作

Jc0005243001　**索道安装。（100 分）**

考核知识点：索道使用事项

难易度：难

技能等级评价专业技能考核操作工作任务书

一、任务名称

索道安装。

二、适用工种

机具维护工技师。

三、具体任务

完成索道安装。

四、工作规范及要求

（1）掌握索道的机械性能、电气性能及使用要求。

（2）工器具、仪器仪表的正确使用及做好安全措施。

五、考核时间及要求

（1）本模块操作时间为 60 分钟，时间到停止考评。

（2）考评过程中如果由于测试人员操作不规范，有可能引发不安全因素的，停止考评，该项考核项目不得分，但不影响其他项目。

技能等级评价专业技能考核操作评分标准

工种	机具维护工					评价等级	技师
项目模块	专业知识—机具操作使用				编号	Jc0005243001	
单位			准考证号			姓名	
考试时限	60 分钟		题型	单项操作		题分	100 分
成绩		考评员		考评组长		日期	
试题正文	索道安装						
需要说明的问题和要求	（1）要求单人操作，考评员监护。 （2）在设定考试工位上完成操作。 （3）操作结束后，待考评员同意后方可离开考场						

序号	项目名称	质量要求	满分	扣分标准	扣分原因	得分
1	准备工作					
1.1	相关安全措施的准备	着装应符合安全要求：穿工作服、戴线手套、注意安全防护	5	未按要求穿工作服扣 3 分； 未按要求戴手套扣 2 分		
1.2	工器具、设备及辅助设备备品备件完备	检查工器具及辅助设备是否齐全洁净，符合作业要求	5	少一件工器具扣 1 分，扣完为止		
2	安装步骤					

续表

序号	项目名称	质量要求	满分	扣分标准	扣分原因	得分
2.1	现场测量	索道的支柱及地锚应按索道施工设计指定的位置及技术要求进行施工。索道地锚、支柱及各种滑车一般设在索道的中心线上或角的二等分线上。安装后保证塔架托索轮、上下支点地锚均在一条直线上，以防塔架受到垂直线路方向的水平力。根据测量结果（水平跨度、高差以及承载索下方地形）绘制索道布置俯视图	10	测量不正确，每处扣1分，扣完为止		
2.2	安装塔架	安装塔架完毕后必须保证上横梁中心线与两平行索中心线重合，同时保证各塔腿张开角度一致，上横梁水平	15	操作顺序、方法不正确扣15分		
2.3	设置地锚	安装时必须根据最大运重时承载索拉力确定地锚受到的力，在设置地锚时必须考虑足够的裕量（不低于2倍）以满足规范要求	20	计算不正确扣20分		
2.4	展开承载索并张紧					
2.4.1	解索	不允许钢丝绳打绞	5	有打绞扣5分		
2.4.2	展放	承载索的两端应装有心形环等连接零件，既便于固定连接，又防止绳索受伤	5	未使用心形环扣5分		
2.4.3	张紧	索道使用绳索尽量无接头，如不可避免，其接头应按有关起重钢丝绳索规定进行连接。架空索道在使用过程中，由于地锚、支柱、绳索等各部分的伸长和松动，使承载索弧垂加大，支柱倾斜，所以承载索下支点应安装手扳葫芦，以便及时调整	5	接头不规范扣3分； 未设置手扳葫芦扣2分		
2.4.4	固定	承载索固定后，在每一个拉紧区段内，应选择一个靠近重锤的跨距，进行扰度测量，承载索扰度的偏差，不得大于设计值的5%。在上下支点承载索的末端与承载索地锚之间串接拉力表，以读取在运输过程中承载索的受力状况。在最后锚接固定钢索之前，对拉紧情况进行检查，检查中央扰度系数是否与设计一致	5	测量不准确扣1分； 未设置拉力表扣2分； 扰度系数与设计不一致扣2分		
2.4.5	展放牵引索并张紧	牵引索两头连接及牵引索在绞磨上的缠绕符合设计规范要求	5	一项不合格扣2分，扣完为止		
2.4.6	固定绞磨并试车	（1）无载荷的试运行，不得有任何阻碍。 （2）载荷试验分别为50%、80%、100%、110%。 （3）在试验过程中小车行走自如，不得出现脱索、滑索现象。制动时间不得超过5s。索道额定载荷运行时，支架的偏移在许用范围内。试验过程中，地锚不得有任何松动	10	一项不合格扣3.5分，扣完为止		
3	工作结束					
3.1	整理工具	工具整理、摆放整齐	5	未整理工器具扣5分		
3.2	工作现场清理	清理现场	5	未清理现场扣5分		
合计			100			

Jc0005243002 张力机补油液压系统压力过低故障排除。（100分）

考核知识点：张力机故障分析

难易度：难

技能等级评价专业技能考核操作工作任务书

一、任务名称

张力机补油液压系统压力过低故障排除。

二、适用工种

机具维护工技师。

三、具体任务

完成张力机补油液压系统压力过低故障的排除。

四、工作规范及要求

（1）掌握牵张机的机械性能和操作要求。

（2）故障的正确分析及处理。

（3）工器具的正确使用及做好安全防护。

五、考核时间及要求

（1）本模块操作时间为60分钟，时间到停止考评。

（2）考评过程中如果由于测试人员操作不规范，有可能引发不安全因素的，停止考评，该项考核项目不得分，但不影响其他项目。

技能等级评价专业技能考核操作评分标准

<table>
<tr><td>工种</td><td colspan="6">机具维护工</td><td>评价等级</td><td>技师</td></tr>
<tr><td>项目模块</td><td colspan="5">专业知识—机具故障排除</td><td>编号</td><td colspan="2">Jc0005243002</td></tr>
<tr><td>单位</td><td colspan="3"></td><td>准考证号</td><td colspan="2"></td><td>姓名</td><td></td></tr>
<tr><td>考试时限</td><td colspan="2">60分钟</td><td>题型</td><td colspan="3">单项操作</td><td>题分</td><td>100分</td></tr>
<tr><td>成绩</td><td></td><td>考评员</td><td></td><td>考评组长</td><td colspan="2"></td><td>日期</td><td></td></tr>
<tr><td>试题正文</td><td colspan="8">张力机补油液压系统压力过低故障排除</td></tr>
<tr><td>需要说明的问题和要求</td><td colspan="8">（1）要求单人操作，考评员监护。
（2）在设定考试工位上完成操作。
（3）操作结束后，待考评员同意后方可离开考场。
（4）设置故障点为：补油泵损坏</td></tr>
</table>

序号	项目名称	质量要求	满分	扣分标准	扣分原因	得分
1	准备工作					
1.1	相关安全措施的准备	着装应符合安全要求：穿工作服、戴线手套、注意安全防护	5	未按要求穿工作服扣3分； 未按要求戴手套扣2分		
1.2	工器具、设备及辅助设备备品备件完备	检查工器具、设备及辅助设备是否齐全洁净，符合作业要求	5	少一件工器具扣1分，扣完为止		
2	操作步骤					
2.1	故障原因分析	（1）液压油滤芯堵塞。 （2）液压油的油温过高。 （3）风扇马达、支腿换向阀泄漏大。 （4）补油背压阀卡滞。 （5）主马达泄漏大。 （6）补油泵泄漏大	20	每少分析或分析不正确一处扣3.5分，扣完为止		

续表

序号	项目名称	质量要求	满分	扣分标准	扣分原因	得分
2.2	设备检查	（1）检查液压油滤芯，按需更换。 （2）检查液压油散热系统，按需要更换液压油。 （3）拆除支腿换向阀泄油管，观察换向阀泄油口出油情况，若溢流油量很小，正常；若出现大量油液溢出，说明该阀卡滞或严重磨损，应将该阀清洗，重新安装，若仍有大量油液溢出，予以更换。拆除风扇马达泄油管，观察马达泄油量，若泄漏油量很小，正常；否则，予以更换。 （4）拆除主马达泄油管，观察马达泄油量，若泄漏油量很小，正常；否则，予以更换。 （5）拆卸补油背压阀，清洗或更换。 （6）若以上故障全部排除，补油压力仍然过低，观察风扇旋转情况，若出现旋转速度低、旋转无力，更换补油泵	20	检查不到位，每处扣 3.5 分，扣完为止		
2.3	确定故障	确认补油泵损坏	10	确认不正确扣 10 分		
2.4	故障排除	更换补油泵	10	操作顺序、方法不正确，每处扣 1 分； 丢失或漏装零部件，每只扣 1 分； 扣完为止		
2.5	故障排除后检查	重新启动发动机，检查补油压力正常，故障排除	10	发动机运行不正常扣 10 分		
3	工作结束					
3.1	整理工器具	工具整理，摆放整齐	5	未整理工器具扣 5 分		
3.2	工作现场清理	清理现场	5	未清理现场扣 5 分		
4	填写记录					
4.1	填写维保记录单	内容全面，记录规范	10	填写不全面，每少一项扣 2 分，扣完为止		
合计			100			

Jc0005243003 发动机燃油油耗过高故障排除。（100 分）

考核知识点：发动机故障分析

难易度：难

技能等级评价专业技能考核操作工作任务书

一、任务名称

发动机燃油油耗过高故障排除。

二、适用工种

机具维护工技师。

三、具体任务

牵张机康明斯发动机燃油油耗过高故障排除。

四、工作规范及要求

（1）掌握发动机的机械性能。

（2）故障的正确分析及处理。

（3）工器具的正确使用及做好安全防护。

五、考核时间及要求

（1）本模块操作时间为 60 分钟，时间到停止考评。

（2）考评过程中如果由于测试人员操作不规范，有可能引发不安全因素的，停止考评，该项考核项目不得分，但不影响其他项目。

技能等级评价专业技能考核操作评分标准

工种	机具维护工				评价等级	技师
项目模块	专业知识—机具故障排除			编号	Jc0005243003	
单位		准考证号			姓名	
考试时限	60 分钟	题型	单项操作		题分	100 分
成绩		考评员		考评组长	日期	
试题正文	发动机燃油油耗过高故障排除					
需要说明的问题和要求	（1）要求单人操作，考评员监护。 （2）在设定考试工位上完成操作。 （3）操作结束后，待考评员同意后方可离开考场。 （4）设置故障点为：喷油正时不正确					

序号	项目名称	质量要求	满分	扣分标准	扣分原因	得分
1	准备工作					
1.1	相关安全措施的准备	着装应符合安全要求：穿工作服、戴线手套、注意安全防护	5	未按要求穿工作服扣 3 分； 未按要求戴手套扣 2 分		
1.2	工器具、设备及辅助设备备品备件完备	检查工器具、设备及辅助设备是否齐全洁净，符合作业要求	5	少一件工器具扣 1 分，扣完为止		
2	操作步骤					
2.1	故障原因分析	（1）进、排气不通畅。 （2）燃油质量差。 （3）润滑油油面太高。 （4）空气冷却器工作不良。 （5）发动机负荷过大。 （6）发动机温度过高。 （7）喷油量过大。 （8）喷油正时不正确。 （9）涡轮增压器工作不良。 （10）发动机性能下降	20	每少分析或分析不正确一处扣 2 分，扣完为止		
2.2	设备检查	（1）检查进、排气系统，进行检修。 （2）检查燃油质量，若质量差，进行更换。 （3）检查润滑油，若超标，放油。 （4）检查空气冷却器，并进行清洁。 （5）若发动机负荷过大，降低负荷。 （6）若发动机温度过高，应冷却。 （7）检查燃烧器，若喷油量过大，进行检修。 （8）检查并调整喷油正时。 （9）检查涡轮增压器，若有故障，进行检修或更换。 （10）检查发动机，若有故障，进行检修	20	检查不到位，每处扣 2 分，扣完为止		
2.3	确定故障	喷油正时不正确	10	确认不正确扣 10 分		
2.4	故障排除	检查调整喷油正时	10	操作顺序、方法不正确，每处扣 1 分； 丢失或漏装零部件，每只扣 1 分； 扣完为止		
2.5	故障排除后检查	重新启动发动机正常，故障排除	10	发动机运行不正常扣 10 分		
3	工作结束					
3.1	整理工器具	工具整理，摆放整齐	5	未整理工器具扣 5 分		
3.2	工作现场清理	清理现场	5	未清理现场扣 5 分		

续表

序号	项目名称	质量要求	满分	扣分标准	扣分原因	得分
4	填写记录					
4.1	填写维保记录单	内容全面，记录规范	10	填写不全面，每少一项扣 2 分，扣完为止		
合计			100			

Jc0005243004 发动机工作异响故障判断及排除。（100 分）

考核知识点：发动机故障分析

难易度：难

技能等级评价专业技能考核操作工作任务书

一、任务名称

发动机工作异响故障判断及排除。

二、适用工种

机具维护工技师。

三、具体任务

康明斯 B 系列发动机工作异响故障判断及排除。

四、工作规范及要求

（1）掌握发动机的机械性能。

（2）故障的正确分析及处理。

（3）工器具的正确使用及做好安全防护。

五、考核时间及要求

（1）本模块操作时间为 60 分钟，时间到停止考评。

（2）考评过程中如果由于测试人员操作不规范，有可能引发不安全因素的，停止考评，该项考核项目不得分，但不影响其他项目。

技能等级评价专业技能考核操作评分标准

<table>
<tr><td>工种</td><td colspan="5">机具维护工</td><td>评价等级</td><td>技师</td></tr>
<tr><td>项目模块</td><td colspan="4">专业知识—机具故障排除</td><td>编号</td><td colspan="2">Jc0005243004</td></tr>
<tr><td>单位</td><td colspan="2"></td><td>准考证号</td><td colspan="2"></td><td>姓名</td><td></td></tr>
<tr><td>考试时限</td><td>60 分钟</td><td>题型</td><td colspan="3">单项操作</td><td>题分</td><td>100 分</td></tr>
<tr><td>成绩</td><td></td><td>考评员</td><td></td><td>考评组长</td><td></td><td>日期</td><td></td></tr>
<tr><td>试题正文</td><td colspan="7">发动机工作异响故障判断及排除</td></tr>
<tr><td>需要说明的问题和要求</td><td colspan="7">（1）要求单人操作，考评员监护。
（2）在设定考试工位上完成操作。
（3）操作结束后，待考评员同意后方可离开考场。
（4）设置故障点为：喷油时间过早，造成发动机敲缸异响</td></tr>
</table>

序号	项目名称	质量要求	满分	扣分标准	扣分原因	得分
1	准备工作					
1.1	相关安全措施的准备	着装应符合安全要求：穿工作服、戴线手套、注意安全防护	5	未按要求穿工作服扣 3 分； 未按要求戴手套扣 2 分		
1.2	工器具、设备及辅助设备备品备件完备	检查工器具、设备及辅助设备是否齐全洁净，符合作业要求	5	少一件工器具扣 1 分，扣完为止		

续表

序号	项目名称	质量要求	满分	扣分标准	扣分原因	得分
2	操作步骤					
2.1	故障判断	（1）气门异响。 （2）正时齿轮异响。 （3）发动机“敲缸”。 （4）曲轴轴承异响。 （5）连杆轴承异响。 （6）活塞销异响。 （7）发动机附件异响（发电机、水泵、启动机、张紧轮、增压器等）	15	每少分析或分析不正确一处扣 2.5 分，扣完为止		
2.2	确定异响原因	发动机敲缸异响	10	确认不正确扣 10 分		
2.3	设备检查	（1）检查喷油正时。 （2）燃油质量差或发动机温度过高。 （3）检查气缸压力，判断是否有拉缸、活塞磨损、活塞与缸壁配合间隙过大、活塞环断裂等。 （4）燃烧室内是否有异物	15	检查不到位，每处扣 4 分，扣完为止		
2.4	确定故障	喷油时间过早	10	确认不正确扣 10 分		
2.5	故障排除	校正喷油正时	10	操作顺序、方法不正确，每处扣 1 分； 丢失或漏装零部件，每只扣 1 分； 扣完为止		
2.6	故障排除后检查	重新启动发动机正常，故障排除	10	发动机运行不正常扣 10 分		
3	工作结束					
3.1	整理工器具	工具整理，摆放整齐	5	未整理工器具扣 5 分		
3.2	工作现场清理	清理现场	5	未清理现场扣 5 分		
4	填写记录					
4.1	填写维保记录单	内容全面，记录规范	10	填写不全面，每少一项扣 2 分，扣完为止		
合计			100			

Jc0005242005　液压齿轮泵工作不良故障排除。（100 分）

考核知识点：液压齿轮泵故障分析

难易度：中

技能等级评价专业技能考核操作工作任务书

一、任务名称

液压齿轮泵工作不良故障排除。

二、适用工种

机具维护工技师。

三、具体任务

牵张机液压齿轮泵工作不良故障排除。

四、工作规范及要求

（1）掌握牵张机液压系统的性能。

（2）故障的正确分析及处理。

（3）工器具的正确使用及做好安全防护。

五、考核时间及要求

（1）本模块操作时间为 40 分钟，时间到停止考评。

（2）考评过程中如果由于测试人员操作不规范，有可能引发不安全因素的，停止考评，该项考核项目不得分，但不影响其他项目。

技能等级评价专业技能考核操作评分标准

工种	机具维护工				评价等级	技师
项目模块	专业知识—机具故障排除			编号	Jc0005242005	
单位		准考证号			姓名	
考试时限	40 分钟	题型	单项操作		题分	100 分
成绩		考评员		考评组长	日期	
试题正文	液压齿轮泵工作不良故障排除					
需要说明的问题和要求	（1）要求单人操作，考评员监护。 （2）在设定考试工位上完成操作。 （3）操作结束后，待考评员同意后方可离开考场。 （4）设置故障点为：进油口进入空气					

序号	项目名称	质量要求	满分	扣分标准	扣分原因	得分
1	准备工作					
1.1	相关安全措施的准备	着装应符合安全要求：穿工作服、戴线手套、注意安全防护	5	未按要求穿工作服扣 3 分； 未按要求戴手套扣 2 分		
1.2	工器具、设备及辅助设备备品备件完备	检查工器具及辅助设备是否齐全洁净，符合作业要求	5	少一件工器具扣 1 分，扣完为止		
2	操作步骤					
2.1	故障原因分析	（1）液压油油面过低或液压油变质。 （2）液压油黏度不合适。 （3）吸油管或滤油器不畅。 （4）进油口进入空气。 （5）液压油进油口与齿轮泵安装位置不正确。 （6）齿轮泵转速过低。 （7）齿轮泵损坏	20	每少分析或分析不正确一处扣 3 分，扣完为止		
2.2	设备检查	（1）检查液压油，若过低，加注至标准值；若变质，进行更换。 （2）若液压油黏度不合适，进行更换。 （3）检查吸油管或滤油器，并进行清洁。 （4）检查进油口，若有漏气，排除。 （5）检查进油口与齿轮泵安装位置情况，若位置不正确，进行调整。 （6）检查齿轮泵，若转速低，调高转速。 （7）检查齿轮泵，若有故障，进行检修或更换	20	检查不到位，每处扣 3 分，扣完为止		
2.3	确定故障	进油口进入空气	10	确认不正确扣 10 分		
2.4	故障排除	排除空气	10	操作顺序、方法不正确，每处扣 1 分； 丢失或漏装零部件，每只扣 1 分； 扣完为止		
2.5	故障排除后检查	重新启动牵张机，牵张机齿轮泵运行正常，故障排除	10	牵张机齿轮泵运行不正常扣 10 分		
3	工作结束					
3.1	整理工器具	工具整理，摆放整齐	5	未整理工器具扣 5 分		
3.2	工作现场清理	清理现场	5	未清理现场扣 5 分		
4	填写记录					
4.1	填写维保记录单	内容全面，记录规范	10	填写不全面，每少一项扣 2 分，扣完为止		
合计			100			

Jc0005242006　齿轮泵噪声严重故障排除。(100 分)

考核知识点：液压齿轮泵故障分析

难易度：中

技能等级评价专业技能考核操作工作任务书

一、任务名称

齿轮泵噪声严重故障排除。

二、适用工种

机具维护工技师。

三、具体任务

牵张机齿轮泵噪声严重故障排除。

四、工作规范及要求

（1）掌握牵张机液压系统的性能。

（2）故障的正确分析及处理。

（3）工器具的正确使用及做好安全防护。

五、考核时间及要求

（1）本模块操作时间为 30 分钟，时间到停止考评。

（2）考评过程中如果由于测试人员操作不规范，有可能引发不安全因素的，停止考评，该项考核项目不得分，但不影响其他项目。

技能等级评价专业技能考核操作评分标准

工种	机具维护工					评价等级	技师
项目模块	专业知识—机具故障排除				编号	Jc0005242006	
单位			准考证号			姓名	
考试时限	30 分钟		题型	单项操作		题分	100 分
成绩		考评员		考评组长		日期	
试题正文	齿轮泵噪声严重故障排除						
需要说明的问题和要求	（1）要求单人操作，考评员监护。 （2）在设定考试工位上完成操作。 （3）操作结束后，待考评员同意后方可离开考场。 （4）设置故障点为：更换齿轮泵						

序号	项目名称	质量要求	满分	扣分标准	扣分原因	得分
1	准备工作					
1.1	相关安全措施的准备	着装应符合安全要求：穿工作服、戴线手套、注意安全防护	5	未按要求穿工作服扣 3 分； 未按要求戴手套扣 2 分		
1.2	工器具、设备及辅助设备备品备件完备	检查工器具及辅助设备是否齐全洁净，符合作业要求	5	少一件工器具扣 1 分，扣完为止		
2	操作步骤					
2.1	故障原因分析	（1）吸油管或滤油器不畅。 （2）油泵进油口有空气进入。 （3）齿轮泵转速过高。 （4）齿轮泵损坏	20	每少分析或分析不正确一处扣 5 分，扣完为止		

续表

序号	项目名称	质量要求	满分	扣分标准	扣分原因	得分
2.2	设备检查	（1）检查吸油管或滤油器，清除堵物。 （2）检查油泵进油口，若漏气进行检修。 （3）检查齿轮泵，若转速过高，调低转速。 （4）检查齿轮泵，若有故障，进行检修或更换	20	检查不到位，每处扣5分，扣完为止		
2.3	确定故障	齿轮泵损坏	10	确认不正确扣10分		
2.4	故障排除	更换齿轮泵	10	操作顺序、方法不正确，每处扣1分； 丢失或漏装零部件，每只扣1分； 扣完为止		
2.5	故障排除后检查	重新启动牵张机，牵张机齿轮泵运行正常，故障排除	10	牵张机齿轮泵运行不正常扣10分		
3	工作结束					
3.1	整理工器具	工具整理，摆放整齐	5	未整理工器具扣5分		
3.2	工作现场清理	清理现场	5	未清理现场扣5分		
4	填写记录					
4.1	填写维保记录单	内容全面，记录规范	10	填写不全面，每少一项扣2分，扣完为止		
合计			100			

Jc0005243007　轴向柱塞泵流量不足故障排除。（100分）

考核知识点：牵张机故障分析

难易度：难

技能等级评价专业技能考核操作工作任务书

一、任务名称

轴向柱塞泵流量不足故障排除。

二、适用工种

机具维护工技师。

三、具体任务

牵张机轴向柱塞泵流量不足故障排除。

四、工作规范及要求

（1）掌握牵张机液压系统的性能。

（2）故障的正确分析及处理。

（3）工器具的正确使用及做好安全防护。

五、考核时间及要求

（1）本模块操作时间为30分钟，时间到停止考评。

（2）考评过程中如果由于测试人员操作不规范，有可能引发不安全因素的，停止考评，该项考核项目不得分，但不影响其他项目。

技能等级评价专业技能考核操作评分标准

工种	机具维护工					评价等级	技师
项目模块	专业知识—机具故障排除				编号	Jc0005243007	
单位			准考证号			姓名	
考试时限	30 分钟		题型	单项操作		题分	100 分
成绩		考评员		考评组长		日期	
试题正文	轴向柱塞泵流量不足故障排除						
需要说明的问题和要求	（1）要求单人操作，考评员监护。 （2）在设定考试工位上完成操作。 （3）操作结束后，待考评员同意后方可离开考场。 （4）设置故障点为：变量机构工作不良						

序号	项目名称	质量要求	满分	扣分标准	扣分原因	得分
1	准备工作					
1.1	相关安全措施的准备	着装应符合安全要求：穿工作服、戴线手套、注意安全防护	5	未按要求穿工作服扣 3 分； 未按要求戴手套扣 2 分		
1.2	工器具、设备及辅助设备备品备件完备	检查工器具及辅助设备是否齐全洁净，符合作业要求	5	少一件工器具扣 1 分，扣完为止		
2	操作步骤					
2.1	故障原因分析	（1）泵在启动前未充满液压油，有空气。 （2）液压油黏度不合适或变质。 （3）柱塞泵中心回程盘损坏。 （4）缸筒柱塞磨损，内泄漏增加。 （5）配流盘磨损，内泄漏增加。 （6）液压泵转速过低。 （7）变量机构工作不良	20	每少分析或分析不正确一处扣 3 分，扣完为止		
2.2	设备检查	（1）使泵内充满液压油，排除空气。 （2）选用合适的液压油或更换。 （3）分解检修液压泵(缸筒柱塞配合间隙、配流盘、变量机构等)。 （4）调高液压泵转速	20	检查不到位，每处扣 5 分，扣完为止		
2.3	确定故障	变量机构工作不良	10	确认不正确扣 10 分		
2.4	故障排除	清洗或修理变量机构	10	操作顺序、方法不正确，每处扣 1 分； 丢失或漏装零部件，每只扣 1 分； 扣完为止		
2.5	故障排除后检查	重新启动牵张机，牵张机轴向柱塞泵运行正常，故障排除	10	牵张机轴向柱塞泵运行不正常扣 10 分		
3	工作结束					
3.1	整理工器具	工具整理，摆放整齐	5	未整理工器具扣 5 分		
3.2	工作现场清理	清理现场	5	未清理现场扣 5 分		
4	填写记录					
4.1	填写维保记录单	内容全面，记录规范	10	填写不全面，每少一项扣 2 分，扣完为止		
	合计		100			

Jc0005243008 轴向柱塞泵无流量输出故障排除。（100 分）

考核知识点： 牵张机故障分析

难易度： 难

技能等级评价专业技能考核操作工作任务书

一、任务名称

轴向柱塞泵无流量输出故障排除。

二、适用工种

机具维护工技师。

三、具体任务

牵张机轴向柱塞泵无流量输出故障排除。

四、工作规范及要求

（1）掌握牵张机液压系统的性能。

（2）故障的正确分析及处理。

（3）工器具的正确使用及做好安全防护。

五、考核时间及要求

（1）本模块操作时间为40分钟，时间到停止考评。

（2）考评过程中如果由于测试人员操作不规范，有可能引发不安全因素的，停止考评，该项考核项目不得分，但不影响其他项目。

技能等级评价专业技能考核操作评分标准

工种	机具维护工					评价等级	技师
项目模块	专业知识—机具故障排除				编号	Jc0005243008	
单位			准考证号			姓名	
考试时限	40 分钟		题型	单项操作		题分	100 分
成绩		考评员		考评组长		日期	
试题正文	轴向柱塞泵无流量输出故障排除						
需要说明的问题和要求	（1）要求单人操作，考评员监护。 （2）在设定考试工位上完成操作。 （3）操作结束后，待考评员同意后方可离开考场。 （4）设置故障点为：液压泵反转						

序号	项目名称	质量要求	满分	扣分标准	扣分原因	得分
1	准备工作					
1.1	相关安全措施的准备	着装应符合安全要求：穿工作服、戴线手套、注意安全防护	5	未按要求穿工作服扣 3 分； 未按要求戴手套扣 2 分		
1.2	工器具、设备及辅助设备备品备件完备	检查工器具及辅助设备是否齐全洁净，符合作业要求	5	少一件工器具扣 1 分，扣完为止		
2	操作步骤					
2.1	故障原因分析	（1）泵在启动前未充满液压油，有空气。 （2）进油口堵塞或油液不足。 （3）液压油黏度不合适或变质。 （4）柱塞泵中心回程盘损坏。 （5）缸筒柱塞磨损，内泄漏。 （6）配流盘磨损，内泄漏。 （7）变量机构不工作（在零位）。 （8）液压油泵反转	20	每少分析或分析不正确一处扣 2.5 分，扣完为止		

续表

序号	项目名称	质量要求	满分	扣分标准	扣分原因	得分
2.2	设备检查	（1）使泵内充满液压油，排除空气。 （2）清洁进油口或加注油液至标准值。 （3）选用合适的液压油或更换。 （4）分解检修液压泵（缸筒柱塞配合间隙、配流盘、变量机构等）。 （5）调整液压泵转向	20	检查不到位，每处扣4分，扣完为止		
2.3	确定故障	液压泵反转	10	确认不正确扣10分		
2.4	故障排除	调整液压泵转向	10	操作顺序、方法不正确，每处扣1分； 丢失或漏装零部件，每只扣1分； 扣完为止		
2.5	故障排除后检查	重新启动牵张机，牵张机轴向柱塞泵运行正常，故障排除	10	牵张机轴向柱塞泵运行不正常扣10分		
3	工作结束					
3.1	整理工器具	工具整理，摆放整齐	5	未整理工器具扣5分		
3.2	工作现场清理	清理现场	5	未清理现场扣5分		
4	填写记录					
4.1	填写维保记录单	内容全面，记录规范	10	填写不全面，每少一项扣2分，扣完为止		
合计			100			

Jc0005242009　防扭钢丝绳的检查、评定及保养。（100分）

考核知识点：防扭钢丝绳检测和保养

难易度：中

技能等级评价专业技能考核操作工作任务书

一、任务名称

防扭钢丝绳的检查、评定及保养。

二、适用工种

机具维护工技师。

三、具体任务

ϕ18防扭钢丝绳的检查、评定及保养。

四、工作规范及要求

掌握防扭钢丝绳的工作性能。

五、考核时间及要求

（1）本模块操作时间为60分钟，时间到停止考评。

（2）考评过程中如果由于测试人员操作不规范，有可能引发不安全因素的，停止考评，该项考核项目不得分，但不影响其他项目。

技能等级评价专业技能考核操作评分标准

工种	机具维护工					评价等级	技师
项目模块	专业知识—机具检查检修				编号	Jc0005242009	
单位			准考证号			姓名	
考试时限	60分钟		题型	单项操作		题分	100分
成绩		考评员		考评组长		日期	

续表

试题正文	防扭钢丝绳的检查、评定及保养					
需要说明的问题和要求	（1）要求单人操作，考评员监护。 （2）在设定考试工位上完成操作。 （3）操作结束后，待考评员同意后方可离开考场					
序号	项目名称	质量要求	满分	扣分标准	扣分原因	得分
1	准备工作					
1.1	相关安全措施的准备	着装应符合安全要求：穿工作服、工作鞋、注意安全防护	5	未按要求穿工作服扣 3 分； 未按要求穿工作鞋扣 2 分		
1.2	工器具、设备及辅助设备备品备件完备	检查工器具及辅助设备是否齐全洁净，符合作业要求	5	少一件工器具扣 1 分，扣完为止		
2	操作步骤					
2.1	清洁	利用钢丝绳除尘设备对钢丝绳进行清洁	10	未清洁扣 10 分； 清洁不到位扣 5 分		
2.2	标牌或标识的检查	标牌或标识（包含名称、型号、荷载、厂家、出厂日期等）明显	5	检查不到位，每处扣 1 分，扣完为止		
2.3	断丝检查	1 个捻距内断丝数超过钢丝总数 10%的应按标准报废或截除	5	检查不到位扣 5 分		
2.4	磨损检查	（1）压扁严重，断面缩小，实测相对公称直径减小 3%时，未发现断丝也应予以报废。 （2）钢丝磨损或腐蚀达到钢丝绳实际直径比其公称直径减少 7%或更多的，整根钢丝绳应报废	5	检查不到位，每处扣 2.5 分，扣完为止		
2.5	变形检查	（1）绳芯损坏或绳股挤出/断裂应报废或截除。 （2）笼状畸形、严重扭结或弯折应报废或截除	5	检查不到位，每处扣 2.5 分，扣完为止		
2.6	其他检查	（1）钢丝绳受过火烧或电灼，化学介质的腐蚀外表出现颜色变化时应报废或截除。 （2）钢丝绳弹性显著降低，不易弯曲，单丝易折断时应予以报废或截除	5	检查不到位，每处扣 2.5 分，扣完为止		
2.7	保养	退扭、除尘、浸油用钢丝绳表面脂加热至 85～110℃，并浸涂均匀	35	操作方法，温度控制不正确，每处扣 10 分，扣完为止		
3	工作结束					
3.1	整理工器具	工具整理，摆放整齐	5	未整理工器具扣 5 分		
3.2	工作现场清理	清理现场	5	未清理现场扣 5 分		
4	填写记录					
4.1	填写维保记录单	内容全面，记录规范	10	填写不全面，每处扣 2 分，扣完为止		
合计			100			

Jc0005243010 轴向柱塞泵噪声和振动故障排除。（100 分）

考核知识点：牵张机故障分析

难易度：难

技能等级评价专业技能考核操作工作任务书

一、任务名称

轴向柱塞泵噪声和振动故障排除。

二、适用工种

机具维护工技师。

三、具体任务

牵张机轴向柱塞泵噪声和振动故障排除。

四、工作规范及要求

（1）掌握牵张机液压系统的性能。

（2）故障的正确分析及处理。

（3）工器具的正确使用及做好安全防护。

五、考核时间及要求

（1）本模块操作时间为40分钟，时间到停止考评。

（2）考评过程中如果由于测试人员操作不规范，有可能引发不安全因素的，停止考评，该项考核项目不得分，但不影响其他项目。

技能等级评价专业技能考核操作评分标准

工种	机具维护工				评价等级	技师
项目模块	专业知识—机具故障排除			编号	Jc0005243010	
单位		准考证号			姓名	
考试时限	40分钟	题型	单项操作		题分	100分
成绩		考评员		考评组长	日期	
试题正文	轴向柱塞泵噪声和振动故障排除					
需要说明的问题和要求	（1）要求单人操作，考评员监护。 （2）在设定考试工位上完成操作。 （3）操作结束后，待考评员同意后方可离开考场。 （4）设置故障点为：液压泵轴承损坏					

序号	项目名称	质量要求	满分	扣分标准	扣分原因	得分
1	准备工作					
1.1	相关安全措施的准备	着装应符合安全要求：穿工作服、戴线手套、注意安全防护	5	未按要求穿工作服扣3分； 未按要求戴手套扣2分		
1.2	工器具、设备及辅助设备备品备件完备	检查工器具及辅助设备是否齐全洁净，符合作业要求	5	少一件工器具扣1分，扣完为止		
2	操作步骤					
2.1	故障原因分析	（1）泵体内留有空气未排尽。 （2）管路内有气泡。 （3）液压油黏度太高（环境温度过低）。 （4）转速过高。 （5）压力过高。 （6）泵内轴承损坏或磨损	20	每少分析或分析不正确一处扣3.5分，扣完为止		
2.2	设备检查	（1）空载运转，排除泵体内空气。 （2）清除管路内空气。 （3）加热预热液压油。 （4）降低转速到额定值。 （5）降低压力到额定值。 （6）检修液压泵	20	检查不到位，每处扣3.5分，扣完为止		
2.3	确定故障	液压泵轴承损坏	10	确认不正确扣10分		
2.4	故障排除	检修液压泵	10	操作顺序、方法不正确，每处扣1分； 丢失或漏装零部件，每只扣1分； 扣完为止		

续表

序号	项目名称	质量要求	满分	扣分标准	扣分原因	得分
2.5	故障排除后检查	重新启动牵张机，牵张机轴向柱塞泵运行正常，故障排除	10	牵张机轴向柱塞泵运行不正常扣10分		
3	工作结束					
3.1	整理工器具	工具整理，摆放整齐	5	未整理工器具扣5分		
3.2	工作现场清理	清理现场	5	未清理现场扣5分		
4	填写记录					
4.1	填写维保记录单	内容全面，记录规范	10	填写不全面，每少一项扣2分，扣完为止		
	合计		100			

Jc0005243011 轴向柱塞泵压力不稳定故障排除。（100分）

考核知识点：牵张机故障分析

难易度：难

技能等级评价专业技能考核操作工作任务书

一、任务名称

轴向柱塞泵压力不稳定故障排除。

二、适用工种

机具维护工技师。

三、具体任务

牵张机轴向柱塞泵压力不稳定故障排除。

四、工作规范及要求

（1）掌握牵张机液压系统的性能。

（2）故障的正确分析及处理。

（3）工器具的正确使用及做好安全防护。

五、考核时间及要求

（1）本模块操作时间为30分钟，时间到停止考评。

（2）考评过程中如果由于测试人员操作不规范，有可能引发不安全因素的，停止考评，该项考核项目不得分，但不影响其他项目。

技能等级评价专业技能考核操作评分标准

工种	机具维护工					评价等级	技师
项目模块	专业知识—机具故障排除				编号	Jc0005243011	
单位			准考证号			姓名	
考试时限	30分钟		题型	单项操作		题分	100分
成绩		考评员		考评组长		日期	
试题正文	轴向柱塞泵压力不稳定故障排除						
需要说明的问题和要求	（1）要求单人操作，考评员监护。 （2）在设定考试工位上完成操作。 （3）操作结束后，待考评员同意后方可离开考场。 （4）设置故障点为：一个柱塞损坏						

续表

序号	项目名称	质量要求	满分	扣分标准	扣分原因	得分
1	准备工作					
1.1	相关安全措施的准备	着装应符合安全要求：穿工作服、戴线手套、注意安全防护	5	未按要求穿工作服扣3分； 未按要求戴手套扣2分		
1.2	工器具、设备及辅助设备备品备件完备	检查工器具及辅助设备是否齐全洁净，符合作业要求	5	少一件工器具扣1分，扣完为止		
2	操作步骤					
2.1	故障原因分析	（1）泵体内留有空气未排尽。 （2）管路内有气泡。 （3）液压油黏度太高（环境温度过低）。 （4）液压泵个别柱塞损坏。 （5）液压泵转速不稳	20	每少分析或分析不正确一处扣4分，扣完为止		
2.2	设备检查	（1）空载运转，排除泵体内空气。 （2）清除管路内空气。 （3）加热预热液压油。 （4）使液压泵转速稳定。 （5）检修液压泵	20	检查不到位，每处扣4分，扣完为止		
2.3	确定故障	一个柱塞损坏	10	确认不正确扣10分		
2.4	故障排除	检修液压泵	10	操作顺序、方法不正确，每处扣1分； 丢失或漏装零部件，每只扣1分； 扣完为止		
2.5	故障排除后检查	重新启动牵张机，牵张机轴向柱塞泵运行正常，故障排除	10	牵张机轴向柱塞泵运行不正常扣10分		
3	工作结束					
3.1	整理工器具	工具整理，摆放整齐	5	未整理工器具扣5分		
3.2	工作现场清理	清理现场	5	未清理现场扣5分		
4	填写记录					
4.1	填写维保记录单	内容全面，记录规范	10	填写不全面，每少一项扣2分，扣完为止		
合计			100			

Jc0005243012　轴向柱塞泵发热故障排除。（100分）

考核知识点：牵张机故障分析

难易度：难

技能等级评价专业技能考核操作工作任务书

一、任务名称

轴向柱塞泵发热故障排除。

二、适用工种

机具维护工技师。

三、具体任务

牵张机轴向柱塞泵发热故障排除。

四、工作规范及要求

（1）掌握牵张机液压系统的性能。

（2）故障的正确分析及处理。

（3）工器具的正确使用及做好安全防护。

五、考核时间及要求

（1）本模块操作时间为 40 分钟，时间到停止考评。

（2）考评过程中如果由于测试人员操作不规范，有可能引发不安全因素的，停止考评，该项考核项目不得分，但不影响其他项目。

技能等级评价专业技能考核操作评分标准

工种	机具维护工					评价等级	技师
项目模块	专业知识—机具故障排除				编号	Jc0005243012	
单位			准考证号			姓名	
考试时限	40 分钟		题型	单项操作		题分	100 分
成绩		考评员		考评组长		日期	
试题正文	轴向柱塞泵发热故障排除						
需要说明的问题和要求	（1）要求单人操作，考评员监护。 （2）在设定考试工位上完成操作。 （3）操作结束后，待考评员同意后方可离开考场。 （4）设置故障点为：液压泵内泄过大						

序号	项目名称	质量要求	满分	扣分标准	扣分原因	得分
1	准备工作					
1.1	相关安全措施的准备	着装应符合安全要求：穿工作服、戴线手套、注意安全防护	5	未按要求穿工作服扣 3 分； 未按要求戴手套扣 2 分		
1.2	工器具、设备及辅助设备备品备件完备	检查工器具及辅助设备是否齐全洁净，符合作业要求	5	少一件工器具扣 1 分，扣完为止		
2	操作步骤					
2.1	故障原因分析	（1）液压泵磨损，内部泄漏过大。 （2）回油压力过高（液压泵壳回油压力过高）。 （3）液压油黏度过低，环境温度过高。 （4）系统压力过高，液压泵转速过高	20	每少分析或分析不正确一处扣 5 分，扣完为止		
2.2	设备检查	（1）检修液压泵。 （2）检测回油压力。 （3）降低液压油温度（降低液压负荷或停机）。 （4）调整系统压力	20	检查不到位，每处扣 5 分，扣完为止		
2.3	确定故障	液压泵内泄过大	10	确认不正确扣 10 分		
2.4	故障排除	检修液压泵	10	操作顺序、方法不正确，每处扣 1 分； 丢失或漏装零部件，每只扣 1 分； 扣完为止		
2.5	故障排除后检查	重新启动牵张机，牵张机轴向柱塞泵运行正常，故障排除	10	牵张机轴向柱塞泵运行不正常扣 10 分		
3	工作结束					
3.1	整理工器具	工具整理，摆放整齐	5	未整理工器具扣 5 分		
3.2	工作现场清理	清理现场	5	未清理现场扣 5 分		
4	填写记录					
4.1	填写维保记录单	内容全面，记录规范	10	填写不全面，每少一项扣 2 分，扣完为止		
合计			100			

Jc0005241013 轴向柱塞泵轴封漏油故障排除。（100 分）

考核知识点：牵张机故障分析

难易度： 易

技能等级评价专业技能考核操作工作任务书

一、任务名称

轴向柱塞泵轴封漏油故障排除。

二、适用工种

机具维护工技师。

三、具体任务

牵张机轴向柱塞泵轴封漏油故障排除。

四、工作规范及要求

（1）掌握牵张机液压系统的性能。

（2）故障的正确分析及处理。

（3）工器具的正确使用及做好安全防护。

五、考核时间及要求

（1）本模块操作时间为40分钟，时间到停止考评。

（2）考评过程中如果由于测试人员操作不规范，有可能引发不安全因素的，停止考评，该项考核项目不得分，但不影响其他项目。

技能等级评价专业技能考核操作评分标准

工种	机具维护工					评价等级	技师
项目模块	专业知识—机具故障排除				编号	Jc0005241013	
单位			准考证号			姓名	
考试时限	40分钟		题型	单项操作		题分	100分
成绩		考评员		考评组长		日期	
试题正文	轴向柱塞泵轴封漏油故障排除						
需要说明的问题和要求	（1）要求单人操作，考评员监护。 （2）在设定考试工位上完成操作。 （3）操作结束后，待考评员同意后方可离开考场。 （4）设置故障点为：液压泵壳回油压力过高						

序号	项目名称	质量要求	满分	扣分标准	扣分原因	得分
1	准备工作					
1.1	相关安全措施的准备	着装应符合安全要求：穿工作服、戴线手套、注意安全防护	5	未按要求穿工作服扣3分； 未按要求戴手套扣2分		
1.2	工器具、设备及辅助设备备品备件完备	检查工器具及辅助设备是否齐全洁净，符合作业要求	5	少一件工器具扣1分，扣完为止		
2	操作步骤					
2.1	故障原因分析	（1）轴径密封损坏或轴径磨损。 （2）液压泵磨损，内部泄漏过大。 （3）回油压力过高（液压泵壳回油压力过高）。 （4）液压泵轴承损坏	20	每少分析或分析不正确一处扣5分，扣完为止		
2.2	设备检查	（1）检查轴径或更换轴封。 （2）分解检修液压泵。 （3）测量回油压力	20	检查不到位，每处扣7分，扣完为止		
2.3	确定故障	液压泵壳回油压力过高	10	确认不正确扣10分		

续表

序号	项目名称	质量要求	满分	扣分标准	扣分原因	得分
2.4	故障排除	检查排除压力过高的原因	10	操作顺序、方法不正确，每处扣 1 分；丢失或损坏零部件，每只扣 1 分；扣完为止		
2.5	故障排除后检查	重新启动牵张机，牵张机轴向柱塞泵运行正常，故障排除	10	牵张机轴向柱塞泵运行不正常扣 10 分		
3	工作结束					
3.1	整理工器具	工具整理，摆放整齐	5	未整理工器具扣 5 分		
3.2	工作现场清理	清理现场	5	未清理现场扣 5 分		
4	填写记录					
4.1	填写维保记录单	内容全面，记录规范	10	填写不全面，每少一项扣 2 分，扣完为止		
	合计		100			

Jc0005243014 轴向柱塞泵柱塞磨损异常故障排除。(100 分)

考核知识点：牵张机故障分析

难易度：难

技能等级评价专业技能考核操作工作任务书

一、任务名称

轴向柱塞泵柱塞磨损异常故障排除。

二、适用工种

机具维护工技师。

三、具体任务

牵张机轴向柱塞泵柱塞磨损异常故障排除。

四、工作规范及要求

（1）掌握牵张机液压系统的性能。

（2）故障的正确分析及处理。

（3）工器具的正确使用及做好安全防护。

五、考核时间及要求

（1）本模块操作时间为 30 分钟，时间到停止考评。

（2）考评过程中如果由于测试人员操作不规范，有可能引发不安全因素的，停止考评，该项考核项目不得分，但不影响其他项目。

技能等级评价专业技能考核操作评分标准

<table>
<tr><td>工种</td><td colspan="5">机具维护工</td><td>评价等级</td><td>技师</td></tr>
<tr><td>项目模块</td><td colspan="4">专业知识—机具故障排除</td><td>编号</td><td colspan="2">Jc0005243014</td></tr>
<tr><td>单位</td><td colspan="2"></td><td>准考证号</td><td colspan="2"></td><td>姓名</td><td></td></tr>
<tr><td>考试时限</td><td colspan="2">30 分钟</td><td>题型</td><td colspan="2">单项操作</td><td>题分</td><td>100 分</td></tr>
<tr><td>成绩</td><td></td><td>考评员</td><td></td><td>考评组长</td><td></td><td>日期</td><td></td></tr>
<tr><td>试题正文</td><td colspan="7">轴向柱塞泵柱塞磨损异常故障排除</td></tr>
<tr><td>需要说明的问题和要求</td><td colspan="7">（1）要求单人操作，考评员监护。
（2）在设定考试工位上完成操作。
（3）操作结束后，待考评员同意后方可离开考场。
（4）设置故障点为：液压油污染</td></tr>
</table>

续表

序号	项目名称	质量要求	满分	扣分标准	扣分原因	得分
1	准备工作					
1.1	相关安全措施的准备	着装应符合安全要求：穿工作服、戴线手套、注意安全防护	5	未按要求穿工作服扣3分； 未按要求戴手套扣2分		
1.2	工器具、设备及辅助设备备品备件完备	检查工器具及辅助设备是否齐全洁净，符合作业要求	5	少一件工器具扣1分，扣完为止		
2	操作步骤					
2.1	故障原因分析	（1）液压油黏度不符合要求。 （2）液压油变质。 （3）液压油污染。 （4）新安装柱塞泵启动前未加注液压油。 （5）液压油进油阻力过大或进油口漏气。 （6）液压系统温度过高、压力过高、液压泵转速过高。 （7）液压油泵装配精度过低	20	每少分析或分析不正确一处扣3分，扣完为止		
2.2	设备检查	（1）选用合适的液压油。 （2）检查液压油，若变质或被污染，更换或过滤液压油。 （3）检查柱塞泵，启动前应加注液压油。 （4）检查液压油进油口，若阻力过大或漏气，进行检修。 （5）检查液压系统温度、压力、液压泵转速，若有故障，进行检修。 （6）检查并更换液压泵	20	检查不到位，每处扣3.5分，扣完为止		
2.3	确定故障	液压油污染	10	确认不正确扣10分		
2.4	故障排除	更换或过滤液压油	10	操作顺序、方法不正确，每处扣1分； 丢失或漏装零部件，每只扣1分； 扣完为止		
2.5	故障排除后检查	重新启动牵张机，牵张机轴向柱塞泵运行正常，故障排除	10	牵张机轴向柱塞泵运行不正常扣10分		
3	工作结束					
3.1	整理工器具	工具整理，摆放整齐	5	未整理工器具扣5分		
3.2	工作现场清理	清理现场	5	未清理现场扣5分		
4	填写记录					
4.1	填写维保记录单	内容全面，记录规范	10	填写不全面，每少一项扣2分，扣完为止		
合计			100			

Jc0005243015　轴向柱塞泵无法转动故障排除。（100分）

考核知识点：牵张机故障分析

难易度：难

技能等级评价专业技能考核操作工作任务书

一、任务名称

轴向柱塞泵无法转动故障排除。

二、适用工种

机具维护工技师。

三、具体任务

牵张机轴向柱塞泵无法转动故障排除。

四、工作规范及要求

（1）掌握牵张机液压系统的性能。

（2）故障的正确分析及处理。

（3）工器具的正确使用及做好安全防护。

五、考核时间及要求

（1）本模块操作时间为30分钟，时间到停止考评。

（2）考评过程中如果由于测试人员操作不规范，有可能引发不安全因素的，停止考评，该项考核项目不得分，但不影响其他项目。

技能等级评价专业技能考核操作评分标准

工种	机具维护工					评价等级	技师
项目模块	专业知识—机具故障排除				编号	Jc0005243015	
单位			准考证号			姓名	
考试时限	30分钟		题型	单项操作		题分	100分
成绩		考评员		考评组长		日期	
试题正文	轴向柱塞泵无法转动故障排除						
需要说明的问题和要求	（1）要求单人操作，考评员监护。 （2）在设定考试工位上完成操作。 （3）操作结束后，待考评员同意后方可离开考场。 （4）设置故障点为：配油盘损坏						

序号	项目名称	质量要求	满分	扣分标准	扣分原因	得分
1	准备工作					
1.1	相关安全措施的准备	着装应符合安全要求：穿工作服、戴线手套、注意安全防护	5	未按要求穿工作服扣3分； 未按要求戴手套扣2分		
1.2	工器具、设备及辅助设备备品备件完备	检查工器具及辅助设备是否齐全洁净，符合作业要求	5	少一件工器具扣1分，扣完为止		
2	操作步骤					
2.1	故障原因分析	（1）滑靴脱落。 （2）柱塞球头折断。 （3）柱塞缸筒卡死。 （4）轴承损坏。 （5）配油盘损坏	20	每少分析或分析不正确一处扣4分，扣完为止		
2.2	设备检查	分解检查柱塞泵，检查滑靴、柱塞球头、柱塞缸筒、轴承和配油盘如有损坏，进行维修或更换	20	检查不到位，每处扣4分，扣完为止		
2.3	确定故障	配油盘损坏	10	确认不正确扣10分		
2.4	故障排除	更换配油盘	10	操作顺序、方法不正确，每处扣1分； 丢失或漏装零部件，每只扣1分； 扣完为止		
2.5	故障排除后检查	重新启动牵张机，牵张机轴向柱塞泵运行正常，故障排除	10	牵张机轴向柱塞泵运行不正常扣10分		
3	工作结束					
3.1	整理工器具	工具整理，摆放整齐	5	未整理工器具扣5分		
3.2	工作现场清理	清理现场	5	未清理现场扣5分		
4	填写记录					
4.1	填写维保记录单	内容全面，记录规范	10	填写不全面，每少一项扣2分，扣完为止		
合计			100			

Jc0005242016　溢流阀压力调不上去故障排除。(100分)

考核知识点：牵张机故障分析

难易度：中

技能等级评价专业技能考核操作工作任务书

一、任务名称

溢流阀压力调不上去故障排除。

二、适用工种

机具维护工技师。

三、具体任务

牵张机溢流阀压力调不上去故障排除。

四、工作规范及要求

（1）掌握牵张机液压系统的性能。

（2）故障的正确分析及处理。

（3）工器具的正确使用及做好安全防护。

五、考核时间及要求

（1）本模块操作时间为30分钟，时间到停止考评。

（2）考评过程中如果由于测试人员操作不规范，有可能引发不安全因素的，停止考评，该项考核项目不得分，但不影响其他项目。

技能等级评价专业技能考核操作评分标准

工种	机具维护工			评价等级	技师
项目模块	专业知识—机具故障排除		编号	Jc0005242016	
单位		准考证号		姓名	
考试时限	30分钟	题型	单项操作	题分	100分
成绩		考评员		考评组长		日期	
试题正文	溢流阀压力调不上去故障排除				
需要说明的问题和要求	（1）要求单人操作，考评员监护。 （2）在设定考试工位上完成操作。 （3）操作结束后，待考评员同意后方可离开考场。 （4）设置故障点为：阻尼孔堵塞				

序号	项目名称	质量要求	满分	扣分标准	扣分原因	得分
1	准备工作					
1.1	相关安全措施的准备	着装应符合安全要求：穿工作服、戴线手套、注意安全防护	5	未按要求穿工作服扣3分； 未按要求戴手套扣2分		
1.2	工器具、设备及辅助设备备品备件完备	检查工器具及辅助设备是否齐全洁净，符合作业要求	5	少一件工器具扣1分，扣完为止		
2	操作步骤					
2.1	故障原因分析	（1）系统压力过低。 （2）弹簧损坏或未装。 （3）阀芯卡阻。 （4）阻尼孔堵塞	20	每少分析或分析不正确一处扣5分，扣完为止		
2.2	设备检查	（1）检查系统压力。 （2）更换或补装弹簧。 （3）拆洗溢流阀，使阀芯阀座活动灵活，疏通阻尼孔	20	检查不到位，每处扣7分，扣完为止		

续表

序号	项目名称	质量要求	满分	扣分标准	扣分原因	得分
2.3	确定故障	阻尼孔堵塞	10	确认不正确扣 10 分		
2.4	故障排除	拆洗阀芯，疏通阻尼孔	10	操作顺序、方法不正确扣 5 分；清洗不到位扣 5 分		
2.5	故障排除后检查	重新启动牵张机，牵张机溢流阀运行正常，故障排除	10	牵张机溢流阀运行不正常扣 10 分		
3	工作结束					
3.1	整理工器具	工具整理，摆放整齐	5	未整理工器具扣 5 分		
3.2	工作现场清理	清理现场	5	未清理现场扣 5 分		
4	填写记录					
4.1	填写维保记录单	内容全面，记录规范	10	填写不全面，每少一项扣 2 分，扣完为止		
	合计		100			

Jc0005242017 牵张机操作手柄换向不灵敏故障排除。（100 分）

考核知识点：牵张机故障分析

难易度：中

技能等级评价专业技能考核操作工作任务书

一、任务名称

牵张机操作手柄换向不灵敏故障排除。

二、适用工种

机具维护工技师。

三、具体任务

完成牵张机操作手柄换向不灵敏故障的排除。

四、工作规范及要求

（1）掌握牵张机液压系统的性能。

（2）故障的正确分析及处理。

（3）工器具的正确使用及做好安全防护。

五、考核时间及要求

（1）本模块操作时间为 30 分钟，时间到停止考评。

（2）考评过程中如果由于测试人员操作不规范，有可能引发不安全因素的，停止考评，该项考核项目不得分，但不影响其他项目。

技能等级评价专业技能考核操作评分标准

<table>
<tr><td>工种</td><td colspan="5">机具维护工</td><td>评价等级</td><td>技师</td></tr>
<tr><td>项目模块</td><td colspan="4">专业知识—机具故障排除</td><td>编号</td><td colspan="2">Jc0005242017</td></tr>
<tr><td>单位</td><td colspan="2"></td><td>准考证号</td><td colspan="2"></td><td>姓名</td><td></td></tr>
<tr><td>考试时限</td><td colspan="2">30 分钟</td><td>题型</td><td colspan="2">单项操作</td><td>题分</td><td>100 分</td></tr>
<tr><td>成绩</td><td></td><td>考评员</td><td></td><td>考评组长</td><td></td><td>日期</td><td></td></tr>
<tr><td>试题正文</td><td colspan="7">牵张机操作手柄换向不灵敏故障排除</td></tr>
</table>

续表

需要说明的问题和要求	（1）要求单人操作，考评员监护。 （2）在设定考试工位上完成操作。 （3）操作结束后，待考评员同意后方可离开考场。 （4）设置故障点为：换向主阀芯卡滞					
序号	项目名称	质量要求	满分	扣分标准	扣分原因	得分
1	准备工作					
1.1	相关安全措施的准备	着装应符合安全要求：穿工作服、戴线手套、注意安全防护	5	未按要求穿工作服扣3分； 未按要求戴手套扣2分		
1.2	工器具、设备及辅助设备备品备件完备	检查工器具及辅助设备是否齐全洁净，符合作业要求	5	少一件工器具扣1分，扣完为止		
2	操作步骤					
2.1	故障原因分析	（1）主阀芯动作不良，渣滓等杂物挤住阀芯。 （2）先导阀弹簧用错。 （3）先导阀阀芯对不准阀座。 （4）阀芯和阀座接触部位磨损。 （5）控制油压过低	20	每少分析或分析不正确一处扣4分，扣完为止		
2.2	设备检查	（1）检查主阀芯，若有堵塞，拆下清洗。 （2）检查先导阀弹簧，若型号不匹配，进行更换。 （3）检查先导阀，若有故障进行排除。 （4）检查先导阀阀芯磨损情况，若磨损严重，进行更换。 （5）检测控制油压，并进行调整	20	检查不到位，每处扣5分，扣完为止		
2.3	确定故障	换向主阀芯卡滞	10	确认不正确扣10分		
2.4	故障排除	检修换向主阀芯	10	操作顺序、方法不正确，每处扣1分； 丢失或漏装零部件，每只扣1分； 扣完为止		
2.5	故障排除后检查	重新启动牵张机，牵张机溢流阀运行正常，故障排除	10	牵张机溢流阀运行不正常扣10分		
3	工作结束					
3.1	整理工器具	工具整理，摆放整齐	5	未整理工器具扣5分		
3.2	工作现场清理	清理现场	5	未清理现场扣5分		
4	填写记录					
4.1	填写维保记录单	内容全面，记录规范	10	填写不全面，每少一项扣2分，扣完为止		
合计			100			

Jc0005242018　溢流阀噪声和振动故障排除。（100分）

考核知识点：牵张机故障分析

难易度：中

技能等级评价专业技能考核操作工作任务书

一、任务名称

溢流阀噪声和振动故障排除。

二、适用工种

机具维护工技师。

三、具体任务

牵张机溢流阀噪声和振动故障排除。

四、工作规范及要求

（1）掌握牵张机液压系统的知识。

（2）故障的正确分析及处理。

（3）工器具的正确使用及做好安全防护。

五、考核时间及要求

（1）本模块操作时间为30分钟，时间到停止考评。

（2）考评过程中如果由于测试人员操作不规范，有可能引发不安全因素的，停止考评，该项考核项目不得分，但不影响其他项目。

技能等级评价专业技能考核操作评分标准

工种	机具维护工					评价等级	技师
项目模块	专业知识—机具故障排除				编号	Jc0005242018	
单位			准考证号			姓名	
考试时限	30分钟		题型	单项操作		题分	100分
成绩		考评员		考评组长		日期	
试题正文	溢流阀噪声和振动故障排除						
需要说明的问题和要求	（1）要求单人操作，考评员监护。 （2）在设定考试工位上完成操作。 （3）操作结束后，待考评员同意后方可离开考场。 （4）设置故障点为：溢流阀弹簧折断						

序号	项目名称	质量要求	满分	扣分标准	扣分原因	得分
1	准备工作					
1.1	相关安全措施的准备	着装应符合安全要求：穿工作服、戴线手套、注意安全防护	5	未按要求穿工作服扣3分； 未按要求戴手套扣2分		
1.2	工器具、设备及辅助设备备品备件完备	检查工器具及辅助设备是否齐全洁净，符合作业要求	5	少一件工器具扣1分，扣完为止		
2	操作步骤					
2.1	故障原因分析	（1）溢流阀螺帽松动。 （2）系统有空气。 （3）弹簧损坏。 （4）主阀芯动作不良。 （5）和其他液压元件产生共振	20	每少分析或分析不正确一处扣4分，扣完为止		
2.2	设备检查	（1）检查溢流阀螺帽，若松动，紧固螺帽。 （2）检查并排除系统内空气。 （3）分解检修溢流阀。 （4）检查固定其他液压元件	20	检查不到位，每处扣5分，扣完为止		
2.3	确定故障	溢流阀弹簧折断	10	确认不正确扣10分		
2.4	故障排除	更换溢流阀弹簧	10	操作顺序、方法不正确，每处扣1分； 丢失或漏装零部件，每只扣1分； 扣完为止		
2.5	故障排除后检查	重新启动牵张机，牵张机溢流阀运行正常，故障排除	10	牵张机溢流阀运行不正常扣10分		
3	工作结束					
3.1	整理工器具	工具整理，摆放整齐	5	未整理工器具扣5分		
3.2	工作现场清理	清理现场	5	未清理现场扣5分		
4	填写记录					
4.1	填写维保记录单	内容全面，记录规范	10	填写不全面，每少一项扣2分，扣完为止		
合计			100			

Jc0005243019　液力变矩器供油压力低或异响故障排除。(100 分)

考核知识点： 叉车故障分析

难易度： 难

技能等级评价专业技能考核操作工作任务书

一、任务名称

液力变矩器供油压力低或异响故障排除。

二、适用工种

机具维护工技师。

三、具体任务

叉车液力变矩器供油压力低或异响故障排除。

四、工作规范及要求

（1）掌握叉车液压系统的性能。

（2）故障的正确分析及处理。

（3）工器具的正确使用及做好安全防护。

五、考核时间及要求

（1）本模块操作时间为 30 分钟，时间到停止考评。

（2）考评过程中如果由于测试人员操作不规范，有可能引发不安全因素的，停止考评，该项考核项目不得分，但不影响其他项目。

技能等级评价专业技能考核操作评分标准

工种	机具维护工					评价等级	技师
项目模块	专业知识—机具故障排除				编号	Jc0005243019	
单位			准考证号			姓名	
考试时限	30 分钟		题型	单项操作		题分	100 分
成绩		考评员		考评组长		日期	
试题正文	液力变矩器供油压力低或异响故障排除						
需要说明的问题和要求	（1）要求单人操作，考评员监护。 （2）在设定考试工位上完成操作。 （3）操作结束后，待考评员同意后方可离开考场。 （4）设置故障点为：变矩器油泵进油口漏气						

序号	项目名称	质量要求	满分	扣分标准	扣分原因	得分
1	准备工作					
1.1	相关安全措施的准备	着装应符合安全要求：穿工作服、戴线手套、注意安全防护	5	未按要求穿工作服扣 3 分； 未按要求戴手套扣 2 分		
1.2	工器具、设备及辅助设备备品备件完备	检查工器具及辅助设备是否齐全洁净，符合作业要求	5	少一件工器具扣 1 分，扣完为止		
2	操作步骤					
2.1	故障原因分析	（1）供油量不足或变质。 （2）油管泄漏。 （3）进油管或滤网堵塞。 （4）油泵故障。 （5）吸油滤网没有全部浸入油中。 （6）变矩器油泵进油口漏气	20	每少分析或分析不正确一处扣 3.5 分，扣完为止		

续表

序号	项目名称	质量要求	满分	扣分标准	扣分原因	得分
2.2	设备检查	（1）检查油位，若缺油，加油，若变质，进行更换。 （2）检查进出管路系统是否漏油，并进行必要的处理。 （3）检查进油管和滤网，若有堵塞进行清洗。 （4）检查油泵，若有故障进行更换。 （5）油位太低时补充油；滤网安装不当时则进行校正。 （6）检查变矩器油泵进油口，若漏气，进行排除，若回油管端口漏出液面，应插入液面内	20	检查不到位，每处扣 3.5 分，扣完为止		
2.3	确定故障	变矩器油泵进油口漏气	10	确认不正确扣 10 分		
2.4	故障排除	排除变矩器油泵进油口的空气	10	操作顺序、方法不正确，每处扣 1 分； 丢失或漏装零部件，每只扣 1 分； 扣完为止		
2.5	故障排除后检查	重新启动叉车，叉车液力变矩器运行正常，故障排除	10	叉车液力变矩器运行不正常扣 10 分		
3	工作结束					
3.1	整理工器具	工具整理，摆放整齐	5	未整理工器具扣 5 分		
3.2	工作现场清理	清理现场	5	未清理现场扣 5 分		
4	填写记录					
4.1	填写维保记录单	内容全面，记录规范	10	填写不全面，每少一项扣 2 分，扣完为止		
	合计		100			

Jc0005243020 液力变矩器油温高故障排除。(100 分)

考核知识点：叉车故障分析

难易度：难

技能等级评价专业技能考核操作工作任务书

一、任务名称

液力变矩器油温高故障排除。

二、适用工种

机具维护工技师。

三、具体任务

叉车液力变矩器油温高故障排除。

四、工作规范及要求

（1）掌握叉车液压系统的性能。

（2）故障的正确分析及处理。

（3）工器具的正确使用及做好安全防护。

五、考核时间及要求

（1）本模块操作时间为 60 分钟，时间到停止考评。

（2）考评过程中如果由于测试人员操作不规范，有可能引发不安全因素的，停止考评，该项考核项目不得分，但不影响其他项目。

技能等级评价专业技能考核操作评分标准

工种	机具维护工				评价等级	技师
项目模块	专业知识—机具故障排除			编号	Jc0005243020	
单位		准考证号			姓名	
考试时限	60 分钟	题型	单项操作		题分	100 分
成绩		考评员		考评组长	日期	
试题正文	液力变矩器油温高故障排除					
需要说明的问题和要求	（1）要求单人操作，考评员监护。 （2）在设定考试工位上完成操作。 （3）操作结束后，待考评员同意后方可离开考场。 （4）设置故障点为：油变质					

序号	项目名称	质量要求	满分	扣分标准	扣分原因	得分
1	准备工作					
1.1	相关安全措施的准备	着装应符合安全要求：穿工作服、戴线手套、注意安全防护	5	未按要求穿工作服扣 3 分； 未按要求戴手套扣 2 分		
1.2	工器具、设备及辅助设备备品备件完备	检查工器具及辅助设备是否齐全洁净，符合作业要求	5	少一件工器具扣 1 分，扣完为止		
2	操作步骤					
2.1	故障原因分析	（1）油位太低（油量少）或变质。 （2）油液中含空气。 （3）超负荷运转。 （4）周围环境温度过高。 （5）变矩器损坏。 （6）变矩器油泵损坏	20	每少分析或分析不正确一处扣 3.5 分，扣完为止		
2.2	设备检查	（1）检查油位，若油少，加油；若变质，更换。 （2）检查液压油，若含有空气，进行检查。 （3）降低运行负荷。 （4）若外部环境温度过高，停机冷却。 （5）检查变矩器，若损坏，进行检修或更换。 （6）检查变矩器油泵，若损坏，进行更换	20	检查不到位，每处扣 3.5 分，扣完为止		
2.3	确定故障	油变质	10	确认不正确扣 10 分		
2.4	故障排除	更换变矩器油	10	操作顺序、方法不正确，每处扣 1 分； 丢失或漏装零部件，每只扣 1 分； 扣完为止		
2.5	故障排除后检查	重新启动叉车，叉车液力变矩器运行正常，故障排除	10	叉车液力变矩器运行不正常扣 10 分		
3	工作结束					
3.1	整理工器具	工具整理，摆放整齐	5	未整理工器具扣 5 分		
3.2	工作现场清理	清理现场	5	未清理现场扣 5 分		
4	填写记录					
4.1	填写维保记录单	内容全面，记录规范	10	填写不全面，每少一项扣 2 分，扣完为止		
合计			100			

Jc0005241021　滤油机精密过滤润滑油泵出油含大量气泡故障排除。（100 分）

考核知识点：滤油机故障分析

难易度：易

技能等级评价专业技能考核操作工作任务书

一、任务名称

滤油机精密过滤润滑油泵出油含大量气泡故障排除。

二、适用工种

机具维护工技师。

三、具体任务

完成滤油机精密过滤润滑油泵出油含大量气泡故障的排除。

四、工作规范及要求

（1）了解精密过滤机的构造及性能。

（2）故障的正确分析及处理。

（3）工器具的正确使用及做好安全防护。

五、考核时间及要求

（1）本模块操作时间为30分钟，时间到停止考评。

（2）考评过程中如果由于测试人员操作不规范，有可能引发不安全因素的，停止考评，该项考核项目不得分，但不影响其他项目。

技能等级评价专业技能考核操作评分标准

工种	机具维护工				评价等级	技师
项目模块	专业知识—机具故障排除			编号	Jc0005241021	
单位		准考证号			姓名	
考试时限	30分钟	题型	单项操作		题分	100分
成绩		考评员		考评组长	日期	
试题正文	滤油机精密过滤润滑油泵出油含大量气泡故障排除					
需要说明的问题和要求	（1）要求单人操作，考评员监护。 （2）在设定考试工位上完成操作。 （3）操作结束后，待考评员同意后方可离开考场。 （4）设置故障点为：油泵进口管路漏气					

序号	项目名称	质量要求	满分	扣分标准	扣分原因	得分
1	准备工作					
1.1	相关安全措施的准备	着装应符合安全要求：穿工作服、戴线手套、注意安全防护	5	未按要求穿工作服扣3分； 未按要求戴手套扣2分		
1.2	工器具及辅助设备备品备件完备	检查工器具及辅助设备是否齐全洁净，符合作业要求	5	少一件工器具扣1分，扣完为止		
2	操作步骤					
2.1	故障原因分析	（1）真空度过高。 （2）油泵轴封漏气。 （3）油泵进口管路漏气	20	每少分析或分析不正确一处扣7分，扣完为止		
2.2	设备检查	（1）打开镇气阀降低真空度。 （2）检查油泵轴封是否完好。 （3）检查油泵进口管路是否漏气	20	检查不到位，每处扣7分，扣完为止		
2.3	确定故障	油泵进口管路漏气	10	故障确认不正确扣10分		
2.4	故障排除	更换管路	10	操作顺序、方法不正确，每处1分； 丢失或漏装零部件，每只扣1分； 扣完为止		
2.5	故障排除后检查	重新启动滤油机，设备运行正常，故障排除	10	滤油机运行不正常扣10分		

续表

序号	项目名称	质量要求	满分	扣分标准	扣分原因	得分
3	工作结束					
3.1	整理工器具	工具整理，摆放整齐	5	未整理工器具扣 5 分		
3.2	工作现场清理	清理现场	5	未清理现场扣 5 分		
4	填写记录					
4.1	填写维保记录单	内容全面，记录规范	10	填写不全面，每少一项扣 2 分，扣完为止		
合计			100			

Jc0005241022 抱杆结构件的检查。（100 分）

考核知识点：抱杆检查

难易度：易

技能等级评价专业技能考核操作工作任务书

一、任务名称

抱杆结构件的检查。

二、适用工种

机具维护工技师。

三、具体任务

落地式摇臂抱杆结构件的检查。

四、工作规范及要求

掌握落地式摇臂抱杆的使用要求。

五、考核时间及要求

（1）本模块操作时间为 20 分钟，时间到停止考评。

（2）考评过程中如果由于测试人员操作不规范，有可能引发不安全因素的，停止考评，该项考核项目不得分，但不影响其他项目。

技能等级评价专业技能考核操作评分标准

工种	机具维护工				评价等级	技师
项目模块	专业知识—机具检查检修			编号	Jc0005241022	
单位		准考证号			姓名	
考试时限	20 分钟	题型	单项操作		题分	100 分
成绩		考评员	考评组长		日期	
试题正文	抱杆结构件的检查					
需要说明的问题和要求	（1）要求单人操作，考评员监护。 （2）在设定考试工位上完成操作。 （3）操作结束后，待考评员同意后方可离开考场					

序号	项目名称	质量要求	满分	扣分标准	扣分原因	得分
1	准备工作					
1.1	相关安全措施的准备	着装应符合安全要求：穿工作服、戴线手套、注意安全防护	5	未按要求穿工作服扣 3 分； 未按要求戴手套扣 2 分		

续表

序号	项目名称	质量要求	满分	扣分标准	扣分原因	得分
1.2	工器具及辅助设备完备	检查工器具及辅助设备是否齐全洁净，符合作业要求	5	少一件工器具扣1分，扣完为止		
2	检查项目					
2.1	标牌或标识的检查	标牌或标识（包含名称、型号、荷载、厂家、出厂日期等）明显	20	检查不到位，每处扣4分，扣完为止		
2.2	抱杆外观检查	抱杆无弯曲变形、焊口无开焊、开裂、无严重腐蚀	20	检查不到位扣20分		
2.3	抱杆尺寸检查	连接各标准节抱杆，进行抱杆弯曲度检查，弯曲度不得超过杆长的1/600	30	检查不到位扣30分		
3	工作结束					
3.1	整理工具	工具整理、摆放整齐	5	未整理工器具扣5分		
3.2	工作现场清理	清理现场	5	未清理现场扣5分		
4	填写记录					
4.1	填写检查记录单	内容全面，记录规范	10	填写不全面，每少一项扣2分，扣完为止		
合计			100			

Jc0005242023 网套连接器的负载试验。(100分)

考核知识点：网套连接器试验

难易度：中

技能等级评价专业技能考核操作工作任务书

一、任务名称

网套连接器的负载试验。

二、适用工种

机具维护工技师。

三、具体任务

630型网套连接器的负载试验。

四、工作规范及要求

（1）掌握网套连接器的试验方法。

（2）工器具的正确使用及做好安全措施。

五、考核时间及要求

（1）本模块操作时间为20分钟，时间到停止考评。

（2）考评过程中如果由于测试人员操作不规范，有可能引发不安全因素的，停止考评，该项考核项目不得分，但不影响其他项目。

技能等级评价专业技能考核操作评分标准

<table>
<tr><td>工种</td><td colspan="5">机具维护工</td><td>评价等级</td><td>技师</td></tr>
<tr><td>项目模块</td><td colspan="4">专业知识—机具试验检测</td><td>编号</td><td colspan="2">Jc0005242023</td></tr>
<tr><td>单位</td><td colspan="2"></td><td>准考证号</td><td colspan="2"></td><td>姓名</td><td></td></tr>
<tr><td>考试时限</td><td>20分钟</td><td>题型</td><td colspan="3">单项操作</td><td>题分</td><td>100分</td></tr>
<tr><td>成绩</td><td></td><td>考评员</td><td></td><td>考评组长</td><td></td><td>日期</td><td></td></tr>
</table>

续表

试题正文	网套连接器的负载试验
需要说明的问题和要求	(1)要求单人操作,考评员监护。 (2)在设定考试工位上完成操作。 (3)操作结束后,待考评员同意后方可离开考场

序号	项目名称	质量要求	满分	扣分标准	扣分原因	得分
1	准备工作					
1.1	相关安全措施的准备	着装应符合安全要求:穿工作服、戴线手套,注意安全防护	5	未按要求穿工作服扣3分; 未按要求戴手套扣2分		
1.2	工器具及辅助设备完备	检查工器具及辅助设备是否齐全洁净,符合作业要求	5	少一件工器具扣1分,扣完为止		
2	操作步骤					
2.1	外观检验	试件外观检验合格	5	检查不到位扣5分		
2.2	连接	(1)将需要受力试验的网套连接器与试验辅助用的导线相连接,注意连接到位。 (2)将连接好的试件一头安装到卧式拉力机的固定端。 (3)将连接好的试件另一头安装到卧式拉力机的伸缩端	10	操作顺序、方法不正确,每处扣3.5分,扣完为止		
2.3	试验	(1)启动卧式拉力机使试件受力。 (2)将卧式拉力机的出力达到试件的100%荷载并保持10min。 (3)将卧式拉力机的出力达到试件的125%荷载并保持10min	25	试验步骤、方法不正确,每处扣10分,扣完为止		
2.4	试验依据(口述)	试验符合DL 5009.2—2013《电力建设安全工作规程 第2部分:电力线路》、Q/GDW 11957.2—2020《国家电网有限公司电力建设安全工作规程 第2部分:线路》	20	叙述不正确,每处扣10分,扣完为止		
2.5	试验结束	(1)卧式拉力机回位。 (2)打开与卧式拉力机的连接头,拆下试件。 (3)从卧式拉力机上取出试件,实验结束	10	操作顺序、方法不正确,每处扣3.5分,扣完为止		
3	工作结束					
3.1	整理工具	工具整理、摆放整齐	5	未整理工器具扣5分		
3.2	工作现场清理	现场清理	5	未清理现场扣5分		
4	填写记录					
4.1	填写试验记录单	内容全面,记录规范	10	填写不全面,每处扣2分,扣完为止		
合计			100			

Jc0005242024 紧线器的负载试验。(100分)

考核知识点: 紧线器试验

难易度: 中

技能等级评价专业技能考核操作工作任务书

一、任务名称

紧线器的负载试验。

二、适用工种

机具维护工技师。

三、具体任务

5t 双钩紧线器的负载试验。

四、工作规范及要求

（1）掌握双钩紧线器的试验方法。

（2）工器具的正确使用及做好安全措施。

五、考核时间及要求

（1）本模块操作时间为 20 分钟，时间到停止考评。

（2）考评过程中如果由于测试人员操作不规范，有可能引发不安全因素的，停止考评，该项考核项目不得分，但不影响其他项目。

技能等级评价专业技能考核操作评分标准

工种	机具维护工				评价等级	技师
项目模块	专业知识—机具试验检测			编号	Jc0005242024	
单位		准考证号			姓名	
考试时限	20 分钟	题型	单项操作		题分	100 分
成绩		考评员		考评组长	日期	
试题正文	紧线器负载试验					
需要说明的问题和要求	（1）要求单人操作，考评员监护。 （2）在设定考试工位上完成操作。 （3）操作结束后，待考评员同意后方可离开考场					

序号	项目名称	质量要求	满分	扣分标准	扣分原因	得分
1	准备工作					
1.1	相关安全措施的准备	着装应符合安全要求：穿工作服、戴线手套、注意安全防护	5	未按要求穿工作服扣 3 分； 未按要求戴手套扣 2 分		
1.2	工器具及辅助设备完备	检查工器具及辅助设备是否齐全洁净，符合作业要求	5	少一件工器具扣 1 分，扣完为止		
2	试验步骤					
2.1	外观检验	试件外观检验合格	5	检查不到位扣 5 分		
2.2	连接	（1）将试件双钩紧线器的一头与卧式拉力机的固定端连接。 （2）将试件双钩紧线器的另一头与卧式拉力机的伸缩端连接	10	操作顺序、方法不正确，每处扣 5 分，扣完为止		
2.3	试验	（1）启动卧式拉力机使试件受力。 （2）将卧式拉力机的出力达到试件的 100%荷载并保持 5min。 （3）将卧式拉力机的出力达到试件的 125%荷载并保持 5min	25	试验步骤、方法不正确，每处扣 10 分，扣完为止		
2.4	试验依据（口述）	试验符合 DL 5009.2—2013《电力建设安全工作规程 第 2 部分：电力线路》、Q/GDW 11957.2—2020《国家电网有限公司电力建设安全工作规程 第 2 部分：线路》	20	叙述不正确，每处扣 10 分，扣完为止		
2.5	试验结束	（1）卧式拉力机回位。 （2）打开与卧式拉力机的连接头，拆下试件。 （3）从卧式拉力机上取出试件，实验结束	10	操作顺序、方法不正确，每处扣 3.5 分，扣完为止		

续表

序号	项目名称	质量要求	满分	扣分标准	扣分原因	得分
3	工作结束					
3.1	整理工具	工具整理、摆放整齐	5	未整理工器具扣 5 分		
3.2	工作现场清理	清理现场	5	未清理现场扣 5 分		
4	填写记录					
4.1	填写试验记录单	内容全面，记录规范	10	填写不全面，每处扣 2 分，扣完为止		
合计			100			

Jc0005242025　放线滑车的负载试验。（100 分）

考核知识点：放线滑车试验

难易度：中

技能等级评价专业技能考核操作工作任务书

一、任务名称

放线滑车的负载试验。

二、适用工种

机具维护工技师。

三、具体任务

SHD-3N-560/35 放线滑车的负载试验。

四、工作规范及要求

（1）掌握放线滑车的试验方法。

（2）工器具的正确使用及做好安全措施。

五、考核时间及要求

（1）本模块操作时间为 30 分钟，时间到停止考评。

（2）考评过程中如果由于测试人员操作不规范，有可能引发不安全因素的，停止考评，该项考核项目不得分，但不影响其他项目。

技能等级评价专业技能考核操作评分标准

工种	机具维护工			评价等级	技师
项目模块	专业知识—机具试验检测		编号	Jc0005242025	
单位		准考证号		姓名	
考试时限	30 分钟	题型	单项操作	题分	100 分
成绩	考评员		考评组长		日期
试题正文	放线滑车的负载试验				
需要说明的问题和要求	（1）要求单人操作，考评员监护。 （2）在设定考试工位上完成操作。 （3）操作结束后，待考评员同意后方可离开考场				

序号	项目名称	质量要求	满分	扣分标准	扣分原因	得分
1	准备工作					
1.1	相关安全措施的准备	着装应符合安全要求：穿工作服、戴线手套、注意安全防护	5	未按要求穿工作服扣 3 分； 未按要求戴手套扣 2 分		

续表

序号	项目名称	质量要求	满分	扣分标准	扣分原因	得分
1.2	工器具及辅助设备完备	检查工器具及辅助设备是否齐全洁净，符合作业要求	5	少一件工器具扣1分，扣完为止		
2	试验步骤					
2.1	外观检验	试件外观检验合格	5	检查不到位扣5分		
2.2	连接	（1）将一台滑车用卸扣与卧式拉力机的固定端连接。 （2）将另一台滑车用卸扣与卧式拉力机的伸缩端连接。 （3）将两台试件滑车用辅助试验钢丝绳将每片轮片一一连接，使每片轮片受力均匀	10	操作顺序、方法不正确，每处扣3.5分，扣完为止		
2.3	试验	（1）启动卧式拉力机使试件受力。 （2）将卧式拉力机的出力达到试件的100%荷载。 （3）将卧式拉力机的出力达到试件的125%荷载并保持10min	25	试验步骤、方法不正确，每处扣10分，扣完为止		
2.4	试验依据（口述）	试验符合DL 5009.2—2013《电力建设安全工作规程 第2部分：电力线路》、Q/GDW 11957.2—2020《国家电网有限公司电力建设安全工作规程 第2部分：线路》、DL/T 371—2010《架空输电线路放线滑车》	20	叙述不正确，每处扣10分，扣完为止		
2.5	试验结束	（1）卧式拉力机回位。 （2）打开与卧式拉力机的连接头，拆下试件。 （3）从卧式拉力机上取出试件，实验结束	10	操作顺序、方法不正确，每处扣3.5分，扣完为止		
3	工作结束					
3.1	整理工具	工具整理、摆放整齐	5	未整理工器具扣5分		
3.1	工作现场清理	清理现场	5	未清理现场扣5分		
4	填写记录					
4.1	填写试验记录单	内容全面，记录规范	10	填写不全面，每处扣2分，扣完为止		
合计			100			

Jc0005242026 手扳葫芦的负载试验。(100分)

考核知识点：手扳葫芦试验

难易度：中

技能等级评价专业技能考核操作工作任务书

一、任务名称

手扳葫芦的负载试验。

二、适用工种

机具维护工技师。

三、具体任务

6t手扳葫芦的负载试验。

四、工作规范及要求

（1）掌握手扳葫芦的试验方法。

（2）工器具的正确使用及做好安全措施。

五、考核时间及要求

（1）本模块操作时间为20分钟，时间到停止考评。

（2）考评过程中如果由于测试人员操作不规范，有可能引发不安全因素的，停止考评，该项考核项目不得分，但不影响其他项目。

技能等级评价专业技能考核操作评分标准

<table>
<tr><td>工种</td><td colspan="5">机具维护工</td><td>评价等级</td><td colspan="2">技师</td></tr>
<tr><td>项目模块</td><td colspan="4">专业知识—机具试验检测</td><td>编号</td><td colspan="3">Jc0005242026</td></tr>
<tr><td>单位</td><td colspan="2"></td><td>准考证号</td><td colspan="2"></td><td>姓名</td><td colspan="2"></td></tr>
<tr><td>考试时限</td><td colspan="2">20分钟</td><td>题型</td><td colspan="2">单项操作</td><td>题分</td><td colspan="2">100分</td></tr>
<tr><td>成绩</td><td></td><td>考评员</td><td></td><td>考评组长</td><td></td><td>日期</td><td colspan="2"></td></tr>
<tr><td>试题正文</td><td colspan="8">手扳葫芦的负载试验</td></tr>
<tr><td>需要说明的问题和要求</td><td colspan="8">（1）要求单人操作，考评员监护。
（2）在设定考试工位上完成操作。
（3）操作结束后，待考评员同意后方可离开考场</td></tr>
</table>

序号	项目名称	质量要求	满分	扣分标准	扣分原因	得分
1	准备工作					
1.1	相关安全措施的准备	着装应符合安全要求：穿工作服、戴线手套注意安全防护	5	未按要求穿工作服扣3分； 未按要求戴手套扣2分		
1.2	工器具及辅助设备完备	检查工器具及辅助设备是否齐全洁净，符合作业要求	5	少一件工器具扣1分，扣完为止		
2	操作步骤					
2.1	外观检验	试件外观检验合格	5	检查不到位扣5分		
2.2	连接	（1）将待试验的手扳葫芦所有链条拉出，尾端留长不大于500mm。 （2）将手扳葫芦的一端与卧式拉力机的固定端连接。 （3）将手扳葫芦的另一端与卧式拉力机的伸缩端连接	10	操作顺序、方法不正确，每处扣3.5分，扣完为止		
2.3	试验	（1）启动卧式拉力机使试件受力。 （2）将卧式拉力机的出力达到试件的100%荷载。 （3）手动搬动手扳葫芦，检查手扳葫芦的各机构及制动状况。 （4）新安装或大修后，将卧式拉力机的出力达到试件的125%荷载并保持10min的静力试验，以110%荷载做动力试验。 （5）手动搬动手扳葫芦，检查手扳葫芦的各机构及制动状况	25	试验步骤、方法不正确，每处扣5分，扣完为止		
2.4	试验依据（口述）	试验符合DL 5009.2—2013《电力建设安全工作规程　第2部分：电力线路》、Q/GDW 11957.2—2020《国家电网有限公司电力建设安全工作规程　第2部分：线路》、JB/T 7335—2016《环链手扳葫芦》	20	叙述不正确，每处扣10分，扣完为止		
2.5	试验结束	（1）卧式拉力机回位。 （2）打开与卧式拉力机的连接头，拆下试件。 （3）从卧式拉力机上取出试件，实验结束	10	操作顺序、方法不正确，每处扣3.5分，扣完为止		

续表

序号	项目名称	质量要求	满分	扣分标准	扣分原因	得分
3	工作结束					
3.1	整理工具	工具整理、摆放整齐	5	未整理工器具扣5分		
3.2	工作现场清理	清理现场	5	未清理现场扣5分		
4	填写记录					
4.1	填写试验记录单	内容全面，记录规范	10	填写不全面，每处扣2分，扣完为止		
合计			100			

Jc0005242027 飞车的负载试验。(100分)

考核知识点：飞车试验

难易度：中

技能等级评价专业技能考核操作工作任务书

一、任务名称

飞车的负载试验。

二、适用工种

机具维护工技师。

三、具体任务

双线飞车的负载试验。

四、工作规范及要求

（1）掌握双线飞车的试验方法。

（2）工器具的正确使用及做好安全措施。

五、考核时间及要求

（1）本模块操作时间为30分钟，时间到停止考评。

（2）考评过程中如果由于测试人员操作不规范，有可能引发不安全因素的，停止考评，该项考核项目不得分，但不影响其他项目。

技能等级评价专业技能考核操作评分标准

工种	机具维护工				评价等级	技师
项目模块	专业知识—机具试验检测			编号	Jc0005242027	
单位		准考证号			姓名	
考试时限	30分钟	题型	单项操作		题分	100分
成绩		考评员		考评组长		日期
试题正文	飞车的负载试验					
需要说明的问题和要求	（1）要求单人操作，考评员监护。 （2）在设定考试工位上完成操作。 （3）操作结束后，待考评员同意后方可离开考场					

序号	项目名称	质量要求	满分	扣分标准	扣分原因	得分
1	准备工作					
1.1	相关安全措施的准备	着装应符合安全要求：穿工作服、戴线手套、注意安全防护	5	未按要求穿工作服扣3分； 未按要求戴手套扣2分		

续表

序号	项目名称	质量要求	满分	扣分标准	扣分原因	得分
1.2	工器具及辅助设备完备	检查工器具及辅助设备是否齐全洁净，符合作业要求	5	少一件工器具扣1分，扣完为止		
2	操作步骤					
2.1	外观检验	试件外观检验合格	5	检查不到位扣5分		
2.2	连接	（1）准备一段辅助试验用架空导线，将飞车安装至架空导线上。 （2）将拉力表连接在飞车坐垫上。 （3）在拉力表下方连接配重块	15	操作顺序、方法不正确，每处扣5分，扣完为止		
2.3	试验	（1）将配重块加至飞车荷载的100%荷载并保持10min。 （2）将配重块加至飞车荷载的250%荷载并保持10min	20	试验步骤、方法不正确，每处扣10分，扣完为止		
2.4	试验依据（口述）	试验符合DL 5009.2—2013《电力建设安全工作规程　第2部分：电力线路》、Q/GDW 11957.2—2020《国家电网有限公司电力建设安全工作规程　第2部分：线路》、DL/T 636—2017《带电作业用导线飞车》	20	叙述不正确，每处扣10分，扣完为止		
2.5	试验结束	摘除配重，摘下飞车、结束试验	10	操作顺序、方法不正确，每处扣5分，扣完为止		
3	工作结束					
3.1	整理工具	工具整理、摆放整齐	5	未整理工器具扣5分		
3.2	工作现场清理	清理现场	5	未清理现场扣5分		
4	填写记录					
4.1	填写试验记录单	内容全面，记录规范	10	填写不全面，每处扣2分，扣完为止		
合计			100			

Jc0005242028　走板的负载试验。(100分)

考核知识点：走板试验

难易度：中

技能等级评价专业技能考核操作工作任务书

一、任务名称

走板的负载试验。

二、适用工种

机具维护工技师。

三、具体任务

四线走板的负载试验。

四、工作规范及要求

（1）掌握走板的试验方法。

（2）工器具的正确使用及做好安全措施。

五、考核时间及要求

（1）本模块操作时间为20分钟，时间到停止考评。

（2）考评过程中如果由于测试人员操作不规范，有可能引发不安全因素的，停止考评，该项考核项目不得分，但不影响其他项目。

技能等级评价专业技能考核操作评分标准

工种	机具维护工					评价等级	技师
项目模块	专业知识—机具试验检测				编号	Jc0005242028	
单位			准考证号			姓名	
考试时限	20 分钟		题型	单项操作		题分	100 分
成绩		考评员		考评组长		日期	
试题正文	走板的负载试验						
需要说明的问题和要求	（1）要求单人操作，考评员监护。 （2）在设定考试工位上完成操作。 （3）操作结束后，待考评员同意后方可离开考场						

序号	项目名称	质量要求	满分	扣分标准	扣分原因	得分
1	准备工作					
1.1	相关安全措施的准备	着装应符合安全要求：穿工作服、戴线手套、注意安全防护	5	未按要求穿工作服扣 3 分； 未按要求戴手套扣 2 分		
1.2	工器具及辅助设备完备	检查工器具及辅助设备是否齐全洁净，符合作业要求	5	少一件工器具扣 1 分，扣完为止		
2	操作步骤					
2.1	外观检验	试件外观检验合格	5	检查不到位扣 5 分		
2.2	连接	（1）将一块走板用卸扣与卧式拉力机的固定端连接。 （2）将另一块走板用卸扣与卧式拉力机的伸缩端连接。 （3）将两块试件走板用辅助试验钢丝绳将每根导线连接头一一连接	10	操作顺序、方法不正确，每处扣 3.5 分，扣完为止		
2.3	试验	（1）启动卧式拉力机使试件受力。 （2）将卧式拉力机的出力达到试件的 100%荷载并保持 10min。 （3）将卧式拉力机的出力达到试件的 125%荷载并保持 10min	25	试验步骤、方法不正确，每处扣 10 分，扣完为止		
2.4	试验依据（口述）	试验符合 DL 5009.2—2013《电力建设安全工作规程 第 2 部分：电力线路》、Q/GDW 11957.2—2020《国家电网有限公司电力建设安全工作规程 第 2 部分：线路》	20	叙述不正确，每处扣 10 分，扣完为止		
2.5	试验结束	（1）卧式拉力机回位。 （2）打开与卧式拉力机的连接头，拆下试件。 （3）从卧式拉力机上取出试件，实验结束	10	操作顺序、方法不正确，每处扣 3.5 分，扣完为止		
3	工作结束					
3.1	整理工具	工具整理、摆放整齐	5	未整理工器具扣 5 分		
3.2	工作现场清理	清理现场	5	未清理现场扣 5 分		
4	填写记录					
4.1	填写试验记录单	内容全面，记录规范	10	填写不全面，每处扣 2 分，扣完为止		
合计			100			

Jc0005242029 卸扣的负载试验。（100 分）

考核知识点：卸扣试验

难易度：中

技能等级评价专业技能考核操作工作任务书

一、任务名称

卸扣的受力试验。

二、适用工种

机具维护工技师。

三、具体任务

10t 卸扣的受力试验。

四、工作规范及要求

（1）掌握卸扣的试验方法。

（2）工器具的正确使用及做好安全措施。

五、考核时间及要求

（1）本模块操作时间为 20 分钟，时间到停止考评。

（2）考评过程中如果由于测试人员操作不规范，有可能引发不安全因素的，停止考评，该项考核项目不得分，但不影响其他项目。

技能等级评价专业技能考核操作评分标准

<table>
<tr><td>工种</td><td colspan="5">机具维护工</td><td>评价等级</td><td>技师</td></tr>
<tr><td>项目模块</td><td colspan="4">专业知识—机具试验检测</td><td>编号</td><td colspan="2">Jc0005242029</td></tr>
<tr><td>单位</td><td colspan="2"></td><td>准考证号</td><td colspan="2"></td><td>姓名</td><td></td></tr>
<tr><td>考试时限</td><td colspan="2">20 分钟</td><td>题型</td><td colspan="2">单项操作</td><td>题分</td><td>100 分</td></tr>
<tr><td>成绩</td><td></td><td>考评员</td><td></td><td>考评组长</td><td></td><td>日期</td><td></td></tr>
<tr><td>试题正文</td><td colspan="7">卸扣的受力试验</td></tr>
<tr><td>需要说明的问题和要求</td><td colspan="7">（1）要求单人操作，考评员监护。
（2）在设定考试工位上完成操作。
（3）操作结束后，待考评员同意后方可离开考场</td></tr>
</table>

序号	项目名称	质量要求	满分	扣分标准	扣分原因	得分
1	准备工作					
1.1	相关安全措施的准备	着装应符合安全要求：穿工作服、戴线手套、注意安全防护	5	未按要求穿工作服扣 3 分； 未按要求戴手套扣 2 分		
1.2	工器具及辅助设备完备	检查工器具及辅助设备是否齐全洁净，符合作业要求	5	少一件工器具扣 1 分，扣完为止		
2	操作步骤					
2.1	外观检验	试件外观检验合格	5	检查不到位扣 5 分		
2.2	连接	（1）将一件试件卸扣与卧式拉力机的固定端连接。 （2）将另一件试件卸扣与卧式拉力机的伸缩端连接。 （3）其他试验用卸扣在中间一一连接	10	操作顺序、方法不正确，每处扣 3.5 分，扣完为止		
2.3	试验	（1）启动卧式拉力机使试件受力。 （2）将卧式拉力机的出力达到试件的 100%荷载并保持 10min。 （3）将卧式拉力机的出力达到试件的 125%荷载并保持 10min	25	试验步骤、方法不正确，每处扣 10 分，扣完为止		

续表

序号	项目名称	质量要求	满分	扣分标准	扣分原因	得分
2.4	试验依据（口述）	试验符合 DL 5009.2—2013《电力建设安全工作规程 第 2 部分：电力线路》、Q/GDW 11957.2—2020《国家电网有限公司电力建设安全工作规程 第 2 部分：线路》、GB/T 25854—2010《一般起重用 D 形和弓形锻造卸扣》	20	叙述不正确，每处扣 10 分，扣完为止		
2.5	试验结束	（1）卧式拉力机回位。 （2）打开与卧式拉力机的连接头，拆下试件。 （3）从卧式拉力机上取出试件，实验结束	10	操作顺序、方法不正确，每处扣 3.5 分，扣完为止		
3	工作结束					
3.1	整理工具	工具整理、摆放整齐	5	未整理工器具扣 5 分		
3.2	工作现场清理	清理现场	5	未清理现场扣 5 分		
4	填写记录					
4.1	填写试验记录单	内容全面，记录规范	10	填写不全面，每处扣 2 分，扣完为止		
合计			100			

Jc0005242030 卡线器的负载试验。(100 分)

考核知识点：卡线器试验

难易度：中

技能等级评价专业技能考核操作工作任务书

一、任务名称

卡线器的负载试验。

二、适用工种

机具维护工技师。

三、具体任务

400 型卡线器的负载试验。

四、工作规范及要求

（1）掌握卡线器的试验方法。

（2）工器具的正确使用及做好安全措施。

五、考核时间及要求

（1）本模块操作时间为 20 分钟，时间到停止考评。

（2）考评过程中如果由于测试人员操作不规范，有可能引发不安全因素的，停止考评，该项考核项目不得分，但不影响其他项目。

技能等级评价专业技能考核操作评分标准

<table>
<tr><td>工种</td><td colspan="5">机具维护工</td><td>评价等级</td><td>技师</td></tr>
<tr><td>项目模块</td><td colspan="4">专业知识—机具试验检测</td><td>编号</td><td colspan="2">Jc0005242030</td></tr>
<tr><td>单位</td><td colspan="2"></td><td>准考证号</td><td colspan="2"></td><td>姓名</td><td></td></tr>
<tr><td>考试时限</td><td colspan="2">20 分钟</td><td>题型</td><td colspan="2">单项操作</td><td>题分</td><td>100 分</td></tr>
<tr><td>成绩</td><td></td><td>考评员</td><td></td><td>考评组长</td><td></td><td>日期</td><td></td></tr>
</table>

续表

试题正文	卡线器的负载试验
需要说明的问题和要求	（1）要求单人操作，考评员监护。 （2）在设定考试工位上完成操作。 （3）操作结束后，待考评员同意后方可离开考场

序号	项目名称	质量要求	满分	扣分标准	扣分原因	得分
1	准备工作					
1.1	相关安全措施的准备	着装应符合安全要求：穿工作服、戴线手套、注意安全防护	5	未按要求穿工作服扣 3 分； 未按要求戴手套扣 2 分		
1.2	工器具及辅助设备完备	检查工器具及辅助设备是否齐全洁净，符合作业要求	5	少一件工器具扣 1 分，扣完为止		
2	操作步骤					
2.1	外观检验	试件外观检验合格	5	检查不到位扣 5 分		
2.2	连接	（1）将需要受力试验的卡线器与试验辅助用的导线相连接，注意连接到位。 （2）将连接好的试件一头用试验用卸扣连接到卧式拉力机的固定端。 （3）将连接好的试件另一头用试验用卸扣连接到卧式拉力机的伸缩端	10	操作顺序、方法不正确，每处扣 3.5 分，扣完为止		
2.3	试验	（1）启动卧式拉力机使试件受力。 （2）将卧式拉力机的出力达到试件的 100%荷载并保持 10min。 （3）将卧式拉力机的出力达到试件的 150%荷载并保持 10min	25	试验步骤、方法不正确，每处扣 10 分，扣完为止		
2.4	试验依据（口述）	试验符合 DL 5009.2—2013《电力建设安全工作规程　第 2 部分：电力线路》、Q/GDW 11957.2—2020《国家电网有限公司电力建设安全工作规程　第 2 部分：线路》、GB/T 12167—2006《带电作业用铝合金紧线卡线器》	20	叙述不正确，每处扣 10 分，扣完为止		
2.5	试验结束	（1）卧式拉力机回位。 （2）打开与卧式拉力机的连接头，拆下试件。 （3）从卧式拉力机上取出试件，实验结束	10	操作顺序、方法不正确，每处扣 3.5 分，扣完为止		
3	工作结束					
3.1	整理工具	工具整理、摆放整齐	5	未整理工器具扣 5 分		
3.2	工作现场清理	清理现场	5	未清理现场扣 5 分		
4	填写记录					
4.1	填写试验记录单	内容全面，记录规范	10	填写不全面，每处扣 2 分，扣完为止		
合计			100			

Jc0005242031　起重滑车的负载试验。(100 分)

考核知识点： 起重滑车试验

难易度： 中

技能等级评价专业技能考核操作工作任务书

一、任务名称

起重滑车负载试验。

二、适用工种

机具维护工技师。

三、具体任务

5t 起重滑车负载试验。

四、工作规范及要求

（1）掌握起重滑车的试验方法。

（2）工器具的正确使用及做好安全措施。

五、考核时间及要求

（1）本模块操作时间为 20 分钟，时间到停止考评。

（2）考评过程中如果由于测试人员操作不规范，有可能引发不安全因素的，停止考评，该项考核项目不得分，但不影响其他项目。

技能等级评价专业技能考核操作评分标准

工种	机具维护工				评价等级	技师
项目模块	专业知识—机具试验检测			编号	Jc0005242031	
单位		准考证号			姓名	
考试时限	20 分钟	题型	单项操作		题分	100 分
成绩		考评员		考评组长	日期	
试题正文	起重滑车的负载试验					
需要说明的问题和要求	（1）要求单人操作，考评员监护。 （2）在设定考试工位上完成操作。 （3）操作结束后，待考评员同意后方可离开考场					

序号	项目名称	质量要求	满分	扣分标准	扣分原因	得分
1	准备工作					
1.1	相关安全措施的准备	着装应符合安全要求：穿工作服、戴线手套、意安全防护	5	未按要求穿工作服扣 3 分； 未按要求戴手套扣 2 分		
1.2	工器具及辅助设备完备	检查工器具及辅助设备是否齐全洁净，符合作业要求	5	少一件工器具扣 1 分，扣完为止		
2	操作步骤					
2.1	外观检验	试件外观检验合格	5	检查不到位扣 5 分		
2.2	连接	（1）将两只待试验的起重滑车用试验用辅助钢丝绳及卸扣相连接。 （2）将一只起重滑车与卧式拉力机的固定端连接。 （3）将另一只起重滑车与卧式拉力机的伸缩端连接	10	操作顺序、方法不正确，每处扣 3.5 分，扣完为止		
2.3	试验	（1）启动卧式拉力机使试件受力。 （2）将卧式拉力机的出力达到试件的 100%荷载。 （3）将卧式拉力机的出力达到试件的 125%荷载并保持 10min	25	试验步骤、方法不正确，每处扣 10 分，扣完为止		
2.4	试验依据（口述）	试验符合 DL 5009.2—2013《电力建设安全工作规程　第 2 部分：电力线路》、Q/GDW 11957.2—2020《国家电网有限公司电力建设安全工作规程　第 2 部分：线路》、JB/T 9007.1—1999《起重滑车　型式、基本参数主尺寸》、JB/T 9007.2—1999《起重滑车　技术条件》	20	叙述不正确，每处扣 10 分，扣完为止		

续表

序号	项目名称	质量要求	满分	扣分标准	扣分原因	得分
2.5	试验结束	（1）卧式拉力机回位。 （2）打开与卧式拉力机的连接头，拆下试件。 （3）从卧式拉力机上取出试件，实验结束	10	操作顺序、方法不正确，每处扣 3.5 分，扣完为止		
3	工作结束					
3.1	整理工具	工具整理、摆放整齐	5	未整理工器具扣 5 分		
3.2	工作现场清理	清理现场	5	未清理现场扣 5 分		
4	填写记录					
4.1	填写试验记录单	内容全面，记录规范	10	填写不全面，每处扣 2 分，扣完为止		
合计			100			

Jc0005242032 钢丝绳的破断力试验。(100 分)

考核知识点：钢丝绳试验

难易度：中

技能等级评价专业技能考核操作工作任务书

一、任务名称

钢丝绳破断力试验。

二、适用工种

机具维护工技师。

三、具体任务

ϕ22 钢丝绳破断力试验。

四、工作规范及要求

（1）掌握起钢丝绳的试验方法。

（2）工器具的正确使用及做好安全措施。

五、考核时间及要求

（1）本模块操作时间为 20 分钟，时间到停止考评。

（2）考评过程中如果由于测试人员操作不规范，有可能引发不安全因素的，停止考评，该项考核项目不得分，但不影响其他项目。

技能等级评价专业技能考核操作评分标准

工种	机具维护工					评价等级	技师
项目模块	专业知识—机具试验检测				编号	Jc0005242032	
单位			准考证号			姓名	
考试时限	20 分钟		题型	单项操作		题分	100 分
成绩		考评员		考评组长		日期	
试题正文	钢丝绳的破断力试验						
需要说明的问题和要求	（1）要求单人操作，考评员监护。 （2）在设定考试工位上完成操作。 （3）操作结束后，待考评员同意后方可离开考场						

续表

序号	项目名称	质量要求	满分	扣分标准	扣分原因	得分
1	准备工作					
1.1	相关安全措施的准备	着装应符合安全要求：穿工作服、戴线手套注意安全防护	5	未按要求穿工作服扣 3 分； 未按要求戴手套扣 2 分		
1.2	工器具及辅助设备完备	检查工器具及辅助设备是否齐全洁净，符合作业要求	5	少一件工器具扣 1 分，扣完为止		
2	操作步骤					
2.1	检查	（1）试件外观检验合格。 （2）检查待试验的钢丝绳，满足钢丝绳试件长度要求，环扣插接或压接符合规定要求	5	检查不到位，每处扣 2.5 分，扣完为止		
2.2	连接	（1）将钢丝绳一端与卧式试验机的固定端使用缠绕法相连接。 （2）将钢丝绳的另一端与卧式拉力机的伸缩端使用缠绕法相连接	10	操作顺序、方法不正确，每处扣 5 分，扣完为止		
2.3	试验	（1）启动卧式拉力机使试件受力。 （2）在卧式拉力机的出力达到试件的80%荷载以上时，拉力机的力值增加每秒小于破断力的 0.5%。 （3）拉力机加力至钢丝绳破断	25	试验步骤、方法不正确，每处扣 10 分，扣完为止		
2.4	试验依据（口述）	试验符合 DL 5009.2—2013《电力建设安全工作规程 第 2 部分：电力线路》、Q/GDW 11957.2—2020《国家电网有限公司电力建设安全工作规程 第 2 部分：线路》、GB/T 8358—2014《钢丝绳实际破断拉力测定方法》	20	叙述不正确，每处扣 10 分，扣完为止		
2.5	试验结束	（1）打开与卧式拉力机的连接头，拆下试件。 （2）从卧式拉力机上取出试件，实验结束	10	操作顺序、方法不正确，每处扣 5 分，扣完为止		
3	工作结束					
3.1	整理工具	工具整理、摆放整齐	5	未整理工器具扣 5 分		
3.2	工作现场清理	清理现场	5	未清理现场扣 5 分		
4	填写记录					
4.1	填写试验记录单	内容全面，记录规范	10	填写不全面，每处扣 2 分，扣完为止		
合计			100			

Jc0005242033 迪尼玛绳的破断力试验。(100 分)

考核知识点：迪尼玛绳试验

难易度：中

技能等级评价专业技能考核操作工作任务书

一、任务名称

迪尼玛绳的破断力试验。

二、适用工种

机具维护工技师。

三、具体任务

ϕ18 迪尼玛绳的破断力试验。

四、工作规范及要求

（1）掌握起迪尼玛的试验方法。

（2）工器具的正确使用及做好安全措施。

五、考核时间及要求

（1）本模块操作时间为 20 分钟，时间到停止考评。

（2）考评过程中如果由于测试人员操作不规范，有可能引发不安全因素的，停止考评，该项考核项目不得分，但不影响其他项目。

技能等级评价专业技能考核操作评分标准

工种	机具维护工					评价等级	技师
项目模块	专业知识—机具试验检测				编号	Jc0005242033	
单位			准考证号			姓名	
考试时限	20 分钟		题型	单项操作		题分	100 分
成绩		考评员		考评组长		日期	
试题正文	迪尼玛绳的破断力试验						
需要说明的问题和要求	（1）要求单人操作，考评员监护。 （2）在设定考试工位上完成操作。 （3）操作结束后，待考评员同意后方可离开考场						

序号	项目名称	质量要求	满分	扣分标准	扣分原因	得分
1	准备工作					
1.1	相关安全措施的准备	着装应符合安全要求：穿工作服、戴线手套、注意安全防护	5	未按要求穿工作服扣 3 分； 未按要求戴手套扣 2 分		
1.2	工器具及辅助设备完备	检查工器具及辅助设备是否齐全洁净，符合作业要求	5	少一件工器具扣 1 分，扣完为止		
2	操作步骤					
2.1	检查	（1）试件外观检验合格。 （2）检查待试验的迪尼玛绳，满足迪尼玛绳试件长度不小于 3m，环扣插接符合规定要求	5	检查不到位，每处扣 2.5 分，扣完为止		
2.2	连接	（1）将迪尼玛绳一端与卧式试验机的固定端相连接。 （2）将迪尼玛的另一端与卧式拉力机的伸缩端相连接	10	操作顺序、方法不正确，每处扣 5 分，扣完为止		
2.3	试验	（1）启动卧式拉力机使试件受力。 （2）在卧式拉力机的出力达到试件的 80%荷载以上时，拉力机的力值增加每秒小于破断力的 0.5%。 （3）拉力机加力至迪尼玛绳破断	25	试验步骤、方法不正确，每处扣 10 分，扣完为止		
2.4	试验依据	试验符合 DL 5009.2—2013《电力建设安全工作规程　第 2 部分：电力线路》、Q/GDW 11957.2—2020《国家电网有限公司电力建设安全工作规程　第 2 部分：线路》	20	叙述不正确，每处扣 10 分，扣完为止		
2.5	试验结束	（1）打开与卧式拉力机的连接头，拆下试件。 （2）从卧式拉力机上取出试件，实验结束	10	操作顺序、方法不正确，每处扣 10 分，扣完为止		
3	工作结束					
3.1	整理工具	工具整理、摆放整齐	5	未整理工器具扣 5 分		

续表

序号	项目名称	质量要求	满分	扣分标准	扣分原因	得分
3.2	工作现场清理	清理现场	5	未清理现场扣 5 分		
4	填写记录					
4.1	填写试验记录单	内容全面，记录规范	10	填写不全面，每处扣 2 分，扣完为止		
	合计		100			

Jc0005242034　货运索道主要部件的检查。(100 分)

考核知识点：货运索道检查

难易度：中

技能等级评价专业技能考核操作工作任务书

一、任务名称

货运索道主要部件的检查。

二、适用工种

机具维护工技师。

三、具体任务

完成货运索道主要部件的检查。

四、工作规范及要求

(1) 熟悉索道设备机械性能及操作要求。

(2) 工器具、仪器仪表的正确使用及做好安全措施。

五、考核时间及要求

(1) 本模块操作时间为 60 分钟，时间到停止考评。

(2) 考评过程中如果由于测试人员操作不规范，有可能引发不安全因素的，停止考评，该项考核项目不得分，但不影响其他项目。

技能等级评价专业技能考核操作评分标准

工种	机具维护工					评价等级	技师
项目模块	专业知识—机具检查检修				编号	Jc0005242034	
单位			准考证号			姓名	
考试时限	60 分钟		题型	单项操作		题分	100 分
成绩		考评员		考评组长		日期	
试题正文	货运索道主要部件的检查						
需要说明的问题和要求	(1) 要求单人操作，考评员监护。 (2) 在设定考试工位上完成操作。 (3) 操作结束后，待考评员同意后方可离开考场						

序号	项目名称	质量要求	满分	扣分标准	扣分原因	得分
1	准备工作					
1.1	相关安全措施的准备	着装应符合安全要求：穿工作服、戴线手套、注意安全防护	5	未按要求穿工作服扣 3 分； 未按要求戴手套扣 2 分		
1.2	工器具完备及辅助设备完备	检查工器具及辅助设备是否齐全洁净，符合作业要求	5	少一件工器具扣 1 分，扣完为止		

续表

序号	项目名称	质量要求	满分	扣分标准	扣分原因	得分
2	检查项目					
2.1	钢丝绳的检查	（1）承载索的检查，对磨损、断丝、锈蚀、破股、变形等缺陷按照安规规定应及时报废。 （2）牵引索的检查，对磨损、断丝、锈蚀、破股、变形等缺陷按照安规规定应及时报废。 （3）拉紧索的检查，对磨损、断丝、锈蚀、破股、变形等缺陷按照安规规定应及时报废	20	检查不到位，每处扣7分，扣完为止		
2.2	地锚的检查	检查变形、焊接、损坏等缺陷	10	检查不到位，每处扣2分，扣完为止		
2.3	卡具的检查	检查变形、焊接、损坏等缺陷	10	检查不到位，每处扣2分，扣完为止		
2.4	索道牵引机的检查	检查各部件齐全，安全可靠	10	检查不到位，每处扣2分，扣完为止		
2.5	滑车的检查	检查滑车的磨损情况	10	检查不到位，每处扣2分，扣完为止		
2.6	塔架的检查	检查涂装、磨损等情况	10	检查不到位，每处扣2分，扣完为止		
3	工作结束					
3.1	整理工具	工具整理、摆放整齐	5	未整理工器具扣5分		
3.2	工作现场清理	清理现场	5	未清理现场扣5分		
4	填写记录					
4.1	填写检查记录单	填写检查记录单	10	填写不全面，每处扣2分，扣完为止		
合计			100			

第五部分
高级技师

第九章　机具维护工高级技师技能笔答

Jb0002111001　简述电力安全生产管理制度主要内容。（5分）

考核知识点：安全生产管理制度

难易度：易

标准答案：

（1）安全生产责任制度。

（2）生产值班制度。

（3）操作票制度。

（4）工作许可制度。

（5）操作监护制度。

（6）工作间断、转移、终结制度。

（7）安全生产教育制度。

（8）电力设施定期检修和维护制度。

Jb0002111002　论述安全生产管理的核心内容。（5分）

考核知识点：安全生产管理内容

难易度：易

标准答案：

用系统的观点看待影响安全生产、构成事故的诸种因素，在人、机器设备、具体的环境及管理的四个对象中，人是最为能动和丰富的。管理既是一种生产力，又是生产安全的构成条件之一。打个比方，如果用以上四种对象作为材料建桥，设备和环境可以“垒”成桥墩，只有人是主体和动力，能够驾驭管理，在事故与安全的鸿沟之间架通一座如意的桥梁。只有人能够预知危险，改造环境，使事故遵循安全生产本身的规律向好的方向转化，天鉴变成途。所以，人的问题，即政治思想素质、安全觉悟程度、执行纪律的自觉性、人生观、专业技术水平、工作能力、反事故的应变能力等，构成了安全生产管理的活课题。人是安全生产管理的核心，必须以人为本。

Jb0002112003　简述机械事故处理的内容。（5分）

考核知识点：机械事故处理

难易度：中

标准答案：

（1）发生机械事故时，应按照《国家电网公司安全事故调查规程》及时上报，并及时启动相应的事故应急预案，尽量减少事故损失。

（2）事故发生后，按照《国家电网公司安全事故调查规程》进行事故调查，调查事故原因，写出事故调查报告，并提出防止类似事故再次发生的措施。处理事故时，一定要按“四不放过”原则进行处理。发生8级设备事件，由基层单位负责人组织处理，并将情况报施工管理部备案。涉及人身伤害的设备事件，安全监察部应备案。

Jb0002112004 论述机械事故的种类和内容。(5分)

考核知识点：机械事故的种类和内容

难易度：中

标准答案：

按照《国家电网公司安全事故调查规程》中规定的设备事故划分。分为以下8种：

（1）八级设备事件（未构成七级以上设备事件）：造成5万元以上10万元以下直接经济损失者。发生火警；设备加工机械及其他一般（中小型）施工机械发生严重故障或损坏。

（2）七级设备事件（未构成六级以上设备事件）：造成10万元以上20万元以下直接经济损失者。发生火灾；起重机械、运输机械、牵张机械、大型基础施工机械发生严重故障；轻小型重要受力工（机）器具（滑车、卡线器、连接器等）发生严重变形。

（3）六级设备事件（未构成五级以上设备事件）：造成20万元以上50万元以下直接经济损失者。小型基础施工机械主要受力结构件发生断裂；起重机械、运输机械、牵张机械操作系统失灵或安全保护装置失效。

（4）五级设备事件（未构成四级以上设备事件）：造成50万元以上100万元以下直接经济损失者。由于施工不当或跨越线路倒塔、断线等原因造成高铁停运或其他单位财产损失50万元以上者；主要建筑物垮塌；大型起重机械主要受力结构件或机构发生严重变形或失效。飞行器坠落（不涉及人员）；运输机械、牵张机械、大型基础施工机械主要受力结构件发生断裂。

（5）一般设备事故（四级设备事件）：造成100万元以上1000万元以下直接经济损失者。特种设备事故造成1万元以上1000万元以下直接经济损失者；电梯轿厢滞留人员2h以上者；起重机械主要受力结构折断或者起升机构坠落者。

（6）较大设备事故（三级设备事件）：造成1000万元以上5000万元以下直接经济损失者。起重机械整体倾覆者。

（7）重大设备事故（二级设备事件）：造成5000万元以上1亿元以下直接经济损失者。

（8）特别重大设备事故（一级设备事件）：造成1亿元以上直接经济损失者。

Jb0002112005 根据《电业生产事故调查规程》规定，简述设备事故调查报告书应包括的项目。(5分)

考核知识点：事故调查报告内容

难易度：中

标准答案：

（1）事故单位。

（2）事故简述。

（3）事故性质。

（4）事故起止时间。

（5）气象条件及自然灾害。

（6）主设备规范。

（7）设备制造厂和投运时间。

（8）设备修复（更新）时间。

（9）直接经济损失。

（10）少发（送）电（热）。

（11）设备损坏情况。

（12）事故前工况。

（13）事故经过（发生、扩大、处理情况）
（14）事故发生、扩大原因。
（15）事故暴露的问题及有关评议。
（16）对重要用户的影响。
（17）事故责任及处理情况。
（18）防止事故的对策、执行人及完成期限。
（19）事故调查组成员姓名、单位、职务（职称）。
（20）有关资料（包括图纸、资料、原始记录、事故照片、事故录像等）。
（21）事故调查组成员签名。
（22）主持事故调查单位盖章。
（23）报出日期。

Jb0003112006　简述新购机具设备的检查验收内容。（5分）

考核知识点：新购机具设备检查验收

难易度：中

标准答案：

（1）有无出厂合格证、安全生产许可证、出厂检验报告、第三方检验报告、型式试验报告及使用说明书（包括技术参数）、商检证书（进口设备用）等资料。

（2）进行外观检查，通过实际操作，验证机械性能，包括安全和环保要求（如噪声、污染等指标）。

（3）主要受力工器具应进行负荷抽查试验。验收单要填写机械设备统一编号、名称、型号、出厂编号、出厂日期、价格、资产卡片号、设备号和技术状况，参加验收人员将验收意见填入新增机械验收单，验收结果应明确指出“可投入使用”或不准使用。

Jb0003112007　简述施工机具设备申报废的条件。（5分）

考核知识点：机具设备报废条件。

难易度：中

标准答案：

（1）主要结构、主要部件磨损严重或损坏，经大修其性能已达不到使用和安全要求的。
（2）技术性能落后、耗能高、效率低、经济效益差对环境污染严重的。
（3）修理费用高，在经济上不如更新合算的。
（4）国家有关部门规定的强制报废机型。
（5）非标准设备，因任务变更，本企业不适用，其他企业也不适用的。

Jb0003113008　简述型式试验的主要内容。（5分）

考核知识点：型式试验

难易度：难

标准答案：

（1）空载试验。
（2）负载试验。
（3）过载（静载）试验。
（4）耐压试验。
（5）制动试验。

（6）专项试验。
（7）破坏试验。
（8）电气系统试验。
（9）寿命试验。
（10）耐震试验。

Jb0004111009　简述发动机曲轴主轴承异响的特点。(5分)
考核知识点：发动机轴承异响特点
难易度：易
标准答案：
（1）异响发生在发动机汽缸体下部曲轴箱处，异响为粗重较闷得“噔、噔”声。
（2）突然提高发动机转速时，响声更加明显。
（3）而单缸断火时无明显变化。
（4）相邻两缸同时断火响声会明显减弱或消失。
（5）响声与温度变化不大。

Jb0004111010　简述液压系统输出压力不足的原因。(5分)
考核知识点：液压系统输出压力不足原因
难易度：易
标准答案：
（1）供油及回油管路阻力过大。
（2）控制阀设定压力值太低。
（3）控制阀两端压降过大。
（4）泵和阀由于磨损内部漏油。
（5）原动机动力不足。

Jb0004112011　简述发动机总成大修的送修条件。(5分)
考核知识点：发动机总成送修条件
难易度：中
标准答案：
（1）润滑油消耗量大。
（2）曲轴箱窜气量大。
（3）动力性差。
（4）经济性差。

Jb0004112012　简述发动机无负荷测功原理。(5分)
考核知识点：发动机原理
难易度：中
标准答案：
无负荷测功的基本原理是：发动机在怠速或某一空载低速下，突然加到较高速度，发动机产生的动力，除克服各种阻力矩外，其有效扭矩全部用来加速运转本身的运动机件。如果被测发动机的有效功率愈大，其瞬时角加速度愈大，而加速时间愈短。角加速度、加速时间二者均可测，都可以测得有效功率。

Jb0004113013　简述发动机大修后产生“拉缸”现象的原因。（5分）

考核知识点：发动机大修后“拉缸”原因

难易度：难

标准答案：

（1）配缸间隙过小，发动机温度过高，活塞裙部变形过大，缸壁间润滑不良。

（2）装有汽缸套的发动机。在生产汽缸套时，表面精度不准，发动机工作时因缸套产生变形而“拉缸”。

（3）活塞环“卡死”。活塞环膨胀过大或活塞环侧隙过小，端隙过小，均可能使活塞环卡死在活塞环槽里，造成活塞环“卡死”引起拉缸。

（4）活塞环弹力过大或汽缸套过软，致使汽缸套不耐磨。

（5）进气管或汽缸内有异物，也会产生“拉缸”。

Jb0004113014　简述大修后发动机活塞敲缸异响的故障原因。（5分）

考核知识点：发动机大修后活塞敲缸异响原因

难易度：难

标准答案：

（1）活塞和汽缸壁配合间隙过大，致使活塞敲缸，且冷车敲缸明显，热车减弱或消失。

（2）汽缸失圆，也会产生敲缸现象。活塞在汽缸内与汽缸壁接触不正常，造成活塞发响。

（3）活塞变形也会产生敲缸。活塞变形原因：① 活塞材料成分不符合要求；② 活塞与连杆装配时产生变形。

（4）活塞热膨胀量过大，会使汽缸内产生金属干摩擦声，且随着发动机负荷增加有显著的发抖现象，严重时会“卡死”在汽缸里。

（5）活塞几何形状不正确或连杆弯扭，影响活塞连杆组的正常工作，造成异响。

Jb0005112015　简述液压系统滤油器的选用原则。（5分）

考核知识点：滤油器选用原则

难易度：中

标准答案：

（1）系统的工作压力。系统的压力越高，液压元件的配合精度越高，所需要的过滤精度也就越高。

（2）系统的流量。一般滤油器的额定流量不能小于系统的流量，否则滤油器的压力损失会增加，滤油器易堵塞，寿命也会缩短。但滤油器的额定流量越大，其体积及造价也越大，因此应选择合适的流量。

（3）滤芯的强度。不同结构的滤油器有不同的强度，在高压或冲击大的液压回路中应选用强度高的滤油器。

Jb0005112016　简述柴油机飞车故障的主要原因。（5分）

考核知识点：柴油机飞车故障原因

难易度：中

标准答案：

（1）喷油泵油量调节齿杆卡死或油门拉杆卡死。

（2）喷油泵油量调节齿杆与拉杆连接销脱落。

（3）调速弹簧折断。

Jb0005112017 简述柴油机飞车故障采取的紧急措施。（5分）

考核知识点：柴油机飞车故障排除

难易度：中

标准答案：

（1）立即把油门拉到停车位置，即拉动喷油泵“断油装置”，拉到断油位置。

（2）立即拉动减压装置手柄（如有），降低汽缸压缩压力。

（3）立即松脱喷油泵进油管，切断燃油油路。

Jb0005112018 简述柴油发动机启动时转速过低的原因及处理方法。（5分）

考核知识点：柴油发动机启动转速过低原因及处理

难易度：中

标准答案：

（1）蓄电池电量不足。当蓄电池电量不足时，启动机转速不够，不能带动柴油机达到启动转速，难以启动。此时应将蓄电池充足电后再使用。

（2）接线松动。应及时拧紧。

（3）启动机故障。必要时检修或更换启动机。

（4）启动机齿轮与飞轮齿圈啮合不当，造成咬齿。更换启动机齿轮或飞轮齿圈。

（5）启动机型号与发动机不匹配。

（6）天气冷、润滑油黏度大，导致发动机转速慢，以致难以启动。对油底壳加热，预热润滑油。

Jb0005112019 简述柴油发动机冒蓝烟的故障原因。（5分）

考核知识点：柴油发动机冒蓝烟原因

难易度：中

标准答案：

（1）活塞环装反，活塞环开口位置重叠、卡死或过度磨损，活塞环槽过度磨损以及活塞破裂等。

（2）气门与其导管因磨损造成间隙过大，气门油封密封不良。

（3）空气滤清器阻塞。

（4）曲轴箱呼吸器通风不良。

（5）涡轮增压器轴封磨损。

（6）润滑油加入过多。

Jb0005112020 简述柴油发动机冒黑烟故障原因及排除方法。（5分）

考核知识点：柴油发动机冒黑烟原因及排除

难易度：中

标准答案：

（1）空气滤清器及进、排气道堵塞，减少了新鲜空气充入汽缸，使燃油不能充分燃烧。对此，应清洗空气滤清器，检查、清除进、排气道堵塞物，使其畅通。

（2）喷油量过大，油燃烧不完全。供油提前角过大。喷油压力过低，雾化不良使燃油燃烧不尽等。排除这些故障时，应根据具体情况做针对性处理，重新检查调整喷油量，校正喷油压力。

（3）汽缸压缩压力过低，使汽缸内的可燃混合气不能正时着火燃烧，燃烧过程拖长，后燃增加或燃烧不完全。这时应查找汽缸不密封的原因，逐项加以排除。

Jb0005112021　简述柴油发动机润滑油消耗量过大的主要原因。（5分）

考核知识点： 柴油发动机故障

难易度： 中

标准答案：

（1）使用润滑油不当。润滑油的等级太低，润滑油的牌号与使用环境温度不相符，多种不同牌号的润滑油混合使用等，都可能使润滑油出现早期变质而消耗过快。

（2）发动机烧润滑油。活塞环装反，活塞环开口位置重叠、卡死或过度磨损，活塞环槽过度磨损以及活塞破裂等；气门与其导管因磨损造成间隙过大，气门油封密封不良；空气滤清器阻塞；曲轴箱呼吸器通风不良；涡轮增压器轴封磨损。润滑油加入过多。

（3）发动机各密封处漏油。

Jb0005112022　简述液压系统故障诊断的主要方法。（5分）

考核知识点： 液压系统故障诊断

难易度： 中

标准答案：

（1）“四觉”诊断法，运用视觉、听觉、嗅觉、触觉获取故障信息，进而分析诊断故障的方法。

（2）压力检测诊断法。

（3）仪器仪表检测法。

（4）计算机系统诊断法。

Jb0005112023　论述发动机工作中有异响的原因及排除方法。（5分）

考核知识点： 发动机异响原因及处理

难易度： 中

标准答案：

（1）气门脚响。应调整气门间隙。

（2）燃烧器工作不正常，出现滴油现象。检查针阀是否卡在燃烧器里，调整燃烧器。

（3）喷油（点火）时间不正确。校正喷油（点火）时间。

（4）个别气缸不工作或工作不良，查找原因并排除。

（5）由于一个或多个主曲颈或连杆轴颈与轴承间隙过大而引起异响。磨削曲轴主轴颈或连杆轴颈，并更换相应的轴承或止推垫片。

（6）曲轴不平衡。检查曲轴的旋转不平衡度。

（7）飞轮螺栓松动。更换松动的螺栓，并按规定力矩拧紧所有螺栓。

（8）连杆弯曲、扭曲。应校正、更换连杆。

（9）活塞过度磨损引起敲缸声。镗磨汽缸孔并装上加大活塞。

（10）活塞销与活塞销孔或连杆衬套的间隙过大，连杆衬套松动引起异响。更换活塞销，更换连杆小头衬套。

Jb0005112024　简述发动机突然停机的故障原因与排除方法。（5分）

考核知识点： 发动机突然停机原因及处理

难易度：中

标准答案：

（1）燃油用完。应按使用环境添加适宜牌号的清洁燃油。

（2）油路堵塞。应首先检查输油泵进油管滤网，必要时清洗或更换。再检查管路其他部分，根据具体情况处理。

（3）柴油油路中有大量空气。应检查低压油路油管是否有破裂或接头松动。若仅是油管接头松动则上紧后用手油泵把油路中的空气排除。

（4）发动机过热，温度过高，造成活塞拉缸或卡死。应让发动机自然冷却，然后拆机检查。更换损坏零件后，调整完毕加足冷却水，检查润滑油是否损耗、变质，加够润滑油再行启动。

（5）主轴承或连杆轴承损坏，使曲轴抱死。应大修发动机。

（6）喷油泵或燃烧器故障。应检查、调整或更换喷油泵和燃烧器。

（7）断油电磁阀故障。应检查或更换断油电磁阀。

Jb0005112025　简述柴油发动机一级维护作业竣工标准。（5分）

考核知识点：柴油发动机一级维护

难易度：中

标准答案：

（1）外观清洁，发动机三滤（空气、燃油、机油滤清器）清洁，附件齐全。

（2）润滑油压力、冷却液温度符合规定。

（3）发动机外露连接螺栓、螺母齐全、紧固。

（4）空气滤清器滤芯清洁有效。

（5）蓄电池电解液液面高出极板组 10～15mm，通气孔畅通，接头牢靠。

（6）发动机无漏油、漏水、漏气、漏电等“四漏”现象。

（7）发动机无异常响声，调速正常，排烟正常。

Jb0005113026　简述液压系统的维护与保养。（5分）

考核知识点：液压系统维护与保养

难易度：难

标准答案：

（1）每周维护工作包括取样观察，检查软管 / 接头有无泄漏，从油箱底部排放阀放水，检查冷却器，检查滤芯。

（2）每 500h（大约一个半月）维护工作，包括每周所做的维护工作，还包括清洗进油口的过滤器，若报警则更换高压过滤器，清洗冷却水滤芯，清洗空气滤芯。

（3）每 1000h（大约三个月）维护工作，包含 500h 的维护工作，进行油品化验分析，进行油品清洁度检测，必要时进行过滤、清洗液压油冷却器（散热器），如果，油品的化验结果证明油品有问题，则在化验后立即更换油箱中以及管路中所有的液压油。

（4）每 5000h（大约一年）维护工作，包含 1000h 的维护工作，必须更换液压油，必须清理冷却器。

Jb0005113027　简述液压系统产生污染物控制的具体措施。（5分）

考核知识点：液压系统产生污染物控制措施

难易度：难

标准答案：

（1）在系统的适当部位设置具有一定过滤精度和一定通透量的过滤器，并在使用中经常检查与维护，及时清理或更换滤芯。

（2）防止液压系统高温。油温控制到最佳值，必要时要加装液压油冷却器。

（3）发现系统污染度超过规定时，要查明原因，及时消除引起异常污染的原因。

（4）定期取油样分析，以确定颗粒性污染物、热量、水分和空气的影响，表明需要对哪些因素加强控制，还是更换油液。

（5）定期更换液压油，清洗油箱。

（6）液压系统设计尽量采用闭式回路。

（7）保证油箱呼吸器过滤精度。

Jb0005113028　论述燃油系统故障影响柴油机正常运转的原因及处理方法。（5 分）

考核知识点：燃油系统故障原因及处理

难易度：难

标准答案：

（1）供油提前角不对。检查供油提前角是否和规定值相符，若不符，应调整到规定值。

（2）燃烧器雾化不良。检查燃烧器是否有卡堵现象。喷油压力是否达到规定值，如喷油压力已经达到规定值而仍然雾化不良时说明燃烧器燃烧件有问题，应换用新件。

（3）输油泵供油量不足。首先应清洗进油口处滤网堵塞物，然后检查止回阀是否变形，若已变形则应更换。

（4）高压油泵出油阀弹簧若有断裂应立即换用新件。

（5）供油量过小使柴油机功率下降。当输油泵、高压油泵均工作正常而供油仍然不够时，可在试验台检查调整供油量。

Jb0005113029　简述柴油机游车的原因及处理方法。（5 分）

考核知识点：柴油机游车原因及处理

难易度：难

标准答案：

（1）各缸供油不均匀度超标。怠速工况不均匀度若超标，则怠速运行时可能会游车。必要时应在油泵试验台调整供油不均匀度。

（2）各缸喷油压力相差太大，雾化质量差会使燃烧不好，也使柴油机转速不稳定。应将燃烧器在燃烧器试验台调整油压力，各缸压力偏差应不大于 0.25MPa。

（3）调速器飞锤动作不灵活。飞锤张合不灵活，调速器灵敏度下降，当转速变动变小时不能拉动油量控制杆迅速增油或减油，使柴油机转速不能稳定。检修或更换调速器。

（4）怠速（低转速）调整过低。怠速转速适当调高。

（5）浮动杠杆磨损及调速器的传动机构、各连接杆件的磨损，使连接间隙过大。检修或更换调速器。

Jb0005113030　简述液压油污染物控制措施。（5 分）

考核知识点：液压油污染物控制措施

难易度：难

标准答案：

（1）采用符合规定的液压油。
（2）存放油液的油桶或油罐要放置在通风干燥处。
（3）向油桶或油罐注油或从中放油时都要经过便携式过滤装置。
（4）保证油桶或油罐的封盖或阀有效密封。
（5）从油桶取油之前先清除封盖周围的污染物。
（6）加入油箱的油液要按规定过滤。加油所用器具要先行清理。
（7）维修时严格执行清洁操作规程。

Jb0005113031 简述降低液压噪声（从系统着手）的具体措施。（5 分）
考核知识点：降低液压噪声措施
难易度：难
标准答案：
（1）防止产生气穴现象。
（2）增设泄油节流阀或设置泄压回路。
（3）降低换向阀换向速度，宜采用先导换向阀或比例换向阀。
（4）油箱安装高出液压泵，回油管应低于油箱液面。
（5）改变管道长度，设计时尽量采用钢制液压管。
（6）合理匹配液压系统元件。
（7）系统尽量设计储能装置。

Jb0005113032 试述对机具设备的管理。（5 分）
考核知识点：机具设备管理
难易度：难
标准答案：
（1）各单位机具管理人员负责所属机具设备的建账、立卡，保证挂牌准确完好、各类机具管理制度、操作规程齐全，并动态更新。各机具设备的借出、归还手续清晰，设备保管、维护符合要求。

（2）各单位设专人负责设备档案管理工作，必须做到牵张机、吊车、货车、特种设备等主要设备一机一档，资料齐全，装订规范。设备档案的填写应规范简明，其主要内容包括初置状态、新添附件、大修记录、原值变更等。保证设备编号与档案记录一致，实现逐个可追溯性管理，实现微机化管理。

（3）新购机具设备检查及试验。① 有无出厂合格证、安全生产许可证、出厂检验报告、第三方检验报告及使用说明书（包括技术参数）、商检证书（进口设备用）等资料。② 进行外观检查，通过实际操作，验证机械性能，包括安全和环保要求（如噪声、污染等指标）。③ 主要受力工器具应进行负荷抽查试验。④ 验收单要填写机械设备统一编号、名称、型号、出厂编号、出厂日期、价格、资产卡片号、设备号和技术状况，参加验收人员将验收意见填入新增机械验收单，验收结果应明确指出“可投入使用”或不准使用。

（4）施工现场的机具设备，由项目部建立相应的台账、管理记录。严格按维修保养制度做好日常维修保养工作，不得以任何理由忽视保养工作。机具设备的保养要做到清洁、紧固、调整、润滑和防腐。

（5）对特殊机具（含分包方和租赁的）应按照专门规定实施验收。需编制安装或拆卸方案的施工机具如塔吊等，需有资质的单位负责安装、拆除。安装、拆除方案应履行审批手续。安装完毕启用前必须经专业管理部门验收，合格后方可使用。

（6）施工过程中由工程项目负责人/技术负责人向机具设备操作人员进行安全交底。

（7）施工机具设备的维修由各基层单位或项目部负责，一般应与平时保养结合进行，并填写施工机具检查维修记录和施工机具安全检查记录表。

（8）公司机具设备分公司负责牵张设备和所管理工器具的维修保养工作，要强化维修过程管理，做好各项检验和试验记录。

（9）按公司施工机具设备采取快速折旧和不提取大修费的财务管理办法，结合公司小、中型施工机械多，而无大型施工机械的情况，一般采取中修和项修，尽量不进行大修。如有大修，由机具设备分公司负责机械设备大修的申报，上报施工管理部批准实施。编制大修作业指导书，并参加大修竣工验收。

（10）特种设备由使用单位负责建档、动态更新台账、按期每年送检，施工管理部备案。

Jb0006112033　简述现场应急处置方案。（5 分）

考核知识点：应急知识

难易度：中

标准答案：

（1）人身伤亡事故现场应急处置方案。

（2）垮（坍）塌事故现场应急处置方案。

（3）火灾、爆炸事故现场应急处置方案。

（4）触电事故现场应急处置方案。

（5）机械设备事故现场应急方案。

（6）食物中毒施工现场应急处置方案。

（7）环境污染事件现场应急处置方案。

（8）突发恶劣天气现场应急处置方案。

（9）急性传染病现场应急处置方案。

Jb0006113034　编制一份将技师培训为高级技师的培训方案。（5 分）

要求：培训时间 3 年，在取得高级职业资格的基础上累计不少于 400 标准学时。

考核知识点：培训方案

难易度：难

标准答案：

（1）培训目的。通过培训达到《职业技能鉴定规范》对技师的职业知识和技能的要求。

（2）培训目标及内容见表 Jb0006113034。

表 Jb0006113034

培训项目	培训目标	培训内容	培训方式	参考学时
相关知识	熟悉 Auto 操作界面的组成元素。掌握基本三维实体的绘制方法	计算机基础	现场讲课	不少于 60 学时
基本技能	掌握起重机和抱杆操作安全技术。掌握起重设备用电的安全规定	起重搬运	现场讲课	不少于 60 学时
	掌握机构的简单装配与调整	钳工基础		
专业技能一：施工机具修理	掌握绞磨、手扶机动绞磨、液压机、发电机、卷扬机负载试验方法和检验相关要求	施工机械修理	现场讲课	不少于 60 学时
专业技能二：牵张设备修理	掌握牵引机试验方法和检验相关要求	牵张设备修理	现场讲课	不少于 80 学时

续表

培训项目	培训目标	培训内容	培训方式	参考学时
专业技能三：无人机修理	掌握无人机的飞行安全技术规定	无人机管理	现场讲课	不少于 60 学时
相关技能	熟悉班组安全管理的目标和工作要求。了解质量管理的概念和原则	班组管理	自学	不少于 40 学时
综合素养	管理人员行为规范	职业道德规范	自学	不少于 60 学时
	掌握团队建设及有效解决冲突的方法	沟通协调与团队建设		

（3）培训方式。以自学和脱产相结合的方式，进行基础知识讲课和技能培训。

（4）培训时间。××××年×月×日—××××年×月×日。

（5）培训场所。×××××。

（6）培训设备。×××××。

第十章　机具维护工高级技师技能操作

Jc0005143001　牵引机试验。（100 分）

考核知识点：牵引机试验

难易度：难

技能等级评价专业技能考核操作工作任务书

一、任务名称

牵引机试验。

二、适用工种

机具维护工高级技师。

三、具体任务

ARS703 牵引机试验。

四、工作规范及要求

（1）掌握牵引机机械性能和操作要求。

（2）掌握牵引机的试验方法。

五、考核时间及要求

（1）本模块操作时间为 60 分钟，时间到停止考评。

（2）考评过程中如果由于测试人员操作不规范，有可能引发不安全因素的，停止考评，该项考核项目不得分，但不影响其他项目。

技能等级评价专业技能考核操作评分标准

工种	机具维护工					评价等级	高级技师
项目模块	专业知识—机具试验检测				编号	Jc0005143001	
单位		准考证号				姓名	
考试时限	60 分钟		题型	单项操作		题分	100 分
成绩		考评员		考评组长		日期	
试题正文	牵引机试验						
需要说明的问题和要求	（1）要求单人操作，考评员监护。 （2）在设定考试工位上完成操作。 （3）操作结束后，待考评员同意后方可离开现场						

序号	项目名称	质量要求	满分	扣分标准	扣分原因	得分
1	准备工作					
1.1	相关安全措施的准备	着装应符合安全要求：穿工作服、戴线手套、注意安全防护	5	未按要求穿工作服扣 3 分； 未按要求戴手套扣 2 分		
1.2	工器具、设备及辅助设备完备	检查工器具、设备及辅助设备是否齐全洁净，符合作业要求	5	少一件工器具扣 1 分，扣完为止		
2	操作步骤					

续表

序号	项目名称	质量要求	满分	扣分标准	扣分原因	得分
2.1	空载试验	（1）在空载工况下启动牵引机，以75%的最大牵引速度运转15min，进行正反转及制动操作，检查换向及制动是否正常。 （2）最大牵引速度运转 15min，检查各部件是否正常	15	试验步骤、方法不正确，每处扣 7.5 分，扣完为止		
2.2	负载试验	额定牵引力试验。通过改变张力机的张力达到牵引力额定牵引力，通过调整变量泵排量、泵出口压力或操纵手柄，调节发动机调速手柄，直到额定牵引速度，重复三次（记录数据）。 注：在额定牵引力和额定牵引速度下连续不间断试验 5min，牵引机各项性能应符合技术要求	20	试验步骤、方法不正确，每处扣 3 分，扣完为止		
		最大牵引速度试验。通过调整变量泵排量、操纵手柄及调节发动机调速手柄，使牵引机达到最大牵引速度。逐渐增加牵引机的牵引力，直到发动机转速下降时停止增加牵引力，记录牵引速度和相应的牵引力，重复三次，其平均值应不小于牵引机的标示值	15	试验步骤、方法不正确，每处扣 3 分，扣完为止		
		最大牵引力试验。在额定负荷试验通过后进行，加载后使牵引机牵引力增加到额定牵引力的 1.1 倍，慢速牵引，重复三次，每次在牵引过程中间进行加速制动，应停留 10min，应无牵引卷筒反向转动或牵引钢丝绳在卷筒上反向相对滑移现象	15	试验步骤、方法不正确，每处扣 3 分，扣完为止		
2.3	制动试验	制动器开启灵敏，安全可靠	5	试验步骤、方法不正确扣 5 分		
3	工作结束					
3.1	整理工具	工具整理、摆放整齐	5	未整理工器具扣 5 分		
3.2	工作现场清理	清理现场	5	未清理现场扣 5 分		
4	填写记录					
4.1	填写试验记录单	内容全面，记录规范	10	填写不全面，每少一项扣 2 分，扣完为止		
合计			100			

Jc0005143002　张力机试验。（100 分）

考核知识点：张力机试验

难易度：难

技能等级评价专业技能考核操作工作任务书

一、任务名称

张力机试验。

二、适用工种

机具维护工高级技师。

三、具体任务

FRB-616 张力机试验。

四、工作规范及要求

（1）掌握张力机的机械性能和操作要求。

（2）掌握张力机试验方法。

五、考核时间及要求

（1）本模块操作时间为60分钟，时间到停止考评。

（2）考评过程中如果由于测试人员操作不规范，有可能引发不安全因素的，停止考评，该项考核项目不得分，但不影响其他项目。

技能等级评价专业技能考核操作评分标准

工种	机具维护工					评价等级	高级技师
项目模块	专业知识—机具试验检测				编号	Jc0005143002	
单位			准考证号			姓名	
考试时限	60分钟		题型	单项操作		题分	100分
成绩		考评员		考评组长		日期	
试题正文	张力机试验						
需要说明的问题和要求	（1）要求单人操作，考评员监护。 （2）在设定考试工位上完成操作。 （3）操作结束后，待考评员同意后方可离开现场						

序号	项目名称	质量要求	满分	扣分标准	扣分原因	得分
1	准备工作					
1.1	相关安全措施的准备	着装应符合安全要求：穿工作服、戴线手套、注意安全防护	5	未按要求穿工作服扣3分； 未按要求戴手套扣2分		
1.2	工器具、设备及辅助设备完备	检查工器具、设备及辅助设备是否齐全洁净，符合作业要求	5	少一件工器具扣1分，扣完为止		
2	操作步骤					
2.1	空载试验	启动牵引机等牵引设备，使张力机在额定放线速度下运转15min，检查制动及各部件是否正常	15	试验步骤、方法不正确扣15分		
2.2	额定张力试验	启动牵引机等牵引设备，调节张力达到额定值，调节牵引设备达到张力机额定放线速度。记录放线张力和放线速度，重复3次，在额定张力和额定放线速度下连续试验，累计放线距离不小于2000m，张力机各项性能符合技术固定要求	25	试验步骤、方法不正确，每处扣2分，扣完为止		
2.3	最大张力试验	启动牵引机等牵引设备，调节张力达到张力机最大张力，慢速牵引，在牵引过程中进行6次制动试验，累计放线距离不小于300m，滚筒无跑线	25	试验步骤、方法不正确，每处扣2分，扣完为止		
2.4	制动试验	制动器开启灵敏，安全可靠	5	试验步骤、方法不正确扣5分		
3	工作结束					
3.1	整理工具	工具整理、摆放整齐	5	未整理工器具扣5分		
3.2	工作现场清理	清理现场	5	未清理现场扣5分		
4	填写记录					
4.1	填写试验记录单	内容全面，记录规范	10	填写不全面，每少一项扣2分，扣完为止		
合计			100			

Jc0005143003　双平臂抱杆试验。（100分）

考核知识点：双平臂抱杆试验

难易度：难

技能等级评价专业技能考核操作工作任务书

一、任务名称

双平臂抱杆试验。

二、适用工种

机具维护工高级技师。

三、具体任务

T2T80G2 双平臂抱杆试验。

四、工作规范及要求

（1）掌握双平臂抱杆设备的机械性能和操作要求。

（2）熟悉双平臂抱杆试验方法。

五、考核时间及要求

（1）本模块操作时间为 60 分钟，时间到停止考评。

（2）考评过程中如果由于测试人员操作不规范，有可能引发不安全因素的，停止考评，该项考核项目不得分，但不影响其他项目。

技能等级评价专业技能考核操作评分标准

工种	机具维护工					评价等级	高级技师
项目模块	专业知识—机具试验检测				编号	Jc0005143003	
单位			准考证号			姓名	
考试时限	60 分钟		题型	单项操作		题分	100 分
成绩		考评员		考评组长		日期	
试题正文	双平臂抱杆试验						
需要说明的问题和要求	（1）要求单人操作，考评员监护。 （2）在设定考试工位上完成操作。 （3）操作结束后，待考评员同意后方可离开现场						

序号	项目名称	质量要求	满分	扣分标准	扣分原因	得分
1	准备工作					
1.1	相关安全措施的准备	着装应符合安全要求：穿工作服、戴线手套、注意安全防护	5	未按要求穿工作服扣 3 分； 未按要求戴手套扣 2 分		
1.2	工器具、设备完备及辅助设备完备	检查工器具、设备及辅助设备是否齐全洁净，符合作业要求	5	少一件工器具扣 1 分，扣完为止		
2	操作步骤					
2.1	空载试验	各机构应分别进行数次运行，然后再做三次综合动作运行，运行过程中各机构不得发生任何异常现象，各机构制动器、操作系统、控制系统、联锁装置及各安全装置动作应准确可靠，否则应及时排除故障	10	试验步骤、方法不正确，每处扣 2 分，扣完为止		
2.2	负荷试验	负荷运行前，必须在小幅度内吊 1.1 倍额定起重量，调整好起升制动器。在最大幅度处分别吊对应额定起重量的 25%、50%、75%、100%，按空载试验要求进行试验。运行过程中各机构不得发生任何异常现象，各机构制动器、操作系统、控制系统、联锁装置及各安全装置动作应准确可靠	20	试验步骤、方法不正确，每处扣 2 分，扣完为止		

续表

序号	项目名称	质量要求	满分	扣分标准	扣分原因	得分
2.3	超载25%静态试验	空载试验、负荷试验合格后，进行静态超载试验。在最大幅度处以最低安全速度吊重1.2倍额定起重量，吊离地面100～200mm，并在吊钩上逐次增加重量到1.25倍额定起重量，停留10min，卸载后检查金属结构及焊缝是否出现可见裂纹、永久变形、连接松动（注：静态超载试验不允许进行变幅及回转）	20	试验步骤、方法不正确，每处扣2分，扣完为止		
2.4	超载10%动态试验	在最大幅度处，吊重1.1倍额定起重量，对各机构对应的全程范围内进行3次动作，各机构应动作灵活，制动器动作可靠。机构及机构各部件无异常现象，连接无松动和破坏	20	试验步骤、方法不正确，每处扣2分，扣完为止		
3	工作结束					
3.1	整理工器具	工具整理，摆放整齐	5	未整理工器具扣5分		
3.2	工作现场清理	清理现场	5	未清理现场扣5分		
4	填写记录					
4.1	填写试验记录单	内容全面，记录规范	10	填写不全面，每少一项扣2分，扣完为止		
合计			100			

Jc0005142004　双平臂抱杆投运前的检查。(100分)

考核知识点：双平臂抱杆检查

难易度：中

技能等级评价专业技能考核操作工作任务书

一、任务名称

双平臂抱杆投运前的检查。

二、适用工种

机具维护工高级技师。

三、具体任务

T2T80G2双平臂抱杆投运前的检查。

四、工作规范及要求

（1）掌握双平臂抱杆设备的机械性能和操作要求。

（2）工器具的正确使用及做好安全防护。

五、考核时间及要求

（1）本模块操作时间为60分钟，时间到停止考评。

（2）考评过程中如果由于测试人员操作不规范，有可能引发不安全因素的，停止考评，该项考核项目不得分，但不影响其他项目。

技能等级评价专业技能考核操作评分标准

工种	机具维护工				评价等级	高级技师
项目模块	专业知识—机具检查检修			编号	Jc0005142004	
单位		准考证号			姓名	
考试时限	60分钟	题型	单项操作		题分	100分

续表

成绩		考评员		考评组长		日期	
试题正文	双平臂抱杆投运前的检查						
需要说明的问题和要求	（1）要求单人操作，考评员监护。 （2）在设定考试工位上完成操作。 （3）操作结束后，待考评员同意后方可离开现场						

序号	项目名称	质量要求	满分	扣分标准	扣分原因	得分
1	准备工作					
1.1	相关安全措施的准备	着装应符合安全要求：穿工作服、戴线手套、注意安全防护	5	未按要求穿工作服扣 3 分； 未按要求戴手套扣 2 分		
1.2	工器具、设备及辅助设备完备	检查工器具、设备及辅助设备是否齐全洁净，符合作业要求	5	少一件工器具扣 1 分，扣完为止		
2	检查项目					
2.1	基础的检查	检查基础水平度	6	检查不到位扣 6 分		
2.2	塔身的检查	检查塔身连接螺栓紧固情况	6	检查不到位，每处扣 1 分，扣完为止		
2.3	上下支座的检查	检查与回转支承连接的螺栓紧固情况 检查电缆的通过情况	6	检查不到位，每处扣 3 分，扣完为止		
2.4	塔顶的检查	（1）检查吊臂的安装情况。 （2）检查塔顶中间过渡滑轮的连接情况。 （3）检测起升钢丝绳穿绕方向	7	检查不到位，每处扣 2.5 分，扣完为止		
2.5	吊臂的检查	（1）检查各处连接销轴、开口销和螺栓的安装情况。 （2）检查滑轮组的安装情况。 （3）检查起升、变幅钢丝绳的缠绕及固定情况。 （4）检查载重小车的安装运行情况	7	检查不到位，每处扣 2 分，扣完为止		
2.6	吊具的检查	（1）检查吊钩的防脱绳装置安全可靠性。 （2）检查吊钩。 （3）检查起升、变幅钢丝绳的规格、型号与规定要求一致。 （4）检查钢丝绳的磨损情况及绳端固定情况	7	检查不到位，每处扣 2 分，扣完为止		
2.7	机构的检查	（1）检查各机构的安装、运行情况。 （2）各机构的制动器间隙调整合适。 （3）检查各钢丝绳绳头的压紧有无松动	7	检查不到位，每处扣 2.5 分，扣完为止		
2.8	安全装置的检查	检查各安全装置是否按说明书的要求调整合格	6	检查不到位扣 6 分		
2.9	润滑	检查润滑油位及润滑点	6	检查不到位，每处扣 3 分，扣完为止		
2.10	钢丝绳的检查	检查起升、变幅钢丝绳穿绕方向	6	检查不到位，每处扣 3 分，扣完为止		
2.11	电气机构的检查	（1）检查各开关触点的连接情况。 （2）电气线路布置整齐、保护措施得当，无凌乱、磨损	6	检查不到位，每处扣 3 分，扣完为止		
3	工作结束					
3.1	整理工器具	工具整理，摆放整齐	5	未整理工器具扣 5 分		
3.2	工作现场清理	清理现场	5	未清理现场扣 5 分		
4	填写记录					
4.1	填写检查记录单	内容全面，记录规范	10	填写不全面，每少一项扣 2 分，扣完为止		
合计			100			